国家电网有限公司

STATE GRID
CORPORATION OF CHINA

国家电网有限公司
技能人员专业培训教材

信息通信工程建设

下册

国家电网有限公司　组编

U0261517

中国电力出版社
CHINA ELECTRIC POWER PRESS

图书在版编目（CIP）数据

信息通信工程建设：全 2 册/国家电网有限公司组编. —北京：中国电力出版社，2020.5
国家电网有限公司技能人员专业培训教材
ISBN 978-7-5198-4172-0

Ⅰ. ①信…　Ⅱ. ①国…　Ⅲ. ①信息技术–通信工程–技术培训–教材　Ⅳ. ①TN91

中国版本图书馆 CIP 数据核字（2020）第 022848 号

出版发行：中国电力出版社
地　　址：北京市东城区北京站西街 19 号（邮政编码 100005）
网　　址：http://www.cepp.sgcc.com.cn
责任编辑：王杏芸（010-63412394）
责任校对：黄　蓓　王小鹏　常燕昆
装帧设计：郝晓燕　赵姗姗
责任印制：杨晓东

印　　刷：三河市百盛印装有限公司
版　　次：2020 年 5 月第一版
印　　次：2020 年 5 月北京第一次印刷
开　　本：710 毫米×980 毫米　16 开本
印　　张：59
字　　数：1118 千字
印　　数：0001—2000 册
定　　价：180.00 元（上、下册）

版 权 专 有　侵 权 必 究
本书如有印装质量问题，我社营销中心负责退换

本书编委会

主　　任　　吕春泉

委　　员　　董双武　　张　龙　　杨　勇　　张凡华

　　　　　　王晓希　　孙晓雯　　李振凯

编写人员　　曹　晶　　薛晓峰　　黄　敏　　程　雷

　　　　　　丁士长　　蒋同军　　马　跃　　曹爱民

　　　　　　战　杰　　张耀坤　　杜　森

前　言

为贯彻落实国家终身职业技能培训要求，全面加强国家电网有限公司新时代高技能人才队伍建设工作，有效提升技能人员岗位能力培训工作的针对性、有效性和规范性，加快建设一支纪律严明、素质优良、技艺精湛的高技能人才队伍，为建设具有中国特色国际领先的能源互联网企业提供强有力人才支撑，国家电网有限公司人力资源部组织公司系统技术技能专家，在《国家电网公司生产技能人员职业能力培训专用教材》（2010 年版）基础上，结合新理论、新技术、新方法、新设备，采用模块化结构，修编完成覆盖输电、变电、配电、营销、调度等 50 余个专业的培训教材。

本套专业培训教材是以各岗位小类的岗位能力培训规范为指导，以国家、行业及公司发布的法律法规、规章制度、规程规范、技术标准等为依据，以岗位能力提升、贴近工作实际为目的，以模块化教材为特点，语言简练、通俗易懂，专业术语完整准确，适用于培训教学、员工自学、资源开发等，也可作为相关大专院校教学参考书。

本书为《信息通信工程建设》分册，共分为上、下两册，由曹晶、薛晓峰、黄敏、程雷、丁士长、蒋同军、马跃、曹爱民、战杰、张耀坤、杜森编写。在出版过程中，参与编写和审定的专家们以高度的责任感和严谨的作风，几易其稿，多次修订才最终定稿。在本套培训教材即将出版之际，谨向所有参与和支持本书籍出版的专家表示衷心的感谢！

由于编写人员水平有限，书中难免有错误和不足之处，敬请广大读者批评指正。

国家电网有限公司
技能人员专业培训教材　信息通信工程建设

目　录

第二部分　通信交换设备安装与调试

下　　册

第三部分　数据网络、安全及服务设备安装与调试

第六部分　信息通信规程规范

第三部分

数据网络、安全及服务设备 安装与调试

第七章

网络交换设备安装与调试

▲ 模块 1　交换机的分类与应用（Z38G1001Ⅰ）

【模块描述】本模块介绍以太网交换机的分类。通过对交换机按外形尺寸、传输速率、网络位置、结构类型、协议层次以及可否被管理等标准进行分类的讲解，掌握各类交换机的性能特点及其应用范围。

【模块内容】

交换机种类繁多，性能差别很大，可根据其性能参数、功能以及用途等为标准进行分类，以便于根据实际情况合理选用。

一、以外形尺寸划分

按照外形尺寸和安装方式，可将交换机划分为机架式交换机和桌面式交换机。

1. 机架式交换机

机架式交换机是指几何尺寸符合 19 英寸的工业规范，可以安装在 19 英寸机柜内的交换机。该类交换机以 16、24 口和 48 口的设备为主流，适合于大中型网络。由于交换机统一安装在机柜内，因此，既便于交换机之间的连接或堆叠，又便于对交换机的管理。图 7-1-1 所示为 Cisco Catalyst 机架式交换机。

图 7-1-1　Cisco Catalyst 机架式交换机

2. 桌面式交换机

桌面式交换机是指几何尺寸不符合 19 英寸工业规范, 不能安装在 19 英寸机柜内, 而只能直接放置于桌面的交换机。该类交换机大多数为 8～16 口, 也有部分 4～5 口的, 仅适用于小型网络。当不得不配备多个交换机时, 由于尺寸和形状不同而很难统一放置和管理。图 7-1-2 所示为 Cisco Catalyst 2940 桌面交换机。

图 7-1-2　Cisco Catalyst 2940 桌面交换机

二、以端口速率划分

以交换机端口的传输速率为标准, 可以将交换机划分为快速以太网交换机、千兆以太网交换机和万兆以太网交换机。

1. 快速以太网交换机

快速以太网交换机的端口的速率全部为 100Mbit/s, 大多数为固定配置交换机, 通常用于接入层。为了避免网络瓶颈, 实现与汇聚层交换机高速连接, 有些快速以太网交换机会配有少量（1～4 个）1000Mbit/s 端口。快速以太网交换机接口类型有 100Base-TX 双绞线端口和 100Base-FX 光纤端口。图 7-1-3 所示为 Cisco Catalyst 2950 快速以太网交换机。

图 7-1-3　Cisco Catalyst 2950 快速以太网交换机

2. 千兆以太网交换机

千兆以太网交换机的端口和插槽全部为 1000Mbit/s, 通常用于汇聚层或核心层。千兆以太网交换机的接口类型主要包括：① 1000Base-T 双绞线端口；② 1000Base-SX 光纤端口；③ 1000Base-LX 光纤端口；④ 1000Mbit/s GBIC 插槽；⑤ 1000Mbit/s SFP 插槽。

为了增加应用的灵活性, 千兆交换机上一般会配有 GBIC（Giga Bitrates Interface

Converter）或 SFP（Small Form Pluggable）插槽，通过插入不同类型的 GBIC 或 SFP 模块（如 1000Base–SX、1OOOBase–LX 或 1000Base–T 等），可以适应多种类型的传输介质。图 7–1–4 所示为 Cisco Catalyst 3750 系列千兆以太网交换机。

图 7–1–4　Cisco Catalyst 3750 系列千兆以太网交换机

3. 万兆以太网交换机

万兆以太网交换机是指交换机拥有 10Gbit/s 以太网端口或插槽，通常用于汇聚层或核心层。万兆接口主要以 10Gbit/s 插槽方式提供，图 7–1–5 所示为 Cisco Catalyst 6500 系列交换机的 10Gbit/s 接口模块。

图 7–1–5　Cisco 交换机 10Gbit/s 模块

三、以结构类型划分

以交换机的结构类型为标准，可以划分为固定配置交换机和模块化交换机。

1. 固定配置交换机

固定配置交换机的端口数量和类型都是固定的，不能更换和扩容。固定配置交换机价格便宜。图 7–1–6 所示为 Cisco Catalyst 3560 系列固定端口交换机。

图 7-1-6　Cisco Catalyst 3560 系列交换机

2. 模块化交换机

　　模块化交换机上提供过个插槽，可根据实际需要插入各种接口和功能模块，以适应不断发展变化的网络需求，具有很大的灵活性和扩展性。模块化交换机大都有较高的性能（背板带宽、转发速率和传输速率等）和容错能力，支持交换模块和电源的冗余备份，可靠性较高，通常用作核心交换机或骨干交换机。交换引擎是模块化交换机的核心部件，交换机的 CPU、存储器及其控制功能都包含在该模块上。如图 7-1-7 所示为 Cisco Catalyst 4503 模块化交换机，交换引擎位于最上边的模块，下面的两个模块为业务板（也叫作线卡）。

图 7-1-7　Cisco Catalyst 4503 模块化交换机

四、以所处的网络位置划分

　　根据在网络中所处的位置和担当的角色，可以将交换机划分为接入层交换机、汇聚层交换机和核心层交换机，如图 7-1-8 所示。

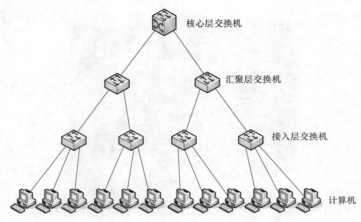

图 7–1–8 网络层次及交换机

1. 接入层交换机

接入层交换机（也称为工作组交换机）拥有 24～48 口的 100Base–TX 端口，用于实现计算机等设备的接入。接入层交换机通常为固定配置。接入层交换机往往配有 2～4 个 1000Mbit/s 端口或插槽，用于与汇聚层交换机的连接。图 7–1–9 所示为 Cisco Catalyst 2960 系列接入层交换机。

图 7–1–9 Cisco Catalyst 2960 系列交换机

2. 汇聚层交换机

汇聚层交换机（也称为骨干交换机或部门交换机）是面向楼宇或部门的交换机，用于连接接入层交换机，并实现与核心交换机的连接。汇聚层交换机可以是固定配置，也可以是模块化交换机，一般配有光纤接口。图 7–1–10 所示为 Cisco Catalyst 4900 系列汇聚层交换机。

图 7-1-10　Cisco Catalyst 4900 系列交换机

3. 核心层交换机

核心层交换机（也称为中心交换机或高端交换机），全部采用模块化的结构，可作为网络骨干构建高速局域网。核心层交换机不仅具有很高的性能，而且具有硬件冗余和软件可伸缩性等特点。图 7-1-11 所示为 Cisco Catalyst 6500 核心层交换机。

图 7-1-11　Cisco Catalyst 6500 系列交换机

五、以协议层次划分

根据能够处理的网络协议所处的 ISO 网络参考模型的最高层次，可以将交换机划分为第二层交换机、第三层交换机和第四层交换机。

1. 第二层交换机

第二层交换机只能工作在数据链路层，根据数据链路层的 MAC 地址完成端口到端口的数据交换，它只需识别数据帧中的 MAC 地址，通过查找 MAC 地址表来转发该数据帧。第二层交换虽然也能划分子网、限制广播、建立 VLAN，但它的控制能力较弱、灵活性不够，也无法控制流量，缺乏路由功能，因此只能充当接入层交换机。Cisco

的 Catalyst 2960、Catalyst 2950、Catalyst 2970 和 Catalyst 500 Express 系列，以及安装 SMI 版本 IOS 系统的 Catalyst 3550、Catalyst 3560 和 Catalyst 3750 系列，都是二层交换机。

2. 第三层交换机

第三层交换机除具有数据链路层功能外，还具有第三层路由功能。当网络规模足够大，以至于不得不划分 VLAN 以减小广播所造成的影响时。VLAN 之间无法直接通信，可以借助第三层交换机的路由功能，实现 VLAN 间数据包的转发。在大中型网络中，核心层交换机通常都由第三层交换机充当，某些网络应用较为复杂的汇聚层交换机也可以选用第三层交换机。第三层交换机拥有较高的处理性能和可扩展性，决定着整个网络的传输效率。Cisco 的 Catalyst 6500、Catalyst 4500、Catalyst 4900 和 Catalyst 4000 系列交换机，以及安装 EM–版本 IOS 系统的 Catalyst3550、Catalyst 3560 和 Catalyst 3750 系列，都是第三层交换机。

3. 第四层交换机

第四层交换机除具有第三层交换机的功能外，还能根据第四层 TCP/UDP 协议中的端口号来区分数据包的应用类型，实现各类应用数据流量的分配和均衡。第四层交换机一般部署在应用服务器群的前面，将不同应用的访问请求直接转发到相应的服务器所在的端口，从而实现对网络应用的高速访问，优化网络应用性能。Cisco Catalyst 4500 系列、4900 系列和 6500 系列交换机都具有第四层交换机的特性，图 7–1–12 为 Cisco Catalyst 4500 系列交换机。

图 7–1–12　Cisco Catalyst 4500 系列交换机

六、以可否被管理划分

以可否被管理为标准，可以将交换机划分为智能交换机与傻瓜交换机。

1. 智能交换机

拥有独立的网络操作系统，可以对其进行人工配置和管理的交换机称为智能交换

机。智能交换机上有一个"CONSOLE"端口，位于
机箱的前面板或背面，如图 7–1–13 所示。大多数交
换机 Console 端口采用 RJ 45 连接。

CONSOLE端口

图 7–1–13　智能交换机的管理接口

2. 傻瓜交换机

不能进行人工配置和管理的交换机，称为傻瓜
交换机。由于傻瓜交换机价格非常便宜，因此，被
广泛应用于低端网络（如学生机房、网吧等）的接
入层，用于提供大量的网络接口。

七、交换机的选用

一般来说，核心层交换机应考虑其扩充性、兼容性和可靠性，因此，应当选用模
块化交换机，而汇聚层交换机和接入层交换机则由于任务较为单一，故可采用固定端
口交换机。

1. 核心交换机的选择

核心交换机是整个局域的中心，时时刻刻承受着巨大的流量压力，其性能将决定
着整个网络的传输效率。选择核心层交换机时应重点考虑其综合性能、可扩充性和可
靠性。

采用模块化交换机，具备足够的插槽数量，在网络扩展或应用需求发生变化时，
只需增加或更换相应的模块即可满足新的需求。

拥有较高的背板带宽和转发速率，以保证数据的无阻塞转发。

交换机应具备关键部件冗余配置的能力。

2. 汇聚层交换机的选择

汇聚层交换机用于连接同一座楼宇内的工作组交换机，或者用于连接服务器，端
口数量通常不需要太多。但对端口速率、背板带宽、网络功能等方面要求较高。

对于需要划分多个 VLAN 的应用环境，为了减轻核心交换机的负担，汇聚层交换
机最好选用第三层交换机。

为了避免网络瓶颈，汇聚层交换机向上级联核心层交换机要采用千兆或万兆端
口，也可采用链路汇聚技术，链路汇聚还有利于避免由于端口或链路故障而导致的
网络中断。

汇聚层交换机连接若干个接入层交换机，所以要拥有足够的千兆端口。

3. 接入层交换机的选择

接入层交换机用于连接计算机或其他网络终端，需要具备大量的 RJ 45 端口。如
果网络对传输性能和网络安全要求较高，应当采用可网管交换机，从而实现对每个交
换机和端口的集中管理。

4. 傻瓜交换机的选择

傻瓜交换机的最大优点是价格便宜，非常适合搭建廉价网络。傻瓜交换机选购时并不用太多考虑参数，只需根据端口数量和网络速度选用即可。

【思考与练习】

1. 第四层交换机与第三层交换机的区别是什么？

2. 什么样的交换机可以用于汇聚层？

3. 选用核心交换机时需要考虑哪些因素？

▲ 模块 2　交换机的安装（Z38G1002Ⅰ）

【模块描述】本模块介绍了交换设备安装流程中各项工作的基本要求。通过安装流程要点讲解，掌握交换设备安装的规范要求。

【模块内容】

一、安装内容

交换机安装、电源线、地线的连接。

二、安装准备

为保证整个设备安装的顺利进行，需要准备以下相关技术资料及工具材料：

1. 施工技术资料

合同协议书、设备配置表、会审后的施工设计图、安装手册。

2. 工具和仪表

剪线钳、压线钳、各种扳手、螺钉旋具、数字万用表、标签机等。仪表必须经过严格校验，证明合格后方能使用。

3. 安装辅助材料

交流电缆、接地连接电缆、网线、接线端子、线扎带、绝缘胶布等，材料应符合电气行业相关规范，并根据实际需要制作具体数量。

三、安装场所环境条件检查

交换机必须在室内使用，无论将交换机安装在机柜内还是直接放在工作台上，都需要保证以下条件：

（1）确认交换机的入风口及通风口处留有空间，以利于交换机机确认机柜和工作台自身有良好的通风散热系统。

（2）确认机柜及工作台足够牢固，能够支撑交换机及其安装附件的重量。

（3）确认机柜及工作台的良好接地。

（4）为保证交换机正常工作和延长使用寿命，安装场所还应该满足下列要求：

1）温度、湿度要求。为保证交换机正常工作和使用寿命，机房内需维持一定的温度和湿度。若机房内长期湿度过高，易造成绝缘材料绝缘不良甚至漏电，有时也易发生材料机械性能变化、金属部件锈蚀等现象；若相对湿度过低，绝缘垫片会干缩而引起紧固螺钉松动，同时在干燥的气候环境下，易产生静电，危害交换机上的电路；温度过高则危害更大，长期的高温将加速绝缘材料的老化过程，使交换机的可靠性大大降低，严重影响其寿命。

2）洁净度要求。灰尘对交换机的运行安全是一大危害。室内灰尘落在机体上，可以造成静电吸附，使金属接插件或金属接点接触不良。尤其是在室内相对湿度偏低的情况下，更易造成静电吸附，不但会影响设备寿命，而且容易造成通信故障，因此安装场所应保持不能见明灰的洁净度。

3）抗干扰要求。交换机在使用中可能受到来自系统外部的干扰，这些干扰通过电容耦合、电感耦合、电磁波辐射、公共阻抗（包括接地系统）耦合和导线（电线、信号线和输出线等）的传导方式对设备产生影响。为此应注意：交流供电系统为 TN 系统，交流电源插座应采用有保护地线（PE）的单相三线电源插座，使设备上滤波电路能有效的滤除电网干扰。交换机工作地点远离强功率无线电发射台、雷达发射台、高频大电流设备。必要时采取电磁屏蔽的方法，如接口电缆采用屏蔽电缆。接口电缆要求在室内走线，禁止户外走线，以防止因雷电产生的过电压、过电流将设备信号口损坏。

四、安全注意事项

为避免使用不当造成设备损坏及对人身的伤害，交换机安装前请遵从以下的注意事项：

（1）在清洁交换机前，应先将交换机电源插头拔出。不要用湿润的布料擦拭交换机，不可用液体清洗交换机。

（2）请不要将交换机放在水边或潮湿的地方，并防止水或湿气进入交换机机壳。

（3）请不要将交换机放在不稳定的箱子或桌子上，万一跌落，会对交换机造成严重损害。

（4）应保持室内通风良好并保持交换机通气孔畅通。

（5）交换机要在正确的电压下才能正常工作，请确认工作电压同交换机所标示的电压相符。

（6）为减少受电击的危险，在交换机工作时不要打开外壳，即使在不带电的情况下，也不要随意打开交换机机壳。

（7）在更换接口板时一定要使用防静电手套，防止静电损坏单板。

五、操作步骤及要求

1. 开箱检查

（1）检查物品的外包装的完好性；检查机柜、机箱有无变形和严重回潮。

（2）按系统装箱数、装箱清单，检验箱体标识的数量、序号和设备装箱的正确性。

（3）根据合同和设计文件，检验设备配置的完备性和全部物品的发货正确性。

2. 安装交换机到机架

（1）带上防静电手腕，并检查机柜的接地与稳定性。

（2）取出螺钉（与前挂耳配套包装），将前挂耳的一端安装到交换机上。

（3）将交换机水平放置于机柜的适当位置，通过螺钉和配套的浮动螺母，将前挂耳的另一端固定在机柜的前方孔条上。

3. 安装交换机到工作台

很多情况下，用户并不具备 19 英寸标准机柜，此时，人们经常用到的方法就是将交换机放置在干净的工作台上，此种操作比较简单，只要注意如下事项即可：

（1）保证工作台的平稳性与良好接地。

（2）交换机四周留出 10cm 的散热空间。

（3）不要在交换机上放置重物。

4. 交流电源线的连接

（1）将交换机随机附带的机壳接地线一端接到交换机后面板的接地柱上，另一端就近良好接地。

（2）将交换机的电源线一端插到交换机机箱后面板的电源插座上，另一端插到外部的供电交流电源插座上。

（3）检查交换机前面板的电源指示灯（PWR）是否变亮，灯亮则表示电源连接正确。注意：交换机上电之前，必须先连接好地线。

5. 地线的连接

交换机地线的正常连接是交换机防雷、防干扰的重要保障，所以用户必须正确连接地线。交换机的电源输入端，接有噪声滤波器，其中心地与机箱直接相连，称作机壳地（即保护地），此机壳地必须良好接地，以使感应电、泄漏电能够安全流入大地，并提高整机的抗电磁干扰的能力。正确的接地方式如下：

（1）当以太网交换机所处安装环境中有接地排时，将交换机的黄绿双色保护接地电缆一端接至接地排的接线柱上，拧紧固定螺母。请注意：消防水管和大楼的避雷针接地都不是正确的接地选项，以太网交换机的接地线应该连接到机房的工程接地。

（2）当以太网交换机所处安装环境中没有接地排时，若附近有泥地并且允许埋设接地体时，可采用长度不小于 0.5m 的角钢或钢管，直接打入地下。此时，以太网交换机的黄绿双色保护接地电缆应和角钢（或钢管）采用电焊连接，焊接点应进行防腐处理。

（3）当以太网交换机所处安装环境中没有接地排，并且条件不允许埋设接地体时，若以太网交换机采用交流供电，可以通过交流电源的 PE 线进行接地。此时，应确认交流电源的 PE 线在配电室或交流供电变压器侧良好接地。

六、安装完成后检查

（1）检查选用电源与交换机的标识电源是否一致。

（2）检查地线是否连接。

（3）检查电源输入电缆连接关系是否正确。

（4）检查接口线缆是否都在室内走线，无户外走线现象；若有户外走线情况，请检查是否进行了交流电源防雷插排、网口防雷器等的连接。

【思考与练习】

1. 交换机接地线正确安装的方式有哪些？

2. 交换机的安装场所应满足哪些要求？

3. 安装结束后应检查哪些内容？

▲ 模块 3　交换机的基本配置（Z38G1003Ⅱ）

【模块描述】本模块包含交换机的基本配置。通过对交换机管理端口、配置方式、CLI 命令界面及基本配置的介绍，掌握交换机配置和调试的基本操作。

【模块内容】

一、交换机配置的基础知识

1. 交换机的配置工具

像大多数网络设备一样，交换机没有键盘、鼠标和显示器等输入和输出设备。对交换机进行配置和管理，要借助于 PC 或笔记本电脑来完成。与交换机之间的连接，通常是将 PC 或笔记本电脑的串口通过电缆连接到交换机的 Console（控制台）接口，也可以通过网络连接，使用 Telnet、Web 浏览器或网络管理软件来进行访问。

除傻瓜式简易设备外，网络设备上一般均配有 Console 异步通信端口，用于连接配置管理计算机。通过 Console 端口是最常用、最基本的管理和配置方式，网络设备初始化基本配置、设备访问安全配置，都需要通过 Console 端口进行。新购置的交换机是无法实现远程管理的，对交换机的管理首先是借助于 Console 口来实现的。只有为交换机配置了访问密码和 IP 地址信息，才可以使用 Telnet 或超级终端进行远程管理（本模块的最后介绍了 Telnet 的使用方法）。

2. 交换机的启动及对话式配置

交换机本质上是一台专用的计算机系统，开机后交换机会自动完成启动过程进入到正常运行状态。初次开机时，交换机启动完成后会自动运行一个对话式设置程序，根据提问键入必要的配置参数可以对交换机进行最基本的简单配置（为了详细介绍配置命令的使用，本模块不使用对话式配置）。

交换机的开机启动过程与路由器基本相同，可参考本教材 Z38G2003 Ⅱ 模块"路由器的基本配置"中的介绍。

3. 人机命令和命令模式

对交换机的配置是在命令提示符下键入相应的命令和参数来进行的。输入的命令统称为 CLI（Command–line Interface）命令，人－机交互式对话界面称为 CLI 命令行界面，通过 Console 端口连接超级终端进入的界面就是 CLI 命令行界面。网络设备经过初始化配置以后，也可以通过 Web 浏览器图形界面和网管系统进行配置，但与 CLI 命令行相比，CLI 命令行方式的功能更强大，掌握起来难度也更大些。

每条 CLI 命令都必须在指定的模式下才能使用。可以使用相应的命令进入或退出某一命令行模式，或者在不同的模式之间进行切换。

4. 编号规则

在配置时，交换机的模块、端口、VLAN 等都是以编号来标识的，必须按编号规则输入，交换机才能识别。

5. 交换机的基本配置

交换机的基本配置包括初始配置和端口配置。初始配置主要是对交换机命名、设置管理 IP 地址信息、修改交换机的管理密码。

下面，我们以 Cisco 交换机为例，来介绍配置的基本操作和交换机的基本配置。

（1）连接交换机 Console 口和设置超级终端。将配置用计算机连接到交换机 Console 口。不同的网络设备，Console 口所处的位置不完全相同，有的位于前面板（如 Cisco Catalyst 3640 和 Cisco Catalyst 4500），而有的则位于后面板（如 Cisco Catalyst 2960 和 Catalyst 3750）。Console 端口的上方或侧方都有"CONSOLE"或"CON"字样的标识。绝大多数网络设备 Console 端口采用 RJ 45 接口，但也有少量网络设备采用 DB–9 串行接口。

将计算机的串口与交换机的 Console 口连接在一起之前，应当确认已经做好了以下准备工作：

1）计算机运行正常。最好使用笔记本电脑，移动和操作都比较方便。

2）计算机中安装有"超级终端"（Hyper Terminal）组件。如果在"附件"中没有发现该组件，可通过"添加/删除程序"，添加该 Windows 组件。

3）厂家提供的专用 Console 线（反转线，两头的线序是 12345678 对应 87654321）以及 RJ 45 to DB-9 转换器（线序：RJ 45 端 12345678、DB-9 端 74355268）。如果没有，也可以自己动手用网线制作一条专用线，线的一端是 RJ-45 插头，另一端是 DB-9 插头，线序如下：

```
RJ 45 插头                      串行口 DB9 插头
 1 RTS ——————————CTS 8 DB9
 2 DTR ——————————DSR 6 DB9
 3 TxD ——————————RxD 2 DB9
 4 GND ——————————GND 5 DB9
 5 GND ——————————GND 5 DB9
 6 RxD ——————————TxD 3 DB9
 7 DSR ——————————DTR 4 DB9
 8 CTS ——————————RTS 7 DB9
```

利用 Console 线将计算机的串口与交换机的 Console 口连接，如图 7-3-1 所示连接方式。

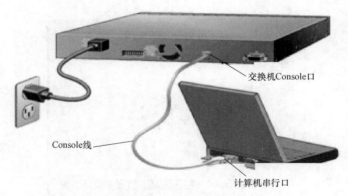

图 7-3-1　计算机与交换机通过 Console 口连接

（2）启用计算机上的 Windows 超级终端。配置计算机连接到交换机后，在计算机上要运行相应的通信程序或管理软件。在各类通信终端仿真程序中，最常用的是"超级终端"。超级终端是 Windows 内置的通信工具，被广泛应用于各种网络设备的配置和管理。

在使用超级终端建立与网络设备通信时，必须先对超级终端进行必要的设置。下面，以 Windows XP 为例，简要介绍操作过程。

第 1 步，依次单击"开始"→"所有程序"→"附件"→"通信"→"超级终端"，显示"连接描述"对话框，如图 7-3-2 所示，给该连接起一个名字并在"名称"框中键入，例如"Cisco"。

图 7-3-2　超级终端"连接描述"对话框

第 2 步，单击"确定"按钮后，显示如图 7-3-3 所示"连接到"对话框。在"连接时使用"下拉列表中选择所使用的串行口，通常为"COM1"。

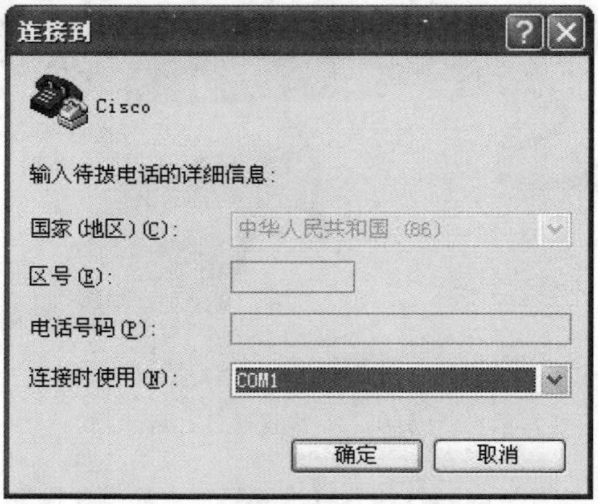

图 7-3-3　超级终端"连接到"对话框

第 3 步，单击"确定"按钮后，显示如图 7-3-4 所示串口"属性"对话框。根据网络设备厂商技术手册中提出的 Console 口参数要求，设置个通信参数。一般情况下，"波特率"选择"9600"，其他各选项统统采用默认值。

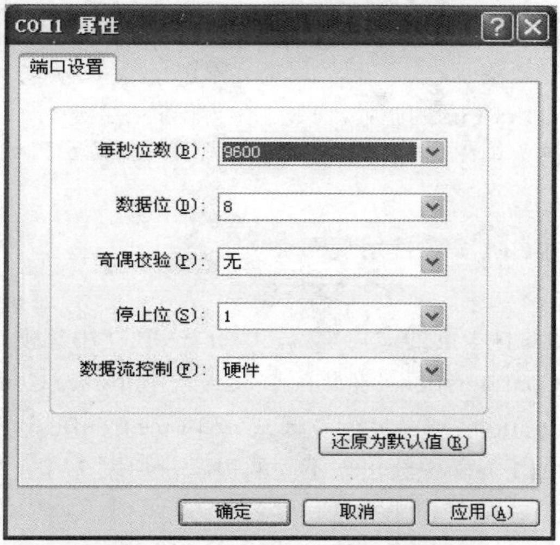

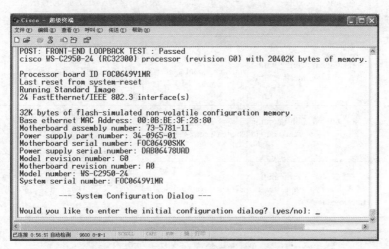

图 7-3-4　超级终端通信参数设置

第 4 步，单击"确定"按钮，显示"超级终端"窗口。

打开网络设备电源后，连续按下计算机的回车键，即可显示该网络设备系统初始化界面。如果网络设备电源已经打开，那么，当连续接下回车键时，将显示用户登录界面。图 7-3-5 所示为 Cisco 2950 交换机初始页面。如果在计算机屏幕上未能显示交换机的启动过程，则可能是通信端口选择错误，需重新配置超级终端。当然，也有可能是 Console 线或连接有问题，应当逐一进行检查。

图 7-3-5　Cisco 2950 交换机启动初始页面

计算机与交换机连接成功之后，就可以用 CLI 命令对交换机进行配置和管理了。

第 5 步，退出超级终端时，计算机会提示"要保存名为 Cisco 的连接吗？"，此时，选择"是"按钮，Windows 系统将把该连接的参数配置保存在"所有程序"→"附件"→"通信"→"超级终端"程序组下，下次使用时，直接选择"超级终端"程序组下的 Cisco.ht"即可。

二、Cisco 交换机 CLI 命令使用规则

1. CLI 命令行模式

Cisco IOS 共包括 6 种不同的命令模式：User EXEC（用户模式）、Privileged EXEC（特权模式）、Global Configuration（全局配置模式）、Interface Configuration（接口配置模式）、VLAN Configuration（VLAN 配置模式）和 Line Configuration（终端配置模式）。当在不同的模式下，CLI 界面中会出现不同的提示符。表 7-3-1 列出了 CLI 命令 6 种模式的用途、提示符、访问及退出方法。

表 7-3-1　　　　　　　　　　CLI 命令模式一览表

模式	进入方法	提示符	退出方法	用途
User Exe	登录后的初始状态	switch>	键入 logout 或 quit	修改终端设置；进行基本测试；显示系统信息
Privileged Exec	在 User Exec 模式下键入 enable 命令；该模式一般设有保护密码	switch#	键入 disable	可使用用户模式下的所有命令；查看、保存设置等配置命令
Global Configuration	在 privileged Exec 模式下键入 configure terminal 命令	switch（config）#	键入 exit 或 end 或按下 Ctrl-Z 组合键，返回至 privileged EXEC 状态	交换机整体参数配置
Interface Configuration	在 Global Configuration 模式下，键入 interface 命令	switch（config-if）#	键入 exit 返回到 Global Configuration 模式；按下 Ctrl-Z 组合键或键入 end，返回到 Privileged Exec 模式	以太端口参数配置
Vlan Configuration	在 Global Configuration 模式下，键入 vlan vlan-id 命令	switch（config-vlan）#	键入 exit 返回到 Global Configuration 模式；按下 Ctrl-Z 组合键或键入 end，返回到 Privileged Exec 模式	设置 VLAN 参数
Line Configuration	在 Global Configuration 模式下，键入 line vty 或 line console 命令	switch（config-line）#	键入 exit 返回到 Global Configuration 模式，按下 Ctrl-Z 或键入 end 返回到 Privileged Exec 模式	为 console 接口或 Telnet 访问设置参数

CLI 各种命令模式之间的关系及进入方法如图 7-3-6 所示。

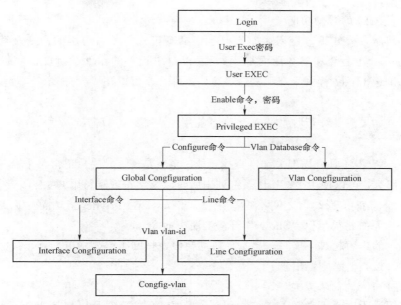

图 7–3–6　CLI 各种命令模式之间的关系及进入方法

CLI 各种命令模式的退出流程如图 7–3–7 所示。

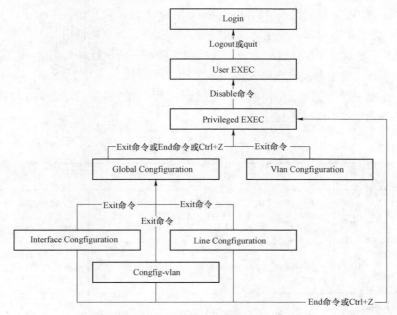

图 7–3–7　CLI 各种命令模式的退出流程

2. 使用 CLI 的帮助功能

在任何命令模式下，键入"？"显示该命令模式下所有可用的命令及其用途。另外，还可以在命令和参数后面加"？"，以寻求相关的帮助。例如，我们想看一下在 Privileged Exec 模式下在哪些命令可用，那么，可以在"#"提示符下键入"？"并回车。

再如，如果想继续查看"Show"命令的用法，那么，只需键入"Show ？"并回车即可。

另外，"？"还具有局部关键字查找功能。也就是说，如果只记得某个命令的前几个字符，那么，可以使用"？"让系统列出所有以该字符或字符串开头的命令。但是，在最后一个字符和"？"之间不得有空格。例如，在 Privileged Exec 模式下键入"Showr？"系统将显示以"Showr"开头的所有命令。

当显示的内容超过一屏时，显示会自动暂停，按回车键显示下一行，按空格键显示下一屏，按其他键则退出。

3. CLI 命令的简略方式

在配置过程中，不必键入完整的命令，只要键入的字符足以与其他命令相区别就可以。使用简略命令，无疑将加快命令的键入速度，例如，当欲键入"show running-config"命令时，只需键入"show run"即可；当欲键入"enable"命令时，只需键入"en"即可；当欲键入"config terminal"命令时，只需键入"conf t"即可。

另外，若要重新显示并使用之前曾经键入的命令，可直接使用"↑"光标键向前翻，即可逐一显示已经执行过的命令，直接回车即可重新执行。

4. 命令行出错信息及处理办法

在使用 CLI 命令行配置交换机时，可能会显示一些出错信息，表 7-3-2 中给出了这些出错信息的含义和解决的方法。

表 7-3-2　　　　　　　　　　命令行出错信息及处理办法

出错信息	含　义	解决办法
% Ambiguous command："show con"	键入的命令太过简略了，以至于与其他命令的前半部分相同，从而导致交换机不能识别和执行。需要键入足够长的字符，以便于交换机能够识别该命令	重新键入该命令，加空格后再键入"？"以显示完整的命令或可用的关键字
% Incomplete command.	没有键入该命令所要求的全部关键字或参数	重新键入该命令，加空格后再键入"？"以显示完整的命令或可用的关键字
% Invalid input detected at `^' marker.	键入的命令不正确，符号^指出了错误所在	键入"？"以显示当前模式下所有可用的命令

5. CLI 界面快捷键及命令行的编辑功能

为了提高工作效率，可使用 CLI 提供的快捷键及命令行编辑功能，如表 7-3-3 所示。

表 7-3-3　　　　　　　　　　CLI 提供的快捷键及命令行编辑功能

功能	快捷键	用　途
光标移动	Ctrl+B 或 →	向左一个字符
	Ctrl+F 或 ←	向右一个字符
	Ctrl+A	移到行首
	Ctrl+E	移到行尾
	Esc B	向后一个字
	Esc F	向前一个字
	Ctrl+T	将光标所在的字符移到光标的左边
重复使用命令	Ctrl+P 或 ↑	上一条命令
	Ctrl+N 或 ↓	下一条命令
召回已删除的输入（交换机仅缓存最后 10 项）	Ctrl+Y	最后一项
	Esc Y	下一项
删除	Delete 或 Backspace	删除光标左边的字符
	Ctrl+D	删除光标所在的字符
	Ctrl+K	删除从光标至行尾的所有字符
	Ctrl+U 或 Ctrl+X	删除从光标至行首的所有字符
	Ctrl+W	删除光标左边的字
	Esc D	删除光标至字尾所有的字符
大小写转换	Esc C	大写光标所在字符
	Esc L	小写光标所在字
	Esc U	大写光标至字尾所有的字符
重新显示被输出信息冲没的当前命令行	Ctrl+L 或 Ctrl+R	显示当前命令行

6. 使用 "no" 和缺省形式的命令

几乎每个配置命令都有相对应的 no 形式的命令。一般说来，no 形式的命令可用来关闭某个功能、撤消某个命令所做的设定或恢复默认值，例如，在使用 "shutdown" 命令关闭了 interface 后，使用 "no shutdown" 命令，则重新开启该 interface；在用 "speed" 命令修改了端口的速率之后，使用 "no speed" 命令可恢复端口的默认速率。

配置命令还可以有其 default 形式，用来恢复默认值。与 no 形式不同的是，对于有多个变量的命令，default 形式的命令可将这些变量都恢复到缺省值。

三、模块、端口、VLAN 编号规则及 MAC 和 IP 地址表示常识

1. 模块和端口的编号规则

在 CLI 命令中，当指定某个端口时，其语法为 mod_num/port_num（模块号/端口号）。例如，3/1 表示位于第 3 个模块上的第 1 个端口。

模块化交换机一般会在插槽位置处标明模块号如图 7–3–8 所示，并在模块上标明端口号。通常情况下，模块的排序为从上到下，顶端为 1；端口的排序从左至右，左侧为 1。同样，固定配置交换机也会标明端口号。需要注意的是，固定配置交换机上的所有端口都默认为位于 0 模块。

图 7–3–8　交换机上的模块号和端口号

在许多命令中必须键入端口列表，使用逗号","（不能插入空格）将各端口号分开，使用连字符"–"可指定端口范围（两个号码之间的所有端口），注意，"–"号前要插入一个空格。在一个端口列表中，既可以有单个的端口，也可以有连续的端口，连字符优先于逗号。

指定端口或端口范围示例如下：

2/1	指定模块 2 上的端口 1
3/4 –8	指定模块 3 上的端口 4 至端口 8
5/2，5/4，6/10	指定模块 5 上的端口 2 和端口 4，及模块 6 上的端口 10
3/1 –3，4/8	指定模块 3 上的端口 1 至端口 3，及模块 4 上的端口 8

2. VLAN 的编号规则

在 VLAN 加上一个数字即为 VLAN–ID，用于识别 VLAN。在指定 VLAN 列表时，使用逗号","（不能插入空格）可指定一个个单独的 VLAN，使用连字符"–"可指定 VLAN 范围（两个号码之间的所有 VLAN）。指定 VLAN 或 VLAN 范围的示例如下：

10	指定 VLAN 10
2，5，8	指定 VLAN2、VLAN5 和 VLAN8

2–9，12　　　　　　　　指定 VLAN2 到　　VLAN9 及 VLAN12

3. MAC 地址表示

在命令中指定 MAC 地址时，必须是以连字符分开的 6 个十六进制标准格式，如：00–00–e8–66–86–b7。

4. IP 地址表示

在命令中指定管理地址时，必须使用点分十进制格式，如：192.168.8.80。

在命令中指定子网掩码时，可以使用点分十进制格式，也可以采用数字方式直接表示掩码的位数，如：255.255.255.0，也可直接表示为 24。

四、交换机的初始配置

交换机初始启动出现图 7–3–5 所示的提示，键入"no"，回车后出现提示符 Switch>，表示进入了 CLI 的用户模式。此时，可以开始对交换机进行初始配置了。

交换机的初始配置的主要项目有：交换机命名和 IP 地址信息；修改交换机的管理密码。配置前要确定交换机的名称和管理 IP 地址，还要确定 Enable secret 密码或 Enable 密码、Telnet 密码。具体的配置步骤如下：

第 1 步，进入全局配置模式

Switch>

Switch>enable　　　　　　　　//进入特权模式

Switch#　　　　　　　　　　　//特权模式提示符

Switch#config terminal　　　　//进入全局配置模式

Enter configuration commands，one per line.　End with CNTL/Z.　//提示信息

第 2 步，修改交换机的名称

Switch（config）#hostname s1　　//将交换机的名字改为 S1。交换机默认的名称为 Switch，当有多台交换机时，为了维护和管理的方便，可为每台设备取不同的名称。

s1(config)#　　　　　　　　　//提示符变为新的名称

s1(config)#hostname Switch　　//在本教材中，为便于参考，改回默认名称

Switch(config)#

第 3 步，设置进入特权模式密码

Switch(config)#enable secret cisco　//密码设为 cisco 并且被加密，默认值为空。

第 4 步，设置 Telnet 访问密码

Switch(config)#line vty 0 ?　　　//查询交换机支持的虚拟终端的数量

<1–15>　Last Line number

<cr>

Switch(config)#line vty 0 15　　　// vty 0 15 表示 Telnet 虚拟终端 0 到虚拟终端

15，共 16 个虚拟终端

Switch(config–line)#password cisco

Switch(config–line)#login   //以上将 vty 0 15 的密码设为 cisco

Switch(config–line)#exit

Switch(config)#

第 5 步，配置管理地址

如果交换机允许通过 Telnet 进行访问，就需要在交换机上配置一个 IP 地址。交换机的管理 VLAN 默认为 VLAN1，因此，管理地址要 VLAN1 上配置。

Switch(config)#interface vlan 1   //进入 VLAN1 中

Switch(config–if)#ip address 172.16.0.1 255.255.0.0   //指定 IP 地址和子网掩码

Switch(config–if)#no shutdown   //开启交换机管理接口

Switch(config–if)#ip default–gateway 172.16.0.254   //为了使其他网段上的交换

机也能 Telnet 该交换机，在交换机上设置默认网关

Switch(config–if)#

第 6 步，返回特权模式

Switch(config)#exit

第 7 步，校验所做的配置

Switch#show running–config

第 8 步，保存配置。如果不保存，在交换机重新启动时，修改的配置将被丢失

Switch#copy running–config startup–config

Destination filename [start–config]? y   //键入 y，或直接按回车键确认

1377 bytes copied in 1.816 secs (1377 bytes/sec)   //表示保存成功

五、交换机的端口配置

对于交换机的以太网端口可以设置传输速率和双工模式。为了便于实现对端口的远程管理，可为每个端口都键入描述文字。为提高效率，可以将若干端口指定为端口组，从而将相关配置一次应用于该端口组内的所有端口。

1. 端口基本配置

端口基本配置包括设置速率、全双工模式和端口描述。

第 1 步，进入全局配置模式

Switch#configure terminal

第 2 步，选择要配置的端口，进入接口配置模式

Switch(config)#interface interface–id   // interface–id 表示端口编

号，如 f0/1 为第一个 100M 端口

第 3 步，设置接口速率

Switch(config–if)#Speed [10 | 100 | 1000 | auto]　　　　//单位为 Mbit/s，

第 4 步，设置双工模式

Swjtch(config–if)#duplex [auto | full | half]　　　　//full 表示全双工，half 表示
半双工，auto 表示自动检测

第 5 步，为端口添加文字描述

Switch(config–if)#description string

第 6 步，返回特权模式

Switch(config–if)#end

第 7 步，校验所做的配置

Switch#show interfaces interface–id

Switch#show interfaces interface–id description

第 8 步，保存配置

Switch#copy running–config start–config

2. 配置流控制

流控制只适用于 1000Base–T、1000Base–SX 和 GBIC 千兆端口。在端口启用流控
制后，当端口处于拥塞状态、无法接收数据流时，将发送一个暂停帧，通知其他端口
暂停发送，直到恢复正常状态。其他设备收到暂停帧后，将停止发送任何数据包，以
防止在拥塞期内丢失数据包。当在交换机配置有 QoS（Quality of Service）时，就不再
需要配置 IEEE 802.3X 流控制。

第 1 步，进入全局配置模式

Switch#configure terminal

第 2 步，选择要配置的端口，进入接口配置模式

Switch(config)#interface interface–id

第 3 步，设置端口的流控制

Switch(config–if)#flowcontrol {receive | Send} {on | off | desired}

第 4 步，返回特权模式

Switch(config–if)#end

第 5 步，检查所做的配置

Switch#show interfaces interface–id

第 6 步，保存配置

Switch#copy running–config start–config

六、恢复 Cisco 交换机的出厂设置

为了便于做实验,有时需要清空交换机上的所有配置,即恢复到出厂设置,可以使用下列命令,但对实际运行的设备应特别慎重!

交换机中的 VLAN 信息存放在单独的文件 flash:/vlan.dat 中,因此,如果要完全清除交换机的配置,除了使用"erase startup-config"命令外,还要使用"delete flash:/vlan.dat"命令把 VLAN 数据删除。

恢复交换机出厂设置的步骤如下:

Switch>enable

Switch#delete flash:/vlan.dat   //清除 VLAN 配置数据

Delete filename [vlan.dat]?   //确认,按回车键

Delete flash:/vlan.dat? [confirm]   //确认,按回车键

Switch#erase startup-config   //清除配置

Erasing the nvram filesystem will remove all files! Continue? [confirm]

//确认,按回车键

[OK]

Erase of nvram:complete

Switch#reload   //重新启动

七、Telnet 的使用方法

Telnet 协议是一种网络访问协议,可以用它登录到远程计算机、网络设备或专用 TCP/IP 网络。Windows 98 及其以后的 Windows 版本都内置有 Telnet 客户端程序。

在使用 Telnet 访问网络设备前,应当确认已经做好以下准备工作。

(1)在用于管理的计算机中安装有 TCP/IP 协议,并配置好了 IP 地址信息。

(2)在被管理的网络设备上已经配置好 IP 地址信息。如果尚未配置 IP 地址信息,则必须通过 Console 端口进行设置。

(3)在被管理的网络设备上建立了具有管理权限的用户账户。如果没有建立新的账户,则 Cisco 网络设备默认的管理员账户为"Admin"。

在计算机上运行 Telnet 客户端程序,并登录至远程网络设备。

第 1 步,依次单击"开始→运行",键入 Telnet 命令:telnet ip_address

其中,ip_address 表示被管理网络设备的 IP 地址。

第 2 步,单击"确定"按钮,或单击回车键,建立与远程网络设备的连接。

第 3 步,根据实际需要对该交换机进行相应的配置和管理。

【思考与练习】

1. 如果需要制作一条 Console 线，两端的线序应如何排列？

2. 简述 Cisco 交换机基本配置的项目有哪些。

3. 简述如何恢复 Cisco 交换机的出厂设置？

▲ 模块 4　交换机生成树配置（Z38G1004 Ⅱ）

【模块描述】本模块包含交换机生成树配置。通过对以太网交换机循环问题、STP 生成树协议功能和配置操作的介绍，掌握交换机生成树配置、避免以太网交换机循环的方法。

【模块内容】

一、生成树 STP 协议基础知识

1. 以太网交换循环问题的产生

在网状拓扑结构的局域网络中，由于交换机之间的链路存在着物理环路，使得一个以太数据帧在交换机之间不断来回传递，带来交换循环问题。例如在图 7-4-1 所示的外网络中，当交换机 A 从服务器上收到一个广播帧后会将该数据帧从其他端口上转发出去，交换机 B 收到后会广播给交换机 C，交换机 C 收到后又广播给交换机 A，交换机 A 会再次把该数据帧广播出去……，这样，一个数据帧在三个交换机之间无休止地循环传递下去。交换循环会造成网络中出现广播风暴、多帧复制、网络阻塞及 MAC 地址表的不稳定等问题，严重影响网络的正常运行。

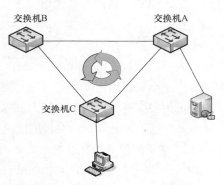

图 7-4-1　以太网交换循环

2. STP 协议的功能

IEEE802.1D 国际标准的生成树协议（Spanning–Tree Protocol，STP）也称为分支树协议，是一种链路管理协议，用来避免交换循环。STP 的实现方法是通过阻断一些交换机的接口，将物理上的网状网变成逻辑上的树状结构，使网络中任意两个主机之间在某一时刻只有一条有效转发路径。当网络中节点之间存在多条路径时，生成树算法可以计算出最佳路径。

STP 协议不但可以消除交换循环，而且使得在交换网络中通过配置冗余备用链路来提高网络的可靠性成为可能。例如在图 7-4-1 所示的网络中，正常情况下，STP 协

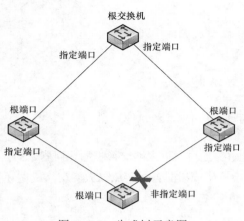

图 7-4-2 生成树示意图

议会阻断交换机 B 与交换机 C 之间的链路；当交换机 A 与交换机 B 之间的链路中断时，STP 协议会重新进行计算，自动恢复交换机 B 与交换机 C 之间的链路，从而使得交换机 B 与其他交换机的连接不会中断。

3. STP 协议的工作原理

STP 协议允许交换机利用网桥协议数据单元（Bridge Protocol Data Unit，BPDU）组播帧定期（默认为 2s）与其他交换机交换配置信息，以发现网络物理环路。为了在网络中形成一个没有环路的逻辑拓扑，网络中的交换机通过选出根交换机、每台交换机的根端口和指定端口，来决定该阻断的接口，如图 7-4-2 所示。

二、STP 协议的工作过程如下

1. 在网络的交换机当中选择出根交换机

每台交换机都拥有一个 64 位二进制数的 ID。交换机 ID 由两部分组成：前面 16bit 是人为设定的优先级，默认为 32768；后面 48bit 为交换机的 MAC 地址。交换机 ID 的数值越小其优先级就越高，各交换机之间相互比较 ID 的大小，选举 ID 数值最小的交换机为根交换机。根交换机上的端口都是指定端口，都允许转发数据帧。在单一广播域（二层）中只能有一个根网交换机。

2. 在所有的非根交换机上选择出根端口

选出了根交换机后，其他的交换机自然就成为非根交换机了。每台非根交换机上都要选举一条到根交换机的根路径。STP 使用路径 Cost 来决定到达根交换机的最佳路径（Cost 是累加的，带宽大的链路 Cost 低），最低 Cost 值的路径就是根路径，该接口就是根端口；如果 Cost 值一样，则根据端口 MAC 地址的大小选举根端口。根端口也是距离根交换机最近的端口，根端口允许转发数据帧。

3. 在所有的链路上选择出指定端口

选举了根端口后，在每条链路上还要选择出指定端口。在一条链路上，距离根交换机最近的端口就是指定端口，指定端口允许转发数据帧。

最后，在非根交换机上剩下的即不是跟端口、也不是指定端口的端口被确定为非指定端口。非指定端口不允许转发数据帧，但可以接收 BPDU。这样网络就构建出了一棵没有环路的转发树。

当网络的拓扑发生变化时，网络会从一个状态向另一个状态过渡，重新打开或阻断某些接口。交换机的端口要经过几种状态：禁用（Disable）、阻塞（Blocking）、监听状态（Listening）和学习状态（Learning），然后是到转发状态（Forwarding）。非指定端口处于丢弃（Discarding）状态。

（1）VLAN 与 STP 协议。因为每个 VLAN 在逻辑上都是一个 LAN，STP 协议会为每个 VLAN 分别构建一棵 STP 树（Per Vlan STP，PVST），这样的好处是每个 VLAN 可以独立地控制哪些接口可转发数据，从而实现负载平衡。PVST 的缺点是，如果 VLAN 数量很多，会给交换机带来沉重的负担。Cisco 交换机默认的模式就是 PVST。

（2）STP 协议的改进。IEEE 802.1d 是最早关于 STP 的标准，其存在的不足之处是重新收敛时间较长，通常需要 30～50s。为了减少这个时间，逐步引入了一些补充技术，例如：Uplinkfast 和 Backbonefast 等。

Portfast 使得以太网接口一旦有设备接入，就立即进入转发状态，如果接口上连接的是主机或其他不运行 STP 的设备，是非常合适的。

Uplinkfast 则经常用在接入层交换机上，当它连接到主干交换机的主用链路故障时，能立即切换到备份链路上，而不需要经过 30s 或者 50s。Uplinkfast 只需要在接入层交换机上配置即可。

Backbonefast 则主要用在主干交换机之间，当主干交换机之间的链路上有故障时，可以比原有的 50s 少 20s 就切换到备份链路上。Backbonefast 需要在全部交换机上配置。

（3）STP 防护。STP 协议并没有什么措施对交换机的身份进行认证。在稳定的网络中，如果接入非法的交换机，将可能给网络中的 STP 树带来灾难性的破坏。有一些简单的措施来保护网络，虽然这些措施显得软弱无力。Root Guard 特性将使得交换机的接口拒绝接收比原有根交换机优先级更高的 BPDU。而 BPDU Guard 主要是和 Portfast 特性配合使用，Portfast 使得接口一有计算机接入就立即进入转态，然而，万一这个接口接入的是交换机，就很可能造成环路。BPDU Guard 可以使得 Portfast 接口一旦接收到 BPDU，就关闭该接口。

下面，我们以 Cisco 交换机为例，来介绍 STP 协议的配置。

4. STP 协议的配置

在所有 Cisco 交换机上一般是默认开启的，在所有 2 层端口上启用生成树协议，不经人工干预即可正常工作。但这种自动生成的方案可能导致数据传输的路径并非最优化。因此，可以通过人工设置交换机 ID 优先级的方法影响生成树的生成结果。只有配置得当，才能得到最佳的方案。

（1）检查交换机自动生成的初始 STP 树。在特权模式下使用"show spanning-tree"命令查看交换机 SPT 摘要信息：

Switch#show spanning-tree

VLAN0001   //以下为屏幕显示的信息
Spanning tree enabled protocol ieee   //运行的 STP 协议为 IEEE 的 802.1D
Root ID   Priority   1   //根交换机的信息
Address   0004.dc28.4001
Cost   20
Port 24 (FastEthernet0/24)
Hello Time   2 sec   Max Age 20 sec   Forward Delay 15 sec
Bridge ID   Priority   32769 (priority 32768 sys–id–ext 1)   //该交换机的 ID
Address   000b.be3f.2880
Hello Time   2 sec   Max Age 20 sec   Forward Delay 15 sec
Aging Time   300
//以下为交换机各端口的状态
Interface   Port ID   Designated   Port ID
Name   Prio.Nbr   Cost Sts   Cost   Bridge ID   Prio.Nbr
———————   ————————————   —— ——————   ————————————   ————————

Fa0/24   128.24   19 FWD   1   32768   0014.c7fc.a761   128.14

（2）人为控制根交换机及指定端口的选择。在网络中通常是由各交换机根据 STP
协议的规则自动选择根交换机及指定端口，但也可以根据实际需要人为进行设置。但
要注意：根交换机通常应该是汇聚层或核心层交换机，不要将接入层的交换机设置为
根交换机。

通过"show spanning–tree"命令可以查看 SPT 树的信息后，通过设置交换机 ID
的优先级，可以指定哪个交换机为根交换机。各 VLAN 可以分别设置，使用不同的交
换机作为根交换机。ID 的优先级通常为 4096 的整数倍，数值越高优先级就越低。假
设网络中交换机 ID 的最高优先级为 4096，要设定交换机 1 作为 VLAN2 的根交换机，
交换机 2 作为 VLAN3 的根交换机，设置步骤如下：

1）在交换机 1 上配置。

第 1 步，进入全局配置模式

Switch#configure terminal

第 2 步，设置 VLAN1 的 ID 优先级

Switch(config)#spanning–tree vlan 2 priority 4096

第 3 步，返回特权模式

Switch(config)#end

第 4 步，检查配置

Switch#show spanning–tree

第 5 步，保存 VLAN 配置

Switch#copy running–config startup–config

2）在交换机 2 上配置。

第 1 步，进入全局配置模式

Switch#configure terminal

第 2 步，设置 VLAN2 的 ID 优先级

Switch(config)#spanning–tree vlan 3 priority 4096

第 3 步，返回特权模式

Switch(config)#end

第 4 步，检查配置

Switch#show spanning–tree

第 5 步，保存 VLAN 配置

Switch#copy running–config startup–config

同样道理，使用"spanning–tree vlan vlan–number priority"命令，通过修改交换机 ID 的优先级数值，可以人为地控制指定端口的选择。

5. 配置 Portfast

对于连接计算机的以太端口，当计算机接入时，端口首先进入侦听（Listening）状态，随后进入学习（Learning）状态，最后才能进入转发（Forwarding）状态，整个过程需要 30s 的时间，这对于有些应用来说太慢了。通过设置 Portfast 特性，可使得计算机一经接入，端口就立即进入转发状态。只能在连接计算机的接口启用 Portfast，配置步骤如下：

第 1 步，进入全局配置模式

Switch#configure terminal

第 2 步，指定要配置的端口

Switch(config)#interface interface–id

第 3 步，将该端口设置为 Portfast

Switch(config–if)#spanning–tree portfast

第 4 步，返回特权模式

Switch(config)#end

第 5 步，检查配置

Switch#show running–config

第 6 步，保存配置

Switch#copy running−config startup−config

使用"no spanning−tree portfast"命令可以关闭该端口的 Portfast 特性。

6. 配置上行端口 Portfast

汇聚层和接入层的交换机通常都至少有一条冗余链路被 STP 阻塞，以避免环路。当交换机检测到转发链路失效时，会启用被阻塞的上行端口。同上一节所述，上行端口经过侦听、学习最后进入到转发状态也需要大约 30s 的时间。使用端口的 Uplinkfast 特性，可使阻断的上行端口直接进入到转发状态。上行端口 Portfast 配置步骤如下：

第 1 步，进入全局配置模式

Switch#configure terminal

第 2 步，指定要配置的端口

Switch(config)#interface interface−id

第 3 步，将该端口设置为 Portfast

Switch(config−if)#spanning−tree uplinkfast

第 4 步，返回特权模式

Switch(config)#end

第 5 步，检查配置

Switch#show running−config

第 6 步，保存配置

Switch#copy running−config startup−config

使用"no spanning−tree uplinkfast"命令可以关闭该端口的 uplinkfast 特性。

7. 配置主干链路 Backbonefast

Backbonefast 主要用在主干交换机之间，当主干交换机之间的链路故障时，Backbonefast 特性可以减少切换到备份链路上所需要的时间。与 uplinkfast 设置不同的是，uplinkfast 只需要在一台交换机上设置，而 backbonefast 需要在全部交换机上进行配置。配置步骤如下：

第 1 步，进入全局配置模式

Switch#configure terminal

第 2 步，该交换机上启用 backbonefast

Switch(config−if)#spanning−tree backbonefast

第 3 步，返回特权模式

Switch(config)#end

第 4 步，检查配置

Switch#show spanning−tree

第 5 步，保存配置

Switch#copy running–config startup–config

使用"no spanning–tree backbonefast"命令可以关闭该交换机的 backbonefast 特性。

【思考与练习】

1. STP 协议防止环路产生的原理是什么？

2. 在交换机上是否一定要进行 STP 协议的配置？

3. 要人为控制根交换机的建立以及指定端口的选择，如何进行配置？

◢ 模块 5 交换机 VLAN 配置（Z38G1005 Ⅱ）

【模块描述】本模块包含交换机 VLAN 配置。通过对交换机上创建 VLAN、删除 VLAN 操作步骤的介绍，掌握交换机 VLAN 配置和调试的方法。

【模块内容】

一、VLAN 的基础知识

VLAN（虚拟局域网）是一种将一个局域网划分为多个虚拟的局域网的技术，也可以看作是将一个局域网划分为一个个逻辑意义上的网段。VLAN 技术将一个物理的 LAN 逻辑地划分成不同的广播域，VLAN 内部的广播、单播流量不会被转发到其他 VLAN 中，有助于控制网络流量、提高网络的传输效率和可靠性。由于 VLAN 是逻辑地而不是物理地划分，所以同一个 VLAN 内的各个端口无须限制在同一个物理空间里。

1. VLAN 的作用

交换机是链路层设备，具备根据数据帧中目的 MAC 地址进行转发的能力，在收到广播报文或未知单播报文（报文的目的 MAC 地址不在交换机 MAC 地址表中）时，会向除报文入端口之外的所有端口转发。当网络内计算机数量增多时，广播的数量也会急剧增加，网络中的主机会收到大量并非以自身为目的地的报文，当广播包的数量占到通信总量的 30% 时，会造成大量的带宽资源的浪费，网络的传输效率将会明显下降。为解决交换机在 LAN 中无法限制广播的问题，通常采用划分虚拟局域网的方式将网络分隔开来，即采用 VLAN（Virtual Local Area Network，虚拟局域网）技术将一个大的广播域划分为若干个小的广播域，以减少广播对网络性能造成的影响。VLAN 技术可以使我们很容易地控制广播域的大小。

VLAN 是交换机端口的逻辑组合，一个 VLAN 可以局限在一个交换机内，也可以跨越若干台交换机。

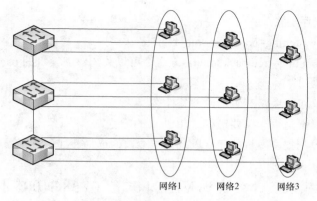

网络1　　网络2　　网络3

图 7-5-1　VLAN 划分示意图

2. VLAN 数据帧的格式

要使交换机能够分辨不同 VLAN 的报文,需要在报文中添加标识 VLAN 的字段。由于交换机工作在第二层,只能对报文的数据链路层封装进行识别。因此,如果添加识别字段,也需要添加到数据链路层封装中。IEEE 于 1999 年颁布了用以标准化 VLAN 实现方案的 IEEE 802.1Q 协议标准草案,对带有 VLAN 标识的报文结构进行了统一规定。

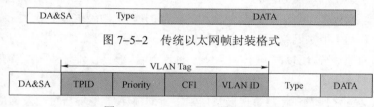

图 7-5-2　传统以太网帧封装格式

图 7-5-3　VLAN Tag 的组成字段

其中,TPID 用来标识本数据帧是带有 VLAN Tag 的数据,长度为 16bit 如图 7-5-3 所示。

Priority 表示 802.1P 的优先级,长度为 3bit。

CFI 字段标识 MAC 地址在不同传输介质中是否以标准格式进行封装,长度 1bit。

VLAN ID 标识该报文所属 VLAN 的编号,长度为 12bit。

3. VLAN 的优点

VLAN 工作在 OSI 网络参考模型的第 2 层,一个 VLAN 就是一个广播域,VLAN 之间的通信是通过第 3 层路由器来完成的。VLAN 具有如下优点:

(1)将一个大的网络划分为若干小的子网络后,广播被限制在一个 VLAN 之内,一个 VLAN 上的广播不会扩散到另一个 VLAN,从而减少了广播对网络性能的影响,提高了网络的传输效率。

（2）增强了网络的安全性。VLAN 间不能直接通信，即一个 VLAN 内的主机无法直接访问另一个 VLAN 内的资源，从而控制用户对敏感数据的访问。

（3）简化了网络配置。使用 VLAN 可以划分不同的用户到不同的虚拟工作组中，当用户的物理位置在 VLAN 覆盖范围内移动时，管理员只需几条命令即可，不需改变其网络的配置。

4. 交换机端口划分 VLAN 的方法

交换机端口设定在哪个 VLAN 上的常用方法有：

（1）基于端口的划分：管理员人工设置各端口分别属于哪一个 VLAN。

（2）基于 MAC 地址的划分：交换机根据主机的 MAC 地址，决定其属于哪一个 VLAN。

交换机通常可以划分 1005 个 VLAN，取值范围为 1～1005。默认情况下所有端口都属于 VLAN1，VLAN1 用于管理本交换机，并且不可删除。在二层交换机中可以对 VLAN 设置 IP 地址，但对以太网端口不能设置 IP 地址。

下面，我们以 Cisco 交换机为例，来介绍配置的 VLAN 的配置。

二、Cisco 交换机 VLAN 配置

在交换机上配置 VLAN 需要两个步骤，首先要创建 VLAN，然后再将交换机的端口指定到特定 VLAN。

1. 创建 VLAN

第 1 步，进入全局配置模式

Switch#configure terminal

第 2 步，进入 VLAN 配置模式，输入 VLAN 编号

Switch(config)#vlan vlan–id   //如果是一个新的 vlan–id，则交换机会自动创建这个 VLAN，如果是已经存在的 vlan–id，则进入该 VLAN 的修改模式

第 3 步，为 VLAN 命名（可选）

Switch(config–vlan)#name vlan–name   //如果不为 VLAN 命名，默认在 vlan–id 前添加数个 0 作为 VLAN 名称。例如，VLAN0002 是 VLAN 2 的默认命称

第 4 步，返回特权模式

Switch(config–vlan)#end

第 5 步，检查配置

Switch#show vlan [id vlan–id | name vlan–name]

第 6 步，保存 VLAN 配置

Switch#copy running–config start–config

2. 将端口指定到 VLAN 中

默认情况下，交换机的所有端口都在 VLAN1 上，将端口划分到其他 VLAN 的步骤如下：

第 1 步，进入全局配置模式

Switch#configure terminal

第 2 步，指定要配置的端口

Switch(config)#interface interface-id

第 3 步，将该端口设置为 access 模式

Switch(config-if)#switchport mode access

第 4 步，将该接口添加至指定的 VLAN

Switch(config-if)#switchport access vlan vlan-id

第 5 步，返回特权模式

Switch(config-if)#end

第 6 步，显示并校验该接口当前的配置

Switch#show interface interface-id

第 7 步，保存 VLAN 配置

Switch#copy running-config start-config

若要将多个端口指定至同一个 VLAN，必须重复执行上述命令。也可采用端口组的方式，一次将多个端口指定至同一个 VLAN。例如，要将第 2 到第 8 个以太口制定到同一个 VLAN，可在上述第 2 步中使用命令：

Switch(config)#interface range f0/2 -8

注意，"-"号前要插入一个空格。

3. 清除端口配置

将接口恢复为默认值，即可清除该接口的所有配置。

第 1 步，进入全局配置模式

Switch#configure terminal

第 2 步，清除端口上的所有配置

Switch(config)#default interface interface-id

第 3 步，返回特权模式

Switch(config)#end

第 4 步，保存对配置的修改

Switch#copy running-config startup-config

4. 删除 VLAN

使用 "no vlan" 命令删除 VLAN，例如，删除第 2 个 vlan，使用 "no vlan 2" 命令即可。VLAN1 是不能删除的。删除某一 VLAN 后，要把该 VLAN 上的端口重新划分到其他 9LAN 上，否则将导致端口的 "消失"。

第 1 步，进入全局配置模式

Switch#configure terminal

第 2 步，删除 VLAN

Switch(config)#no vlan vlan– id

第 3 步，返回特权模式

Switch(config)#end　　　// VLAN 数据库自动更新

第 4 步，校验 VLAN 的修改

Switch#show vlan brief

第 5 步，保存对配置的修改

Switch#copy running–config start–config

【思考与练习】

1. 什么是 VLAN？划分 VLAN 有什么好处？

2. 简述在 Cisco 交换机上划分 VLAN 的步骤。

3. 交换机的端口有时为什么会 "消失"？

模块 6　交换机端口 trunk 属性及 VTP 配置 （Z38G1006 Ⅱ）

【模块描述】本模块包含交换机端口 trunk 属性及 VTP 配置。通过对 VLAN 中继、VTP 协议基本概念及配置操作步骤的介绍，掌握交换机 VLAN 中继和 VTP 协议的配置方法。

【模块内容】

当一个 VLAN 跨越多个交换机时，为了连接在不同交换机上但属于同一个 VLAN 的计算机之间进行通信，需要把用于交换机之间互联的端口设置为 Trunk。同时，多个 VLAN 可以使用同一条物理链路传送 VLAN 内的数据。

1. VLAN Trunk 工作原理

交换机从某 VLAN（例如 VLAN2）的一个端口上接收到数据帧后，会在数据帧中加上一个标记（TAG），表明该数据帧是属于 VLAN2 的，然后再通过 Trunk 端口发送出去，到了对方交换机，交换机会将该标记去掉，只将该数据帧转发到属于 VLAN2

的端口上,从而完成了跨越交换机的 VLAN 内部数据传输。

VLAN Trunk 标记有 ISL 和 802.1Q 两种标准。ISL 是 Cisco 专有技术,802.1Q 则是 IEEE 国际标准,除了 Cisco 两者都支持外,其他厂商只支持 802.1Q。

2. VLAN Trunk 的配置和端口的自动协商

交换机互联的端口之间是否构成 Trunk 可以通过自动协商来确定。端口协商采用 DTP 协议(Dynamic Trunk Protocol),DTP 还可以协商 Trunk 链路的封装类型。

3. Cisco 交换机以太端口支持下列三种链路工作模式

(1)Access 模式:该端口只能属于 1 个 VLAN,一般用于连接计算机。

(2)Trunk 模式:端口可以属于多个 VLAN,可以接收和发送多个 VLAN 的报文,一般用于交换机之间的连接。当设置为 Trunk 模式时,还要设置该端口是否使用自动协商(negotiate)进程。

(3)Dynamic 模式,即动态协商模式:当设为 Dynamic desirable 时,端口主动变为 Trunk 模式,如果对方接口为 Trunk、Dynamic desirable 或 Dynamic auto 时,对方端口也将工作在 Trunk 模式。

当设为 Dynamic auto 时,该接口处于被动协商地位,如果对方接口为 Trunk 或 Dynamic desirable 时,则协商成功,双方端口都将工作在 Trunk 模式。

DTP 协商的结果如表 7–6–1 所示,其中"√"表示 Trunk 构建成功。

表 7–6–1   DTP 协商的结果一览表

工作模式	negotiate	desirable	auto	nonegotiate
negotiate	√	√	√	√
desirable	√	√	√	×
auto	√	√	×	×
nonegotiate	√	×	×	√

默认状态下,以太网端口接口自动处于 Access 模式。用 switchport mode 命令可以把一个以太网端口在三个模式之间切换。

4. VLAN 配置和管理的自动化

在一台或几台交换机上配置 VLAN 的工作量不是很大,但是,在大型企业网环境中,要对数量很多的交换机进行 VLAN 配置和管理就很复杂了,并且容易出错。为了解决这一问题,Cisco 开发了管理 VLAN 的协议——VTP 协议(VLAN Trunk Protocol)。

VTP 提供了一种用于在交换机上管理 VLAN 的方法,该协议使得我们可以在一台或几台交换机上创建、修改和删除 VLAN,VLAN 信息通过 Trunk 链路自动扩散到其他交换机上。任何参与 VTP 的交换机都可以接受这些修改，所有的交换均都保持相同的 VLAN 信息，从而大大减轻了网络管理人员配置交换机的负担。

需要注意是，VLAN 定义虽然可以自动传播到其他交换机上，但 VLAN 成员仍然需要在每一台交换机上逐个进行配置。

（1）VTP 协议中的两个重要概念。VTP 管理域（VTP Domain），由多台共享 VTP 域名的相互接连的交换机组成，每个参与 VTP 过程的交换机必须有一个共同的 VTP 域名、VTP 域密码，只有 VTP 域名、VTP 域密码完全相同的交换机之间才会互相转发 VLAN 的定义信息。要使用 VTP，就必须为每台交换机指定 VTP 域名。VTP 信息只能在 VTP 域内传送，一台交换机可属于并且只属于一个 VTP 域。

VTP 通告：在交换机之间用来传递 VLAN 信息的数据包称为 VTP 通告，VTP 通告只通过 VLAN1 和中继端口传递。VTP 通告是以组播帧的方式发送的，VTP 通告中有一个字段称为修订号（Revision），初始值为 0。只要在 VTP Server 上创建、修改或删除 VLAN，通告的 Revision 的值就增加 1，通告中还包含了 VLAN 的变化信息。需要注意的是：高 Revision 的通告会覆盖低 Revision 的通告，而不管发送者是：Server 还是 Client。交换机只接受比本地保存的 Revision 号更高的通告，如果交换机收到比自己的 Revision 号更低的通告，会用自己的 VLAN 信息反向覆盖。

（2）交换机的 VTP 工作模式。交换机有 3 种 VTP 工作模式：服务器模式、客户机模式、透明模式。

1）服务器模式（server）：工作在服务器模式下的交换机可以创建 VLAN、删除 VLAN、修改 VLAN 参数。同时还有责任发送和转发 VLAN 更新消息。当在服务器模式交换机上进行了 VLAN 更改操作后，会将修订号加 1，向其他交换机发送包含新的 VLAN 配置的 VTP 通告。当处于服务器模式的其他交换机收到了比自己的 VTP 配置修订号更高的 VTP 广播时，会更新自己的 VLAN 数据库信息。在服务器模式的交换机上配置的 VLAN 信息会被存储在非易失性 RAM——NVRAM 中。因此，当交换机重新启动后，关于 VLAN 的配置信息并不会丢失。默认情况下，Catalyst 交换机处于 VTP 服务器模式。每个 VTP 域必须至少有一台服务器，域中的 VTP 服务器可以有多台。

2）客户机模式（client）：工作在客户机模式下的交换机不能创建 VLAN、删除 VLAN、修改 VLAN 参数（不能做任何更改 VLAN 设置的操作）它只能接收服务器模式交换机传来的 VLAN 配置信息。同时，客户机模式下的交换机也有责任转发 VLAN 更新消息。当处于客户机模式下的交换机收到了比自己的 VTP 配置修订号更高的 VTP 通告时，会更新自己的 VLAN 数据库信息。客户机模式的交换机收到的 VLAN 配置信息并不被永久保存。当交换机重新启动后，关于 VLAN 配置的信息都将丢失。实际上，工作在客户模式下的交换机一旦重新启动后，会立刻开始发出 VLAN 配置信息请求数据包以获得当前的 VLAN 配置信息。

3）透明模式（transparent）：如果网络中的某些交换机需要单独配置 VLAN，可以将这些交换机设置成透明模式。工作在透明模式下的交换机可以创建 VLAN、删除 VLAN、修改 VLAN 参数。这些关于 VLAN 配置的信息并不向外发送，也不根据接收到的 VTP 通告信息更新和修改自己的 VLAN 数据库。但是，透明模式下的交换机也有责任转发收到的 VLAN 更新消息。透明模式的交换机上配置的 VLAN 信息会被存储在非易失性 RAM——NVRAM 中。因此，当交换机重新启动后，关于 VLAN 的配置信息并不会丢失。

需要特别注意的是，通常每隔 300s，VTP 通告就会被泛洪到整个 VTP 域。每个收到 VTP 通告的交换机（透明模式的交换机除外），如果自身的配置修订号较低，则需要同步自己的 VLN 数据库。而这种同步采用的是覆盖式的同步方法，即首先完全删除自己的 VLAN 配置，然后再完全接收新的 VLAN 信息。

下面，我们以 Cisco 交换机为例，来介绍 VLAN Trunk、DTP 端口协商和 VTP 协议的配置。

配置 VLAN Trunk

（1）配置 Trunk 端口。

第 1 步，进入全局配置模式

Switch#configure terminal

第 2 步，指定要配置的接口

Switch(config)#interface interface-id

第 3 步，设置 Trunk 数据帧封装类型

Switch(config-if)#switchport trunk encapsulation dot1q   //封装类型为 802.1Q，同一链路的两端类型要相同。有的交换机，如 2950 只能封装为 802.1Q，则无需设置。

第 4 步，将端口设置为 Trunk

Switch(config-if)#switchport mode { trunk | dynamic {auto | desirable}}

第 5 步，Native VLAN 设置

数据帧要在 Trunk 上传送，交换均会按 802.1Q 或 ISL 格式对其重新进行封装。当采用 802.1Q 标准时，如果是属于 Native VLAN 的数据帧，则无需封装而直接在 Trunk 链路上传输。Trunk 链路的 Native VLAN 设置要一致，否则交换机会提示出错。默认的 Native VLAN 为 VLAN 1，可改为其他 VLAN。

Switch(config-if)#switchport trunk native vlan vlan-id

第 6 步，返回特权模式

Switch(config-if)#end

第 7 步，查看并校验配置

Switch#show interfaces interface–id trunk

第 8 步，保存配置

Switch#copy running–config start–config

将接口恢复至默认值，可以使用"default interface interface–id"命令。若要将 Trunk 接口中的所有特征恢复为默认值，可以使用"no switchport trunk"接口配置命令。若要禁用 Trunk，可以使用"switchport access"命令，端口模式将改为静态访问端口。若要恢复 Native VLAN 默认的 VLAN，可以使用"no switchport truck native vlan"命令。

（2）指定允许使用该 Trunk 传送数据的 VLAN。默认状态下，Trunk 端口允许所有 VLAN 的发送和接收传输。当然，根据需要，我们也可以拒绝某些 VLAN 通过 Trunk 传输，从而限制该 VLAN 与其他交换机的通信、或者拒绝某些 VLAN 对敏感数据的访问。需要注意的是，不能从 Trunk 中移除默认的 VLAN 1。

第 1 步，进入全局配置模式

Switch#configure terminal

第 2 步，指定要配置的接口

Switch(config)#interface interface–id

第 3 步，将接口工作模式设为 Trunk 端口

Switch(config–if)#switchport mode truck

第 4 步，指定 VLAN

配置 truck 上允许的 VLAN 列表，使用 add（添加）、all（所有）、except（除外）和 Remove（移除）关键字，可以定义允许在 truck 上传输的 VLAN。VLAN 列表即可以是一个 VLAN，也可以是一组 VLAN。当同时指定若干 VLAN 时，不要在","和"–"间使用空格。

Switch(config–if)#switchport trunk allowed vlan {add | all | except | remove} vlan–list

第 5 步，返回特权模式

Switch(config–if)#end

第 6 步，查看并校验配置

Switch#show interface interface–id trunk

第 7 步，保存配置

Switch#copy running–config start–config

若恢复允许所有 VLAN 都通过该 Trunk，可以使用"no switchport trunk allowed vlan"命令。

5. DTP 自动协商配置

DTP 需要链路两端双方相互协商配合，才能形成 Trunk 链路。当把端口工作模式设为 Trunk 时，可以控制该端口是否使用自动协商进程。如果对端支持 DTP，则使用"no switchport nonegotiate"命令启用自动协商功能；否则，则使用"switchport nonegotiate"命令禁用自动协商进程。

第 1 步，进入全局配置模式

Switch#configure terminal

第 2 步，指定要配置的接口

Switch(config)#interface interface–id

第 3 步，DTP 设置

（1）如果要把接口配置为进行 DTP 自动协商，使用：

Switch(config–if)#switchport trunk encapsulation {isl | dot1q}

Switch(config–if)#switchport mode truck

Switch(config–if)#no switchport nonegotiate

（2）如果要把接口配置为禁用 DTP 自动协商，使用：

Switch(config–if)#switchport trunk encapsulation {isl | dot1q}

Switch(config–if)#switchport mode truck

Switch(config–if)#switchport nonegotiate

（3）如果要把接口配置为 desirable，使用：

Switch(config–if)#switchport mode dynamic desirable

Switch(config–if)#switchport trunk encapsulation {negotiate | isl | dot1q}   //Trunk 上的数据帧封装模式也可以自动协商

（4）如果要把接口配置为 auto，使用：

Switch(config–if)#switchport mode dynamic auto

Switch(config–if)#switchport trunk encapsulation {negotiate | isl | dot1q}

第 4 步，返回特权模式

Switch(config–if)#end

第 5 步，查看并校验配置

Switch#show interfaces interface–id switchport

第 6 步，保存配置

Switch#copy running–config start–config

6. VTP 的配置

（1）VTP 基本配置。VTP 的基本配置包括设置 VTP 域及为域中的各交换机指定管理模式。通过将每台交换机都赋予完全一致的域名和密码，就设置了一个 VTP 管理域。在进行 VTP 配置前要将交换机原有的配置全部清除。VTP 的配置要分别在各交换机上单独配置，步骤如下：

第 1 步，进入全局配置模式

Switch#configure terminal

第 2 步，配置 VTP 域名

switch(config)#vtp domain name

第 3 步，配置 VTP 工作模式

switch(config)#vtp mode {server | transparent | client}   //默认为 server

第 4 步，配置 VTP 密码

switch(config)#vtp password password

第 5 步，返回特权模式

Switch(config)#end

第 6 步，查看并校验配置

Switch#show vtp status

第 7 步，保存配置

Switch#copy running–config start–config

（2）配置 VTP 协议版本、VTP 修剪。目前 VTP 有 Ver.1 和 Ver.2 两个版本，这两个版本之间不能互相操作。默认情况下采用的是 Ver.1。Ver.2 提供了一些 Ver.1 不支持的选项，如 VLAN 一致性检查等。如果需要更改 VTP 协议版本，可以使用 vtp version 命令。

VTP 修剪能减少 Trunk 链路上不必要的信息量，通常需要启用。缺省情况下，发给某个 VLAN 的广播会送到每一个在 Trunk 上承载该 VLAN 的交换机。即使交换机上没有位于那个 VLAN 的端口也是如此。VTP 修剪可以减少没有必要扩散的通信量，提高 Trunk 的带宽利用率。仅当 Trunk 链路接收端上的交换机在那个 VLAN 中有端口时，才会将该 VLAN 的广播和未知单播转发到该 Trunk 链路上。

更改 VTP 协议版本和启用 VTP 修剪功能，只需在 VTP 服务器模式的一台交换机上进行，其他交换机会自动跟着更改。更改 VTP 协议版本和启用 VTP 修剪功能的步骤如下：

第 1 步，进入全局配置模式

Switch#configure terminal

第 2 步，配置为版本 2

switch(config)#vtp version 2

第 3 步，启用 VTP 修剪

switch(config)#vtp pruning

第 4 步，验证 VTP 版本、修剪的配置

Switch#show vtp status

（显示信息）

VTP Version　　　　 ：2　　　　　　　　　　　//VTP 版本为 Ver.2

Configuration Revision　　：9　　　　　　　　　//目前的配置修改编号

Maximum VLANs supported locally　　：64　　　//支持的最大的 VLAN 数量

Number of existing VLANs　　：12　　　　　　//现有 VLAN 数量

VTP Operating Mode　　：Server　　　　　　　//VTP 模式为服务器模式

VTP Domain Name　　：VTP–Training　　　　　//VTP 域名

VTP Pruning Mode　　：Enabled　　　　　　　//VTP 修剪功能已经启用

VTP V2 Mode　　：Enabled　　　　　　　　　//启用了 VTP 版本 2

VTP Traps Generation　　：Disabled

MD5 digest　　：0xDD 0xAE 0xF5 0xC5 0xB1 0x3B 0x07 0x07

Configuration last modified by 0.0.0.0 at 11–15–08 10：04：31　　//配置修改者及时间

Local updater ID is 0.0.0.0 (no valid interface found)

MD5 digest：0x5C 0xFD 0x08 0x82 0x3E 0x7C 0xAE 0x1B　　//MD5 值

Configuration last modified by 0.0.0.0 at 3–1–02 00：08：13

Local updater ID is 192.168.1.1 on interface Vl1 (lowest numbered VLAN interface found)

第 5 步，保存配置

Switch#copy running–config start–config

【思考与练习】

1. VLAN Trunk 的作用是什么？简述 DTP 协商的过程。

2. 在大型的局域网中，如何使用 VTP 协议来简化 VLAN 的配置和管理？

3. VLAN Trunk 配置的步骤有哪些？

▲ 模块 7　交换机端口汇聚配置（Z38G1007Ⅱ）

【模块描述】本模块包含交换机端口汇聚配置。通过对端口汇聚的概念及其用途、端口汇聚配置操作的介绍，掌握多链路捆绑的配置方法。

【模块内容】

一、端口汇聚基础知识

交换机的端口汇聚也叫做链路捆绑技术，它将两个交换机之间的两条或多条快速以太或千兆以太物理链路捆绑在一起，组成一条逻辑链路，从而达到增加带宽的目的。端口汇聚将流量分配在各条物理链路上，当某条物理链路出现故障时，流量将自动转移到其他物理链路上，整个过程在几毫秒内完成，从而起到链路冗余备份的作用。

1. 端口汇聚的自动协商

两台交换机之间的链路捆绑，可以设置为固定方式，也可以设置成自动协商方式。在自动协商方式下，多个端口是否汇聚形成捆绑链路由两段的交换机根据设定，采用自动协商协议进行协商。

自动协商有 PAgP 和 LACP 两个协议，PAgP 协议是 Cisco 专有的协议，LACP 协议是公共的标准。Cisco 设备对这两个协议都支持。

（1）PAgP 自动协商。由 Cisco 公司开发的端口汇聚技术称之为 EtherChannel（以太通道），PAgP（Port Aggregation Protocol，端口汇聚协议）是 EtherChannel 的增强版，它支持在 EtherChannel 上的 Spanning Tree 和 Uplink Fast 功能。使用 PAgP 可以很容易地在有 EtherChannel 能力的端口间自动建立起 Fast EtherChannel 和 Gigabit EtherChannel 连接。

使用 PAgP 协议，在配置时，端口的工作模式可以设定为：

auto：将端口置于被动协商状态，可以对接收到的 PAgP 做出响应，但不主动发送 PAgP 包进行协商。当侦测到对方端口为 PAgP 设置时，将启用 PAgP。

desirable：无条件启用 PAgP。将接口置于主动协商状态，通过发送 PAgP 包，主动与对方端口进行协商。

on：将端口强行指定为 EtherChannel，只有两个 on 模式接口组连接时，EtherChannel 才可用。

PAgP 协商的结果如表 7-7-1 所示，"√"表示 EtherChannel 构建成功。

表 7-7-1 　　　　　　　　　　PAgP 协商结果一览表

工作模式	ON	desirable	auto
ON	√	×	×
desirable	×	√	√
auto	×	√	×

（2）LACP 自动协商。LACP（Link Aggregation Control Protocol，链路汇聚控制协

议）利用符合 IEEE 802.3ad 的设备创建捆绑链路。

使用 LACP 协议，端口的工作模式可以设定为：

active：激活接口的主动协商状态，通过发送 LACP 包，与对方端口进行主动协商，当侦测到对方端口为 LACP 时，将启用 LACP。

passive：将端口置于被动协商状态，可以对接收到的 LACP 做出响应，但是不主动发送 LACP 包进行协商。当侦测到 LACP 设备时，将只启用 LACP。

on：将端口强行指定为捆绑链路。只有双方端口都设置为 on 模式时，捆绑链路才可用。

LACP 协商的结果如表 7-7-2 所示，"√"表示捆绑链路构建成功。

表 7-7-2 　　　　　　　　　　　　LACP 协商结果一览表

工作模式	ON	active	passive
ON	√	×	×
active	×	√	√
passive	×	√	×

2. 流量分配

在捆绑链路上的流量可以均衡地分配到各条物理链路上，可以根据源 IP 地址、目的 IP 地址、源 MAC 地址、目的 MAC 地址，以及源 IP 地址与目的 IP 地址的组合、源 MAC 地址与目的 MAC 地址的组合等条件，设置流量在各条物理链路上的分布。

3. Cisco 交换机端口汇聚配置注意事项

在 Cisco 交换机上进行端口汇聚配置时，应当遵循下列限制性规定：

每台交换机上最多可以配置 48 个 EtherChannel。

每个 PAgP EtherChannel 最多可以配置 8 个相同类型的端口，即每个设备 4 个端口。

每个 LACP EtherChannel 最多可以配置 16 个相同类型的端口，即每个设备 8 个端口，其中 8 个处于活动状态，8 个处于备用状态。

EtherChannel 中的所有端口都必须采用相同的速度和双工模式。

启用 EtherChannel 中的所有端口。当其中的某个端口处于禁用状态时，所有网络流量都将由 EtherChannel 中其他端口承担，从而影响网络传输带宽。

创建端口组时，其他所有端口的参数都与添加至该组的第一个端口相同。当修改下列其中一个参数时，必须在该 EtherChannel 组中所有端口做出修改。包括：允许 VLAN 列表、每个 VLAN 的 Spanning-tree 路径费用、每个 VLAN 的 Spanning-tree 端口费用，以及 Spanning-tree Port fast 设置。

不能将一个端口指定至两个或多个 EtherChannel 组。

不能将 EtherChannel 同时配置为 PAgP 和 LACP 模式。不过 PAgP 和 LACP 模式的 EtherChannel 组可以在同一交换机上共存。

不能将 Switched Port Analyzer（SPAN）目的端口指定至 EtherChannel。

不能将安全端口指定至 EtherChannel 或者将 EtherChannel 指定为安全端口。

不能将 private-VLAN 指定至 EtherChannel。

不能将 EtherChannel 中的端口（无论是活动的，还是备用的）作为 802.1x 端口。如果尝试在一个 EtherChannel 端口上启用 802.1x，将显示一个错误信息，并且 802.1x 不能被启用。

如果已经在接口上配置了 EtherChannel，那么，在交换机上启用 802.1x 之前，应当从该接口移除 EtherChannel 配置。

对于第 2 层 EtherChannel 而言，应当将欲添加至同一 EtherChannel 的所有端口都指定至同一 VLAN，或者将这些端口配置为 Trunk。处于不同 VLAN 的端口不能被指定至同一 EtherChannel。若欲将 Trunk 端口配置为 EtherChannel，应当保证所有 Trunk 的模式都是相同的（ISL 或 802.1Q）。如果采用不同 Trunk 模式，将导致难以预计的后果。

对于第 3 层 EtherChannel 而言，应当为逻辑 Charnel 端口指定 IP 地址信息，而不能为 EtherChannel 中的物理端口指定。

GBIC 和 SFP 接口不能被配置为 EtherChannel。

下面，我们以 Cisco 交换机为例，来介绍端口汇聚的配置。

二、配置 EtherChannel

第 1 步，进入全局配置模式

Switch#configure terminal

第 2 步，创建 EtherChannel 逻辑接口

Switch(config)#interface port-channel port-channel-number // port-channel-number 为以太通道的逻辑接口编号，取值为 1～6

第 3 步，选择要配置为 EtherChannel 的物理端口

Switch(config)#interface range f0/13 -14 　　//端口列表可根据实际情况指定

第 4 步，将接口指定至 EtherChannel

Switch(config-if)#channel-group port_channel_number mode {{auto | desirable | on} | {active | passive}} //其中，on 表示人工指定，不必协商；auto、desirable 表示采用 PAgP 自动协商模式；active | passive 表示采用 LACP 自动协商模式

第 5 步，退出接口配置模式

Switch(config–if)#exit

第 6 步，设置负载均衡方式

Switch（config）#port–channel load–balance {dst–mac | src–mac} //其中，dst–mac 表示基于包的目的主机的 MAC 地址进行负载分配，在 EtherChannel 中，发送至同一目的主机的包被转发至相同端口，不同目的主机的包被发送至不同的端口；src–mac 表示基于包的源 MAC 地址进行负载分配，在 EtherChannel 中，来自不同主机的包使用不同的端口；来自于同一主机，则使用同一端口。

第 7 步，返回特权模式

Switch(configf)#end

第 8 步，显示并校验配置

Switch#show etherchannel summary

第 9 步，保存配置

Switch#copy running–config start–config

三、配置三层 EtherChannel

要想在三层设备（如三层交换机）之间实现高速连接，可以采用三层 EtherChannel 方式，从而避免由路由连接而产生的瓶颈。

当将 IP 地址从物理接口移动至 EtherChannel 时，必须先从物理接口中删除该 IP 地址。

第 1 步，进入全局配置模式

Switch#configure terminal

第 2 步，创建以太通道逻辑接口

Switch(config)#interface port–channel port–channel–number

//Port–channel–number 为以太通道逻辑接口的编号，取值为 1~6

第 3 步，将接口置于三层模式

Switch(config–if)#no switchport

第 4 步，为该 EtherChannel 指定 IP 地址和子网掩码

Switch(config–if)#ip address ip–address mask

第 5 步，选择欲配置的物理接口

Switch(config)#interface interface–nnmber

第 6 步，创建 3 层路由端口

Switch(config–if)#no switchport

第 7 步，确保该物理接口没有指定 IP 地址

Switch(config–if)#no ip address

第 8 步，将接口配置至以太通道，并指定 PAgP 或 LACP 模式

Switch(config-if)#channel-group channel-group-number mode {{auto | desirable | on} | {active | passive}}

第 9 步　配置 Etherchannel 负载均衡

Switch（config）#port-channel load-balance {src-mac | dst-mac | src-dst-mac | src-ip | dst-ip | src-dst-ip | src-port | dst-port | sac-dst-port}　　//其中，src-mac 指源 MAC 地址，dst-mac 指目的 MAC 地址，src-dst-mac 指源和目的 MAC 地址，src-ip 指源 IP 地址，dst-ip 指目的 IP 地址，src-dst-ip 指源和目的 I P 地址，src-port 指源第 4 层端口，dst-port 指目的第 4 层端口，src-dst-port 指源和目的第 4 层端口第 6 步，退出配置模式。

第 10 步，返回特权模式

Switch(config-if)#end

第 11 步，显示并校验配置

Switch#show etherchannel summary

第 12 步，保存配置

Switch#copy running-config start-config

四、移除端口和 EtherChannel

1. 从 EtherChannel 中移除接口

第 1 步，进入全局配置模式

Switch#configure terminal

第 2 步，选择要移除的物理端口

Switch(config)#interface interface-id

第 3 步，从 EtherChannel 中移除接口

Switch(config-if)#no channel-group

第 4 步，返回特权模式

Switch(config-if)#end

第 5 步，显示并校验配置

Switch#show running-config

第 6 步，保存配置

Switch#copy running-config start-config

2. 移除 EtherChannel

第 1 步，进入全局配置模式

Switch#configure terminal

第 2 步，移除 Channel 接口

Switch(config)#no interface port–channel port–channel–number

第 3 步，退出配置模式

Switch(config–if)#end

第 4 步，显示并校验配置

Switch#show etherchannel summary

第 5 步，保存配置

Switch#copy running–config start–config

【思考与练习】

1. 通常所说的"端口汇聚""链路汇聚""链路捆绑"是同一回事吗？

2. 简述端口汇聚自动协商的过程。

3. 配置三层 EtherChannel 的步骤有哪些？

◢ 模块 8 交换机端口镜像设置（Z38G1008Ⅱ）

【模块描述】 本模块包含交换机端口镜像设置。通过对端口镜像的概念及其用途、端口镜像配置操作的介绍，掌握端口镜像的配置方法。

【模块内容】

一、端口镜像及其用途

交换机是采用单播的方式来转发数据的，交换机只把数据帧转发到目的 MAC 地址对应的端口上，也就是说，在交换机的某一个端口上仅能收到与连接到该端口的设备相关的数据帧。如果想在一个端口上获取其他端口的数据流，可采用端口镜像技术，将其他一个或多个端口的数据帧复制一份转发到该端口上。如图 7–8–1 所示，将连接笔记本电脑的端口设为镜像端口，把连接服务器和 PC 的端口设为被镜像端口，然后，在笔记本电脑上就可以抓取到服务器和 PC 机发送和接收的所有数据流量。镜像端口统称也叫做监听端口。

在网络故障定位和安全防护工作中，交换机端口镜像非常有用。镜像端口可用来连接网络分析仪或运行 Sniffer（嗅探器）软件的计算机，捕获交换机上其他端口上的数据帧，通过对数据报的协议分析和统计实现对网络运行情况的监视和网络故障

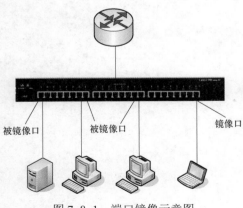

图 7–8–1 端口镜像示意图

被镜像口　　被镜像口　　镜像口

的定位。网络级入侵检测系统获取网络数据包通常也是通过端口镜像来实现的。

下面，我们以 Cisco 交换机为例，来介绍端口镜像的配置。

二、Cisco 交换机端口镜像的配置

Cisco 交换机的端口镜像称为 SPAN（Switch Port Analyzer）。在同一台交换机上，可以同时创建多个端口镜像，以实现对不同 VLAN 中的端口进行监听。监听口与被监听口必须处于同一个 VLAN 中。处于被监听状态的端口，不能变更为监听口。监听口也不能是 trunk 端口。

Cisco 交换机端口镜像要在全局配置命令模式下进行配置，配置方法如下：

1. 将一个端口设置为镜像端口

命令格式：monitor session session_number destination interface interface-id

由于在一个交换机中可以同时存在多个不同的端口镜像进程，一个进程就是一个 session，session_number 表示进程的编号。destination 表示该端口为镜像口。interface interface-id 表示端口及端口号。

撤销某个端口的镜像端口设置，使用命令 no monitor session session_number destination interface interface-id。

2. 将一个或多个端口设置为被镜像端口

命令格式：monitor session session_number source interface interface-id 　　［both | rx | tx］

注意，进程的编号 session_number 要与上一步中的编号一致。source 表示所定义的端口为被镜像端口。如果只监听端口流出的流量选 tx，只监听端口流入的流量选 rx，监听双向流量选 both，缺省设置为双向监听。

要撤销某个端口的被镜像端口设置，使用命令 no monitor session session_number source interface interface-id。

3. 删除端口镜像配置

命令格式：no monitor session {session_number | all }

如果要删除单个端口镜像配置，使用 session_number 表示，如果要删除该交换机上的所有的端口镜像配置，使用参数 all 表示。

4. 配置实例

将交换机千兆以太端口 g0/2 到 g0/6 的双向流量镜像到端口 g0/1，镜像进程编号设为 1，配置如下：

第 1 步，进入全局配置模式

Switch#configure terminal

第 2 步，指定镜像进程编号和被镜像端口

Switch(config)#monitor session 1 source interface gigabitethernet0/2-6 both

第 3 步，指定镜像端口

Switch(config)#monitor session 1 destination interface gigabitethernet0/1

第 4 步，返回特权模式

Switch(config)#end

第 5 步，检查配置

Switch#show monitor session 1

Switch#show running–config

第 6 步，保存配置

Switch#copy running–config startup–config

【思考与练习】

1. 端口镜像有何用途？

2. 如何进行交换机端口镜像的配置？

3. 删除端口镜像配置的命令是什么？

▲ 模块 9 交换机 IOS 及配置的备份与恢复（Z38G1009Ⅱ）

【模块描述】 本模块包含交换机软件及配置的备份与恢复。通过对交换机软件及配置数据存储机制、TFTP 服务器、软件和配置数据备份与恢复操作步骤的介绍，掌握交换机软件及配置备份与恢复的方法。

【模块内容】

一、交换机操作系统软件及配置文件备份的重要性

交换机、路由器等网络设备实际上都是特殊用途的计算机系统，与常见的 PC 一样，他们也都有 CPU、内存及类似于硬盘用途的各类存储器，也需要在操作系统软件的基础上才能正常运转。在 Cisco 设备中操作系统通常称为 IOS（Internetwork Operating System），其作用和计算机上的 Windows 一样，IOS 是交换机的核心。与常见 PC 不同的是，除简易的傻瓜式设备外，各种智能化的网络设备要经过复杂的配置后才能发挥其应有的作用。为了使网络设备在发生故障后能尽快恢复运行，其操作系统软件及配置数据的备份与恢复是非常重要的。

下面，我们以 Cisco 交换机为例，来介绍交换机中存储器的种类和特点、操作系统软件及配置文件的备份与恢复方法。

交换机等网络设备中的所使用的存储器主要有 RAM、ROM、Flash 及 NVRAM 等四种类型，除 RAM 会在交换机重新启动或关掉电源时丢失其中的内容以外，其他均为非易失性存储器。

1. 随机存储器（RAM）

RAM 即内存，运行期间暂时存放操作系统、当前配置（Running–config）和临时的运算结果。RAM 的存取速度快，CPU 能快速访问这些信息。众所周知，RAM 中的数据在设备重启或断电时是会丢失的。

2. 闪存（Flash）

Flash 是可擦除、可编程的 ROM，类似于计算机的硬盘，主要用于存放操作系统软件 IOS，Flash 的可擦除特性允许我们在更新、升级 IOS 时，不用更换设备内部的芯片。设备断电后 Flash 的内容不会丢失。当 Flash 容量较大时，可以存放多个 IOS 版本，这在进行 IOS 升级时十分有用。当不知道新版 IOS 是否稳定时，可在升级后仍保留旧版 IOS，当出现问题时可迅速退回到旧版操作系统，从而避免长时间的网路故障。

3. 非易失性 RAM（Nonvolatile RAM，NVRAM）

NVRAM 是可读可写的存储器，在系统重新启动或关机之后仍能保存数据，主要作用是保存设备配置数据，即常说的启动配置或备份配置。当加电启动时，首先寻找并加载该配置文件，启动完成后就成了内存中的"运行配置"，当修改了运行配置并执行存储后，运行配置就被复制到 NVRAM 中，下次交换机重启后，该配置就会被自动调用。NVRAM 的速度较快，成本也比较高。由于 NVRAM 容量较小，通常仅用于保存配置文件。

4. 只读存储器（ROM）

ROM 在交换机、路由器中的功能与计算机中的 ROM 相似，主要用于系统初始化等功能。ROM 中存储了开机诊断程序、启动引导程序和特殊件版本的 IOS 软件（用于诊断等有限用途）。当 ROM 中软件升级时需要更换芯片。

交换机中各类存储器如图 7–9–1 所示。

图 7–9–1　交换机中的各类存储器

二、操作系统软件及配置文件备份与恢复方法

通过 CLI 命令对交换机所做的配置是保存在交换机的内存中的，配置完成后一定要及时使用"copy running-config startup-config"命令，把内存中的当前配置保存到 NVRAM 中，否则，当交换机再次启动时，所做的配置将会丢失。

我们还需要把交换机操作系统 IOS 软件和配置文件备份到 TFTP 服务器上，以防万一。当交换机闪存中的 IOS 软件或配置文件出现问题时，可以通过 TFTP 服务器进行恢复。

利用 TFTP（Trivial File Transfer Protocol）服务器，使得对交换机 IOS 软件和配置文件的管理变得简单和快捷。因此，应先安装一台 TFTP 服务器。任何一台计算机或笔记本电脑，只要安装了 TFTP 服务器软件，即可成为 TFTP 服务器。

1. 交换机 IOS 软件的备份与恢复

交换机和服务器必须位于同一子网，确认交换机能够与 TFTP 服务器正常通信。在上传 IOS 软件之前，需要在 TFTP 服务器上创建一个空的文件夹。如果覆盖一个已经存在的文件，要确认赋予了相应的权限，即赋予其"world-Write"权限。

备份 IOS 软件至 TFTP 服务器，需要先通过 Console 端口或 Telnet 登录交换机，如果使用 Telnet，当交换机运行新软件而重新启动时，连接将会被断开。

2. 备份 IOS 软件至 TFTP 服务器

第 1 步，测试交换机到 TFTP 服务器的连通情况

Switch#ping 172.16.1.105   //172.16.1.105 为 TFTP 服务器的 IP 地址

Type escape sequence to abort.

Sending 5，100-byte ICMP Echos to 172.16.1.105，timeout is 2 seconds：

!!!!!

Success rate is 100 percent （5/5），round-trip min/avg/max = 1/3/5 ms

第 2 步，查看交换机 Flash 中的 IOS 文件名和大小

Switch>enable

Switch#show flash

Directory of flash：/

2 -rwx   2664051   Mar 01 1997 00：04：30   c2950-i6q4l2-mz.121-11.EA1.bin

……

第 3 步，将 IOS 软件上传至 TFTP 服务器

Switch#copy flash：c2950-i6q4l2-mz.121-11.EA1.bin tftp：

Address or name of remote host []? 172.16.1.105   //指定 TFTP 服务器的 IP 地址或主机名

Destination filename [c2950-i6q4l2-mz.121-11.EA1.bin] ?　//指定文件名，默认与源文件名相同，一般采用默认值。

备份完成后可以在 TFTP 服务器相应的目录下找到该文件。

3. 恢复 IOS 软件

如果不慎误删了 IOS，不要将交换机关机，可以直接使用 "copy tftp flash" 命令从 TFTP 服务器将 IOS 软件下载到交换机的 Flash 存储器中。通过 Console 端口或 Telnet 登录交换机。在提示符下键入 TFTP 服务器的 IP 地址或主机名，以及下载文件的文件名。

4. 升级 IOS 软件

第1步，使用 "copy tftp flash" 命令从 TFTP 服务器将新的 IOS 软件下载到交换机的 Flash 存储器中，在 Flash 中可以保存多个 IOS 文件。

第2步，使用 "set boot system flash device：filename prepend" 命令修改启动设置，指定 flash 设备（device）和文件名（filename）。

第3步，使用 "reload" 命令重新启动交换机。

第4步，当交换机重新引导后，键入 "show version" 命令检查交换机上的系统软件版本。

5. 配置文件的备份与恢复

（1）将配置文件备份至 TFTP 服务器。

第1步，通过 Console 端口或 Telnet 登录至交换机，并使用 "Ping" 命令测试交换机到 TFTP 服务器的连通情况。

第2步，使用 "copy config tftp" 命令，指定 TFTP 服务器的 IP 地址或主机名以及目的文件名，配置文件将被上传至 TFTP 服务器。

把启动配置文件上传至 TFTP 服务器，备份启动配置文件：

Copy startup-config tftp

或者，把当前运行配置文件上传至 TFTP 服务器，备份当前运行配置：

Copy running-config tftp

（2）从 TFTP 服务器恢复配置文件。

第1步，通过 Console 端口或 Telnet 登录至交换机。

第2步，使用 "copy tftp config" 命令，根据提示，指定 TFTP 服务器的 IP 地址或主机名，以及下载文件的文件名，配置文件从 TFTP 服务器被下载。

把配置文件从 TFTP 服务器拷贝至则 NVRAM，恢复启动配置文件。

Copy tftp startup-config

也可以把配置文件从 TFTP 服务器拷贝为当前运行配置，恢复系统配置：

Copy tftp running-config

【思考与练习】

1. 简述交换机操作系统软件及配置文件备份的重要意义。

2. 交换机配置文件备份操作的步骤有哪些？

3. 交换机闪存和随机存储器有什么区别？

▲ 模块 10 交换机管理功能测试（Z38G1010Ⅱ）

【模块描述】本模块介绍交换机管理功能测试。通过操作过程详细介绍，掌握交换机管理功能测试的方法。

【模块内容】

一、工作内容

交换机管理功能测试主要包括两个方面的内容，一是交换机 console 端口连接测试，另一个是 telnet 远程连接测试。

二、测试目的

交换机管理功能测试的目的是对被测试交换机 console 端口连接、telnet 远程连接功能进行测试，测试其功能是否可以正常使用。

三、测试准备

华三 H3C3610-28P 交换机一台、PC 机一台（并安装超级终端软件）、串口配置线一条、其他线缆若干。

四、测试步骤

1. Console 端口连接测试

（1）通过 Console 口进行本地登录简介。通过交换机 Console 口进行本地登录是登录交换机的最基本的方式，也是配置通过其他方式登录交换机的基础。交换机 Console 口的默认配置如表 7-10-1 所示。

表 7-10-1 交换机 Console 口的默认配置表

属 性	默认配置	属 性	默认配置
传输速率	9600bit/s	停止位	1
流控方式	不进行流控	数据位	8
校验方式	不进行校验		

用户终端的通信参数配置要和交换机 Console 口的配置保持一致，才能通过 Console 口登录到以太网交换机上。

（2）通过 Console 口登录交换机的配置环境搭建。

第 1 步：如图 7-10-1 所示，建立本地配置环境，只需将 PC 机（或终端）的串口通过配置电缆与以太网交换机的 Console 口连接。

图 7-10-1　通过 Console 口搭建本地配置环境

第 2 步：在 PC 机上运行终端仿真程序（如 Windows 3.X 的 Terminal 或 Windows 9X/Windows2000/Windows XP 的超级终端等，以下配置以 Windows XP 为例），选择与交换机相连的串口，设置终端通信参数：传输速率为 9600bit/s、8 位数据位、1 位停止位、无校验和无流控，如图 7-10-2～图 7-10-4 所示。

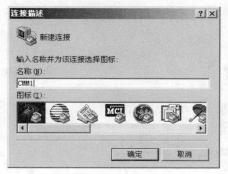

图 7-10-2　新建连接

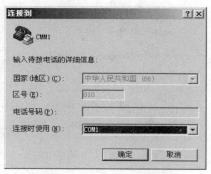

图 7-10-3　连接端口设置

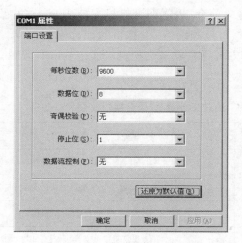

图 7-10-4　端口通信参数设置

第 3 步：以太网交换机上电，终端上显示设备自检信息，自检结束后提示用户键入回车，之后将出现命令行提示符（如<H3C>），如图 7-10-5 所示。

第 4 步：键入命令，配置以太网交换机或查看以太网交换机运行状态。

如果通过上述步骤能够正常登录到交换机，则表示通过该测试。

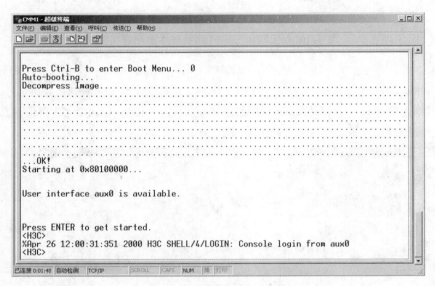

图 7-10-5　以太网交换机配置界面

2. telnet 连接测试

（1）通过 Telnet 登录简介。以太网交换机支持 Telnet 功能，用户可以通过 Telnet 方式对交换机进行远程管理和维护。交换机和 Telnet 用户端都要进行相应的配置，才能保证通过 Telnet 方式正常登录交换机。通过 Telnet 登录交换机需要具备的条件如表 7-10-2 所示。本文以华三交换机为例，测试其 Telnet 远程测试功能。

表 7-10-2　　　　　　　通过 Telnet 登录交换机需要具备的条件

对象	需要具备的条件
交换机	配置交换机 VLAN 的 IP 地址，交换机与 Telnet 用户间路由可达
	配置 Telnet 登录的认证方式和其他配置
Telnet 用户	运行了 Telnet 程序
	获取要登录交换机 VLAN 接口的 IP 地址

（2）交换机上用户配置。

进入系统视图。

<Sysname> system-view

创建本地用户 guest，并进入本地用户视图。

[Sysname] local-user guest

设置本地用户的认证口令为明文方式，口令为 123456。

[Sysname-luser-guest] password simple 123456

设置本地用户的服务类型为 Terminal。

[Sysname-luser-guest] service-type terminal

设置用户登录后可以访问的命令级别为 2 级。

[Sysname-luser-guest] authorization-attribute level 2

通过 Console 口在超级终端中执行以下命令，配置以太网交换机 VLAN1 的 IP 地址为 202.38.160.92/24。

<Sysname> system-view

[Sysname] interface Vlan-interface 1

[Sysname-Vlan-interface1] ip address 202.38.160.92 255.255.255.0

通过局域网搭建本地配置环境如图 7-10-6 所示。

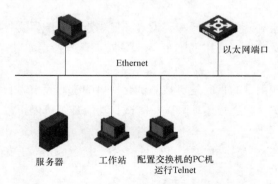

以太网端口

Ethernet

服务器　　工作站　配置交换机的PC机
　　　　　　　　　　运行Telnet

图 7-10-6　通过局域网搭建本地配置环境

（3）Telnet 登录测试。在 PC 机上运行 Telnet 程序，输入交换机 VLAN1 的 IP 地址，如图 7-10-7 所示。

如果配置验证方式为 Password，则终端上显示"Login authentication"，并提示用户输入已设置的登录口令，口令输入正确后则出现命令行提示符（如<Sysname>）。

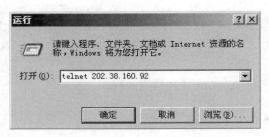

图 7–10–7 运行 Telnet 程序

【思考与练习】

1. 交换机管理功能的测试包含哪两个方面的内容？
2. 简述交换机 Console 口连接测试的步骤。
3. 简述交换机 Telnet 连接测试的步骤。

▲ 模块 11 交换机维护功能测试（Z38G1011Ⅱ）

【模块描述】 本模块介绍交换机维护功能测试。通过操作过程详细介绍，掌握交换机维护功能测试的方法。

【模块内容】

一、工作内容

交换机维护功能测试主要包括密码设置、日志查看、配置文件查看、端口设置维护功能的测试。本文以华三 H3C 交换机为例，对上述维护功能进行测试。

二、测试目的

交换机维护功能测试的目的是对被测试交换机的密码设置、日志查看、配置文件查看、端口设置维护功能进行逐项测试，测试其功能是否可以正常使用。

三、测试准备

华三 H3C3610–28P 交换机一台、PC 机一台（并安装超级终端软件）、串口配置线一条、其他线缆若干。

四、测试步骤

1. 密码设置

以 Telnet 方式或者 Console 方式登录到交换机后，在命令界面中，如果能够对交换机的两个类型的密码进行设置，则表明该功能正常。

（1）设置 Console 密码。

<H3C>sys

[H3C]user–interface aux 0

[H3C–ui–aux0]authentication–mode pass

[H3C–ui–aux0]set authentication password simple 123456

console 密码设置完成

（2）增加用户、Telnet 登录口令。

<H3C>sys

[H3C]local–user admin

[H3C –luser–admin]authorization–attribute level 3

[H3C –luser–admin]service–type terminal telnet

[H3C –luser–admin]password cipher xxzx

[H3C]user–interface vty 0 4

[H3C –ui–vty0–4]authentication–mode scheme

[H3C –ui–vty0–4]user privilege level 3

设置完成

2. 日志查看

以 telnet 方式或者 console 方式登录到交换机后，在系统视图模式下，输入 display logbuffer，如果能正确显示日志信息，则表明该功能正常。

3. 配置文件查看

以 telnet 方式或者 console 方式登录到交换机后，在系统视图模式下，输入 display current–configuration，如果能正确配置文件信息，则表明该功能正常。

4. 端口设置

以 telnet 方式或者 console 方式登录到交换机后，在系统视图模式下，进入某端口，如果能完成如下命令的键入（设置端口通信参数），则表明该功能正常。

[H3C]int E1/0/1 /*进入接口 0/1 的配置模式

[H3C–Ethernet1/0/1] speed 100 /*设置该端口的速率为 100Mbit/s

[H3C–Ethernet1/0/1]duplex full /*设置该端口为全双工

[H3C–Ethernet1/0/1]description up_to_mis   /*设置该端口描述为 up_to_mis

【思考与练习】

1. 交换机维护功能测试内容主要有哪些？

2. 简述交换机密码设置维护功能测试的主要内容。

3. 简述交换机查看配置文件功能测试的主要内容。

▶ 模块 12 交换机技术功能测试（Z38G1012Ⅱ）

【模块描述】本模块介绍交换机技术功能测试。通过操作过程详细介绍，掌握交换机技术功能测试的方法。

【模块内容】

一、工作内容

交换机技术功能按照 TCP/IP 协议层可以分为二层交换机交换机、三层交换机。第二层交换实现局域网内主机间的快速信息交流，第三层交换机是交换技术与路由技术的融合。本文则是对二层交换机和三层交换机的交换和路由功能进行测试。

二、交换技术功能测试

（一）测试目的

测试二层交换机交换功能是否正常。

（二）测试准备

1. 硬件准备

两台 PC，一台 H3C3100 交换机，若干线缆。

2. 测试环境搭建

按照图 7-12-1 所示环境进行搭建。

（1）图中交换机为二层交换机 H3C3100，交换机管理 vlan1 配置为：

[H3C]int vlan 1

[H3C]ip add 10.10.10.1 255.255.255.0

（2）交换机两个连接 PC 的端口配置为：

[H3C]int E1/0/1

[H3C]port link-type access

[H3C]port access vlan 1

[H3C]int E1/0/2

[H3C]port link-type access

[H3C]port access vlan 1

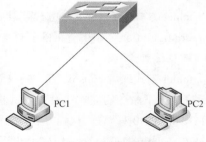

图 7-12-1　测试环境拓扑示意图

（3）两台 PC 的 IP 地址设置分别为：

PC1 的配置为：IP 地址为 10.10.10.2 掩码 255.255.255.0 网关为 10.10.10.1

PC2 的配置为：IP 地址为 10.10.10.3 掩码 255.255.255.0 网关为 10.10.10.1

（三）测试步骤

（1）在 PC1 的命令模式 ping PC2 的 IP 地址。

（2）在 PC2 的命令模式 ping PC1 的 IP 地址。

（四）测试结果

如果两台 PC 可以互相访问，则表明交换机的二层交换功能正常。

三、路由技术功能测试

（一）测试目的

测试三层交换机路由功能是否正常。

（二）测试硬件准备

一台 PC，一台 H3C3610 交换机，若干线缆。

（三）测试步骤

华三三层交换机支持常见的 rip、ospf、bgp 等路由协议，登录交换机后，在特权模式下使用"？"命令进行查看，如果有上述协议的关键字，如果有则表明交换机支持路由协议。

例如，登录 H3C 交换机后查看是否支持 ospf 路由协议的命令界面如图 7-12-2 所示。

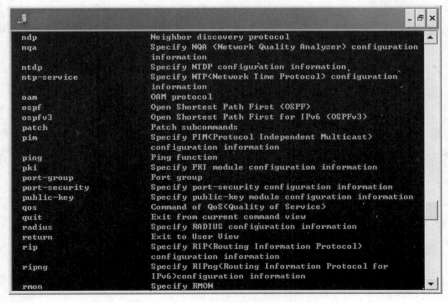

图 7-12-2　命令界面

界面中显示了 ospf 及 ospfv3 关键字，说明交换机两个版本的 ospf 路由协议。

【思考与练习】

1. 简述三层交换机路由技术功能测试的步骤。

2. 二层交换机和三层交换机的主要区别是什么？

3. 华三三层交换机支持常见的路由协议有哪些？

模块 13 交换机 ACL 配置（Z38G1013 Ⅲ）

【模块描述】本模块介绍交换机 ACL 配置的主要内容。通过案例实例，掌握交换机 ACL 的配置方法。

【模块内容】

访问控制列表（Access Control List，ACL）是路由器和交换机接口的指令列表，用来控制端口进出的数据包。目前有三种主要的 ACL：基本 ACL，高级 ACL 及命名 ACL。其他的还有标准 MAC ACL、时间控制 ACL、以太协议 ACL、IPv6 ACL 等。基本 ACL 使用 1～99 以及 1300～1999 之间的数字作为表号，高级 ACL 使用 100～199 以及 2000～2699 之间的数字作为表号。

一、应用需求

（1）通过配置基本访问控制列表，实现在每天 8:00～18:00 时间段内对源 IP 为 10.1.1.2 主机发出报文的过滤。

（2）要求配置高级访问控制列表，禁止研发部门与技术支援部门之间互访，并限制研发部门在上班时间 8:00～18:00 访问工资查询服务器。

（3）通过二层访问控制列表，实现在每天 8:00～18:00 时间段内对源 MAC 为 00e0-fc01-0101 的报文进行过滤。

二、组网图

配置环境组网如图 7-13-1 所示。

图 7-13-1 配置环境拓扑示意图

三、配置步骤

以 H3C 3600 交换机为例描述 ACL 配置步骤。

1. 根据组网图，创建四个 vlan，对应加入各个端口

```
<H3C>system-view
[H3C]vlan 10
```

[H3C—vlan10]port GigabitEthernet 1/0/1

[H3C—vlan10]vlan 20

[H3C—vlan20]port GigabitEthernet 1/0/2

[H3C—vlan20]vlan 30

[H3C—vlan30]port GigabitEthernet 1/0/3

[H3C—vlan30]vlan 40

[H3C—vlan40]port GigabitEthernet 1/0/4

[H3C—vlan40]quit

2. 配置各 VLAN 虚接口地址

[H3C]interface vlan 10

[H3C—Vlan—interface10]ip address 10.1.1.1 24

[H3C—Vlan—interface10]quit

[H3C]interface vlan 20

[H3C—Vlan—interface20]ip address 10.1.2.1 24

[H3C—Vlan—interface20]quit

[H3C]interface vlan 30

[H3C—Vlan—interface30]ip address 10.1.3.1 24

[H3C—Vlan—interface30]quit

[H3C]interface vlan 40

[H3C—Vlan—interface40]ip address 10.1.4.1 24

[H3C—Vlan—interface40]quit

3. 定义时间段

[H3C] time—range huawei 8:00 to 18:00 working—day

（1）需求 1 配置（基本 ACL 配置）。

1）进入 2000 号的基本访问控制列表视图。

[H3C—GigabitEthernet1/0/1] acl number 2000

2）定义访问规则过滤 10.1.1.2 主机发出的报文。

[H3C—acl—basic—2000] rule 1 deny source 10.1.1.2 0 time—range Huawei

3）在接口上应用 2000 号 ACL。

[H3C—acl—basic—2000] interface GigabitEthernet1/0/1

[H3C—GigabitEthernet1/0/1] packet—filter inbound ip—group 2000

[H3C—GigabitEthernet1/0/1] quit

（2）需求 2 配置（高级 ACL 配置）。

1）进入 3000 号的高级访问控制列表视图。

[H3C] acl number 3000

2）定义访问规则禁止研发部门与技术支援部门之间互访。

[H3C–acl–adv–3000] rule 1 deny ip source 10.1.2.0 0.0.0.255 destination 10.1.1.0 0.0.0.255

3）定义访问规则禁止研发部门在上班时间 8:00～18:00 访问工资查询服务器。

[H3C–acl–adv–3000] rule 2 deny ip source any destination 129.110.1.2 0.0.0.0 time–range Huawei

[H3C–acl–adv–3000] quit

4）在接口上用 3000 号 ACL。

[H3C–acl–adv–3000] interface GigabitEthernet1/0/2

[H3C–GigabitEthernet1/0/2] packet–filter inbound ip–group 3000

（3）需求 3 配置（二层 ACL 配置）。

1）进入 4000 号的二层访问控制列表视图。

[H3C] acl number 4000

2）定义访问规则过滤源 MAC 为 00e0–fc01–0101 的报文。

[H3C–acl–ethernetframe–4000] rule 1 deny source 00e0–fc01–0101 ffff–ffff–ffff time–range Huawei

3）在接口上应用 4000 号 ACL。

[H3C–acl–ethernetframe–4000] interface GigabitEthernet1/0/4

[H3C–GigabitEthernet1/0/4] packet–filter inbound link–group 4000

四、配置关键点

（1）time–name 可以自由定义。

（2）设置访问控制规则以后，一定要把规则应用到相应接口上，应用时注意 inbound 方向应与 rule 中 source 和 destination 对应。

【思考与练习】

1．ACL 的基本定义是什么？主要有哪几种？分别是什么？

2．基本 ACL 的数字标号的范围是多少？高级 ACL 的数字标号的范围是多少？

3．ACL 配置的关键点有哪些？

▲ 模块 14　三层交换机 VLAN 间路由配置（Z38G1014Ⅲ）

【模块描述】 本模块包含三层交换机 VLAN 间路由配置。通过对三层交换机 IP 地址、三层物理及逻辑接口、默认网管及静态路由设置步骤的介绍，掌握三层交换机实现不同 VLAN 间数据通信的配置方法。

【模块内容】

一、利用三层交换机实现 VLAN 间通信

交换机上划分了 VLAN 之后,连接在不同 VLAN 上的计算机之间就无法直接通信了。VLAN 之间的通信必须借助于第三层设备,可以使用路由器,但更常用的是采用三层交换机。使用路由器时,通常会采用单臂路由模式。

三层交换通常采用硬件来实现,其数据包处理和转发能力比路由器要大得多。三层交换机可以看成是交换机加上一个虚拟的路由器,这个虚拟的路由器与每个 VLAN 都通过一个逻辑接口相连,这些接口的名称就是 VLAN1、VLAN2 等。Cisco 三层交换采用 CEF(Cisco Express Forwarding)技术,CEF 能够动态优化网络层性能交换机。三层交换机利用路由表生成转发信息库(FIB)并与路由表保持同步。FIB 的查询是用硬件实现的,其速度很快。邻接表(Adjacency Table)的用途类似于 ARP 表,用于存放第 2 层的封装信息。FIB 表和邻接表在数据转发之前就已经建立好了,一旦有数据包要转发,交换机就能直接利用它们进行数据封装和转发,不需要查询路由表和发送 ARP 请求,因此 VLAN 间路由的速度很高,可以实现 VLAN 间的线速路由。

下面,我们以 Cisco 交换机为例,来介绍三层交换机 VLAN 间路由及相关的配置。

二、三层交换机 VLAN 路由功能配置

要配置 VLAN 间路由,需要在三层交换机上启用路由功能。启用路由功能需要先用 "ip cef" 命令启用 CEF(默认值是启用的)功能。

第 1 步,进入全局配置模式

Switch#configure terminal

第 2 步,开启路由功能

Switch(config)#ip route

第 3 步,指定要配置的 VLAN

Switch(config)#interface vlan vlan-id

第 4 步,在 VLAN 上配置 IP 地址

Switch(config-if)#ip address ip-address subnet-mask　　//该 VLAN 中的计算机,将使用该 IP 地址作为默认网关

第 5 步,启用该逻辑接口

Switch(config-if)#no shutdown

第 6 步,返回特权模式

Switch(config-if)#end

第 7 步,校验配置

Switch#show running-config

第 8 步，保存配置

Switch#copy running-config startup-config

三、交换机端口配置为三层接口

在三层交换机上可以实现类似传统路由器的功能，实现端口间的路由。给交换机的以太端口配置 IP 地址后，该接口就可作为路由口使用，这是与路由器上的以太端口功能是一样的了。如果一台交换机上的全部端口都这样设置，那么，从功能上来说，该交换机就变成了路由器了。将交换机以太端口配置为三层接口的步骤如下：

第 1 步，进入全局配置模式

Switch#configure terminal

第 2 步，启用路由功能

Switch(config)#ip routing

第 3 步，指定要配置的接口

Switch(config)#interface interface-id　　//可以是物理接口，也可以是 EtherChannel

第 4 步，将二层接口设为三层接口

Switch(config-if)#no switchport

第 5 步，为该接口配置 IP 地址

Switch(config-if)#ip address ip-address subnet-mask

第 6 步，启用该三层接口

Switch(config-if)#no shutdown

第 7 步，返回特权模式

Switch(config-if)#end

第 8 步，校验配置

Switch#show interface interface-id

Switch#show ip interface interface-id

Switch#show running-config interface interface-id

第 9 步，保存配置

Switch#copy running-config startup-config

四、设置默认网关

当没有配置路由协议时，交换机使用默认网关实现与其他网络的通信。需要注意的是，默认网关必须是直接与交换机相连接的路由器端口的 IP 地址。默认网关配置步骤如下：

第 1 步，进入全局配置模式

Switch#configure terminal

第 2 步，配置默认网关

Switch(config)#ip default–gateway ip–address

第 3 步，返回特权模式

Switch(config)#end

第 4 步，校验设置

Switch#show ip route

第 5 步，保存配置

Switch#copy running–config startup–config

五、设置静态路由

如果 Telnet 终端或 SNMP 网络管理站点与交换机位于不同的网络，并且没有配置路由协议，则需要添加静态路由表以实现彼此之间的通信。静态路由配置步骤如下：

第 1 步，进入全局配置模式

Switch#configure terminal

第 2 步，配置到远程网络的静态路由

Switch(config)#ip route dest–ip–address mask {forwarding– IP | vlan vlan–id}

第 3 步，返回特权模式

Switch(config)#end

第 4 步，校验设置

Switch#show running–config

第 5 步，保存当前配置

Switch#copy running–config startup–config

【思考与练习】

1. 在三层交换机上，VLAN 间通信如何实现？

2. 如何将三层交换机临时用作路由器？

3. 为什么要给 VLAN 设置 IP 地址？

▲ 模块 15 交换机吞吐量测试（Z38G1015Ⅲ）

【模块描述】本模块介绍交换机吞吐量性能的测试。通过操作过程详细介绍，掌握交换机吞吐量性能测试的方法。

【模块内容】

一、测试目的

交换机吞吐量测试的目的是为了交换机吞吐量指标是否符合交换机厂家宣称的设

计要求。

二、测试准备

1. 测试硬件准备

华三 H3C3610–28P 交换机一台、斯博伦公司的 SMB6000B 网络分析仪一台、PC 机一台（并安装 Smartbits Application 和 AST 软件）、线缆若干。

2. 测试拓扑图

交换机性能测试所搭建的测试环境是一样的，以测试六个端口为例，具体如图 7–15–1 所示。

华三H3C3610-28P交换机　　　　　　　SMB6000B网络分析仪

图 7–15–1　测试拓扑图

（1）交换机的 E1/0/1、E1/0/2、E1/0/11、E1/0/12、E1/0/21、E1/0/22 六个端口分别和 SMB6000B 的六个百兆口相连接。

（2）配置交换机，关掉 spanning–tree 和 pdp。

3. SMB 设备连接配置

（1）SMB 与 PC 通过以太网线背靠背连接。

（2）在 PC 的本地连接中添加与 SMB 地址（IP：192.168.20.5）同网段的 IP 地址（如：192.168.20.99/24），打开 CMD，利用 Ping 192.168.20.5 测试连通性。

4. SMB 设备连接步骤

（1）打开 SMB Application 软件。

（2）单击 "Setup/SmartBits Connection" 菜单，打开 Setup SmartBit Connects 界面，如图 7–15–2 所示。

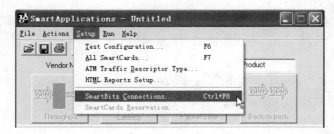

图 7–15–2　配置界面

（3）添加 IP 地址：192.168.20.5，单击"Add"按钮后，在所添加的"Connect List"选中该 IP，然后单击"OK"按钮即可。如图 7-15-3 所示。

图 7-15-3　添加 IP 地址界面

（4）单击"Action/Connect"主菜单或者"Connect"图标菜单，都会出现"Connect Confirmation"对话框，单击"Connect"即可完成与 PC 机建立起连接。

1）单击"Connect"图标菜单，如图 7-15-4 所示。

2）出现连接对话框，单击"Connect"按钮即可，如图 7-15-5 所示。

图 7-15-4　连接界面

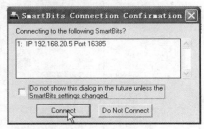

图 7-15-5　连接确认界面

3）连接成功显示如图 7-15-6 所示。

5. SMB 设备参数设置

在测试交换机四个性能指标时，端口的设置是相同的。具体设置如下：

（1）"1 to 1"选项：Source 和 Destination 端口一对一选测，并添加到 Test Pairs 列表中；选择双向测试，即 Bi-directional 打勾。如图 7-15-7 所示。

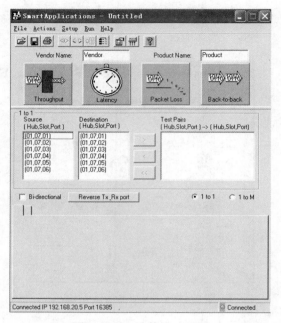

图 7-15-6 连接成功界面

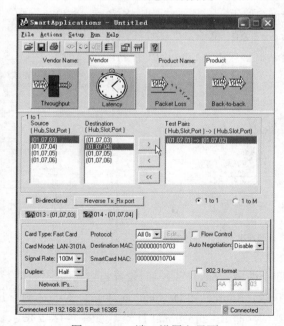

图 7-15-7 端口设置主界面

（2）端口参数具体设置。打开"Setup/All Smartcards"菜单，设置：

1）Speed：100M。

2）Duplex：Full。

3）Auto Negotiation：Force。

4）Protocol：All 0s（即为默认即可）。

5）DES MAC 和 Src MAC 要一一对应。

6）Smartcard's IP 和 Router's IP 不用设。

端口配置界面如图 7-15-8 所示。

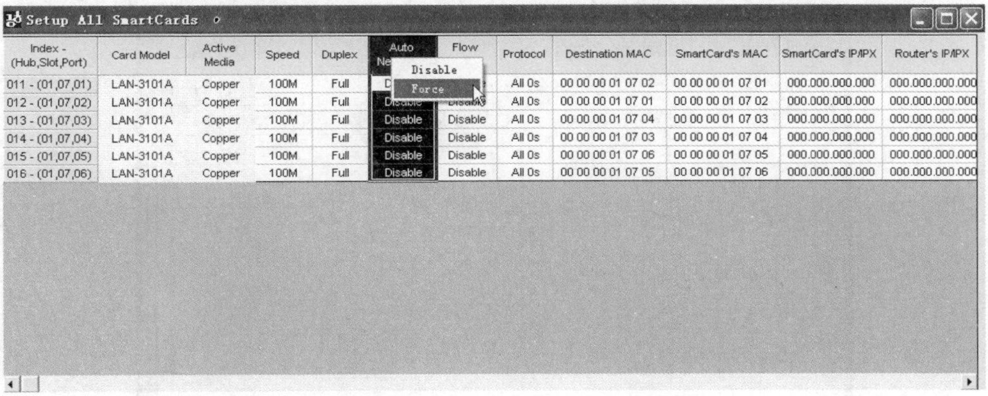

图 7-15-8　端口配置界面

（3）设置完毕，单击关闭按钮，出现确认对话框确认即可。如图 7-15-9 所示。

图 7-15-9　端口配置确认界面

三、测试步骤及要求

第 1 步：打开 "Setup/Test Configuration" 菜单，Test Configuration 选项卡：General：选择 Use Custom；Learning Packets 中的 Learning Mode 选 Every Trial，Throughput 的测试时间 Duration 参数设置 300，次数 Number of Trials 参数为 1，如图 7-15-10 所示。

注意：图 7-15-10 中 Preference 选项卡：这里是交换机二层吞吐量性能测试，所以 Test options 中的 Router Test 选项不要选，其他为默认配置。然后单击 "OK" 即可。

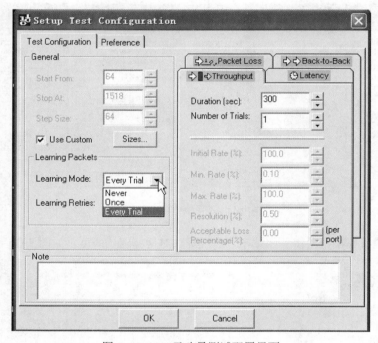

图 7-15-10 吞吐量测试配置界面

第 2 步：单击 "Sizes" 按钮，打开 Custom Packet Sizes 界面，单击 "Default" 按钮，然后单击 "OK" 按钮即可。如果要进行其他字节的设置，只需在该界面做相应的修改即可。如图 7-15-11 所示。

第 3 步：单击 "throughputs" 按钮或者 "Run/throughputs" 菜单，开始测试。如图 7-15-12 所示。

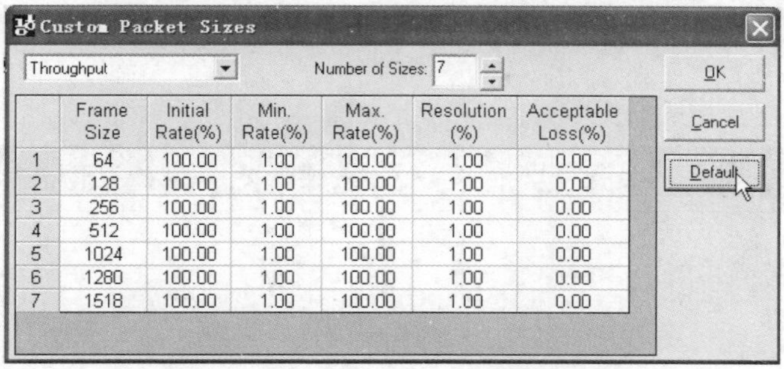

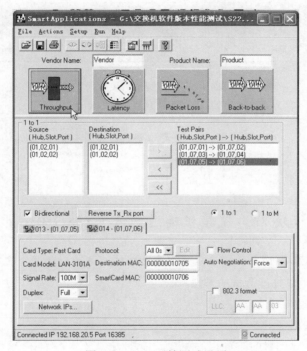

图 7-15-11 定制包界面

图 7-15-12 开始测试界面

四、测试结果分析及测试报告编写

（1）图 7-15-13 为通过 Smartbits Application 软件显示的测试结果。

（2）测试完毕后，根据测试数据，如果交换机的转发率性能测试的预期结果能达到线速，则表明交换机的吞吐量正常。

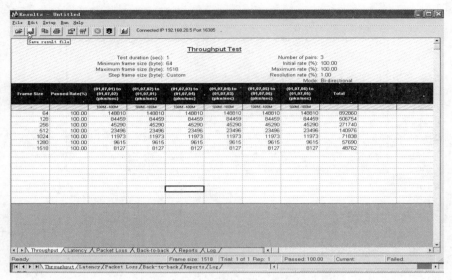

图 7-15-13　测试结果界面

【思考与练习】

1. 进行交换机吞吐量测试时测试仪表与测试设备连接时需要如何设置？

2. 简要叙述交换机吞吐量测试的步骤。

3. 怎样判断交换机的吞吐量是否正常？

▲ 模块 16　交换机延迟测试（Z38G1016Ⅲ）

【模块描述】本模块介绍交换机延迟测试性能的测试。通过操作过程详细介绍，掌握交换机延迟测试性能测试的方法。

【模块内容】

一、测试目的

交换机延迟测试的目的是为了交换机延迟指标是否符合交换机厂家宣称的设计要求。

二、测试准备

1. 测试硬件准备

H3C3610-28P 交换机一台、斯博伦公司的 SMB6000B 网络分析仪一台、PC 机一台（并安装 Smartbits Application 和 AST 软件）、线缆若干。

2. 测试拓扑图

交换机性能测试所搭建的测试环境是一样的，以测试六个端口为例，搭建如

图 7-16-1 所示测试环境。

华三H3C3610-28P交换机　　　　　　SMB6000B网络分析仪

图 7-16-1　测试拓扑图

（1）交换机的 E1/0/1、E1/0/2、E1/0/11、E1/0/12、E1/0/21、E1/0/22 六个端口分别和 SMB6000B 的六个百兆口相连接。

（2）配置交换机，关掉 spanning-tree 和 pdp。

3. SMB 设备连接配置

（1）SMB 与 PC 通过以太网线背靠背连接。

（2）在 PC 的本地连接中添加与 SMB 地址（IP：192.168.20.5）同网段的 IP 地址（如：192.168.20.99/24），打开 CMD，利用 ping 192.168.20.5 测试连通性。

4. SMB 设备连接步骤

（1）打开 SMB Application 软件。

（2）单击"Setup/SmartBits Connection"菜单，打开 Setup Smartbit Connects 界面，如图 7-16-2 所示。

图 7-16-2　配置界面

（3）添加 IP 地址：192.168.20.5，单击"Add"按钮后，在所添加的"Connect List"选中该 IP，然后点击"OK"按钮即可。如图 7-16-3 所示。

（4）单击"Action/Connect"主菜单或者"connect"图标菜单，都会出现"Connect Confirmation"对话框，单击"connect"即可完成与 PC 机建立起连接。

1）单击"Connect"图标菜单，如图 7-16-4 所示。

2）出现连接对话框，单击"Connect"按钮即可。如图 7-16-5 所示。

3）连接成功显示如图 7-16-6 所示。

图 7-16-3 添加 IP 地址界面

图 7-16-4 连接界面

图 7-16-5 连接确认界面

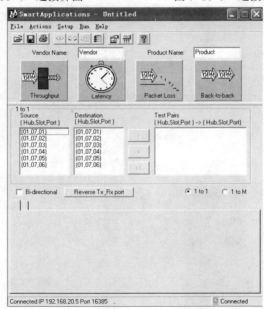

图 7-16-6 连接成功界面

5. SMB 设备参数设置

在测试交换机四个性能指标时，端口的设置是相同的。具体设置如下：

（1）"1 to 1"选项：Source 和 Destination 端口一对一选测，并添加到 Test Pairs 列表中；选择双向测试，即 Bi-directional 打勾，如图 7-16-7 所示。

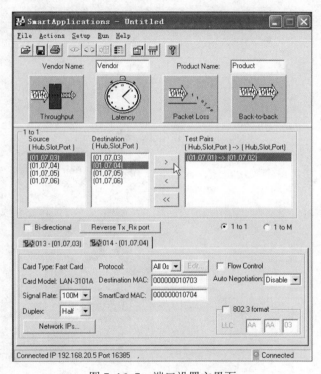

图 7-16-7　端口设置主界面

（2）端口参数具体设置。

打开"Setup/All Smartcards"菜单，设置：

1）Speed：100M。

2）Duplex：Full。

3）Auto Negotiation：Force。

4）Protocol：All 0s（即为默认即可）。

5）DES MAC 和 Src MAC 要一一对应。

6）Smartcard's IP 和 Router's IP 不用设。

端口配置界面如图 7-16-8 所示。

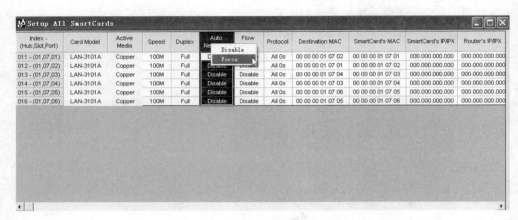

图 7-16-8 端口配置界面

（3）设置完毕，单击关闭按钮，出现确认对话框确认即可，如图 7-16-9 所示。

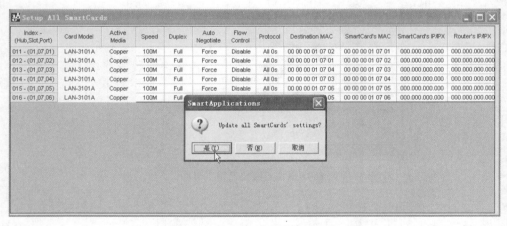

图 7-16-9 端口配置确认界面

三、测试步骤及要求

第1步：打开"Setup/Test Configuration"菜单，Test Configuration 选项卡：General：选择 Use Custom；Learning Packets 中的 Learning Mode 选 Every Trial，Latency 的测试时间 Duration 参数设置 30，次数 Number of Trial 参数为 5，如图 7-16-10 所示。

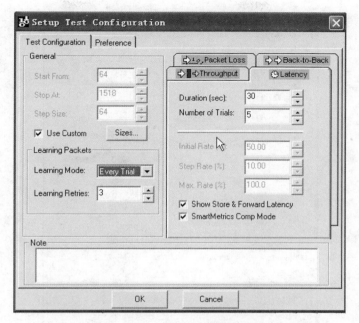

图 7-16-10　延迟测试配置界面

第 2 步：Preference 选项卡：这里是交换机二层吞吐量性能测试，所以 Test options 中的 Router Test 选项不要选，其他为默认配置。然后单击"OK"即可。

第 3 步：单击"Sizes"按钮，打开 Custom Packet Sizes 界面，单击"Default"按钮，然后单击"OK"按钮即可，如图 7-16-11 所示。如果要进行其他字节的设置，只需在该界面做相应的修改即可。

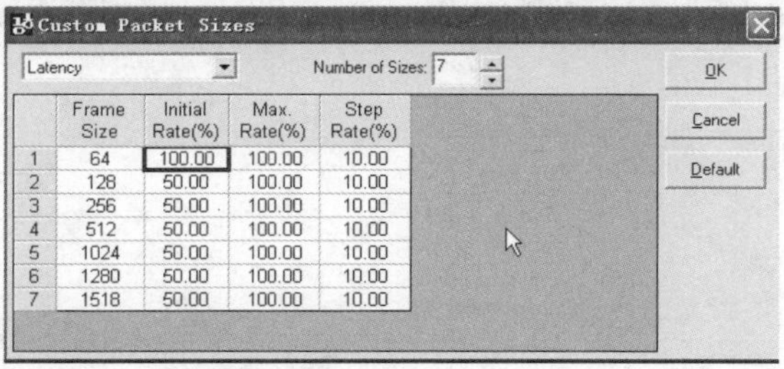

图 7-16-11　定制包界面

第 4 步：单击"Latency"按钮，开始测试，如图 7-16-12 所示。

四、测试结果分析及测试报告编写

（1）测试完毕后，Smartbits Application 软件显示测试结果，具体结果如图 7-16-13 所示。

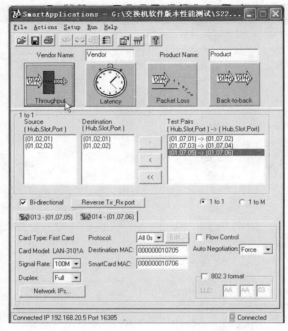

图 7-16-12 开始测试界面

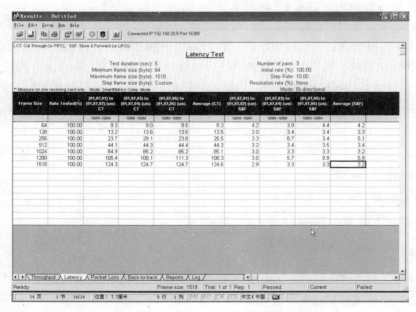

图 7-16-13 测试结果界面

（2）测试完毕后，根据测试数据，如果交换机的延迟性能测试的预期结果能达到线速，则表明交换机的延迟性能正常。

【思考与练习】

1. 请问交换机延迟测试的主要目的是什么？

2. 进行交换机延迟测试时测试仪表与测试设备连接时需要如何设置？

3. 简要叙述交换机延迟测试的步骤。

▲ 模块 17　交换机丢包测试（Z38G1017Ⅲ）

【模块描述】本模块介绍交换机丢包性能的测试。通过操作过程详细介绍，掌握交换机丢包率性能测试的方法。

【模块内容】

一、测试目的

交换机丢包率测试的目的是为了交换机丢包率指标是否符合交换机厂家宣称的设计要求。

二、测试准备

1. 测试硬件准备

华三 H3C3610–28P 交换机一台、斯博伦公司的 SMB6000B 网络分析仪一台、PC机一台（并安装 Smartbits Application 和 AST 软件）、线缆若干。

2. 测试拓扑图

交换机性能测试所搭建的测试环境是一样的，以测试六个端口为例，具体如图 7–17–1 所示。

华三H3C3610–28P交换机　　　　　　　SMB6000B网络分析仪

图 7–17–1　测试拓扑图

（1）交换机的 E1/0/1、E1/0/2、E1/0/11、E1/0/12、E1/0/21、E1/0/22 六个端口分别和 SMB6000B 的六个百兆口相连接。

（2）配置交换机，关掉 spanning–tree 和 pdp。

3. SMB 设备连接配置

（1）SMB 与 PC 通过以太网线背靠背连接。

（2）在 PC 的本地连接中添加与 SMB 地址（IP：192.168.20.5）同网段的 IP 地址（如：192.168.20.99/24），打开 CMD，利用 ping 192.168.20.5 测试连通性。

4. SMB 设备连接步骤

（1）打开 SMB Application 软件。

（2）单击"Setup/Smartbits Connection"菜单，打开 Setup SmartBit Connections 界面，如图 7-17-2 所示。

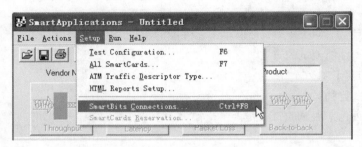

图 7-17-2　配置界面

（3）添加 IP 地址：192.168.20.5，单击"Add"按钮后，在所添加的"Connect List"选中该 IP，然后单击"OK"按钮即可，如图 7-17-3 所示。

图 7-17-3　添加 IP 地址界面

（4）单击"Action/Connect"主菜单或者"Connect"图标菜单，都会出现"Connect Confirmation"对话框，单击"Connect"即可完成与 PC 机建立起连接，如图 7–17–4 和图 7–17–5 所示。

1）单击"Connect"图标菜单。

2）出现连接对话框，单击"Connect"按钮即可，如图 7–17–5 所示。

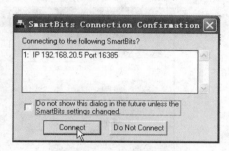

图 7–17–4　连接界面　　　　　　　图 7–17–5　连接确认界面

3）连接成功显示如图 7–17–6 所示。

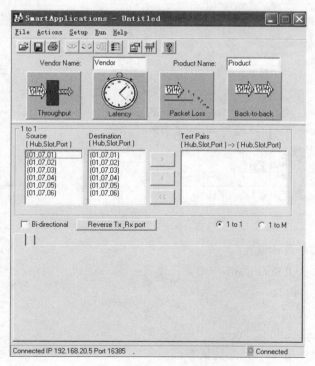

图 7–17–6　连接成功界面

5. SMB 设备参数设置

在测试交换机四个性能指标时，端口的设置是相同的。具体设置如下：

（1）"1 to 1"选项：Source 和 Destination 端口一对一选测，并添加到 Test Pairs 列表中；选择双向测试，即 Bi-directional 打勾，如图 7-17-7 所示。

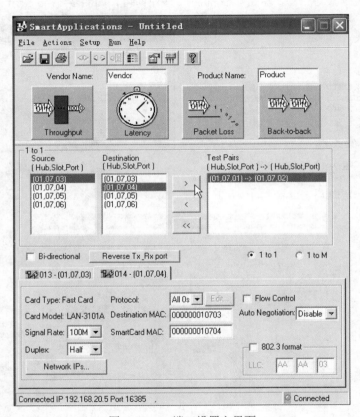

图 7-17-7　端口设置主界面

（2）端口参数具体设置：

打开"Setup/All Smartcards"菜单，设置：

1）Speed：100M。

2）Duplex：Full。

3）Auto Negotiation：Force。

4）Protocol：All 0s（即为默认即可）。

5）DES MAC 和 Src MAC 要一一对应。

6）Smartcard's IP 和 Router's IP 不用设。

端口配置界面如图 7-17-8 所示。

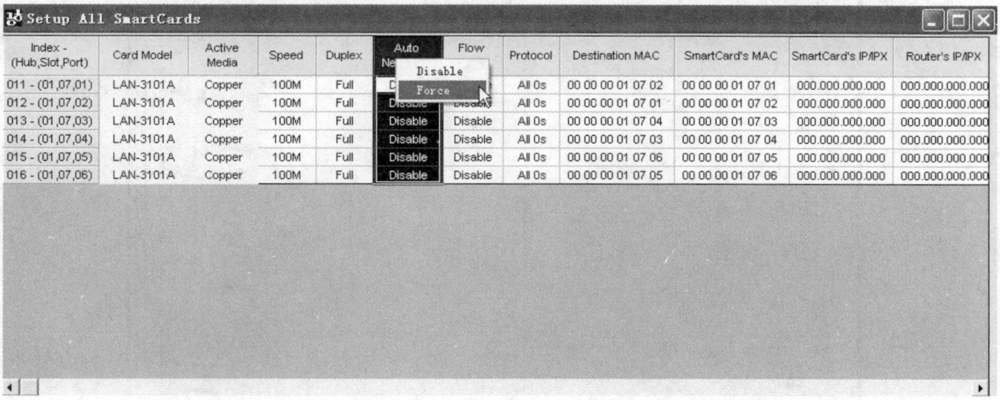

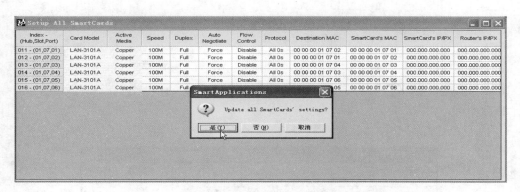

图 7-17-8　端口配置界面

（3）设置完毕，单击关闭按钮，出现确认对话框确认即可，如图 7-17-9 所示。

图 7-17-9　端口配置确认界面

三、测试步骤及要求

第 1 步：打开"Setup/Test Configuration"菜单，Test Configuration 选项卡：General：选择 Use Custom；Learning Packets 中的 Learning Mode 选 Every Trial，PacketsLoss 的测试时间 Duration 参数设置 60，次数 Number of Trial 参数为 2，如图 7-17-10 所示。

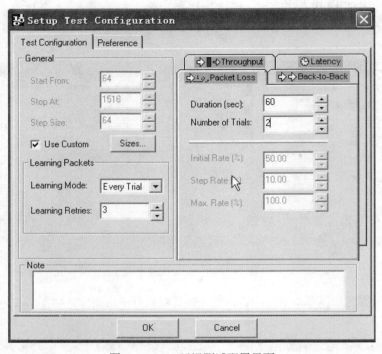

图 7–17–10　延迟测试配置界面

第 2 步：单击“Sizes”按钮，打开 Custom Packet Sizes 界面，单击“Default”按钮，然后单击“OK”按钮即可。如果要进行其他字节的设置，只需在该界面做相应的修改即可，如图 7–17–11 所示。

	Frame Size	Initial Rate(%)	Max. Rate(%)	Step Rate(%)
1	64	100.00	100.00	10.00
2	128	100.00	100.00	10.00
3	256	100.00	100.00	10.00
4	512	100.00	100.00	10.00
5	1024	100.00	100.00	10.00
6	1280	100.00	100.00	10.00
7	1518	100.00	100.00	10.00

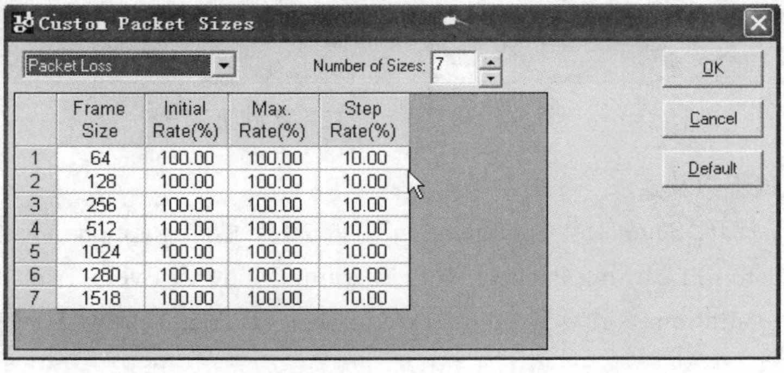

图 7–17–11　定制包界面

第 3 步：Preference 选项卡：这里是交换机二层吞吐量性能测试，所以 Test Options 中的 Router Test 选项不要选，其他为默认配置。然后单击"OK"即可。

第 4 步：单击"Packet Loss"按钮，开始测试，如图 7–17–12 所示。

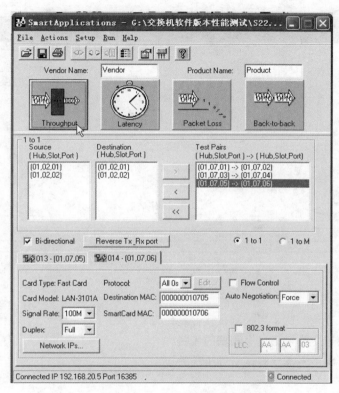

图 7–17–12　开始测试界面

四、测试结果分析及测试报告编写

（1）测试完毕后，Smartbits Application 软件显示测试结果，具体结果如图 7–17–13 所示。

（2）测试完毕后，根据测试数据，由于交换机的转发率均能达到线速，所以该性能测试的预期结果一般为 0（丢包率）。说明：如果转发率性能达到线速，丢包率性能可以不测试。

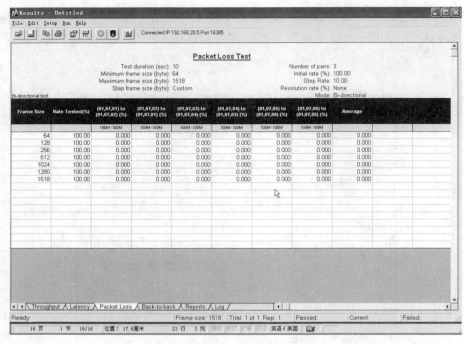

图 7-17-13 测试结果界面

【思考与练习】

1. 交换机丢包测试常用的测试软件是什么？

2. 简要叙述交换机丢包率测试的步骤。

3. 什么情况下不需要测试交换机的丢包率？

▲ 模块 18 交换机背靠背测试（Z38G1018 Ⅲ）

【模块描述】本模块介绍交换机背靠背性能的测试。通过操作过程详细介绍，掌握交换机背靠背性能测试的方法。

【模块内容】

一、测试目的

交换机背靠背测试的目的是为了交换机背靠背指标与交换机厂家宣称性能是否符合。

二、测试准备

1. 测试硬件准备

华三 H3C3610-28P 交换机一台、斯博伦公司的 SMB6000B 网络分析仪一台、PC

机一台（并安装 Smartbits Application 和 AST 软件）、线缆若干。

2. 测试拓扑图

交换机性能测试所搭建的测试环境是一样的，以测试六个端口为例，具体如图 7–18–1 所示。

华三H3C3610-28P交换机　　　　　　　　　SMB6000B网络分析仪

图 7–18–1　测试拓扑图

（1）交换机的 E1/0/1、E1/0/2、E1/0/11、E1/0/12、E1/0/21、E1/0/22 六个端口分别和 SMB6000B 的六个百兆口相连接。

（2）配置交换机，关掉 Spanning–tree 和 pdp。

3. SMB 设备连接配置

（1）SMB 与 PC 通过以太网线背靠背连接。

（2）在 PC 的本地连接中添加与 SMB 地址（IP：192.168.20.5）同网段的 IP 地址（如：192.168.20.99/24），打开 CMD，利用 ping 192.168.20.5 测试连通性。

4. SMB 设备连接步骤

（1）打开 SMB Application 软件。

（2）单击 "Setup/Smartbits Connection" 菜单，打开 Setup SmartBit Connects 界面，如图 7–18–2 所示。

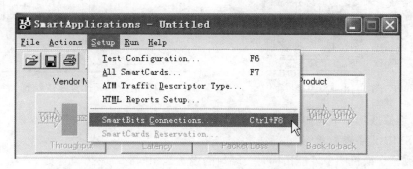

图 7–18–2　配置界面

（3）添加 IP 地址：192.168.20.5，单击 "Add" 按钮后，在所添加的 "Connect List" 选中该 IP，然后单击 "OK" 按钮即可，如图 7–18–3 所示。

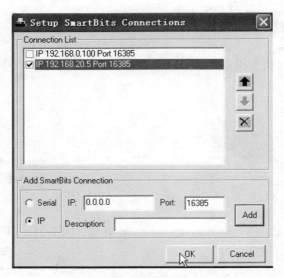

图 7-18-3　添加 IP 地址界面

（4）单击"Action/Connect"主菜单或者"Connect"图标菜单，都会出现"Connect Confirmation"对话框，单击"OK"即可完成与 PC 机建立起连接。

1）单击"Connect"图标菜单。如图 7-18-4 所示。

2）出现连接对话框，单击"Connect"按钮即可，如图 7-18-5 所示。

图 7-18-4　连接界面

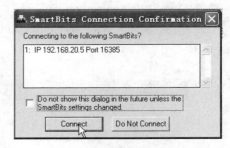

图 7-18-5　连接确认界面

3）连接成功显示，如图 7-18-6 所示。

5. SMB 设备参数设置

在测试交换机四个性能指标时，端口的设置是相同的。具体设置如下：

（1）"1 to 1"选项：Source 和 Destination 端口一对一选测，并添加到 Test Pairs 列表中；选择双向测试，即 Bi-directional 打勾，如图 7-18-7 所示。

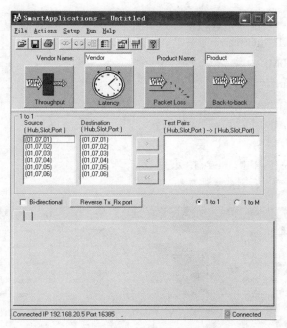

图 7-18-6　连接成功界面

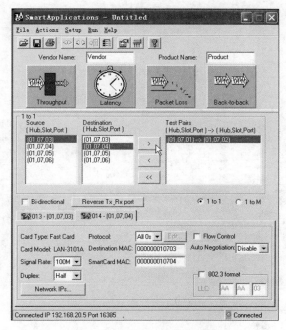

图 7-18-7　端口设置主界面

（2）端口参数具体设置：

打开"Setup/All Smartcards"菜单，设置：

1）Speed：100M。

2）Duplex：Full。

3）Auto Negotiation：Force。

4）Protocol：All 0s（即为默认即可）。

5）DES MAC 和 Src MAC 要一一对应。

6）Smartcard's IP 和 Router's IP 不用设。

端口具体配置如图 7-18-8 所示。

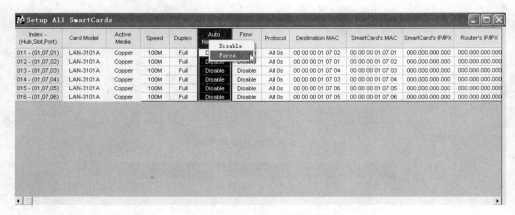

图 7-18-8　端口配置界面

（3）设置完毕，单击关闭按钮，出现确认对话框确认即可，如图 7-18-9 所示。

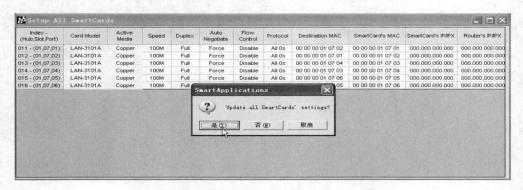

图 7-18-9　端口配置确认界面

三、测试步骤及要求

第 1 步：打开"Setup/Test Configuration"菜单，Test Configuration 选项卡：General：选择 Use Custom；Learning Packets 中的 Learning Mode 选 Every Trial，Back-to-Back 的测试时间 Duration 参数设置 2，测试次数 Number of Trial 参数为 5，如图 7-18-10 所示。

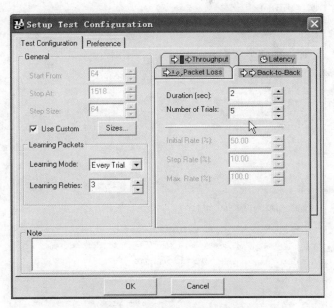

图 7-18-10　背靠背测试配置界面

第 2 步：单击"Sizes"按钮，打开 Custom Packet Sizes 界面，单击"Default"按钮，然后单击"OK"按钮即可。如果要进行其他字节的设置，只需在该界面做相应的修改即可。如图 7-18-11 所示。

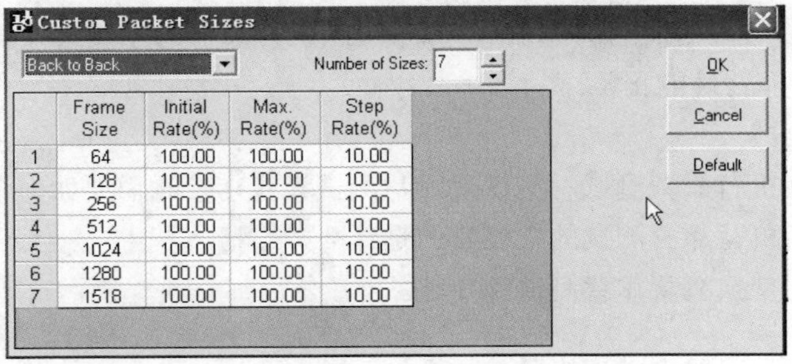

图 7-18-11　定制包界面

第 3 步：Preference 选项卡：这里是交换机二层吞吐量性能测试，所以 Test options 中的 Router Test 选项不要选，其他为默认配置。然后单击"OK"即可。

第 4 步：单击"Back-to-Back"按钮，开始测试，如图 7-18-12 所示。

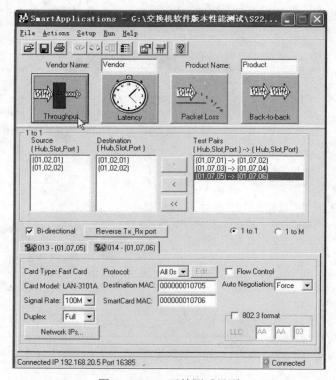

图 7-18-12 开始测试界面

四、测试结果分析及测试报告编写

（1）测试完毕后，Smartbits Application 软件显示测试结果。

（2）测试完毕后，根据测试数据，如果交换机背靠背的预期结果能达到线速，则表明交换机的背靠背性能正常。

【思考与练习】

1. 进行交换机背靠背测试时测试仪表与测试设备连接时需要如何设置？

2. 请问交换机背靠背测试的主要目的是什么？

3. 简要叙述交换机背靠背测试的步骤。

▲ 模块 19　交换机硬件故障处理（Z38G1019Ⅲ）

【模块描述】本模块介绍交换机常见硬件故障的分析和处理。通过案例分析，掌握交换机常见硬件故障的处理方法。

【模块内容】

交换机常见硬件故障主要有交换机设备故障、端口故障、背板故障、线缆故障等。

一、故障现象

（1）交换机停止工作。

（2）交换机连接的 RJ45 端口或光端口灯不亮。

二、故障分析与处理

1. 交换机停止工作故障

（1）检查交换机面板上 POWER 是否绿色常亮，如果该指示灯灭，则说明交换机没有正常供电，检查交换机输入电源。

（2）检查交换机风扇是否工作，如果风扇不工作，可能是风扇损坏造成交换机过热造成停机。

（3）检查交换机背板是否正常。

2. 交换机端口灯不亮

（1）检查交换机接入端口的 RJ45 接头是否插紧，重新拔插 RJ45 头、光模块和接入光模块的尾纤。

（2）如果反复拔插接入端口的 RJ45 接头、光模块和接入尾纤，交换机端口灯还不亮，则需更换端口再进行测试，如果更换的端口灯亮，则表明老端口存在雷击等原因造成的故障。

（3）上述两个原因排除后，则需要进一步检测接入线缆，判断线缆制作时顺序排列错误或者不规范，线缆连接时应该用交叉线却使用了直连线，光缆中的两根光纤交错连接，错误的线路连接导致网络环路等。

三、故障案例分析举例

1. 案例一

（1）故障现象。网管软件报警，机房某台交换机已经丢失管理。

（2）原因分析。到机房后发现交换机前面板已经无指示灯闪烁，判断交换机停止工作。初步分析可能存在四个方面的原因：

1）交换机外部供电存在问题。

2）交换机自身电源模块发生故障。

3）交换机风扇故障导致环境温度过高致使交换机宕机。

4）交换机背板存在问题。

（3）故障处理。

1）围绕这四个方面的原因进行逐一查找进行逐步检查。

2）排除交换机外部供电原因，可以拔下交换机电源插头，用万用表测量插头电压是否正常。

3）电源插头如正常，拔下交换机电源线，10min 左右后，重新上电，如果交换机没有启动反应，则判断交换机电源故障，如果交换机能够启动或者启动中宕机，则可以判断交换机风扇故障。

4）排除上述原因后，如交换机仍不能启动，则判断为交换机背板故障。

（4）如为交换机板卡故障，更换故障板卡或部件，重新启动交换机。如为交换机背板故障，则更换并重新配置交换机。

2. 案例二

（1）故障现象。用户反映计算机不能上网，网卡灯不亮。

（2）原因分析。

1）上联交换机端口原因导致交换机端口处于 shutdown 状态。

2）计算机与交换机端口连接线缆和交换机端口硬件故障。

3）接入交换机网线的 RJ45 接头原因。

（3）故障处理。

1）首先远程登录该用户计算机接入的交换机，找到连接端口，通过交换机软件判断该端口的状态，排除由于自环等原因形成的交换机端口 shutdown 状态。

2）使用网络寻线仪对连接网线进行测试，排除连接线缆的原因。

3）更换交换机端口进行检查，排除是否是由于交换机端口硬件故障导致计算机不能上网。

（4）经反复检查，最终原因是交换机连接端口发生了硬件故障导致计算机不能上网，更换了交换机连接端口后，计算机恢复正常上网。

【思考与练习】

1. 交换机常见的硬件故障有哪些？

2. 网管上发现交换机丢失管理应如何进行排查？

3. 交换机的端口灯不亮、用户不能上网，如何进行排查？

▲ 模块 20　交换机 VLAN 配置错误故障处理（Z38G1020Ⅲ）

【模块描述】本模块介绍交换机 vlan 配置错误故障的的分析和处理。通过案例分析，掌握交换机 vlan 配置错误的处理方法。

【模块内容】

一、故障现象

按照图 7-20-1 所示搭建网络环境，其中交换机为华三 H3C3610-28P 交换机，该交换机为三层交换机，PC1、PC2 分别连接交换机的 E1/0/1 和 E1/0/2 端口，根据图中环境，PC1 和 PC2 可以互相访问，但是在实验中发现 PC1 不能访问 PC2。

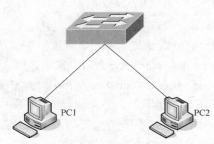

图 7-20-1　测试环境拓扑示意图

二、故障分析及处理

1. 查看交换机上的 vlan 定义

使用 display cur 查看交换机的配置文件，发现交换机上定义了 vlan2、vlan3，具体配置为：

int vlan 2　//进入 vlan2 设置

ip add 10.10.10.1 255.255.255.0 //设置 vlan2 的 IP 地址

int vlan 3　//进入 vlan3 设置

ip add 10.10.11.1 255.255.255.0　//设置 vlan3 的 IP 地址

2. 查看两台 PC 连接交换机端口的配置

使用 display cur 查看交换机的配置文件，发现交换机端口 E1/0/1 和 E1/0/2 的配置为：

int e1/0/1　//进入端口 1 设置

port link-type access //设置端口模式为 access

port　access vlan 3// 设置端口为 vlan2

int e1/0/2// 进入端口 2 设置

port link-type access //设置端口模式为 access

port　access vlan 3// 设置端口为 vlan3

3. 查看两台 PC 的 IP 地址配置

登录两台 PC，发现 IP 地址具体配置为：

PC1 的配置为：IP 地址为 10.10.11.2 掩码 255.255.255.0 网关为 10.10.11.1

PC2 的配置为：IP 地址为 10.10.10.2 掩码 255.255.255.0 网关为 10.10.10.1

4. 故障分析

检查两台 PC 的 IP 地址配置，检查 PC 的 IP 地址是否同属于交换机端口的同一个 vlan。

5. 故障处理

根据上述两台 PC 的配置，发现 PC2 的 IP 地址属于 vlan2，因此 PC2 互联的交换机端口 2 应该属于 vlan2 网段，但是实际上交换机端口的 vlan 配置为 vlan3，因此该端口的配置应更改为：

Int e1/0/2　//进入端口 2 设置

port link–type access　//设置端口模式为 access

port　access vlan 2　//设置端口为 vlan2

【思考与练习】

1. 华三交换机查看配置的命令是什么？

2. 如何设置交换机端口访问 vlan？

3. 计算机与交换机互联时，交换机端口 vlan 与计算机设置的 IP 地址不是同一个 vlan 时，能够互通吗？

模块 21　交换机端口配置错误故障处理（Z38G1021Ⅲ）

【模块描述】本模块介绍交换机端口配置错误故障的分析和处理。通过案例分析，掌握交换机端口配置错误的处理方法。

【模块内容】以太网端口有三种链路类型：access、hybrid 和 trunk。Access 类型的端口只能属于一个 vlan，一般用于连接计算机的端口；trunk 类型的端口可以属于多个 vlan，可以接收和发送多个 vlan 的报文，一般用于交换机之间连接的端口；hybrid 类型的端口可以属于多个 vlan，可以接收和发送多个 vlan 的报文，可以用于交换机之间的连接，也可以用于连接用户的计算机。而 hybrid 和 trunk 的不同之处在于 hybrid 端口可以允许多个 vlan 的报文发送时不打标签，而 trunk 端口只允许缺省 vlan 的报文发送时不打标签。

一、故障现象

按照图 7–21–1 所示搭建网络环境，其中交换机为二层交换机华三 H3C3100–26P，PC1、PC2 分别连接交换机的 1 号和 2 号端口，根据图中环境，PC1 和 PC2 可以互相访问，但是在实验中发现 PC1 不能访问 PC2，请分析其中的故障并排除。

二、故障分析及处理

1. 查看交换机上的 vlan 定义

使用 dis cur 查看交换机的配置文件，发现交换机上定义了 vlan2、vlan3，具体配置为：

int vlan 2 //进入 vlan2 设置

ip add 10.10.10.1 255.255.255.0 //设置 vlan2 的 IP 地址

int vlan 3　//进入 vlan3 设置

ip add 10.10.11.1 255.255.255.0 //设置 vlan3 的 IP 地址

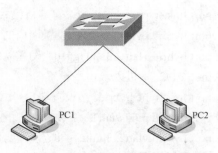

图 7-21-1　测试环境拓扑示意图

2. 查看两台 PC 连接交换机端口的配置

使用 dis cur 查看交换机的配置文件，发现交换机端口的配置为：

int E1/0/1　//进入端口 1 设置

port link-type hybrid　//设置端口模式为 hybrid

port hybrid pvid vlan 2 //设置端口 vlan 标签为 vlan2

int E1/0/2　//进入端口 2 设置

port link-type hybrid　//设置端口模式为 hybrid

port hybrid pvid vlan 3　//设置端口 vlan 标签为 vlan3

3. 查看两台 PC 的 IP 地址配置

登录两台 PC，发现 IP 地址具体配置为：

PC2 的配置为：IP 地址为 10.10.11.2 掩码 255.255.255.0 网关为 10.10.11.1

PC1 的配置为：IP 地址为 10.10.10.2 掩码 255.255.255.0 网关为 10.10.10.1

4. 故障分析

（1）首先排除交换机设备故障、线缆连接、PC 上的 IP 配置等基本错误。

（2）由于图中的交换机为二层交换机，因此 vlan 间无法互通，按照上述配置，PC1 肯定无法访问 PC2。

5. 故障处理

PC1 所发出的数据，由端口 1 所在的 pvid vlan2 封装 vlan2 的标记后送入交换机，交换机发现端口 2 允许 vlan3 的数据通过，为了能使端口 2 能通过 vlan2 的数据，因此端口 2 要配置 port hybrid vlan 2 3 untagged 语句，这样才能通过 vlan2 的数据，同理端口 1 也要配置 port hybrid vlan 2 3 untagged 语句。

交换机修改后的配置为：

int E1/0/1　//进入端口 1 设置

port link-type hybrid   //设置端口模式为 hybrid

port hybrid pvid vlan 2   //设置端口的 pvid vlan 为 vlan2

port hybrid vlan 2 3 untagged //设置端口的 untagged vlan 为 vlan2 和 vlan3

int E1/0/2   //进入端口 2 设置

port link-type hybrid   //设置端口模式为 hybrid

port hybrid pvid vlan 3   //设置端口的 pvid vlan 为 vlan3

port hybrid vlan 2 3 untagged //设置端口的 untagged vlan 为 vlan2 和 vlan3

【思考与练习】

1. H3C 交换机端口的模式有哪些？

2. H3C 交换机端口 Access 模式用在什么情况？

3. H3C 交换机 hybrid 模式和 trunk 模式有什么区别？

模块 22　交换机 ACL 配置错误故障处理（Z38G1022Ⅲ）

【模块描述】本模块介绍交换机标准 ACL 配置错误故障的分析和处理。通过案例分析，掌握交换机 ACL 配置错误的处理方法。

【模块内容】

一、故障现象

按照图 7-22-1 所示搭建网络环境，其中图 7-22-1 中右边的华三交换机配置了标准 ACL，配置标准 ACL 的目的是为了实现仅允许主机 10.1.1.1 访问主机 10.100.100.1，但在实验中发现在主机 10.1.1.1 上 ping 主机 10.100.100.1 不通，请分析并处理该故障。

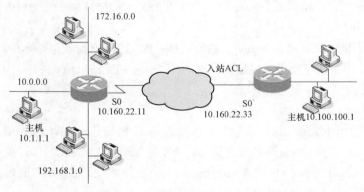

图 7-22-1　测试环境拓扑示意图

二、故障分析及处理

1. 基本故障排除

首先排除图中网络环境线缆是否连接正确、交换机设备是否故障、交换机配置是否正确、PC 是否配置正确。

2. 检查标准 ACL 配置

登录右边的交换机使用 display acl all 命令查看该交换机上定义的标准 ACL，通过该命令可以查看到交换机上定义的 3 个标准 ACL，具体配置如下：

Acl number 2001　//定义 acl2001

rule 1 deny source 10.1.1.0 0.0.0.255 //定义 acl 拒绝 10.1.1.0 这个 255 段的 IP

Acl number 2002 //定义 acl2002

rule 1 permit source 10.1.1.1 0 //定义 acl 允许 10.1.1.1 IP

Acl number 2003 //定义 acl2003

rule 1 permit source any //定义 acl 允许任何 IP

3. 检查交换机端口部署标准 ACL 情况

登录右边的交换机使用命令 display cur int e1/0/1，查看该端口部署的标准 ACL 情况，发现该端口依次部署了 ACL 2001、2002、2003。

4. 故障分析

华三交换机标准 ACL 的匹配原则如下：

（1）按顺序执行，只要有一条满足，则不会继续查找。

（2）隐含拒绝，如果都不匹配，那么一定匹配最后的隐含拒绝条目。

显然，本案例中部署的标准 ACL，第一条标准 ACL 就将 10.1.1.1 就排除了，所以主机 10.1.1.1 无法访问主机 10.100.100.1。

5. 故障处理

为了实现仅允许主机 10.1.1.1 访问主机 10.100.100.1，根据华三交换机标准 ACL 的匹配原则，仅需要调整右边交换机端口 S0 的标准 ACL 部署顺序为 2002、2001、2003。

【思考与练习】

1. 华三交换机标准 ACL 的匹配顺序？

2. 查看华三交换机端口部署标准 ACL 的命令？

3. 查看华三交换机定义的标准 ACL 的命令？

第八章

网络路由设备安装与调试

▲ 模块1　路由器的分类与应用（Z38G2001Ⅰ）

【**模块描述**】本模块包含路由器的分类、实际应用选用路由器的常识。通过对路由器按不同的分类标准进行分类的讲解，掌握各类路由器的特点和适用范围；掌握根据实际情况合理选用路由器的基本知识。

【**模块内容**】

一、路由器的分类

路由器产品的种类较多，无论是产品性能还是价格等方面都存在着很大的差异。路由器分类标准也不是唯一的，根据不同的标准，可以对路由器作不同的分类。

1. 按性能划分

路由器可分为高端路由器和中低端路由器。低端路由器主要适用于小型网络的Internet接入或企业网络远程接入，其包处理能力、端口类型和数量都非常有限。中端路由器适用于较大规模的网络，拥有较高的包处理能力，具有较丰富的网络接口，适应较为复杂的网络结构。高端路由器主要作为核心路由器应用于大型网络，拥有非常高的包处理性能，并且端口密度高、端口类型多，能够适应复杂的网络环境。

通常情况下，将背板交换能力大于40Gbit/s的路由器称为高端路由器，25～40Gbit/s之间的路由器称为中端路由器，低于25Gbit/s的为低端路由器。

2. 按结构划分

路由器可分为模块化结构与非模块化结构。通常情况下，中高端路由器均为模块化结构，可以使用各种类型的模块灵活配置路由器。如增加端口的数量、提供丰富的端口类型，以适应企业不断变化的业务需求。低端路由器则多为非模块化结构，端口的类型和数量都是固定的，通常称之为固定配置路由器。

3. 按网络位置划分

从所处的网络位置上，路由器可分为核心路由器、分发路由器和接入路由器。

（1）核心路由器位于网络中心，通常使用性能稳定的高端模块化路由器，一般被电信级超大规模企业选用。要求具备快速的包交换能力与高速的网络接口，核心路由器一般是模块化结构。

（2）分发路由器则主要适用于大中型企业和 Internet 服务提供商，或者分级网络中的中级网络。主要目标是以尽量便宜的方法实现尽可能多的端点互连，并可以支持不同等级的服务质量设置，这类路由器的主要特点就是端口数量多、价格便宜、应用简单。

（3）接入路由器一般位于网络边缘，所以，也可以称为"边缘路由器"，通常使用中、低端产品。接入路由器是目前应用最广的一类路由器，主要应用于中小型企业或大型企业的分支机构中，要求相对低速的端口以及较强的接入控制能力。例如宽带路由器就是一种接入路由器，无论是在企业还是在家庭，应用都十分广泛。

4. 按功能划分

从路由器的功能方面划分，路由器可分为通用路由器与专用路由器。一般所说的路由器是指通用路由器。专用路由器通常为实现某种特定功能对其接口、硬件及功能等作专门优化。例如：网吧专用路由器适合大量用户同时进行在线网络游戏、视频聊天、网上电影等应用；接入服务器用作接入拨号用户，增强 PSTN 接口以及信令能力；VPN 路由器增强隧道处理能力以及硬件加密；宽带接入路由器强调宽带接口数量及种类。

5. 按数据转发性能划分

从数据转发性能上，路由器可分为线速路由器和非线速路由器。通常线速路由器是高端路由器，能以端口速率转发数据包；非线速路由器是低端路由器。不过，一些新的接入路由器也可有线速转发能力。

6. 宽带路由器

宽带路由器主要用于家庭或小型办公室，用来实现与 Internet 的连接。采用宽带路由器共享接入 Internet，是目前应用最广，也最为方便、实用的一种 Internet 接入方案。宽带路由器具有地址转换功能，借助单一 IP 地址可以实现整个小型局域网的 Internet 连接共享。

宽带路由器通常拥有一个广域网（WAN）端口和 4 个局域网（LAN）端口，广域网端口用于连接 ADSL Modem 或 Cable 的以太网口，集成的 4 个局域网端口可代替路由器，用于连接计算机。宽带路由器非常便宜，最低的只要一百多元人民币。

绝大多数宽带路由器都提供 Web 配置界面，配置和管理都非常简单，客户端和应用程序均无需做任何设置。

二、Cisco 路由器产品系列简介

Cisco 路由器产品线，按照性能从弱到强的顺序，目前主流的是：850/870 系列、

1800 系列、2800 系列、3800 系列、7600 系列、12000 系列。Cisco 1800/2800/3800 系列属低端路由器，Cisco 7600 系列属中端路由器，Cisco 12000 系列属高端路由器。

图 8-1-1　Cisco 871 系列路由器

1. Cisco 850/870 系列集成多业务路由器

Cisco 850/870 系列是固定配置桌面式产品，适用于家庭、小型办公接入 Internet，或小型远程办公机构接入企业总部，属于宽带路由器，可取代原 SOHO 系列。该系列路由器有多个型号，不同型号拥有的功能和支持的接口类型是不同的。这两个系列路由器集成了防火墙、VPN 等安全特性，可进行远程管理，支持 Wlan 无线连接。

2. Cisco 1800 系列集成多业务路由器

Cisco 1800 系列是机架式路由器，主要面对中小型企业、大型企业的分支机构。该系列中 1801、1802、1803、1811 和 1812 为固定配置，而 1841 为模块化结构。Cisco 1800 系列可以取代原有的 1700 系列中的低端型号以及更早的 1600 系列。

Cisco 1800 系列固定配置路由器通过 ADSL、SHDSL 和 100M 接口提供广域网宽带接入，提供支持 VLAN 和以太网供电（可选）的 8 端口 100M 局域网接口，还可以利用多个天线提供 802.11a/b/g 无线接入。该系列路由器可提供的安全功能有状态化检测防火墙、IPSec VPN、入侵防护系统（IPS）等。该系列路由器具备远程管理功能。

Cisco 1800 系列路由器如图 8-1-2 所示。

3. Cisco 2800 系列集成多业务路由器

Cisco 2800 系列是机架式、模块化路由器，主要面对联网 PC 数量为 150 台以下的中小型企业和大型企业的分支机构。Cisco 2800 系列可以取代原有的 2600 系列、1700 系列中的高端型号以及更早的 2500 系列。Cisco 2800 系列在路由器基本功能的基础上，通过硬件模块和软件集成了网络安全、IP 电话和无线 AP 等功能，以线速支持多种服务。图 8-1-3 所示为 Cisco 2800 系列路由器。

图 8-1-2　Cisco 1800 系列路由器

图 8-1-3　Cisco 2800 系列路由器

Cisco 2800 系列路由器为模块化设备,可以利用 Cisco1800、2600、3700 和 3800 系列路由器 90 多种模块中的大多数接口模块,在网络升级时可节省投资。除各类接口模块以外,Cisco 2800 系列路由器模块插槽中可以根据需要插入网络分析模块、语音留言模块、入侵检测模块和内容引擎等功能模块,这些模块拥有内嵌处理器和硬盘,可独立于路由器运行,并能从单一管理界面进行管理。

Cisco 2800 系列具有较强的 VPN 接入、防火墙保护、入侵检测等网络安全功能。在主板上集成了基于硬件的加密加速,与基于软件的解决方案相比,实现了以较少的 CPU 开支提供更高的 IPSec 吞吐量。通过基于 Cisco IOS 软件的防火墙、网络访问控制、内容引擎网络模块和入侵保护网络模块的集成,可以为分支机构提供较强的网络安全解决方案。

Cisco 2800 系列使用内嵌于 Cisco IOS 系统软件的 Call Manager Express(CME)分布式 IP 电话呼叫处理软件以及话音硬件接口模块,可以安装 72 部 IP 电话。该系统最多可支持 12 条 E1 中继线路、52 个远端分机(FXS)接口或 36 个二线环路中继线(FXO)接口。

4. Cisco 3800 系列集成多业务路由器

Cisco 3800 系列是机架式、模块化路由器,主要面对联网 PC 数量为 150~250 台的中型企业和大型企业的分支机构。Cisco 3800 系列可以取代原有的 3700 系列以及更早的 3600 系列。图 8-1-4 所示为 Cisco 3800 模块化路由器。

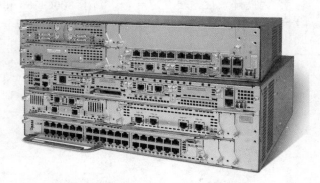

图 8-1-4　Cisco 3800 系列路由器

Cisco 3800 系列支持多协议标签交换(MPLS)、状态防火墙保护、动态入侵防御系统(IPS)和 URL 过滤支持。为简化管理和配置,3800 系列也采用了基于 Web 的路由器和安全设备管理器(SDM)。

Cisco 3800 系列除了使用内嵌于 Cisco IOS 系统软件的 Call Manager Express(CME)分布式 IP 电话呼叫处理软件之外,为满足较大容量的 IP 电话需求,还可以部署一个对立的 Cisco Call Manager 服务器专门用作 IP 电话的呼叫处理。Cisco 3800 系列路由器拥有多种话音网关接口，支持多达 24 条 E1 中继和 88 个二线环路中继线（FXS）接口。

5. Cisco 7600 系列属中端路由器

Cisco 7600 系列属中端路由器，是一款高度可扩展的多用途系统，能够为企业总部提供可靠的第 2 层和第 3 层服务。如图 8-1-5 所示为 Cisco7600 系列路由器。

图 8-1-5　Cisco7600 系列中端路由器

6. Cisco 12000 系列属高端路由器

Cisco 12000 系列属高端路由器，可以提供 40Gbit/s 的交换容量，并支持集中式和分布式分组转发，大大提升了数据转发速度，达到了 800Gbit/s 和 1.2Tbit/s 交换能力，用于构建超大规模的路由器分布式结构网络。如图 8-1-6 所示为 Cisco 12000 系列路由器。

图 8-1-6　Cisco 12000 系列高端路由器

三、路由器在网络中的应用

1. 网络远程连接

对于在不同地域设有多个分支机构的大型企事业单位，总部及各分支机构都设有局域网。利用路由器可以实现总部局域网与各分支机构局域网之间的远程连接。如图 8-1-7 所示为 3 个局域网借助路由器通过通信链路实现远程联网。

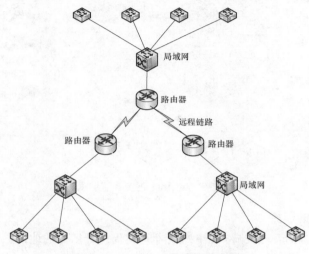

图 8-1-7　网络远程连接示意图

2. 远程网络访问

当员工在外地出差需要访问公司局域网络内的计算机，或者从公司网络服务器中调取数据时，就需要借助公用链路远程接入公司网络。如图 8-1-8 所示为普通客户端远程接入公司内部网络。

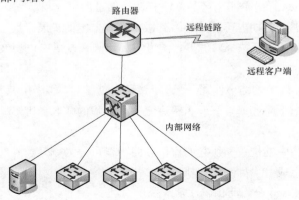

图 8-1-8　远程网络访问示意图

3. Internet 连接共享

路由器是局域网接入 Internet 所必需的网络设备。与此同时，路由器借助 NAT 技术，只需拥有一个合法的 IP 地址，即可实现局域网的 Internet 连接共享，并实现内部服务器的发布。如图 8-1-9 所示为借助路由器实现局域网的 Internet 连接。

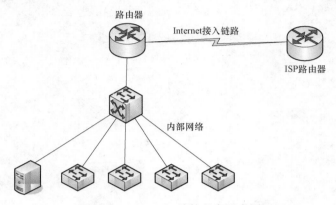

图 8-1-9 Internet 连接共享示意图

四、路由器的选择

在选择路由器时，首先要根据网络结构确定路由器所处的地位，是接入级、核心级还是分发路由器，然后，在根据实际需求确定基本性能要求。在选择路由器时，应重点考虑下列因素：

（1）选择符合国家标准的产品。对于尚未发布国家标准的设备，应遵从国内行业标准或响应的国际标准。

（2）考虑网络规模和网络应用的实际需要，不盲目追求高性能、高稳定性。在满足需求的基础上，选择简单实用产品，略有性能储备即可。

（3）充分考虑到近期内可能的网络升级，留有一定的扩展余地。

（4）环境适应能力：选择对温度、湿度等环境因素及供电电源波动适应能力强的设备。

（5）可靠性：设备关键部件冗余配置，故障时能够自动切换，具有较高的可靠性。

（6）同等情况下应选择信誉好、售后服务有保障的知名品牌。

【思考与练习】

1. 根据在网络中的位置和所起的作用，路由器可分为哪几类？

2. 路由器在组成 IP 网络中的作用是什么？

3. 简述当前 Cisco 公司路由器主流产品的分类。

▲ 模块 2 路由器的安装（Z38G2002 Ⅰ）

【模块描述】本模块介绍路由设备安装流程中各项工作的基本要求。通过安装流程要点介绍，掌握路由设备安装的规范要求。

【模块内容】

一、安装内容

本文介绍了路由器安装；交流电源线的连接；地线的连接。

二、安装准备

为保证整个设备安装的顺利进行，需要准备以下相关技术资料及工具材料：

（1）施工技术资料：合同协议书、设备配置表、会审后的施工设计图、安装手册。

（2）工具和仪表：剪线钳、压线钳、各种扳手、螺钉旋具、数字万用表、标签机等。仪表必须经过严格校验，证明合格后方能使用。

（3）安装辅助材料：交流电缆、接地连接电缆、网线、接线端子、线扎带、绝缘胶布等，材料应符合电气行业相关规范，并根据实际需要制作具体数量。

三、安装场所环境检查

路由器必须在室内使用，无论将路由器安装在机柜内还是直接放在工作台上，都需要保证以下条件：

（1）确认路由器的入风口及通风口处留有空间，以利于路由器机确认机柜和工作台自身有良好的通风散热系统。

（2）确认机柜及工作台足够牢固，能够支撑路由器及其安装附件的重量。

（3）确认机柜及工作台的良好接地。

（4）为保证路由器正常工作和延长使用寿命，安装场所还应该满足下列要求：

1）温/湿度要求。为保证路由器正常工作和使用寿命，机房内需维持一定的温度和湿度。若机房内长期湿度过高，易造成绝缘材料绝缘不良甚至漏电，有时也易发生材料机械性能变化、金属部件锈蚀等现象；若相对湿度过低，绝缘垫片会干缩而引起紧固螺钉松动，同时在干燥的气候环境下，易产生静电，危害路由器上的电路；温度过高则危害更大，长期的高温将加速绝缘材料的老化过程，使路由器的可靠性大大降低，严重影响其寿命。

2）洁净度要求。灰尘对路由器的运行安全是一大危害。室内灰尘落在机体上，可以造成静电吸附，使金属接插件或金属接点接触不良。尤其是在室内相对湿度偏低的情况下，更易造成静电吸附，不但会影响设备寿命，而且容易造成通信故障，因此安装场所应保持不能见明灰的洁净度。

3）抗干扰要求。路由器在使用中可能受到来自系统外部的干扰，这些干扰通过电容耦合、电感耦合、电磁波辐射、公共阻抗（包括接地系统）耦合和导线（电源线、信号线和输出线等）的传导方式对设备产生影响。为此应注意：交流供电系统为 TN 系统，交流电源插座应采用有保护地线（PE）的单相三线电源插座，使设备上滤波电路能有效的滤除电网干扰。路由器工作地点远离强功率无线电发射台、雷达发射台、高频大电流设备。必要时采取电磁屏蔽的方法，如接口电缆采用屏蔽电缆。接口电缆要求在室内走线，禁止户外走线，以防止因雷电产生的过电压、过电流将设备信号口损坏。

四、安全注意事项

为避免使用不当造成设备损坏及对人身的伤害，路由器安装前请遵从以下的注意事项：

（1）在清洁路由器前，应先将路由器电源插头拔出。不要用湿润的布料擦拭路由器，不可用液体清洗路由器。

（2）请不要将路由器放在水边或潮湿的地方，并防止水或湿气进入路由器机壳。

（3）请不要将路由器放在不稳定的箱子或桌子上，万一跌落，会对路由器造成严重损害。

（4）应保持室内通风良好并保持路由器通气孔畅通。

（5）路由器要在正确的电压下才能正常工作，请确认工作电压同路由器所标示的电压相符。

（6）为减少受电击的危险，在路由器工作时不要打开外壳，即使在不带电的情况下，也不要随意打开路由器机壳。

（7）在更换接口板时一定要使用防静电手套，防止静电损坏单板。

五、操作步骤

1. 安装路由器到机架

第 1 步：带上防静电手腕，并检查机柜的接地与稳定性。

第 2 步：取出螺钉（与前挂耳配套包装），将前挂耳的一端安装到路由器上。

第 3 步：将路由器水平放置于机柜的适当位置，通过螺钉和配套的浮动螺母，将前挂耳的另一端固定在机柜的前方孔条上。

2. 安装路由器到工作台

很多情况下，用户并不具备 19 英寸标准机柜，此时，人们经常用到的方法就是将路由器放置在干净的工作台上，此种操作比较简单，只要注意如下事项即可：① 保证工作台的平稳性与良好接地；② 路由器四周留出 10cm 的散热空间；③ 不要在路由器上放置重物。

3. 交流电源线的连接

第 1 步：将路由器随机附带的机壳接地线一端接到路由器后面板的接地柱上，另一端就近良好接地。

第 2 步：将路由器的电源线一端插到路由器机箱后面板的电源插座上，另一端插到外部的供电交流电源插座上。

第 3 步：检查路由器前面板的电源指示灯（PWR）是否变亮，灯亮则表示电源连接正确。

注意：路由器上电之前，必须先连接好地线。

4. 地线的连接

路由器地线的正常连接是路由器防雷、防干扰的重要保障，所以用户必须正确连接地线。路由器的电源输入端，接有噪声滤波器，其中心地与机箱直接相连，称作机壳地（即保护地），此机壳地必须良好接地，以使感应电、泄漏电能够安全流入大地，并提高整机的抗电磁干扰的能力。正确的接地方式如下：

（1）当路由器所处安装环境中有接地排时，将路由器的黄绿双色保护接地电缆一端接至接地排的接线柱上，拧紧固定螺母。请注意：消防水管和大楼的避雷针接地都不是正确的接地选项，路由器的接地线应该连接到机房的工程接地。

（2）当路由器所处安装环境中没有接地排时，若附近有泥地并且允许埋设接地体时，可采用长度不小于 0.5m 的角钢或钢管，直接打入地下。此时，路由器的黄绿双色保护接地电缆应和角钢（或钢管）采用电焊连接，焊接点应进行防腐处理。

（3）当路由器所处安装环境中没有接地排，并且条件不允许埋设接地体时，若路由器采用交流供电，可以通过交流电源的 PE 线进行接地。此时，应确认交流电源的 PE 线在配电室或交流供电变压器侧良好接地。

六、安装完成后检查

（1）检查选用电源与路由器的标识电源是否一致。

（2）检查地线是否连接。

（3）检查电源输入电缆连接关系是否正确。

（4）检查接口线缆是否都在室内走线，无户外走线现象；若有户外走线情况，请检查是否进行了交流电源防雷插排、网口防雷器等的连接。

【思考与练习】

1. 路由器接地线正确安装的方式有哪些？

2. 路由器的安装场所应满足哪些要求？

3. 安装结束后应检查哪些内容？

◢ 模块 3　路由器的基本配置（Z38G2003 Ⅱ）

【模块描述】本模块包含路由器的基本配置。通过对路由器管理端口、配置方式、CLI 命令界面及基本配置的介绍，掌握路由器配置和调试的基本操作。

【模块内容】

一、路由器配置的基础知识

在将路由器添加至企业网络之前，必须先对路由器作一些最基本的配置，以启用最基本的路由功能，并具备实现远程管理的条件。

1. 路由器配置的工具

路由器的初始配置需要通过路由器上的 Console 接口进行，所需要的工具使一台计算机或笔记本电脑和厂家提供的 Console 线。具体的使用方法，可参见本教材 Z38G2003 Ⅱ 模块"路由器的基本配置"中的介绍。

2. 路由器的启动及对话式配置

路由器本质上是一台专用的计算机系统，开机后路由器会自动完成启动过程进入到正常运行状态。初次开机时，路由器启动完成后会自动运行一个对话式设置程序，根据提问键入必要的配置参数可以对路由器进行最基本的简单配置。

3. 路由器配置 CLI 命令行模式

对路由器进行配置和管理，最经常使用的是命令行（Command Line Interface，CLI）模式，在这里可以设置任何可以设置的东西，几乎没有任何的限制。

4. 路由器的基本配置

同一个品牌的路由器的默认主机名都是一样的，当网络中存在有多台路由器时，为便于区分，最好对每台路由器都重新命名。另外还要设置密码，以防止对路由器的非法访问。

对路由器的多类端口进行配置。

对于 Cisco 路由器还要进行 CDP 协议的设置。CDP （ Cisco Discovery Protocol）协议是 Cisco 专有的协议，该协议能使 Cisco 网络设备发见与其直连的 Cisco 其他设备。因为 CDP 是数据链路层的协议，因此使用不同的网络层协议的 Cisco 设备都可以获得对方的信息。

下面，我们以 Cisco 路由器为例，来介绍配置的基本操作和路由器的基本配置。

二、路由器的启动过程及对话式配置

1. 路由器的启动过程

路由器也有自己的操作系统，在 Cisco 设备中通常称为 IOS（Internetwork Operating

System），其作用和计算机上的 Windows 一样，IOS 是路由器的核心。

路由器开机后，首先执行一个开机自检（Power On Self Test，POST）过程，诊断验证 CPU、内存及各个端口是否正常，紧接着路由器将进入软件初始化过程，如图 8-3-1 所示，其基本步骤如下：

（1）系统硬件加电自检。运行 ROM 中的硬件检测程序，检测各组件能否正常工作。完成硬件检测后，开始软件初始化工作。引导程序加载（Bootstrap Loader），它和计算机中的 BIOS 的作用类似，Bootstrap 会把 IOS 到 RAM 中。

（2）软件初始化过程。运行 ROM 中的 BootStrap 程序，进行初步引导工作。

（3）寻找并载入 IOS 系统文件。

（4）IOS 装载完毕，系统在 NVRAM 中查找 Startup-config 文件。如果 NVRAM 中存在 Startup-config 文件，则将该文件调入 RAM 中并逐条执行，进行系统的配置。

（5）如果在 NVRAM 中没有找到配置文件，系统进入 setup 配置模式（也称为配置对话模式），进行路由器初始配置。在这个模式中只能够进行最基本的配置，配置方式比较简单，通常是一问一答的形式。而且在每个问题后面的中括号中都有缺省的选项。这个模式的优点就是只要你懂英文，就能配置，最大的缺点就是，配置不了什么功能，最多也就是能让路由器正常的工作起来。要对路由器进行全面配置，就要使用 CLI 命令行模式。

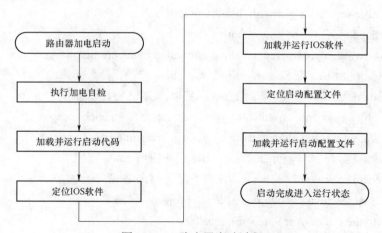

图 8-3-1　路由器启动过程

2. 对话式简单配置

如上所述，路由器初次开机后，计算机的超级终端窗口上会出现以下提示：

—— System Configuration Dialog——

At any point you may enter a question mark "?" for help.

Use ctrl–c to abort configuration dialog at any prompt.

Default settings are in square brackets '[ ]'.

Would you like to enter the initial configuration dialog? [yes/no]:

第 1 步，键入"Yes"并回车，进入初始化配置对话

Would you like to enter the initial configuration dialog? [yes/no]:yes

At any point you may enter a question mark '?' for help.

Use ctrl–c to abort configuration dialog at any prompt.

Basic management setup configures only enough connectivity

for management of the system, extended setup will ask you

to configure each interface on the system.

Would you like to enter basic management setup? [yes/no]:

第 2 步，键入"Yes"并回车，进入基本管理配置

Would you like to enter basic management setup? [yes/no]:yes

Configuring global parameters:

第 3 步，键入路由器的名称，如 3800

Enter host name [Router]:3800

The enable secret is a password used to protect access

to privileged EXEC and configuration modes.

This password, after entered, becomes encrypted in the configuration.

第 4 步，键入 Enable Secret 密码

Eater enable secret:****　　//当查看配置时,该密码将加密显示

The enable password is used when you do not specify an enable secret

password, with some older software versions, and some boot images.

第 5 步，键入一个与 Enable Secret 密码不同的 Enable 密码

Enter enable password:****　　//在查看配置时,该密码不会被加密显示

The virtual terminal password is asked to project

access to the router over a network interface.

第 6 步，键入虚拟终端密码

Eater virtual terminal password:****　　//防止未经授权用户通过 Console 口以外的
端口访问路由器。当使用 Telnet 或超级终端远程访问路由器时，将需要键入该密码。

第 7 步，设置 SNMP

Configure SNMP Network Management?[yes]:Yes

Community string [public]:

第 8 步，系统摘要显示可用的接口

第 9 步，选择可用 LAN 接口进行配置，使其可以连接到局域网络，从而便于进行远程管理

Enter interface name used to connect to the management network

from the above interface summary:fastethernet0/0

第 10 步，为该 LAN 接口键入 IP 地址和子网掩码

Configuring interface FastEthenet0/0:

Use the 100 Base−TX(RJ−45)connector? [yes]:

Operate in full−duplex mode? [no]:yes

Configure IP on this interface? [yes]:

IP address for this interface:10.1.1.1

Subnet mask for this interface [255.0.0.0] :255.255.0.0

Class A network is 10.0.0.0, 16 subnet bits; mask is /16

第 11 步，当显示下述信息时，选择"2"并单击回车键，保存基本配置

[0] Go to the IOS command prompt without saving this config.

[1] Return back to the setup without saving this config.

[2] Save this configuration to nvram and exit.

Enter your selection [2]:2

Press RETURN to get started：RETURN

第 12 步，用户提示符被修改，配置生效

3800>

CLI 命令行模式及使用方法

进入 CLI 界面

路由器初次开机后，当系统显示如下信息：

Would you like to enter the initial configuration dialog? [yes/no] :

此时，键入"no"并按回车键，即可进入 CLI 配置模式，系统提示符为：

Router>

对于已经配置过的或运行中的路由器，在计算机上打开超级终端后按回车键，则直接进入 CLI 命令行模式。以下配置全部是在 CLI 模式下进行的。

3. CLI 命令模式

CLI 下又划分为几种模式，这几种模式各自有各自的功能、作用以及配置命令，不同模式下的命令是不能混用的。所以，在学习命令时一定要注意这个命令是属于哪

个模式的。各个主要模式之间的关系如图 8-3-2 所示。

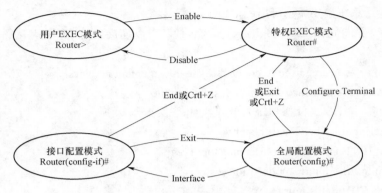

图 8-3-2 CLI 命令模式及其相互之间的关系

用户模式通常用来查看路由器的状态，但在此模式下无法对路由器进行配置，可以查看的路由器信息也是有限的。

在特权模式下，使用 "Show" 命令可以查看路由器的所有信息，如图 8-3-3 所示。在特权模式下，进入全局配置模式或接口配置模式后，可以更改路由器的配置。对路由器进行配置后，要把配置保存在 NVRAM 中，开机时路由器会自动读取。

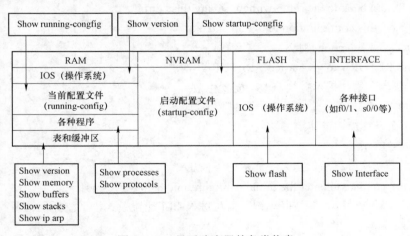

图 8-3-3 显示路由器的各类信息

4. CLI 命令的使用方法

Cisco 路由器 CLI 命令的使用方法与路由器的基本一致，具体的使用方法，可参见本教材 Z38G2003 Ⅱ 模块 "路由器的基本配置" 中的介绍。

三、配置主机名和密码

Cisco 路由器默认的主机名为"Router"，为便于区分，可以重新命名。设置密码防止对路由器的非法访问。

第 1 步，进入特权模式

Router>enable 　　//">"表示当前处在用户模式，键入 Enable 命令

Route# 　　//"#"表示进入了特权模式

第 2 步，进入全局配置模式

Rooter#configure terminal 　　//键入 configure terminal 命令

第 3 步，为该路由器命名一个有意义的名字，以取代默认的名称"Rooter"

Router(config)#hostname name 　　//为叙述方便，本教材不做修改，仍采用默认名称。

第 4 步，设置访问密码

Router(config)#enable password password 　　// password 表示自定义的字符串，该密码用于从用户模式进入特权模式

第 5 步，Console 口超时设置（可选）

Router(config)#line console 0 　　//进入 Line 配置模式

Router(config–line)#exec–timeout 0 0 　　//防止因在一段时间内没有键入而导致超时退出

第 6 步，返回特权模式

Router(config–line)#end

第 7 步，校验配置

Router#show running–config

第 8 步，退出特权模式

Router#exit

Route>

第 9 步，重新进入特权模式，验证设定的密码

Router> enable

Password：password 　　//键入第 4 步设置的密码

Router#

第 10 步，保存配置

Router#copy running–config startup–config

如果不保存，在路由器重新启动时，修改的配置将会丢失。

四、配置以太网接口

第 1 步，进入特权模式

Router> enable

Password：<password>

第 2 步，进入全局配置模式

Rooter#configure terminal

第 3 步，启用 IP 路由协议

Router(config)#ip routing

第 4 步，指定要配置的以太网端口

Router(config)#interface e0/0 　　//进入接口配置模式，e0/0 表示第 0 个模块上的第 0 个以太端口，编号从 0 开始

第 5 步，为该接口指定 IP 地址和子网掩码

Router(config–if)#ip address ip–address sub–mask

第 6 步，启用该端口

Router(config–if)#no shutdown 　　//默认时路由器的各个端口是关闭的

第 7 步，退回到上一级模式

Router(config–if)#exit

如果路由器上有多个以太端口，则重复上述步骤 4～6 步。

第 8 步，返回特权模式

Router(config–if)#end

第 9 步，查看配置

Router#show running–config

第 10 步，保存配置

Router#copy running–config startup–config

五、配置串行接口

第 1 步，进入特权模式

Router> enable

Password:<password>

第 2 步，进入全局配置模式

Rooter#configure terminal

第 3 步，指定要配置的串行端口

Router(config)#interface s0/0

第 4 步，为该接口指定 IP 地址和子网掩码

Router(config−if)#ip address ip−address sub−mask

第 5 步，启用该端口

Router(config−if)#no shutdown

第 6 步，退回到上一级模式

Router(config−if)#exit

如果路由器上有多个串行接口，则重复上述步骤 3~5 步。

第 7 步，返回特权模式

Router(config−if)#end

第 8 步，查看配置

Router#show running−config

第 9 步，保存配置

Router#copy running−config startup−config

六、CDP 协议配置

在 Cisco 网络设备中，CDP 协议默认是启动的。

1. 查看路由器 CDP 定时信息

Router#show cdp

Global CDP information：

Sending CDP packets every 60 seconds

Sending a holdtime value of 180 seconds

以上信息说明：路由器每 60s 发送一次 CDP 数据包，要求对方将接收到的 CDP 信息保留 180s。

2. 查看是否已启用 CDP 协议

Router#show cdp interface

Ethernet0 is up, line protocol is down, encapsulation is ARPA

Sending CDP packets every 60 seconds

Holdtime is 180 seconds

Serial0 is down, line protocol is down, encapsulation is HDLC

Sending CDP packets every 60 seconds

Holdtime is 180 seconds

Serial1 is administratively down, line protocol is down, encapsulation is HDLC

Sending CDP packets every 60 seconds

Holdtime is 180 seconds

以上信息表明，路由器的三个接口上都启用了 CDP 协议。

3. 查看 CDP 发现的各接口上的邻居

Router#show cdp neighbors

Capability Codes: R – Router, T – Trans Bridge, B – Source Route Bridge

S – Switch, H – Host, I – IGMP, r – Repeater

Device ID Local Intrfce Holdtme Capability Platform Port ID

R2　Ser 0　149　RSI　2821　Ser 0/0/0

S1　Eth 0　167　SI　WS–C3560　Fas 0/1

以上信息表明，路由器有两个邻居：S1 和 R2。

要查看 R2 的详细信息，使用命令：

Router#show cdp entry R2

4. 禁用、启用 CDP 协议

在 Ser0 端口上禁用 CDP，其他端口上继续运行，使用命令：

Router(config)#interface s0

Router(config–if)#no cdp enable

在整个路由器上禁用 CDP，使用命令：

Router(config)#no cdp run

在整个路由器上启用 CDP，使用命令：

Router(config)#cdp run

在 Ser0 端口上启用 CDP，使用命令：

Router(config)#interface s0

Router(config–if)#cdp enable

5. 调整 CDP 定时参数

CDP 消息发送时间调整为 30s，使用命令：

Router(config)#cdp timer 30

要求对方将接收到的 CDP 信息保留时间改为 120s，使用命令：

Router(config)#cdp holdtime 120

七、其他常用命令

1. 设置路由器日期和时间

Router#clock set 15:30:00 28 november 2008

2. 显示最近使用过的命令

Router#show history

缓存的命令条数默认为 10 条，如果想改为 20 条，使用命令：

Router#terminal history size 20

【思考与练习】

1. 简述 Cisco 路由器的开机启动过程。
2. CDP 协议的用途是什么？通过 CDP 相关的命令可以了解哪些信息？
3. 路由器基本配置的内容有那些？

▲ 模块 4　配置静态路由（Z38G2004Ⅱ）

【模块描述】本模块包含路由器静态路由配置。通过对静态路由、默认路由设置及调试步骤的介绍，掌握路由器静态路由的配置方法。

【模块内容】

一、静态路由配置的基础知识

虽然静态路由不适合在大型网络中使用，但是由于静态路由配置简单、路由器处理负载小、可控性强等优点，在网络结构比较简单，或者到达某一网络只有唯一路径时，最好采用静态路由。

二、路由器的环回接口

在路由器的配置调试过程中，经常要使用路由器的环回接口，在此我们先介绍一下环回接口的相关知识。

路由器的环回接口（Loopback，简写为 Lo）又叫本地环回接口，是一种逻辑接口，几乎在每台路由器上都会使用，与 Windows 系统中采用 127.0.0.1 作为本地环回地址类似。环回接口通常具有如下用途：

1. 作为路由器的管理地址

为了方便管理，系统管理员会为每一台路由器创建一个 loopback 接口，并在该接口上单独指定一个 IP 地址作为管理地址，管理员会使用该地址对路由器远程登录（telnet），该地址实际上起到了类似设备名称一类的功能。

但是每台路由器上都会有多个接口和地址，为何不从当中随便选一个呢？这是因为，假设选用的端口由于故障 down 掉了，此时使用 telnet 命令就不能访问该路由器了，而逻辑接口是永远也不会 down 掉的。

2. 作为动态路由协议 OSPF、BGP 的 router id

动态路由协议 OSPF、BGP 在运行过程中需要为路由器指定一个 router id，作为此路由器的唯一标识，并要求在整个自治系统内唯一。由于 router id 是一个 32 位的无符号整数，这一点与 IP 地址十分相像。而且 IP 地址是不会出现重复现象的，所以通常将路由器的 router id 指定为与该设备上的某个接口的地址相同。由于 loopback 接口的 IP 地址通常被视为路由器的标识，所以也就成了 router id 的最佳选择。

3. 作为 BGP 建立 TCP 连接的源地址

在 BGP 协议中，两个运行 BGP 的路由器之间建立邻居关系是通过 TCP 建立连接完成的。在配置邻居时，为了增强 TCP 连接的健壮性，通常指定 loopback 接口为建立 TCP 连接的源地址（通常只用于 IBGP）。

三、配置静态路由的常用命令

我们以 Cisco 路由器为例来介绍静态路由的配置方法。Cisco 路由器配置静态路由的常用命令有：

1. 配置静态路由

配置静态路由的命令格式为：

ip route prefix mask {ip–address | interface–type interface–number} [distance]

其中，prefix 为目的网络的 IP 地址，mask 为目的网络的子网掩码。

ip–address | interface–type interface–number 用于指定下一跳，有两种表示方式：如果到下一跳链路是点到点链路（如 PPP 封装的链路），采用对端路由器接口的 IP 地址或本端接口编号都是可以的；如果链路是多路访问的链路（如以太端口），则只能采用对端路由器接口的 IP 地址来表示。

distance 是可选项，表示本条路由的管理距离，静态路由的默认值为 1，使用大于 1 的数值则表示该条路由为浮动静态路由。

2. 显示路由表的内容

要查看路由器的路由表中的所有路由条目，使用命令：

show ip route

该命令非常有用，在路由协议配置和调试中经常用到。命令显示的路由表中的内容，后面会介绍。

四、默认路由的配置

默认路由的配置命令与静态路由是一样的，只是把目的网络的 IP 地址和子网掩码设为 "0.0.0.0 0.0.0.0"，代表全部网络即可。

路由器上设置了默认路由以后，如果执行了 "no ip classless" 命令，则当路由器上存在一个主类网络的某一子网的路由时，路由器将认为自己已经知道该主类网络的所有子网的路由，到达该主类网络的任一子网的数据包都不会通过默认路由发送。相反地，如果执行了 "ip classless" 命令，则所有在路由表中查不到具体路由的数据包，将都会通过默认路由发送。在默认情况下，路由器认为是执行了 "ip classless" 的。

五、配置静态路由示例

在配置静态路由时，一定要保证路由的双向可达，即要配置到远端路由器路由，远端路由器也要配置到近端路由器回程路由。

在图 8-4-1 所示的网络中，通过设置静态路由，使三个路由器之间能够互相通信。

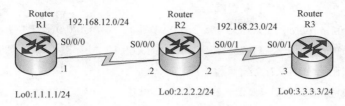

图 8-4-1 网络拓扑

配置步骤如下：

1. 在各路由器上配置环回接口和直联接口

第 1 步，配置路由器 R1

R1(config)#interface loopback0   //设置环回接口

R1(config-if)#ip address 1.1.1.1 255.255.255.0   //为环回接口设置 IP 地址

R1(config)#interface s0/0/0   //设置串行接口

R1(config-if)#ip address 192.168.12.1 255.255.255.0   //为串行接口设置 IP 地址

R1(config-if)#no shutdown   //启用端口

第 2 步，配置路由器 R2

R2(config)#interface loopback0

R2(config-if)#ip address 2.2.2.2 255.255.255.0

R2(config)#interface s0/0/0

R2(config)#clock rate 128000

R2(config-if)#ip address 192.168.12.2 255.255.255.0

R2(config-if)#no shutdown

R2(config)#interface s0/0/1

R2(config)#clock rate 128000

R2(config-if)#ip address 192.168.23.2 255.255.255.0

R2(config-if)#no shutdown

第 3 步，配置路由器 R3

R3(config)#interface loopback0

R3(config-if)#ip address 3.3.3.3 255.255.255.0

R3(config)#interface s0/0/1

R3(config-if)#ip address 192.168.23.3 255.255.255.0

R3(config-if)#no shutdown

2. 配置静态路由

第 1 步，在路由器 R1 上配置静态路由

R1(config)#ip route 2.2.2.0 255.255.255.0 s/0/0/0　　　// s/0/0/0 是 R1 上的接口

R1(config)#ip route 3.3.3.0 255.255.255.0 192.168.12.2

第 2 步，在路由器 R2 上配置静态路由

R2(config)#ip route 1.1.1.0 255.255.255.0 s/0/0/0

R2(config)#ip route 3.3.3.0 255.255.255.0 s/0/0/1

第 3 步，在路由器 R3 上配置静态路由

R3(config)#ip route 1.1.1.0 255.255.255.0 s/0/0/1

R3(config)#ip route 2.2.2.0 255.255.255.0 s/0/0/1

如果要删除路由器上的已有的静态路由，可使用 "no ip route" 命令，即在配置命令前加 "no"，例如：

R1(config)#no ip route 2.2.2.0 255.255.255.0 s/0/0/0

3. 验证、调试

在三个路由器上分别使用 "show ip route" 命令，可以查看各路由器静态路由设置的结果。例如，显示 R2 的路由表如下：

R2#show ip route

Codes:R – RIP derived, O – OSPF derived,

C – connected, S – static, B – BGP derived,

* – candidate default route, IA – OSPF inter area route,

i – IS–IS derived, ia – IS–IS, U – per–user static route,

o – on–demand routing, M – mobile, P – periodic downloaded static route,

D – EIGRP, EX – EIGRP external, E1 – OSPF external type 1 route,

E2 – OSPF external type 2 route, N1 – OSPF NSSA external type 1 route,

N2 – OSPF NSSA external type 2 route

Gateway of last resort is not set

C　　192.168.12.0/24 is directly connected, Serial 0/0/0

1.0.0.0/24 is subnetted, 1 subnets

S　　1.1.l.0 is directly connected, Serial 0/0/0

2.0.0.0/24 is subnetted, 1 subnets

C　　2.2.2.0 is directly connected, Loopback0

3.0.0.0/24 is subnetted, 1 subnets

S　　3.3.3.0 is directly connected, Serial 0/0/1

C　　192.168.23.0/24 is directly connected, Serial 0/0/1

在以上 R2 的路由表，每个路由条目中首先显示该条路由类型的简写，"C"为直连网络，"S"表示静态路由。然后是到达目的子网的路由，"Serial 0/0/0"是指到达下一跳的出口。以上显示表明，在 R2 的路由表的路由表中有了两条静态路由。

在通过查看各路由器的路由表，验证了静态路由正确设置以后，还可以在各路由器上分别使用"Ping"命令进一步验证，例如：

R1#ping 2.2.2.2 source loopback 0　　//指名源接口，如果不指名，则默认为是出口的 IP 地址

R1#ping 3.3.3.3 source loopback 0

R2#ping 1.1.1.1 source loopback 0

R2#ping 3.3.3.3 source loopback 0

R3#ping 1.1.1.1 source loopback 0

R3#ping 2.2.2.2 source loopback 0

以上命令都应该能够 ping 通。

【思考与练习】

1. Cisco 路由器的路由表中，路由条目前面的"C""S"分别代表什么意思？

2. 简述静态路由的配置步骤。

3. 路由器的 Loopback 接口有哪些用途？

▲ 模块 5　配置 RIP 协议动态路由（Z38G2005Ⅱ）

【模块描述】本模块包含路由器 RIP 协议动态路由的配置。通过对 RIP 协议动态路由设置及调试步骤的介绍，掌握路由器 RIP 协议动态路由的配置方法。

【模块内容】

一、配置 RIP 协议动态路由的基础知识

1. RIP 协议路由的基本配置

在路由器上首先要启用 RIP 协议进程，然后在路由器直连的网段中，指定哪些网段要使用 RIP 作为路由协议。RIP 协议有 v1 和 v2 两个版本，为了使路由器之间能够交换 RIP 路由更新信息，要设置接收和发送数据包所使用的 RIP 协议的版本。

在网络中的各路由器上都进行了以上设置以后，通过相互交换路由信息，各路由器建立起各自的路由表后，就可以提供路由选择和数据转发服务了。

2. 路由更新定时器的设置

为了管理路由的更新和避免路由循环的发生，RIP 设有四个定时器对路由信息的交换和路由条目的更新进行控制，这四个定时器的定值可根据具体情况进行设置。

（1）更新定时器。更新定时器（update）用于设置定时发送路由更新信息的周期，默认值为 30s。除定时更新外，RIP 协议也支持路由条目的触发更新。

（2）失效定时器。失效定时器（invalid after）用于设置路由条目的有效期，当某路由条目在有效期内没有得到更新，则认为该条路由失效，路由器将该路由条目的度量值修改为 16，同时向邻居路由器发送不可达信息，默认值为 180s。

（3）保持定时器。保持定时器（hold down）也叫做抑制定时器，用于设置路由条目失效后的保持时间，路由器将在保持时间内不再对该路由条目进行更新，默认值为 180s。在保持期间，该路由条目仍可被用来转发数据包。

（4）清除定时器。清除定时器（flushed after）用于设置路由条目失效后的保留时间，如果在保留时间内一直没有收到来自同一邻居的更新信息，则从路由表中删除该路由条目，默认值为 240s。

3. 被动接口与单播更新的配置

RIP 协议支持主机被动模式，即主机只接收路由更新信息，但不发送路由更新信息。因此，可以将连接主机的接口，设置为被动接口，以禁止该接口接收路由更新信息。

默认情况下，RIP 路由更新将通过路由器上的所有接口广播出去，也可设置为以组播的方式发送。

4. 路由条目手工汇总

路由条目汇总也叫做路由聚合，通过使用路由汇总可以减少路由表中路由条目，提高路由处理效率。默认情况下 RIP 会自动将路由条目汇总为无类网络路由，要进行手工汇总，首先要关闭自动汇总。

5. RIP 协议安全配置

路由协议信息交换安全是保证网络安全的基础。路由协议信息交换应采取的安全措施：一是对路由更新信息进行认证，以防止伪造的路由更新信息对路由器的攻击；二是对认证密钥进行加密，以防止黑客窃取认证密钥。RIP 协议 v1 版本没有认证和加密机制，是一种不安全的协议。RIP 协议 v2 版本提供了明文认证和 MD5 加密两种认证方式。明文认证是在路由更新信息数据包中加入一个字符串（Key）作为密钥，接收端路由器收到该数据包后根据本机上设置的同样的字符串进行认证，认证成功后才会接受该信息。MD5 加密认证是在明文认证原理的基础上，对认证字符串进行 MD5 进行加密。

RIPv2 协议安全配置的主要内容是：① 设置密钥链，在一个密钥链中可以设置多个认证字符串；② 启用认证，并指定是采用明文认证还是 MD5 认证；③ 在网络接口上调用密钥链。

如果在密钥链中设置了多个认证字符串，在认证的过程中，明文认证与 MD5 认证的匹配原则是不一样的。

明文认证的匹配原则是：发送方发送最小 Key ID 的密钥但不携带 Key ID 的编号；接收方会将收到的密钥与本端所有 Key ID 中的密钥匹配，如果匹配成功，则认证通过。例如：路由器 R1 有 1 个 Key ID，key1=cisco；路由器 R2 有 2 个 Key ID，key1=ccie，key2=cisco。根据上述原则，结果是 R1 认证失败、R2 认证成功。所以，在 RIP 中出现单边路由的情况是有可能的。

MD5 认证的匹配原则：发送方发送最小 Key ID 的密钥同时携带 Key ID 的编号；接收方首先查找本端是否有相同的 Key ID，如果有，只匹配一次即决定认证是否成功。如果没有该 Key ID，只向下查找下一跳：若匹配，则认证成功；若不匹配，则认证失败。例如：路由器 R1 有 3 个 Key ID，key1=cisco，key3=ccie，key5=cisco；路由器 R2 有 1 个 Key ID，key2=cisco。根据上述原则，结果是 R1 认证失败、R2 认证成功。

6. 浮动静态路由和默认路由的设置

静态路由的默认管理距离为 1，RIP 路由的默认管理距离为 120，默认情况下，路由器会优先选择静态路由。将静态路由的管理距离修改为大于 120 的值（如 130），路由器在选路时就会优先选择 RIP 路由。当 RIP 路由不可用时，路由器才会选择静态路由。上述静态路由通常称为浮动静态路由，浮动静态路由起到了路由备份的作用。

RIP 协议可以选择直连到其他路由器上的网络作为默认路由。

下面，我们以 Cisco 路由器为例，来介绍 RIP 协议动态路由的配置和调试方法。

二、Cisco 路由器 RIP 协议路由配置和调试常用命令

1. 启用 RIP 协议进程

要使用 RIP 协议进行路由选择，首先要在路由器上全局配置模式下启用 RIP 进程，命令的格式：

router rip

使用该命令后自动进入到路由配置模式。

2. RIP 协议版本设置

默认情况下，路由器对这两个版本的数据包都能够接收，但只发送 v1 版本的数据包。在路由配置模式下，设置 RIP 协议版本选择的命令格式：

version {1|2}

其中，1 表示路由器与其他路由器交换路由信息时，接收和发送数据报都是用 v1 版本；2 表示路由器与其他路由器交换路由信息时，接收和发送数据报都是用 v2 版本。

在上述设置的基础上，还可以针对某一个接口单独设置所使用的协议版本。在接口配置模式下，命令格式如下：

ip rip receive {1|2}

ip rip send {1|2}

3. 指定使用 RIP 路由协议的网段

必须指定本路由器直连的网段中，哪些网段使用 RIP 作为路由协议。在路由配置模式下，命令格式：

network ip-address

其中，ip-address 表示路由器直连网段的网络号。网络号中不能包含任何子网信息。路由器对该命令的使用次数没有限制。路由器通过与指定网段的接口发送和接收 RIP 更新数据包，而且只发送与指定网段有关的更新。

4. 调整路由更新的三个定时器定值

调整路由更新的三个定时器定值，在路由配置模式下，命令格式：

timers basic update invalid holddown flush

在调整时要注意："invalid" 和 "hold down" 时间应分别至少是 "update" 时间的三倍。要确保网络内各路由器 RIP 时间参数的设置都是一致的。

要恢复默认值，使用命令：

no timers basic

5. 设置等价路径数量限制

等价路径就是在路由表中具有相同度量值的并列路由条目。RIP 协议支持的最大等价路径条数为 1～6 条，可以进行修改，当路由表中并列路由的条数达到了最大值时，就不允许再增加并列路由了。在路由配置模式下，设置最大等价路由条数的命令格式：

maximum-paths number-paths

其中，number-paths 表示设定的最大值。要恢复默认值，使用命令：

R1(config-router)#no maximum-paths

6. 被动接口设置

要禁止某个接口向外发送路由更新信息，在路由配置模式下，使用命令：

passive-interface interface-type interface-number

其中，interface-type interface-number 为接口的类型和编号。

7. 设置点对点发送路由更新信息

要以单播方式发送路由更新信息，路由条目手工设置命令：

neighbor ip-address

其中，ip-address 为点对点发送交换路由更新信息的接收方路由器的 IP 地址。

8. 路由条目手工汇总

在某个接口上可以对 IP 地址和子网地址进行汇总，汇总以后该接口只向外通告汇总地址的路由更新。在接口配置模式下，手工汇总使用命令：

ip summary–address rip ip–address ip–network–mask

其中：ip–address ip–network–mask 为汇总后的子网地址和掩码。

Cisco 路由器默认使用自动汇总功能。自动汇总功能将地址自动向有类边界汇总，这在 RIPv2 是由无类地址时是不需要的。可以使用 no auto–summary 命令关闭自动汇总功能。

9. 设置默认路由

要选择直接连接到其他路由器上的网络作为默认路由，在全局配置模式下使用命令：

ip default–network network–number

其中，network–number 为直接连接到其他路由器上的网络的网络号。

10. 显示路由表的内容

要查看路由器的路由表中的所有路由条目，使用命令：

show ip route [rip|prefix]

其中，可选项 rip 表示只显示 RIP 协议获得的路由；可选项 prefix 为目的网络地址，表示只显示到某一目的网络相关的路由；不带可选项时则显示路由表中的全部路由条目。

11. 显示路由协议相关信息

要显示路由协议的相关信息，如 RIP 定时器的设定值、协议的版本、参与 RIP 进程的网络、利用信息来源等参数和统计信息，在特权配置模式下使用命令：

show ip protocols

该命令显示的信息，在路由配置和调试过程非常有用。

12. 查看 RIP 路由动态更新过程

要查看 RIP 路由的动态更新过程，在特权配置模式下使用命令：

debug ip rip

键入该命令后，再键入 clear ip route * 命令，通过清除路由表中的路由条目，来触发路由更新，随后可以观察到路由更新的全过程。

13. 查看 RIP 数据库信息

要查看 RIP 路由数据库中收集到所有的路由信息（汇总的地址信息），在特权配置模式下使用命令：

show ip rip database [ip–address mask]

其中，ip-address mask 为可选项，表示想查看的 IP 地址及其子网掩码。

三、RIPv1 的配置

1. RIPv1 的基本配置

RIPv1 的基本配置内容包括：在路由器上启动 RIP 路由协议进程；指定参与路由协议的接口和网络；查看和调试 RIPv1 路由协议相关信息。通过配置过程，可以进一步理解路由表的含义。配置的网络拓扑如图 8-5-1 所示。

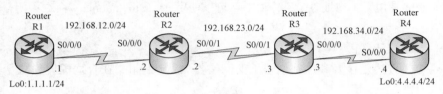

图 8-5-1　网络拓扑

（1）配置路由器。

第 1 步，配置路由器 R1

R1(config)#router rip

R1(config-router)#version 1

R1(config-router)#network 1.0.0.0

R1(config-router)#network 192.168.12.0

第 2 步，配置路由器 R2

R2(config)#router rip

R2(config-router)#version 1

R2(config-router)#network 192.168.12.0

R2(config-router)#network 192.168.23.0

第 3 步，配置路由器 R3

R3(config)#router rip

R3(config-router)#version 1

R3(config-router)#network 192.168.23.0

R3(config-router)#network 192.168.34.0

第 4 步，配置路由器 R4

R4(config)#router rip

R4(config-router)#version 1

R4(config-router)#network 192.168.23.0

R4(config-router)#network 192.168.34.0

R4(config-router)#network 4.0.0.0

（2）验证、调试。

1）查看路由表的内容。

Rl#show ip route

Codes:R – RIP derived, O – OSPF derived,

C – connected, S – static, B – BGP derived,

* – candidate default route, IA – OSPF inter area route,

i – IS–IS derived, ia – IS–IS, U – per–user static route,

o – on–demand routing, M – mobile, P – periodic downloaded static route,

D – EIGRP, EX – EIGRP external, E1 – OSPF external type 1 route,

E2 – OSPF external type 2 route, N1 – OSPF NSSA external type 1 route,

N2 – OSPF NSSA external type 2 route

Gateway of last resort is not set

C   192.168.12.0/24 is directly connected, Serial 0/0/0

1.0.0.0/24 is sub netted, 1 subnets

C   1.1.l.0 is directly connected, Loopback 0

R   4.0.0.0/8 [120/3] via 192.168.12.2, 00:00:03, Serial 0/0/0   //详见后面的解释

R   192.168.23.0/24 [120/1] via 192.168.12.2, 00:00:03, Serial 0/0/0

R   192, 168.34.0/24 [120/2] via 192.168.12.2, 00:00:03, Serial 0/0/0

解释：以上输出信息表明，路由器 R1 学到了 3 条 RIP 路由。以路由表中路由项
"4.0.0.0/8 [120/3] via 192.168.12.2，00：00：03，Serial 0/0/0"为例，对路由表的含义
解释如下：

a）R：表示路由条目是通过 RIP 路由协议学习得来的。

b）4.0.0.0/8：表示目的网络的地址。

c）[120/3]：管理距离/度量值，120 是 RIP 路由协议的默认管理距离；3 表示从路
由器 R1 到达网络 4.0.0.0/8 的度量值为 3 跳。

d）192. 168.12.2：表示下一跳地址，数据包发送到的下一个路由器的接口地址。

e）00：00：03：从路由项最后一次被修改到现在所经过的时间，路由项每次被修
改时，该时间重置为 0。

f）Serial 0/0/0：从本路由器到达下一跳的接口，数据包会从这个接口上发送
出去。

同时通过该路由条目的掩码长度可以看到，RIPv1 只传送有类地址子网掩码信息。

2） 查看路由器路由协议配置和统计信息。

R1#show ip protocols

Routing Protocol is "rip"　　//路由器上启用了 RIP 协议。

Outgoing update filter list for all interfaces is not set　　//在出方向上没有设置过滤列表

Incoming update filter list for all interfaces is not set　　//在入方向上没有设置过滤列表

　sending updates every 30 seconds, next due in 23 seconds　　//更新周期是 30 s，距离下次更新还有 23s

　invalid after 180 seconds，hold down 180，flushed after 240s　　//路由更新定时器的定值

　redistributing：rip　　//只运行 RIP 协议，没有其他的协议重分布进来

　default version control:send version 1, Receive version 1　　//默认发送版本　的路由更新，接收版本的路由更新

　Interface　Send　Recv　Triggered RIP　Key-chain

　serial 0/0/0　1　1

　loopback0　1　1　　//以上 3 行显示了运行 RIP 协议的接口，以及接收和发送的 RIP 路由更新的版本

　Automatic network summarization is in effect　　//RIP 协议默认开启自动汇总功能

　Maximum path:4　　// 4 条等价路径

　Routing for Networks

　1.0.0.0

　192.168.12.2　　//以上 3 行表明 RIP 通告的网络

　Routing Information Sources

　Gateway　Distance　Last Update

　192.168.12.2 120 00:00:3　　//以上 3 行表路由信息源，其中 gateway：学习路由信息的路由器的接口地址，也就是下一跳地址；distance：管理距离；last update：更新发生在多长时间之前

　Distance：（default is i20）　　//默认管理距离是 120

（3） 查看 RIP 路由协议的动态更新过程。

R1#debug ip rip

R1#clear ip route *　　// "*" 表示全部动态路由条目

Dec 7 10:43:13.311:RIP:　sending request on Serial0/0/0 to 255.255.255.255

Dec 7 10:43:13.315:RIP:　sending request on Loopback0 to 255.255.255.255

Dec 7 10:43:13.323:RIP:　received v1 update from 192.168.12.2 on Serial/0/0/0

Dec 7 10:43:13.323:　　　　4.0.0.0 in 3 hope

Dec 7 10:43:13.323:　　　　192.168.23.0 in l hops

Dec 7 10:43:13.323:　　　　192.168.34.0 in 2 h0ps

Dec 7 10:43:15.311: RIP: sending v1 flash update to 255.255.255.255 via Loopback0

（1.1.1.1）　　　//闪式更新，当某个路由的度量值发生变化时立即发出路由更新

Dec 7 10:43:15.311:RIP:　build flash update entries

Dec 7 10:43:15.311:　　　　network4.0.0.0 metric 4

Dec 7 10:43:15.311:　　　　network 192.168.12.0 metric 1

Dec 7 10:43:15.311:　　　　network 192.168.23.0 metric 2

Dec 7 10:43:15.311:　　　　network 192.168.34.0 metric 3

Dec 7 10:43:15.311:RIP:　sending v1 flash update to 255.255.255.255 via Serial/0/0/0

Dec 7 10:43:15.311:RIP:　build flash update entries

Dec 7 10:43:15.311:　　　　network 1.0.0.0 metric 1

通过以上输出，可以看到 RIPv1 采用广播更新（ 255.255.255.255 ），分别向 Loopback 0 和 Serial/0/0/0 发送路由更新，同时从 Serial/0/0/0 接收 3 条路由更新，分别是 4.0.0.0，度量值是 3 跳；192.168.23.0，度量值是 1 跳；192.168.34.0，度量值是 2 跳。

2. 被动接口与单播更新的配置

（1） 被动接口的配置。在如图 8-5-2 所示的网络拓扑结构中，以太口 g0/0 和 g0/1 连接主机，不需要向这些接口发送路由更新，可将这两个接口设置为被动接口。被动接口不发送路由更新，只接收路由更新。

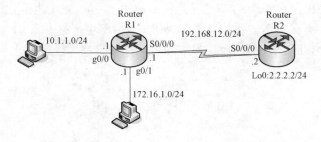

图 8-5-2　网络拓扑图

第 1 步，配置路由器 R1

R1(config)#router rip

R1(config−router)#version 1

R1(config–router)#network 10.0.0.0

R1(config–router)#network 172.16.0.0

R1(config–router)#network 192.168.12.0

R1(config–router)#passive–interface g0/0　　//设置被动接口

R1(config–router)#passive–interface g0/1

第2步，配置路由器 R2

R 1(config)#router rip

R1(config–router)#version 1

R1(config–router)#network 192.168.12.0

R1(config–router)#network 2.0.0.0

第3步，使用"debug ip rip"命令查看 RIP 路由协议的动态更新过程

R1#clear ip route *

R1#debug ip rip

Dec 8 10:24:41.275:RIP:sending request on Serial0/0/0 to 255.255.255.255

Dec 8 10:24:41.283:RIP:received v1 update from 192.168.12.2 on Serial/0/0/0

Dec 8 10:24:41.283: 2.0.0.0 in 1 hope

Dec 8 10:24:43.275:RIP:sending v1 flash update to 255.255.255.255 via Serial/0/0/0 (192.168.12.1)

Dec 8 10:24:43.275:RIP:build flash update entries

Dec 8 10:24:43.275:　network 10.0.0.0 metric 1

Dec 8 10:24:43.275:　network 172.16.0.0 metric 2

通过以上输出，路由器 R1 确实不向接口 g0/0 和 g0/1 发送路由更新信息。

（2）单播更新的配置。在如图 8–5–3 所示的网络中，路由器 R1 只需要把路由更新送到路由器 R3 上。实现方法为：先把 R1 的 g0/0 设置为被动接口，然后设置向 R3 发送单播更新。

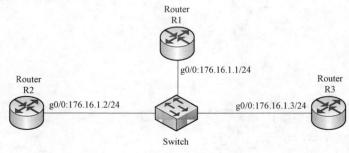

图 8–5–3　网络拓扑图

路由器 R1 具体的配置如下：

R1(config)#router rip

R1(config–router)#passive–interface g0/0

R1(config–router)#neighbor 172.16.1.3

3. 使用子网地址

RIPv1 路由更新可以携带子网信息，但必须同时满足以下两个条件：一是整个网络所有地址在同一个主类网络；二是子网掩码的长度必须相同。

在如图 8–5–4 所示的网络中，使用子网地址的配置如下：

图 8–5–4 网络拓扑图

（1）配置路由器。

第 1 步，配置路由器 R1

R1(config)#router rip

R1(config–router)#version 1

R1(config–router)#network 172.16.0.0

第 2 步，配置路由器 R2

R2(config)#router rip

R2(config–router)#version 1

R2(config–router)#network 172.16.0.0

（2）调试验证。查看路由器 R1 的路由表信息。

Rl#show ip route

…

172.16.0.0/24 is sub netted, 3 subnets

C 172.16.1.0 is directly connected, Loopback 0

C 172.16.2.0 is directly connected, Serial 0/0/0

R 172.16.3.0 [120/1] via 172.16.2.2, 00:00:03, Serial 0/0/0

查看路由器 R2 的路由表信息。

R2#show ip route

…

172.16.0.0/24 is sub netted, 3 subnets

R 172.16.1.0 [120/1] via 172.16.2.1, 00:00:03, Serial 0/0/0

C 172.16.2.0 is directly connected, Serial 0/0/0

C 172.16.3.0 is directly connected, Loopback 0

从路由器 R1 和 R2 的路由输出信息可以看出，它们互相学习到了网络前缀为 24 位的路由条目，从而可以说明，在某些情况下，RIPv1 更新确实可以携带子网信息。

（3）验证确定子网掩码长度的原则。在上图 8-5-4 中，假设路由器 R2 的 s0/0/0 接口的 IP 地址的掩码长度为 25 位，那么我们来看一看路由器 R2 上的路由信息：

R2#show ip route

…

172.16.0.0/16 is subnetted, 3 subnets, 2 masks

R   172.16.1.0/25 [120/1] via 172.16.2.1, 00:00:17, Serial 0/0/0

C   172.16.2.0/25 is directly connected, Serial 0/0/0

C   172.16.3.0/24 is directly connected, Loopback 0

由此可以看出 RIPv1 接收子网路由后，确定子网掩码长度的原则：如果路由器收到的是子网路由条目，就以接收该路由条目的接口的掩码长度作为该子网路由条目的掩码长度。

四、RIPv2 的配置

1. RIPv2 的基本配置

RIPv2 的基本配置内容包括：在路由器上启动 RIPv2 路由进程；启用参与路由协议的接口，并且通告网络；自动路由汇总的开启和关闭；查看和调试 RIPv2 路由协议相关信息。配置的网络拓扑如图 8-5-5 所示。

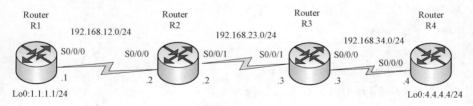

图 8-5-5　网络拓扑示意图

（1）配置路由器。

第 1 步，配置路由器 R1

R1(config)#router rip

R1(config–router)#version 2　　　//配置 RIPv2

R1(config–router)#no auto–summary　　　//关闭自动路由汇总功能

R1(config–router)#network 1.0.0.0

R1(config–router)#network 192.168.12.0

第 2 步，配置路由器 R2

R2(config)#router rip

R2(config–router)#version 2

R2(config–router)#no auto–summary

R2(config–router)#network 192.168.12.0

R2(config–router)#network 192.168.23.0

第 3 步，配置路由器 R3

R3(config)#router rip

R3(config–router)#version 2

R3(config–router)#no auto–summary

R3(config–router)#network 192.168.23.0

R3(config–router)#network 192.168.34.0

第 4 步，配置路由器 R4

R4(config)#router rip

R4(config–router)#version 2

R4(config–router)#no auto–summary

R4(config–router)#network 192.168.34.0

R4(config–router)#network 4.4.4.0

（2）调试。

1）查看路由器上的路由表信息。

R1#show ip route

…

C 192.168.12.0/24 is directly connected, Serial 0/0/0

1.0.0.0/24 is sub netted, 1 subnets

C 1.1.1.0 is directly connected, Loopback 0

4.0.0.0/8 is variably subnetted, 2 subnets, 2 masks

R　4.4.4.0/24 [120/3] via 192.168.12.2, 00:00:03, Serial 0/0/0　// 可以看出:RIPv2 路
由更新是携带子网信息的

R　192.168.23.0/24 [120/1] via 192.168.12.2, 00:00:03, Serial 0/0/0

R   192, 168.34.0/24 [120/2] via 192.168.12.2, 00:00:03, Serial 0/0/0

2） 查看路由器路由协议配置和统计信息。

R1#show ip protocols

Routing Protocol is "rip"

Outgoing update filter list for all interfaces is not set

Incoming update filter list for all interfaces is not set

sending updates every 30 seconds, next due in 23 seconds

invalid after 180 seconds, hold down 180, flushed after 240s

redistributing:rip

default version control:send version 2, Receive version 2

Interface Send Recv Triggered RIP Key–chain

serial 0/0/0   2   2

loopback0   2   2   //RIPv2 在默认情况下只接收和发送版本 2 的路由更新，详见下面的解释

Automatic network summarization is not in effect   //RIP 自动汇总功能被关闭

Maximum path:4

Routing for Networks

1.0.0.0

192.168.12.2

Routing Information Sources

Gateway   Distance   Last Update

192.168.12.2   120   00:00:3

Distance:(default is 120)

解释：可以通过命令"ip rip send version"和"ip rip receive version"来控制在路由器接口上接收和发送的版本。例如，在 s0/0/0 接口上可以接受版本 1 和版本 2 的路由更新，但只发送版本 2 的路由更新，配置如下：

Rl(config–if)#ip rip send version 2

R1(config–if)#ip rip receive version 1 2

接口上的设置优先于路由器 RIP 协议整体设置。

2. RIPv2 路由条目的手工汇总

RIPv2 的手工汇总配置内容包括：手工汇总的配置和调试；验证 RIPv2 不支持 CIDR（无分类域间路由选择，Classless Inter–Domain Routing）汇总，但可以传递 CIDR 汇总。配置的网络拓扑如图 8–5–6 所示。

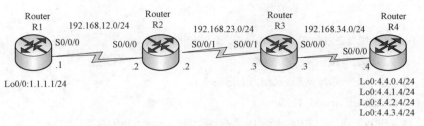

图 8-5-6　网络拓扑示意图

（1）配置路由器。

路由器 R1、R2 和 R3 的配置和上节相同，R4 的配置如下：

R4(config)#router rip

R4(config–router)#version 2

R4(config–router)#no auto–summary

R4(config–router)#network 192.168.34.0

R4(config–router)#network 4.0.0.0

R4(config)#interface s0/0/0

R4(config–if)#ip summary–address rip 4.4.0.0 255.255.252.0　//RIP 手工路由汇总

（2）调试、验证。

1）在没有执行汇总之前路由器 R1 的路由表如下：

R1#show ip route

…

C 192.168.12.0/24 is directly connected, Serial 0/0/0

1.0.0.0/24 is sub netted, 1 subnets

C　1.1.l.0 is directly connected, Loopback 0

4.0.0.0/8 is subnetted, 4 subnets

R　4.4.0.0/24 [120/3] via 192.168.12.2, 00:00:21, Serial 0/0/0

R　4.4.1.0/24 [120/3] via 192.168.12.2, 00:00:21, Serial 0/0/0

R　4.4.2.0/24 [120/3] via 192.168.12.2, 00:00:12, Serial 0/0/0

R　4.4.3.0/24 [120/3] via 192.168.12.2, 00:00:05, Serial 0/0/0

R　192.168.23.0/24 [120/1] via 192.168.12.2, 00:00:21, Serial 0/0/0

R　192, 168.34.0/24 [120/2] via 192.168.12.2, 00:00:21, Serial 0/0/0

从上面的输出可以看到，路由器 R1 的路由表中有 R4 的 4 条环回接口的明细路由。

2）执行汇总以后路由器 R1 的路由表如下：

R1#show ip route

…

C 192.168.12.0/24 is directly connected, Serial 0/0/0

1.0.0.0/24 is sub netted, 1 subnets

C 1.1.l.0 is directly connected, Loopback 0

4.0.0.0/22 is subnetted, 1 subnets

R 4.4.0.0 [120/3] via 192.168.12.2, 00:00:21, Serial 0/0/0

R 192.168.23.0/24 [120/1] via 192.168.12.2, 00:00:21, Serial 0/0/0

R 192, 168.34.0/24 [120/2] via 192.168.12.2, 00:00:21, Serial 0/0/0

上面的输出表明，在路由器 R1 的路由表中接收到了汇总路由，当然 R2 和 R3 上也能收到汇总路由。

（3）验证 RIPv2 不支持 CIDR 汇总，但可以传递 CIDR 汇总。

在上例中，将路由器 R4 上的 4 个环回接口 Lo0～Lo3 的地址分别修改为 192.168.96.4/24、192.168.97.4/24、192.168.98.4/24 和 192.168.99.4/24，看一看在 s0/0/0 接口下是否还能实现路由汇总。

在 R4 上做如下配置：

R4(config)#router rip

R4(config−router)#network 192.168.96.0

R4(config−router)#network 192.168.97.0

R4(config−router)#network 192.168.98.0

R4(config−router)#network 192.168.99.0

R4(config)#interface s0/0/0

R4(config−if)#ip summary−address rip 192.168.96.0 255.255.252.0

路由器会发出如下提示：

"Summary mask must be greater or equal to major net"

表明要实现路由汇总，要满足汇总后的掩码长度必须大于或等于主类网络的掩码长度。在该例中，路由器认为：192.168.96.0 为主类网络，其默认的掩码长度为 24 位，命令中汇总路由的掩码长度为 22 位，因为 22<24，所以不能汇总。在上一例中，主类网络 4.4.0.0 为 A 类地址，其默认的掩码长度为 8 位，因而可以实现汇总。以上就说明了 RIPv2 不支持 CIDR 汇总。但是 RIPv2 可以传递 CIDR 汇总，实现方法如下：

1）用静态路由发布被汇总的路由。

R4(config)#ip route 192.168.96.0 255.255.252.0

2）将静态路由重分布到 RIP 网络中。

R4(config)#router rip

R4(config–router)#redistribute static   //将静态路由重分布到 RIP 路由协议中

R4(config–router)#no network 192.168.96.0   //撤销已宣告的网络

R4(config–router)#no network 192.168.97.0

R4(config–router)#no network 192.168.98.0

R4(config–router)#no network 192.168.99.0

3） 在路由器 R1 上查看路由表信息。

R1#show ip route

…

C   192.168.12.0/24 is directly connected, Serial 0/0/0

1.0.0.0/24 is sub netted, 1 subnets

C   1.1.1.0 is directly connected, Loopback 0

R   192.168.23.0/24 [120/1] via 192.168.12.2, 00:00:18, Serial 0/0/0

R   192, 168.34.0/24 [120/2] via 192.168.12.2, 00:00:18, Serial 0/0/0

R   192, 168.96.0/22 [120/3] via 192.168.12.2, 00:00:18, Serial 0/0/0

可以看出，RIPv2 是可以传递 CIDR 汇总路由信息的。

3. RIPv2 协议安全及触发更新配置

RIPv2 协议认证配置的实验拓扑如图 8–5–1 所示。配置步骤如下：

（1） 配置路由器。

第 1 步，配置路由器 R1

R1(config)#key chain test   //配置密钥链

R1(config–keychain)#key 1   //配置 KEY ID

R1(config–keychain–key)#key–string cisco   //配置密钥，最大长度为 16 个字符

R1(config)#interface s0/0/0

R1(config–if)#ip rip authentication mode text   //启用认证，采用明文方式

R1(config–if)#ip rip authentication key–chain test   //在接口上调用密钥链

R1(config–if)#ip rip triggered   //在接口上启用触发更新

第 2 步，配置路由器 R2

R2(config)#key chain test

R2(config–keychain)#key 1

R2(config–keychain–key)#key–string cisco

R2(config)#interface s0/0/0

R2(config–if)#ip rip authentication key–chain test

R2(config)#interface s0/0/1

R2(config–if)#ip rip authentication key–chain test

R2(config–if)#ip rip triggered

第 3 步，配置路由器 R3

R3(config)#key chain test

R3(config–keychain)#key 1

R3(config–keychain–key)#key–string cisco

R3(config)#interface s0/0/0

R3(config–if)#ip rip authentication key–chain test

R3(config–if)#ip rip triggered

R3(config)#interface s0/0/1

R3(config–if)#ip rip authentication key–chain test

R3(config–if)#ip rip triggered

第 4 步，配置路由器 R4

R4(config)#key chain test

R4(config–keychain)#key 1

R4(config–keychain–key)#key–string cisco

R4(config)#interface s0/0/0

R4(config–if)#ip rip authentication key–chain test

R4(config–if)#ip rip triggered

（2） 调试。

1） 查看路由器路由协议配置和统计信息。

R2#show ip protocols

Routing Protocol is "rip"

Outgoing update filter list for all interfaces is not set

Incoming update filter list for all interfaces is not set

sending updates every 30 seconds, next due in 23 seconds

invalid after 180 seconds, hold down 0, flushed after 240s   //由于采用触发更新，

hold down 计时器自动为 0

redistributing:rip

default version control:send version 2, Receive version 2

Interface Send Recv Triggered RIP Key–chain

serial 0/0/0   2   2   yes   test

serial 0/0/1   2   2   yes   test

//以上两行表明 serial 0/0/0 和 serial 0/0/1 接口启用了认证和触发更新。

…

2）查看 RIP 路由协议的动态更新过程。

R2#debug ip rip

RIP protocol debugging is on

R2#clear ip route *　　//清除路由表已触发路由更新

Dec 9 10:51:31.827:RIP:sending triggered request on Serial/0/0 to 224.0.0.9

Dec 9 10:51:31.531:RIP:sending triggered request on Serial/0/1 to 224.0.0.9

…

Dec 9 10:51:32.019:RIP:received packet with text authentication cisco

Dec 9 10:51:32.019:RIP:received v2 triggered update to 192.168.12.1 on Serial0/0/0

…

Dec 9 10:51:32.035:RIP:received v2 triggered update to 192.168.12.3 on Serial0/0/1

…

从上面的输出可以看出，在路由器 R2 上，由于采用触发更新，所以并没有看到每隔 30s 更新一次的信息，而是清除路由表这个事件触发了路由更新，而且所有的更新中都有"triggered"的字样，同时在接收的更新中带有"text authentication"字样，证明接口 s0/0/0 和 s0/0/1 启用了触发更新和明文认证。

3）使用"show ip rip database"命令查看 RIP 数据库。

R2#show ip rip database

1.0.0.0/8　auto－summary

1.1.1.0/24

[1] via 192.168.12.1, 00:12:22 (permanent), Serial0/0/0

* Triggered Routes:

－[1] via 192.168.12.1, Serial0/0/0

4.0.0.0/8　auto－summary

4.4.4.0/24

[1] via 192.168.23.3, 00:12:22 (permanent), Serial0/0/1

* Triggered Routes:

[2] via 192168.23.3, Serial0/0/1

192.168.12.0/24　auto——summary

192.168.12.0/24　directly connected, Seirial0/0/0

192.168.23.0/24　auto——summary

192.168.23.0/24   directly connected, Seirial0/0/1

192.168.34.0/24   auto——summary

192.168.34.0/24

[1] via 192.168.23.3, 00:12:22 (permanent), Serial0/0/1

Triggered Routes:

[1] via 192.168.23.3, Serial0/01

以上输出进一步说明了在 s0/0/0 和 s0/0/1 启用了触发更新。

4）查看定时器的定值。

R2#show running-configuration

router rip

version 2

timers basic 30 180 0 240   //由于触发更新，在配置中自动加入上面一行，且 hold down 计时器被设置为 0。

network 192.168.12.0

network 192.168 .23.0

no auto-summary

（3）MDS 认证设置。

MDS 认证，只需在接口下声明认证模式为 MD5 即可。例如，在 R1 上的配置如下：

R1(config)#key chain test   //配置密钥链

R1(config-keychain)#key 1   //配置 KEY ID

R1(config-keychain-key)#key-string cisco   //配置 KEY ID 的密钥

R1(config)#interface s0/0/0

R1(config-if)#ip rip authentication mode md5   //启用认证,认证模式为 MD5。

R1(config-if)#ip rip authentication key-chain test   //在接口上调用密钥链。

4. 浮动静态路由的设置

通过修改静态路由的管理距离为 130。使得路由器在选路时，优先选择 RIP，而静态路由作为备份。配置的网络拓扑如图 8-5-7 所示。

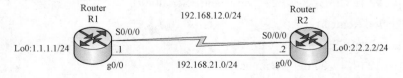

图 8-5-7　网络拓扑

（1）配置路由器。

第 1 步，配置路由器 R1

R1(config)#ip route 2.2.2.0 255.255.255.0 192.168.12.2 130 　　　//配置一条静态路由
并将其管理距离设为 130。

R1(config)#router rip

R1(config–router)#version 2

R1(config–router)#network 1.0.0.0

R1(config–router)#network 192.168.21.0

第 2 步，配置路由器 R2

R2(config)#ip route 1.1.1.0 255.255.255.0 192.168.12.1 130

R2(config)#router rip

R2(config–router)#version 2

R2(config–router)#network 2.0.0.0

R2(config–router)#network 192.168.21.0

（2）调试。

1）在路由器 R1 上查看路由表。

R1#show ip route

…

C　192.168.12.0/24 is directly connected, Serial 0/0/0

1.0.0.0/24 is subnetted, 1 subnets

C　1.1.l.0 is directly connected, Loopback 0

2.0.0.0/24 is subnetted, 1 subnets

R　2.2.2.0 [120/1] via 192.168.12.2, 00:00:18, GigabitEthernet0/0

C　192.168.21.0/24 is directly connected, GigabitEthernet0/0

从以上输出可以看出，路由器将 RIP 的路由放入路由表中，因为 RIP 的管理距离
为 120，小于静态路由设定的 130，而静态路由处于备份的地位。

2）在 R1 上将 g0/0 接口关闭（ shutdown ），然后查看路由表。

R1(config)#interface g0/0

R1(config–if)#shutdown

R1#show ip route

…

C　192.168.12.0/24 is directly connected, Serial0/0/0

1.0.0.0/24 is subnetted, 1 subnets

C   1.1.1.0 is directly connected, Loopback 0

2.0.0.0/24 is subnetted, 1 subnets

S   2.2.2.0 [130/0] via 192.168.12.2

以上输出说明,当主路由中断后,备份的静态路由被放入到路由表中。

3) 在 R1 上将 g0/0 接口启动,然后再查看路由表。

R1(config)#interface g0/0

R1(config−if)#no shutdown

R1#show ip route

…

C   192.168.12.0/24 is directly connected, Serial 0/0/0

1.0.0.0/24 is subnetted, 1 subnets

C   1.1.1.0 is directly connected, Loopback 0

2.0.0.0/24 is subnetted, 1 subnets

R   2.2.2.0 [120/1] via 192.168.12.2, 00:00:18, GigabitEthernet0/0

C   192.168.21.0/24 is directly connected, GigabitEthernet0/0

以上输出表明,当主路由恢复后,浮动静态路由又恢复到备份的地位。

5. 默认路由的设置

通过 ip default−network 向网络中注入一条默认路由,注意:default−network 后的网络一定要是主类网络,可以是直连的,也可以是通过其他协议学到的网络。配置的网络拓扑如图 8−5−8 所示。

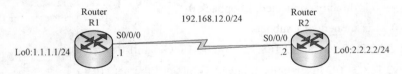

图 8−5−8　网络拓扑

(1) 配置路由器。

第 1 步,配置路由器 R1

R1(config)#router rip

R1(config−router)#version 2

R1(config−router)#no auto−summary

R1(config−router)#network 192.168.12.0

第 2 步，配置路由器 R2

R2(config)#router rip

R2(config–router)#version 2

R2(config–router)#no auto–summary

R2(config–router)#network 192.168.12.0

R2(config)#ip default–network 1.0.0.0

（2）调试。

1）在 R2 上查看路由表。

R2#show ip route

…

Gateway of last resort is 192.168.12.1 to network 0.0.0.0　//表明默认路由的网关为 192.168.12.1

C　192.168.12.0/24 is directly connected, Serial 0/0/0

2.0.0.0/24 is subnetted, 1 subnets

C　2.2.2.0 is directly connected, Loopback 0

R*　0.0.0.0 [120/1] via 192.168.12.1, 00:00:18, Serial 0/0/0

从以上输出可以看出 R1 上的 "ip default–network" 命令确实向 RIP 网络中注入一条标记为 "R*" 的默认路由。

2）在 R2 上 ping 1.1.1.1。

R2#ping 1.1.1.1

Type escape sequence to abort

Sending 5, 100–byte ICMP Echos to 1.1.1.1, timeout is 2 seconds:

!!!!

Success rate is 100 percent (5/5), round–trip min/avg/max = 12/14/16 ms

因为在 R2 的路由表中没有 1.1.1.0 的路由条目，一般情况下是不可能 ping 通地址 1.1.1.0 的。以上输出表明，在路由器 R2 上可以 ping 通地址 1.1.1.1，虽然在 R1 的 RIP 进程中没有通告该网络，也恰恰说明是默认路由起了作用。

【思考与练习】

1. Cisco 路由器 RIP 协议配置和调试的常用命令有哪些？

2. 请解释下列路由表中路由条目中各参数的含义。

"R 2.2.2.0 [120/1] via 192.168.12.2, 00:00:18, GigabitEthernet0/"

3. RIP 协议动态路由基本配置的内容有哪些？

4. 要保证路由信息交换安全，需要进行哪些设置？

▲ 模块 6 接口功能测试（Z38G2006 Ⅱ）

【模块描述】本模块介绍路由器接口功能测试。通过操作过程详细介绍，掌握路由器接口功能测试的方法。

【模块内容】

路由器接口可以分为局域网接口及广域网接口两种。局域网接口主要包括以太网、令牌环、令牌总线、FDDI 等网络接口；广域网接口主要包括 E1/T1、E3/T3、DS3、通用串行口（可转换成 X.21DTE/DCE、V.35DTE/DCE、RS 232 DTE/DCE、RS 449 DTE/DCE、EIA530DTE）等网络接口。

一、工作内容

以 H3C MSR 2600–17 型号路由器为例，该路由器配置了两个千兆电口、1 个千兆光口和 1 个 console 口和 1 个 AUX 口，测试常用的以太网电口功能是否正常。

二、测试目的

测试华三路由器以太网电口接口功能是否正常。

三、测试准备

H3C MSR 2600–17 路由器一台、PC 机一台、线缆若干。

四、测试步骤

第 1 步：如图 8–6–1 所示，建立本地配置环境，只需将 PC 机（或终端）的串口通过配置电缆与以太网交换机的 Console 口连接。

图 8–6–1 通过 Console 口搭建本地配置环境

第 2 步：在 PC 机上运行终端仿真程序（如 Windows 3.X 的 Terminal 或 Windows 9X/Windows2000/Windows XP 的超级终端等，以下配置以 Windows XP 为例），选择与交换机相连的串口，设置终端通信参数：传输速率为 9600bit/s、8 位数据位、1 停止位、无校验和无流控，如图 8–6–2～图 8–6–4 所示。

第 3 步：以太网交换机上电，终端上显示设备自检信息，自检结束后提示用户键入回车，之后将出现命令行提示符（如<H3C>），如图 8–6–5 所示。

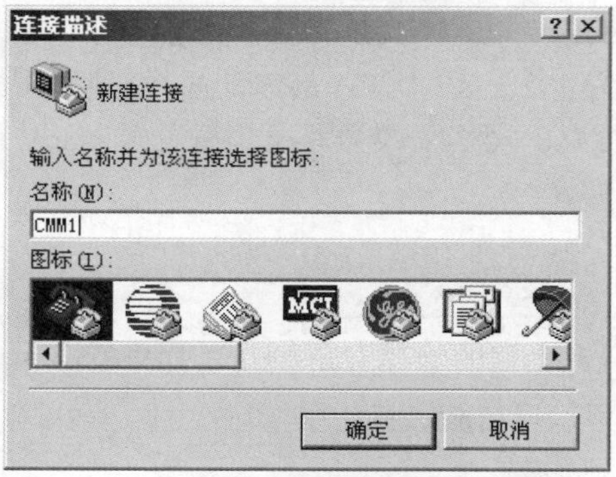

图 8-6-2 新建连接

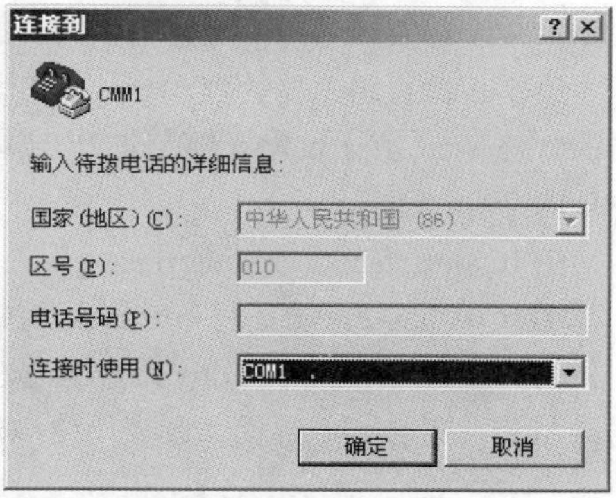

图 8-6-3 连接端口设置

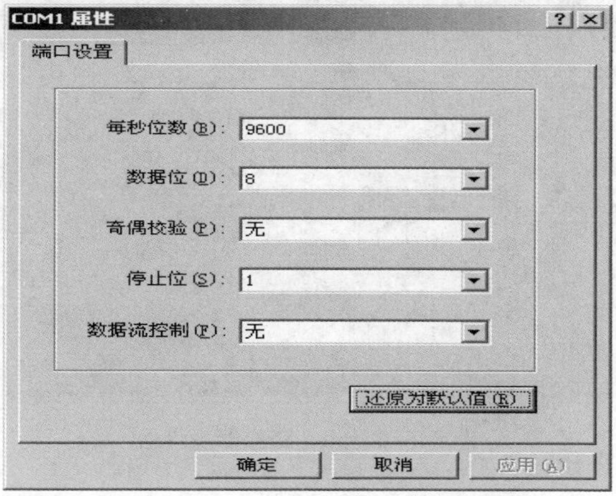

图 8-6-4 端口通信参数设置

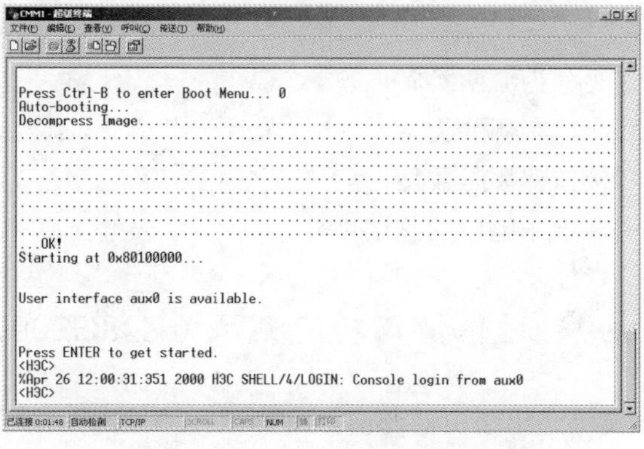

图 8-6-5 以太网交换机配置界面

第 4 步：键入命令，配置以太网交换机或查看以太网交换机运行状态。

第 5 步：将路由器管理 vlan1 的 IP 设置为 192.168.1.1/24，具体设置 PC 根据路由器的管理 vlan 地址设置好相应的 IP 地址 192.168.1.2/24；交换机上设置管理 vlan1 IP 地址的命令如下：

[H3C] interface Vlan–interface 1

[H3C–Vlan–interface1] ip address 202.38.160.92 255.255.255.0

第 6 步：在 PC 机上 dos 命令框内，输入路由器的管理 vlan 地址，如果能够 ping 通，显示如图 8-6-6 界面，则表明路由器电口接口功能正常。

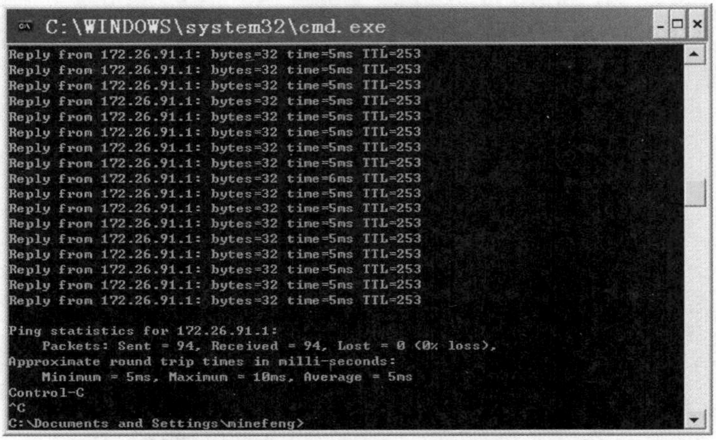

图 8-6-6　ping 路由器主界面

此外，通过长时间 ping 测试，如果时延一直小于 10ms，表明路由器的以太网端口性能指标在正常范围。

【思考与练习】

1. 路由器接口主要分为哪两类？

2. 路由器局域网接口有哪些类型？

3. 路由器广域网接口有哪些类型？

4. 简述华三路由器千兆电口的测试步骤。

▲ 模块 7　通信协议功能测试（Z38G2007Ⅱ）

【模块描述】本模块介绍路由器通信协议测试。通过操作过程详细介绍，掌握路由器通信协议测试的方法。

【模块内容】

　　路由器通信协议功能负责运行路由协议，维护路由表。路由协议可包括 RIP、OSPF、BGP、EGP、ISIS 等常见的路由协议。

　　以 H3C MSR 2600-17 型号路由器为例，该路由器支持 RIP、OSPF、BGP、EGP、ISIS 等常用的路由协议。

一、工作内容

测试路由器是否支持常见的 RIP、OSPF、BGP、EGP、ISIS 路由协议。

二、测试目的

测试路由器是否支持常见的 RIP、OSPF、BGP、EGP、ISIS 路由协议。

三、测试准备

H3C MSR 2600-17 路由器一台、PC 机一台、线缆若干。

四、测试步骤

（1）　如图 8-7-1 所示，建立本地配置环境，只需将 PC 机（或终端）的串口通过配置电缆与以太网路由器的 Console 口连接。

图 8-7-1　通过 Console 口搭建本地配置环境

（2）　在 PC 机上运行终端仿真程序，选择与路由器相连的串口，设置终端通信参数：传输速率为 9600bit/s、8 位数据位、1 位停止位、无校验和无流控。如表 8-7-1 所示。

表 8-7-1　　　　　　　　　　　路由器 Console 口默认配置

属性	默认配置
传输速率	9600bit/s
流控方式	不进行流控
校验方式	不进行校验
停止位	1
数据位	8

（3）　路由器上电后，终端上显示设备自检信息，自检结束后提示用户键入回车，之后将出现命令行提示符。

（4）　在路由器全局配置模式下，输入如下命令：

[H3C]?

输入上述命令后，超级终端如果能够显示上述五个协议，则表明该路由器支持 RIP、OSPF、BGP、egp、ISIS 等路由协议。否则，表明不支持该协议。

【思考与练习】

1. 常见的路由协议有哪些？

2. PC 机上运行的超级终端程序设置什么样的通信参数才能连接访问路由器？

3. 简述 H3C MSR 2600–17 路由器协议功能测试步骤。

▶ 模块 8 数据包转发功能测试（Z38G2008 Ⅱ）

【模块描述】本模块介绍路由器数据包转发测试。通过操作过程详细介绍，掌握路由器数据包转发功能测试的方法。

【模块内容】

路由器数据包转发功能主要负责按照路由表内容在各端口（包括逻辑端口）间转发数据包并且改写链路层数据包头信息。

一、工作内容

测试路由器数据包转发功能是否正常。

二、Console 口测试

（一）测试目的

测试华三路由器数据包转发功能是否正常。

（二）测试准备

1. 硬件准备

H3C MSR 2600–17 路由器两台、普通 hub 两台，PC 机三台、线缆若干。

2. 测试环境搭建

（1）按照图 8–8–1 进行搭建测试环境。

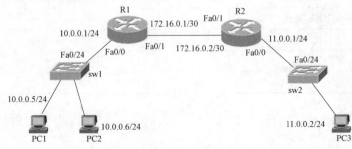

图 8–8–1 测试环境拓扑示意图

（2）路由器 R1 的主要配置。

Int E1/0/0   //进入接口 1/0/0 的配置模式

Ip add 10.0.0.1 255.255.255.252   //设置端口的 IP 地址

Int E1/0/1   //进入接口 1/0/1 的配置模式

Port link-mode route   //设置端口模式为 route

Ip add 172.16.0.1 255.255.255.252   //设置端口的 IP 地址

ospf 1   //定义 ospf

area 0   //定义 ospf 的路由域

Network 172.16.0.1 0.0.0.0   //宣告路由

Network 10.0.0.0 0.0.0.255   //宣告路由

（3）路由器 R2 的主要配置。

Int E1/0/0   //进入接口 1/0/0 的配置模式

Ip add 11.0.0.1 255.255.255.252   //设置端口的 IP 地址

Int E1/0/1   //进入接口 1/0/1 的配置模式

Port link-mode route   //设置端口模式为 route

Ip add 172.16.0.2 255.255.255.252   //设置端口的 IP 地址

ospf 1   //定义 ospf

area 0   //定义 ospf 的路由域

Network 172.16.0.2 0.0.0.0   //宣告路由

Network 11.0.0.0 0.0.0.255   //宣告路由

（三）测试步骤

（1）配置结束后，在 PC1 上 pingPC3 的 IP 地址，如果能 ping 通，则表示各设备的配置正确并表明路由器的数据包转发功能正常。

（2）在 PC3 上 pingPC1 的 IP 地址，如果能 ping 通，则表示各设备的配置正确并表明路由器的数据包转发功能正常。

【思考与练习】

1. 路由器的数据包转发功能是指什么？

2. 路由器的数据包转发功能测试主要内容有哪些？

3. 华三路由器 ospf 路由协议宣告路由的命令是什么？

◢ 模块 9 维护功能测试（Z38G2009Ⅱ）

【模块描述】本模块介绍路由器维护功能测试。通过操作过程详细介绍，掌握路由器维护功能测试的方法。

【模块内容】

一、工作内容

路由器维护功能测试主要包括密码设置、日志查看、配置文件查看、端口设置维护功能的测试。本文以 H3C MSR 2600–17 路由器为例，对上述维护功能进行测试。

二、测试目的

路由器管理功能测试的目的是对被测试路由器密码设置、日志查看、配置文件查看、端口设置维护功能进行测试，测试其功能是否可以正常使用。

三、测试准备

H3C MSR 2600–17 路由器一台、PC 机一台（并安装超级终端软件）、串口配置线一条、其他线缆若干。

四、测试步骤

1. 密码设置

以 telnet 方式或者 console 方式登录到交换机后，在命令界面中，如果能够对交换机的两个类型的密码进行设置，则表明该功能正常。

（1）设置 console 密码。

<H3C>sys   //进入系统配置模式

[H3C]user–interface aux 0   //进入 console 口配置

[H3C–ui–aux0]authentication–mode pass   //定义认证模式

[H3C–ui–aux0]set authentication password simple 123456   //设置口令

console 密码设置完成

（2）增加用户、telnet 登录口令。

<H3C>sys   //进入系统配置模式

[H3C]user–interface aux 0   //进入 console 口配置

[H3C]local–user admin   //新增 admin 用户

[H3C –luser–admin]authorization–attribute level 3   //设置特权等级

[H3C –luser–admin]service–type terminal telnet   //设置服务类型

[H3C –luser–admin]password cipher xxzx   //设置密码

[H3C]user–interface vty 0 4   //进入用户 vty 配置

[H3C –ui–vty0–4]authentication–mode scheme   //设置认证模式

[H3C –ui–vty0–4]user privilege level 3   //设置特权等级

设置完成

2. 日志查看

以 telnet 方式或者 console 方式登录到交换机后，在系统视图模式下，输入 display logbuffer，如果能正确显示日志信息，则表明该功能正常。

3. 配置文件查看

以 telnet 方式或者 console 方式登录到交换机后，在系统视图模式下，输入 display current-configuration，如果能正确配置文件信息，则表明该功能正常。

4. 端口设置

以 telnet 方式或者 console 方式登录到交换机后，在系统视图模式下，进入某端口，如果能完成如下命令的键入（设置端口通信参数），则表明该功能正常。

[H3C]int E1/0/1   //进入接口 1/0/1 的配置模式

[H3C-Ethernet1/0/1]speed 100   //设置该端口的速率为 100Mbit/s

[H3C-Ethernet1/0/1]duplex full   //设置该端口为全双工

[H3C-Ethernet1/0/1]description up_to_mis   //设置该端口描述为 up_to_mis

【思考与练习】

1. 路由器维护功能测试内容主要有哪些？

2. 简述如何进行路由器配置文件查看。

3. 简述如何进行路由器端口设置。

模块 10　管理控制功能测试（Z38G2010Ⅱ）

【模块描述】本模块介绍路由器管理控制功能测试。通过操作过程详细介绍，掌握路由器管理控制功能测试的方法。

【模块内容】

一、工作内容

路由器管理控制功能测试主要包括两个方面的内容，一是路由器 Console 端口连接测试，另一个是 telnet 远程连接测试。

二、测试目的

路由器管理功能测试的目的是对被测试路由器 Console 端口连接、telnet 远程连接功能进行测试，测试其功能是否可以正常使用。

三、测试准备

H3C MSR 2600-17 路由器一台、PC 机一台（并安装超级终端软件）、串口配置线一条、其他线缆若干。

四、测试步骤

1. Console 端口连接测试

（1）通过 Console 口进行本地登录简介。

通过路由器 Console 口进行本地登录是登录路由器的最基本的方式，也是配置通过其他方式登录路由器的基础。路由器 Console 口的默认配置如表 8-10-1 所示。

表 8-10-1   路由器 Console 口默认配置

属性	默认配置
传输速率	9600bit/s
流控方式	不进行流控
校验方式	不进行校验
停止位	1
数据位	8

用户终端的通信参数配置要和路由器 Console 口的配置保持一致，才能通过 Console 口登录到以太网路由器上。

（2）通过 Console 口登录路由器的配置环境搭建。

第 1 步：如图 8-10-1 所示，建立本地配置环境，只需将 PC 机（或终端）的串口通过配置电缆与以太网路由器的 Console 口连接。

图 8-10-1   通过 Console 口搭建本地配置环境

第 2 步：在 PC 机上运行终端仿真程序（如 Windows 3.X 的 Terminal 或 Windows 9X/Windows2000/Windows XP 的超级终端等，以下配置以 Windows XP 为例），选择与路由器相连的串口，设置终端通信参数：传输速率为 9600bit/s、8 位数据位、1 位停止位、无校验和无流控，如图 8-10-2～图 8-10-4 所示。

第 3 步：以太网路由器上电，终端上显示设备自检信息，自检结束后提示用户键入回车，之后将出现命令行提示。

第 4 步：键入命令，配置路由器或查看路由器运行状态。

2. Telnet 连接测试

第 1 步：建立本地配置环境，只需将 PC 机（或终端）的串口通过配置电缆与路由器的 Console 口连接。

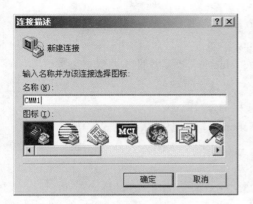

图 8-10-2　新建连接

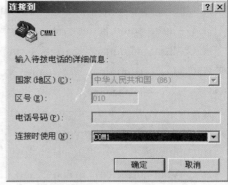

图 8-10-3　连接端口设置

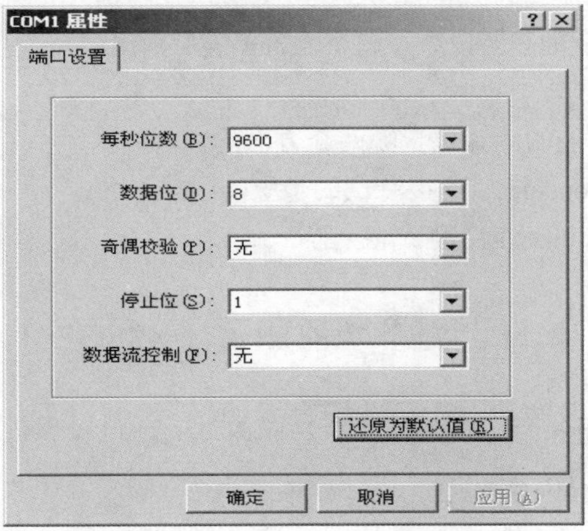

图 8-10-4　端口通信参数设置

第 2 步：在 PC 机上运行终端仿真程序（如 Windows 3.X 的 Terminal 或 Windows 9X/Windows2000/Windows XP 的超级终端等，以下配置以 Windows XP 为例），选择与路由器相连的串口，设置终端通信参数：传输速率为 9600bit/s、8 位数据位、1 位停止位、无校验和无流控。

第 3 步：路由器上电后，终端上显示设备自检信息，自检结束后提示用户键入回车，之后将出现命令行提示符。

第 4 步：在命令行提示符下，输入如下命令：

```
<H3C>sys        //进入系统配置模式
[H3C]user-interface aux 0      //进入 console 口配置
```

[H3C]local–user admin 　　　//新增 admin 用户

[H3C –luser–admin]authorization–attribute level 3 　　　//设置特权等级

[H3C –luser–admin]service–type terminal telnet 　　　//设置服务类型

[H3C –luser–admin]password cipher xxzx 　　　//设置密码

[H3C]user–interface vty 0 4 　　　//进入用户 vty 配置

[H3C –ui–vty0–4]authentication–mode scheme 　　　//设置认证模式

[H3C –ui–vty0–4]user privilege level 3 　　　//设置特权等级

[H3C]int vlan 1 　　　//进入 vlan1 配置

[H3C–Vlan–interface1] ip add 20.0.0.1 255.0.0.0 　　　//配置 IP 地址

第 5 步：完成如上配置后，即可开始使用网线将电脑接入路由器网口，电脑上 IP 地址设置为 20.0.0.2，掩码为 255.0.0.0；在计算机运行中输入 telnet 20.0.0.2 回车后出现并提示用户输入已设置的登录口令，口令输入正确后则出现命令行提示符。

【思考与练习】

1. 路由器管理功能的测试包含哪两个方面的内容？

2. 简述路由器 Console 口连接测试的步骤。

3. 简述路由器 Telnet 连接测试的步骤。

◢ 模块 11　安全功能测试（Z38G2011Ⅱ）

【模块描述】 本模块介绍路由器安全功能测试。通过操作过程详细介绍，掌握路由器安全功能测试的方法。

【模块内容】

一、工作内容

路由器安全功能用于完成地址转换，访问控制等功能，安全功能测试即将这两项内容进行逐一测试。

二、地址转换功能测试

（一）测试目的

测试路由器地址转换功能是否正常。

（二）测试准备

H3C MSR 2600–17 路由器一台、PC 机一台、线缆若干。

（三）测试步骤

第 1 步：通过使用超级终端软件连接 Console 口登录到路由器。

第 2 步：在路由器系统配置模式下，输入 nat ?命令后回车，如果能够出现正确的命令提示则表明该路由器支持地址转换功能，否则表明不支持。

三、访问控制功能测试

（一）测试目的

测试路由器访问控制功能是否正常。

（二）测试准备

1. 硬件准备

H3C MSR 2600-17 路由器一台、PC 机一台、线缆若干。

2. 定义访问控制列表并进行部署，正常的配置如下：

[H3C]acl number 2001　　//定义 acl 2001

[H3C- acl-basic—2001]rule 1 deny source 10.1.1.0 0.0.0.255　　//设置拒绝源 IP

[H3C]traffic classifier HU operator and　　//定义 traffice classifier

[H3C -classifier-HU] if-match acl 2001　　//定义符合规则

[H3C]traffic behavior Hu1　　//定义 traffic 行为

[H3C -behavior-Hu1] filter deny　　//定义过滤器

[H3C]qos policy hu2　　//定义 qos 策略

[H3C- qospolicy hu2] classifier HU behavior Hu1　　//定义 classiffier

[H3C]int e1/0/1　　//进入端口 1 配置

[H3C -Ethernet1/0/1]qos apply policy hu2 inbound　　//部署 acl 2001

3. 正确配置

如果能在路由器上正确配置，则表明路由器支持访问控制功能，否则表明不支持。

【思考与练习】

1. 简述路由器安全功能测试的主要内容。

2. 简述路由器地址转换功能测试的主要步骤。

3. 简述路由器访问控制功能测试的主要步骤。

▲ 模块 12　配置 OSPF 协议动态路由（Z38G2012Ⅲ）

【模块描述】本模块包含路由器 OSPF 协议动态路由的配置。通过对 OSPF 协议动态路由设置及调试步骤的介绍，掌握路由器 OSPF 协议动态路由的基本配置方法。

【模块内容】

一、配置 OSPF 协议动态路由的基础知识

OSPF 协议是开放型标准，其性能远强于 RIP 协议，在大中型网络中应用较为普遍。OSPF 路由协议的管理距离是 110，度量值采用 Cost 作为度量标准。OSPF 维护邻

居表、拓扑表和路由表。OSPF 协议提供路由分级管理。

1. OSPF 协议使用的术语

（1） 自治系统：采用同一种路由协议交换路由信息的路由器及其网络构成一个自治系统。

（2） 区域：有相同区域标志的一组路由器和网络的集合，在同一个区域内的路由器有相同的链路状态数据库。

（3） 邻居（Neighboring Routers）与邻接（Adjacency）：在同一区域中的两台路由器通过 Hello 报文可以互相发现并保持联系，如果相互之间无需交换路由信息，那么他们就是邻居关系；如果相互之间交换路由信息，那么他们就是邻接关系。

（4） 链路：链路就是路由器用来连接网络的接口及通信电路。

（5） 链路状态：用来描述路由器接口及其与邻居路由器的关系，所有链路状态信息构成链路状态数据库。

2. OSPF 的网络类型

OSPF 协议的运作是以路由器周围的网络拓扑结构为基础的。OSPF 将网络划分为以下几种类型：

（1） 点对点（Point–to–Point）网络：两台路由器之间仅通过一条链路（如串行链路）相连。

（2） 广播多路访问（BMA）网络：多台路由器通过多路访问型网络（如以太网）连接在一起，一台路由器发送的广播信息，其他路由器都能收到。

（3） 非广播多路访问（NBMA）网络：多台路由器通过网络连接在一起，但网络没有广播功能，如 X.25、帧中继网络。

3. 指定路由器

在 BMA 类型的网络中，为了避免各路由器之间都建立完全邻接关系，任何一台路由器的路由信息都会被多次传递，从而带来网络带宽的大量开销，OSPF 协议采用了指定路由器（Designated Router，DR）的方法。路由器之间通过 Hello 报文交换信息，选举产生 DR。BMA 网络中的各路由器与 DR 建立邻接关系，与其他路由器保持邻居关系。所有路由器将路由更新信息只发送给 DR，再由 DR 广播给其他路由器，这样一来，大大减少了路由信息交换引起的网络流量。

在选举 DR 的同时还要选举一个备用的 DR（Backup Designated Router，BDR），在 DR 失效的时候，BDR 担负起 DR 的责任，各路由器都与 BDR 也建立邻接关系。DR 和 BDR 采用的组播地址为 224.0.06。DR 和 BDR 是以各个网络为基础的，也就是说，DR 和 BDR 选举是路由器接口的特性，而不是整个路由器的特性。

DR 选举的原则：

（1）首要因素是时间，最先启动的路由器被选举成 DR。

（2）如果同时启动，或者重新选举时，则看接口优先级（取值范围为 0~255，数值越大优先级越高），优先级最高的将被选举为 DR。在默认情况下，多路访问网络的接口优先级为 1，点到点网络接口优先级为 0，Cisco 路由器修改接口优先级的命令是"ip ospf priority"，如果接口的优先级被设置为 0，那么该接口将不参加 DR 选举。

（3）如果前两者都相同，则比较路由器 ID，路由器 ID 高的被选举为 DR。

DR 一旦选定，除非路由器故障或人为地重新选举，否则是不会改变的。人为重新选举 DR 的方法有两个，一是重新启动路由器，二是使用清除 OSPF 的命令（Cisco 路由器为 clear ip ospf process）。

4. OSPF 协议路由的基本配置

配置 OSPF 协议路由，首先要启动 OSPF 协议进程、指定参与 OSPF 运作的网络和接口、划分路由器所在的区域并指定区域号。对于基本的 OSPF 配置，需要进行的操作包括：

（1）配置路由器标识（Router ID）：路由器的 ID 是一个采用 IP 地址形式表示的 32 比特二进制数，是自治系统中每台路由器的唯一标识。路由器的 ID 可以采用默认值也可以人为设定，路由器确定 Router ID 的顺序如下：优先采用人为设定的 ID；其次采用环回接口的最大的 IP 地址；最后选用所有处于激活状态的物理接口的 IP 地址中的最大值。最稳妥、可靠的办法是采用环回接口的 IP 地址。

（2）启用 OSPF 协议进程：OSPF 支持多进程，一台路由器上启动的多个 OSPF 进程之间由不同的进程号区分。OSPF 进程号在启动 OSPF 时进行设置，它只在本地有效，不影响与其他路由器之间的报文交换。

（3）指定应用 OSPF 协议的网段：启动 OSPF 后，还必须指定在哪个网段上应用 OSPF 进行路由选择。

在网络中的各路由器都作了以上设置以后，路由器通过相互交换路由信息，都建立起了各自的路由表，这时就可以提供基本的路由选择和数据转发服务了。

5. 协议安全设置

OSPF 协议对路由更新信息进行认证的方式有两种：一是简单口令认证方式，类似于 RIPv2 的明文认证方式；二是 MD5 认证方式，与 RIPv2 相同。OSPF 即可以在接口上进行认证，也可以基于区域进行认证，接口认证优先于区域认证。OSPF 定义了 3 种认证：Type 0–表示不认证，是默认的类型；Type 1–表示采用简单口令认证；Type 2–表示采用 MD5 认证。

下面，我们以 Cisco 路由器为例，来介绍 OSPF 协议动态路由的配置和调试方法。

二、Cisco 路由器 OSPF 协议路由配置常用命令

1. 启用 OSPF 协议进程

要使用 OSPF 协议进行路由选择，首先要在路由器上全局配置模式下启用 OSPF 进程并分配一个进程号。命令的格式：

router ospf process–id　　//启用 OSPF 路由进程

其中，process–id 为进程号，取值范围为 1～65535。使用该命令后自动进入到路由配置模式。

2. 指定路由器的 ID

要设置路由器的 ID，在路由配置模式下，使用命令：

router–id ip–address

其中，ip–address 为 IP 地址格式的路由器 ID 号。

指定使用 OSPF 路由协议的网段和区域 ID 号。

必须指定本路由器直连的网段中，哪些接口或网段使用 OSPF 作为路由协议。在路由配置模式下，命令格式：

network ip–address wildcard–mask area area–id

其中，ip–address wildcard–mask 为接口或网段的 IP 地址和反掩码，反掩码与网络掩码的表示方法是相反的，IP 地址对应于反掩码值为 1 的位可以不用考虑，借助于反掩码，以此可以指定一组 IP 地址。为区域 ID 编号，取值范围为 0～4 294 967 295，也可采用十进制 IP 地址格式表示。在单区域 OSPF 中，所有的区域 ID 都应该一致。

3. 查看 OSPF 协议进程信息

要查看 OSPF 协议进程信息，如路由器运行 SPF 算法的次数等。在特权配置模式下使用命令：

show ip ospf [process–id]

其中，process–id 进程 ID 是可选项。

4. 查看 OSPF 接口的信息

要查看 OSPF 接口的信息，如路由器运行 SPF 算法的次数等。在特权配置模式下使用命令：

show ip ospf interface [interface–type interface–number] [brief]

其中，interface–type interface–number 为接口的类型和编号，可选项 brief 表示简要信息。

三、单区域点对点 OSPF 设置

点到点链路上的 OSPF 设置的主要内容有：在路由器上启动 OSPF 路由进程；启用参与路由协议的接口，并且通告网络及所在的区域；度量值 cost 的计算；Hello 相关

参数的配置；点到点链路上的 OSPF 的特征；查看和调试 OSPF 路由协议相关信息。

设置的网络拓扑结构如图 8–12–1 所示。

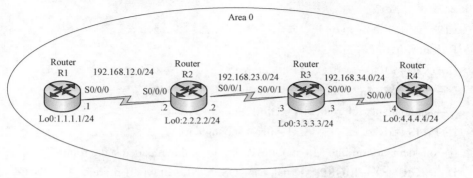

图 8–12–1 网络拓扑结构图

1. 配置路由器

第 1 步，配置路由器 R1

R1(config)#router ospf 1

R1(config–router)#router–id 1.1.1.1

R1(config–router)#network 1.1.1.0 255.255.255.0 area 0

R1(config–router)#network 192.168.12.0 255.255.255.0 area 0

第 2 步，配置路由器 R2

R2(config)#router ospf 1

R2(config–router)#router–id 2.2.2.2

R2(config–router)#network 192.168.12.0 255.255.255.0 area 0

R2(config–router)#network 192.168.23.0 255.255.255.0 area 0

R2(config–router)#network 2.2.2.0 255.255.255.0 area 0

第 3 步，配置路由器 R3

R3(config)#router ospf 1

R3(config–router)#router–id 3.3.3.3

R3(config–router)#network 192.168.23.0 255.255.255.0 area 0

R3(config–router)#network 192.168.34.0 255.255.255.0 area 0

R3(config–router)#network 3.3.3.0 255.255.255.0 area 0

第 4 步，配置路由器 R4

R4(config)#router ospf 1

R4(config–router)#router–id 4.4.4.4

R4(config−router)#network 4.4.4.0 255.255.255.0 area 0

R4(config−router)#network 192.168.34.0 255.255.255.0 area 0

2. 查看、验证

（1）使用"Show ip route"命令，查看路由器上的路由表信息。

R2#show ip route

Codes:R − RIP derived, O − OSPF derived,

C − connected, S − static, B − BGP derived,

* − candidate default route, IA − OSPF inter area route,

i − IS−IS derived, ia − IS−IS, U − per−user static route,

o − on−demand routing, M − mobile, P − periodic downloaded static route,

D − EIGRP, EX − EIGRP external, E1 − OSPF external type 1 route,

E2 − OSPF external type 2 route, N1 − OSPF NSSA external type 1 route,

N2 − OSPF NSSA external type 2 route

Gateway of last resort is not set

C   192.168.12.0/24 is directly connected, Serial 0/0/0

1.0.0.0/32 is subnetted, 1 subnets   //详见解释一

O   1.1.1.1 [110/782] via 192.168.12.1, 00:18:40, Serial 0/0/0

2.0.0.0/24 is subnetted, 1 subnets

C   2.2.2.0 is directly connectedly Loopback0

3.0.0.0/32 is subnetted, 1 subnets

O   3.3.3.3 [110/782] via 192.168.23.3, 00:18:40, Serial 0/0/1

4.0.0.0/32 is subnetted, 1 subnets

O   4.4.4.4 [110/1563] via 192.168.23.3, 00:18:40, Serial 0/0/1   //详见解释二

C   192.168.23.0/24 is directly connected, Serial0/0/1

O   192.168.34.0/24 [110/1562] Via 192.168.23.3, 00:18:41, Serial0/0/1

路由条目前面的"O"表示该条路由是通过 OSPF 路由协议得到的路由。通过以上信息可以看出，R2 通过 OSPF 路由协议得到了 4 条路由。

解释一：尽管通告了 24 位，到环回接口的路由的掩码长度却是 32 位，这是环回接口的特性决定的。如果要求路由条目的掩码长度与通告的一致，解决办法是在环回接口下修改网络类型为"point−to−Point"，命令如下：

R2(config)#interface loopback 0

R2(config−if)#ip ospf network point−to−point

解释二：该条路由的度量值即 Cost 值为 1563，计算方法如下：

一条链路的 Cost 值等于 108 除以该链路的带宽（bps），然后取整。一条路由的 Cost 值为该条路由所经过的路径上所有链路入口 Cost 值之和。规定环回接口的 Cost 值为 1。

R2 到达目的网络"4.4.4.4"的路径包括：包括 R4 的 loopback0、R3 的 s0/0/0、R2 的 s0/0/1。所以计算如下：1+108/128 000+108/128 000=1563。

也可以直接通过命令"ip ospf cost"设置接口的 cost 值，并且它优先于计算值。

（2）使用"Show ip protocols"命令查看路由器路由协议配置和统计信息。

R2#show ip protocols

Routing Protocol is "ospf 1"　　//当前路由器上运行的路由协议是 OSPF，进程 ID 是 1

Outgoing update filter list for all interfaces is not set　　//在出方向上没有设置过滤列表

Incoming update filter list for all interfaces is not set　　//在入方向上没有设置过滤列表

Router ID 2.2.2.2　　//本路由器的 ID

Number of areas in this router is 1. 1 normal 0 stub 0 nssa　　//本路由器参与的区域数量和类型

Maximum path:4　　//支持等价路径最大数目

Routing for Networks

2, 2.2.0 0.0.0.255 area 0

192.168.12.0 0.0.0.255 area 0

192.168, 23.0 0.0.0.255 area 0　　//以上 4 行表明 OSPF 通告的网络以及这些网络所在的区域

Reference bandwidth unit is 100 mbps　　//参考带宽为 108

Routing Information Sources

Gateway	Distance	Last Update
4.4.4.4	110	00:08:36
3.3.3.3	110	00:08:36
1.1.1.1	110	00:08:36　　//以上 5 行表路由信息源

Distance：（default is i20）　　//OSPF 默认的管理距离

（3）使用"Show ip OSPF"命令显示 OSPF 进程及区域的细节，如路由器运行 SPF 算法的次数等。

R2#show ip ospf 1

Routing Process "ospf 1" with ID 2.2.2.2

Start time:00:50:57.156, Time elapsed:00:42:41.880

Supports only single TOS(TOS0)routes

…

Area BACKBONE(0)

Number of interfaces in this area is 3

Area has no authentication

SPF algorithm last executed 00:15:07.580 ago

SPF algorithm executed 9 times

area ranges are

Number of LSA 4. Checksum Sum 0x02611A

…

（4）使用"Show ip ospf interface"命令，查看路由器 OSPF 接口的信息。

R2#show ip ospf interface s0/0/0

Serial0/0/0 is up, line protocol is up

Internet Address 192.168.12.2/24, Area 0　　　//该接口 IP 地址和 OSPF 区域

Process ID 1, Router ID 2.2.2.2, Network Type POINT–TO–POINT, cost:78　　　//进程 ID，路由器 ID，网络类型，接口 cost 值

Transmit Delay is 1 sec, State POINT–TO–POINT　　//接口的延时和状态

Timer intervals configured, Hello 10, Dead 40, wait 40, Retransmit 5

oob–resync timeout 40　　//显示几个计时器的值

Hello due in 00:00:05　　//距离下次发送 Hello 报的时间

Supports Link–local Signaling (LLS)　　//支持 LLS

Cisco NSF helper support enabled

IETF NSF helper support enabled　　//以上 2 行启用了 IETF 和 Cisco 的 NSF 功能

Index 1/1, flood queue length 0

Next 0x0(0)/ 0x0(0)

Last flood scan length is 1, maximum is 1

Last flood scan time is 0 msec, maximum is 0 msec

Neighbor Count is 1, Adjacent neighbor count is 1　　//邻居的个数以及已建立邻接关系的邻居的个数

Adjacent with neighbor 1.1.1.1　　//已经建立邻接关系的邻居路由器 ID

Suppress hello for 0 neighbor(s)　　//没有进行 Hello 抑制

（5）使用"Show ip ospf neighbor"命令查看路由器 OSPF 邻居的基本信息。

R2#sbow ip ospf neighbor

Neighbor ID　　Pri　　State　　Dead Time　　address　　Interface

3.3.3.3　　0　　FULL/-　　00:00:35　192.168.23.3　　Serial0/0/1

1.1.1.1　　0　　FULL/-　　00:00:38　　192.168.12.1　　Serial0/0/0

以上输出表明路由器 R2 有两个邻居，它们的路由器 ID 分别为 1.1.1.1 和 3.3.3.3，其他参数解释如下：

Pri：邻居路由器接口的优先级。

State：当前邻居路由器接口的状态。

Dead Time：清除邻居关系前等待的最长时间。

Address：邻居接口的地址。

Interface：自己和邻居路由器相连接口。

"-"表示在点到点的链路上 OSPF 不进行 DR 选举。

说明：如果发现应该建立邻居关系的路由器之间未建立邻居关系，常见的原因有：

1）Hello 时间间隔和 Dead 时间间隔不同。同一链路上的 Hello 包之间的时间间隔与 Dead 的间隔必须相同才能建立邻居关系。在默认情况下，Hello 包发送时间间隔见表 8–12–1。

表 8–12–1　　　　　　　　　　　　　Hello 包发送时间间隔

网络类型	Hello 间隔（s）	Dead 间隔（s）
广播多路访问	10	40
非广播多路访问	30	120
点到点	10	40
点到多点	30	120

默认时，Dead 间隔是 Hello 间隔的 4 倍。可以在接口下用"ip ospf hello–interval"和"ip ospf dead–interval"命令进行调整。

2）区域号码不一致。

3）特殊区域（如 stub 和 nssa 等）区域类型不匹配。

4）认证类型或密码不一致。

5）路由器 ID 相同。

6）Hello 包被 ACL deny。

7）链路上的 MTU 不匹配。

8） 接口下 OSPF 链路类型不匹配。

（6） 使用"Show ip ospf database"命令查看 OSPF 拓扑结构数据库。

R2#show ip ospf database

OSPF Router with ID (2.2.2.2)(Process ID l)

Rout Link States (area 0)

Link ID	ADV Router	Age	seq#	Checksum	Link count
1.1.1.1	1.1.1.1	240	0x80000005	0x00BA35	3
2.2.2.2	2.2.2.2	1308	0x80000008	0x00D7C0	5
3.3.3.3	3.3.3.3	1310	0x80000007	0x00282D	5
4.4.4.4	4.4.4.4	44	0x80000004	0x009AFB	3

以上输出是 R2 的区域 0 的拓扑结构数据库的信息，标题行的解释如下：

1） Link ID：是指 Link State ID，代表整个路由器，而不是某个链路。

2） ADV Router：是指通告链路状态信息的路由器 ID。

3） Age：老化时间。

4） Seq#：序列号。

5） Checksum：校验和。

6） Link count：通告路由器在本区域内的链路数目。

四、广播多路访问链路上的 OSPF 配置

广播多路访问链路上的 OSPF 配置的主要内容有：路由器上启动 OSPF 路由进程；启用参与路由协议的接口，并且通告网络及所在的区域；修改参考带宽；DR 选举的控制；广播多路访问链路上的 OSPF 的特征。网络的拓扑结构如图 8-12-2 所示。

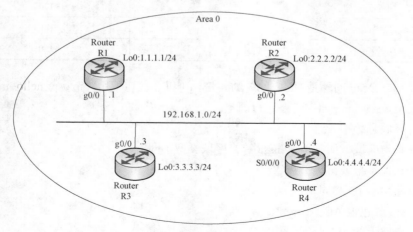

图 8-12-2　网络拓扑结构图

1. 配置路由器

第 1 步，配置路由器 R1

R1(config)#router ospf 1　　//启用 OSPF 路由选择进程，并分配一个进程号，进程号的取值范围为：1～65 535。不同路由器的路由进程可以不同

R1(config-router)#router-id 1.1.1.1　　//配置路由器 ID，一般选用路由器的环回接口

R1(config-router)#network 1.1.1.0 255.255.255.0 area 0　　//设置 OSPF 运行的接口以及其对应的区域 ID，区域 ID 的取值范围为：0～4 294 967 295 或 IP 地址格式

R1(config-router)#network 192.168.1.0 255.255.255.0 area 0

R1(config-router)#auto-cost reference-bandwidth 1000　　//修改参考带宽

第 2 步，配置路由器 R2

R2(config)#router ospf 1

R2(config-router)#router-id 2.2.2.2

R2(config-router)#network 2.2.2.0 255.255.255.0 area 0

R2(config-router)#network 192.168.1.0 255.255.255.0 area 0

R2(config-router)#auto-cost reference-bandwidth 1000

第 3 步，配置路由器 R3

R3(config)#router ospf 1

R3(config-router)#router-id 3.3.3.3

R3(config-router)#network 3.3.3.0 255.255.255.0 area 0

R3(config-router)#network 192.168.1.0 255.255.255.0 area 0

R3(config-router)#auto-cost reference-bandwidth 1000

第 4 步，配置路由器 R4

R4(config)#router ospf 1

R4(config-router)#router-id 4.4.4.4

R4(config-router)#network 4.4.4.0 255.255.255.0 area 0

R4(config-router)#network 192.168.1.0 255.255.255.0 area 0

R4(config-router)#auto-cost reference-bandwidth 1000

说明："auto-cost reference-bandwidth"命令是用来修改参考带宽的，因为本例中为千兆接口，如果采用默认的百兆参考带宽，计算出来的 cost 是 0.1，这显然是不合理的。当使用"auto-cost reference-bandwidth"命令时，路由器会给出提示信息：

%OSPF：Reference bandwidth is changed

Please ensure reference bandwidth is consistent across all routers

要求在所有的路由器上修改参考带宽，确保相同的参考标准。

2. 调试

（1）使用"Show ip ospf neighbor"命令查看路由器 OSPF 邻居的基本信息

R1#show ip ospf neighbor

Neighbor ID　Pri　State　Dead Time　address　Interface

2.2.2.2　1　FULL/BDR　00:00:37　192.168.1.2　GigabitEthernet0/0

3.3.3.3　1 FULL/DROTHER　00:00:37　192.168.1.3　GigabitEthernet0/0

4.4.4.4　1 FULL/DROTHER　00:00:34　192.168.1.4　GigabitEthernet0/0

以上输出表明在该广播多路访问网络中，R1 是 DR，R2 是 BDR，R3 和 R4 为 DROTHER。

（2）使用"Show ip ospf interface"命令，查看路由器 OSPF 接口的信息。

分别在路由器 R1 和 R4 上执行该命令

R1#show ip ospf interface g0/0

GigabitEthernet0/0 is up, line protocol is up

Internet Address 192.168.1.1/24, Area 0　　//该接口的地址和运行的 OSPF 区域

Process ID 1, Router ID 1.1.1.1, Network Type BROADCAST, cost:10　　//进程 ID，路由器 ID，网络类型为广播式，接口 cost 值

Transmit Delay is 1 sec，State DR，Priority 1　　//接口的状态是 DR

Designated Router (ID)1.1.1.1，Interface address 192.168.1.1　　//DR 的路由器 ID 以及接口地址

Backup Designated Router (ID)2.2.2.2, Interface address 192.168. 1.2　　//BDR 的路由器 ID 以及接口地址

Timer intervals configured, Hello 10, Dead 40, wait 40, Retransmit 5

oob−resync timeout 40　　//显示几个计时器的值

Hello due in 00:00:09　　//距离下次发送 Hello 报的时间

Supports Link−local Signaling （LLS）　　//支持 LLS

Cisco NSF helper support enabled

IETF NSF helper support enabled　　//以上 2 行启用了 IETF 和 Cisco 的 NSF 功能

Index 2/2，flood queue length 0

Next 0x0(0)/ 0x0(0)

Last flood scan length is 1, maximum is 1

Last flood scan time is 0 msec, maximum is 4 msec

Neighbor Count is 3, Adjacent neighbor count is 3　　//R1 是 DR，有 3 个邻居，并

且全部形成邻接关系

　　Adjacent with neighbor 2.2.2.2(Backup Designated Router)　　　//已经建立邻接关系的邻居路由器 ID

　　Adjacent with neighbor 3.3.3.3

　　Adjacent with neighbor 4.4.4.4

　　Suppress hello for 0 neighbor(s)　　　//没有进行 Hello 抑制

　　R4#show ip ospf interface g0/0

　　GigabitEthernet0/0 is up，line protocol is up

　　Internet Address 192.168.1.1/24, Area 0　　　//该接口的地址和运行的 OSPF 区域

　　Process ID 1, Router ID 4.4.4.4, Network Type BROADCAST, cost:10　　　//进程 ID，路由器 ID，网络类型为广播式，接口 cost 值

　　Transmit Delay is 1 sec，State DROTHER，Priority 1　　　//接口的状态是 DROTHER

　　Designated Router (ID)1.1.1.1，Interface address 192.168.1.1　　　//DR 的路由器 ID 以及接口地址

　　Backup Designated Router (ID)2.2.2.2，Interface address 192.168. 1.2　　　//BDR 的路由器 ID 以及接口地址

　　Timer intervals configured, Hello 10, Dead 40, wait 40, Retransmit 5

　　oob-resync timeout 40　　　//显示几个计时器的值

　　Hello due in 00:00:06　　　//距离下次发送 Hello 报的时间

　　Supports Link-local Signaling (LLS)　　　//支持 LLS

　　Cisco NSF helper support enabled

　　IETF NSF helper support enabled　　　//以上 2 行启用了 IETF 和 Cisco 的 NSF 功能

　　Index 2/2, flood queue length 0

　　Next 0x0(0)/ 0x0(0）

　　Last flood scan length is 1, maximum is 1

　　Last flood scan time is 0 msec, maximum is 0 msec

　　Neighbor Count is 3, Adjacent neighbor count is 1　　　//有 3 个邻居，只与 R1 和 R2 形成邻接关系，与 R3 只是邻居关系

　　Adjacent with neighbor 1.1.1.1(Designated Router)

　　Adjacent with neighbor 2.2.2.2(Backup Designated Router)　　　//上面 2 行表示与 DR 和 BDR 形成邻接关系

　　Suppress hello for 0 neighbor(s)　　　//没有进行 Hello 抑制

　　从上面的路由器 R 1 和 R4 的输出得知，邻居关系和邻接关系是不能混为一谈的，

邻居关系是指达到 2WAY 状态的两台路由器，而邻接关系是指达到 FULL 状态的两台路由器。

（3）使用"debug ip ospf adj"命令显示 OSPF 邻接关系创建或中断的过程。

R2#debug ip ospf adj

OSPF adjacency events debugging is on

R2#clear ip ospf process   //清除 OSPF 进程以触发中断和重建

Reset ALL OSPF processes? [no]:y

…

Dec 10 10:37:33.459:OSPF:Backup seen Event before WAIT timer on GigabitEthernet0/0

Dec 10 10:37:33.459:OSPF:DR/BDR election on GigabitEthernet0/0

Dec 10 10:37:33.459:OSPF:Elect BDR 4, 4, 4, 4

Dec 10 10:37:33.459:OSPF:Elect DR 1.1.1.1

Dec 10 10:37:33.459:   DR:1.1.1.1(Id)   BDR:4.4.4.4 (Id)

…

从显示的信息中可以观察到 DR 重新选举的全过程，选举结果为 DR 是 R1，BDR 是 R4。

五、OSPF 协议安全配置

如图 8–12–3 所示的网络进行基于区域的 OSPF 简单口令认证配置，步骤如下。

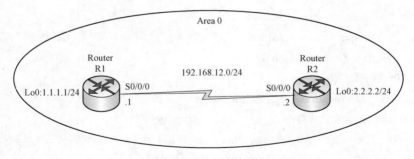

图 8–12–3 网络拓扑

1. 配置路由器

第 1 步，配置路由器 R1

R1(config)#router ospf 1   //启用 OSPF 路由选择进程，并分配一个进程号

R1(config–router)#router–id 1.1.1.1   //配置路由器 ID，一般选用路由器的环回接口

R1(config–router)#network 192.168.1.0 255.255.255.0 area 0

R1(config–router)#network 1.1.1.0 255.255.255.0 area 0

R1(config–router)#area 0 authentication　　//区域 0 启用简单口令认证

R1(config)#interface s0/0/0

Rl (config–if)#ip ospf authentication–key cisco　　//配置认证密码

第 2 步，配置路由器 R1

R2(config)#router ospf 1

R2(config–router)#router–id 2.2.2.2

R2(config–router)#network 192.168.1.0 255.255.255.0 area 0

R2(config–router)#network 2.2.2.0 255.255.255.0 area 0

R2(config–router)#area 0 authentication

R2(config)#interface s0/0/0

R2(config–if)#ip ospf authentication–key cisco

2. 调试

（1）使用"Show ip ospf interface"命令，查看路由器 OSPF 接口的信息。

R1#show ip ospf interface s0/0/0

Serial0/0/0 is up, line protocol is up

Internet Address 192.168.12.1/24, Area 0　　//该接口的地址和运行的 OSPF 区域

Process ID 1, Router ID 1.1.1.1, Network Type POINT–TO–POINT, cost:781　　//进程 ID，路由器 ID，网络类型，接口 cost 值

Transmit Delay is 1 sec, State POINT–TO–POINT　　//接口的延时和状态

Timer intervals configured, Hello 10, Dead 40, wait 40, Retransmit 5

oob–resync timeout 40　　//显示几个计时器的值

Hello due in 00:00:02　　//距离下次发送 Hello 报的时间

Supports Link–local Signaling （LLS）　　//支持 LLS

Cisco NSF helper support enabled

IETF NSF helper support enabled　　//以上 2 行启用了 IETF 和 Cisco 的 NSF 功能

Index 1/1, flood queue length 0

Next 0x0(0)/ 0x0(0)

Last flood scan length is 1, maximum is 1

Last flood scan time is 0 msec, maximum is 0 Esec

Neighbor Count is 0, Adjacent neighbor count is 0

Suppress hello for 0 neighbor(s)　　//没有进行 Hello 抑制

Simple Password authentication enabled

以上输出最后一行信息表明该接口启用了简单口令认证。

（2）使用"Show ip OSPF"命令显示 OSPF 进程及区域的细节，如路由器运行 SPA 算法的次数等。

R1#show ip ospf 1

Routing Process "ospf 1" with ID 1.1.1.1

Supports only single TOS(TOS0)routes

…

Area BACKBONE(0)

Number of interfaces in this area is 2 (1 loopback)

Area has simple password authentication

SPF algorithm last executed 00:00:01.916 ago

SPF algorithm executed 5 times

area ranges are

Number of LSA 2. Checksum Sum 0x010117

Number of opaque link LSA 0. Checksum Sum 0x000000

Number of DCbitless LSA 0

Number of indication LSA 0

Number of DoNotAge LSA 0

Flood list length 0

以上输出信息表明区域 0 采用了简单口令认证。

1）如果 R1 区域 0 没有启动认证，而 R2 区域 0 启动简单口令认证，则 R2 上出现下面的信息：

Dec 10 11:03:03.071:OSPF:Rcv pkt from 192.16812.1, Serial0/0/0:Mismatch Authentication type. Input packet specified type 0, we use type 1

2）如果 R1 和 R2 的区域 0 都启动了简单口令认证，但是 R2 的接口下没有配置密码或密码错误，则 R2 上会出现下面的信息：

Dec 10 10:55:53.071:OSPF:Rcv pkt from 192.168.12.1, Serial0/0/0:Mismatch Key Clear Text

六、OSPF 默认路由设置

通过"Default-information originate"命令向 OSPF 网络注入一条默认路由。

网络的拓扑结构如图 8-12-4 所示，用 R1 的环回接口 1 来模拟 Internet。

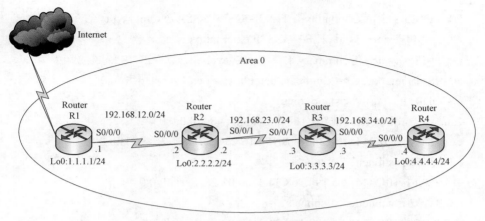

图 8−12−4 网络拓扑结构图

1. 配置路由器

第 1 步，配置路由器 R1

R1(config)#interface loopback 1

R1(config−if)#ip address 5.5.5.5 255.255.255.0

R1(config)#ip route 0.0.0.0 0.0.0.0 loopback 1

R1(config)#router ospf 1

R1(config−router)#router−id 1.1.1.1

R1(config−router)#network 1.1.1.0 255.255.255.0 area 0

R1(config−router)#network 192.168.12.0 255.255.255.0 area 0

R1(config−router)#default−information originate

"default−information originate"命令后面可选"always"参数，如果不使用该参数，那么，路由器上必须存在一条默认路由，否则该命令不产生任何效果。如果使用该参数，无论路由器上是否存在默认路由，路由器都会向 OSPF 区域内注入一条默认路由。

第 2 步，配置路由器 R2、R3 和 R4

R2、R3 和 R4 的配置同第二节"点到点链路上的 OSPF 设置"中的配置完全相同，这里从略。

2. 调试

（1） 使用"Show ip route"命令，查看路由器上的路由表信息。

R4#show ip route

Codes:C – connected, S – statics, R – RIP, M – mobile, B – BGP

D – EIGRP, EX – EIGRP external, O –OSPF, IA – OSPY inter area

N1 – OSPF NSSA external type 1, N2 – OSPF NSSA external type 2

E1 – OSPF external type 1, E2 – OSPF external type 2

i – IS–IS, su – IS–IS summary, L1– IS–IS levels–1, L2 – IS–IS level–2

ia – IS–IS inter area,* – candidate default, U – per–user static route

o – ODR, P – periodic static route

Gateway of last resort is 192.168.34.3 to network 0.0.0.0

O 192.168.12.0/24 [110/2343] via 192.168.34.3, 00:01:26, Serial0/0/0

1.0.0.0/32 is subnetted, 1 subnets

O 1.1.1.1 [110/2344] via 192.168.34.3. 00:01:26, Serial0/0/0

2.0.0.0/32 is subnetted, 1 subnets

O 2.2.2.2 [110/1563] via 192.168.34.3, 00:01:26, Serial0/0/0

3.0.0.0/32 is subnetted, 1 subnets

O 3.3.3.3 [110/782] via 192. 168.34.3, 00:01:26, Serial0/0/0

O 192.168.23.0/24 [110/1562] via 192.168.34.3, 00:01:27, Serial0/0/0

O*E2 0.0.0.0/0 [110/1] via 192.168.34.3, 00:01:27, Serial0/0/0

R3#show ip route

Codes:C – connected, S – statics, R – RIP, M – mobile, B – BGP

D – EIGRP, EX – EIGRP external, O –OSPF, IA – OSPY inter area

N1 – OSPF NSSA external type 1, N2 – OSPF NSSA external type 2

E1 – OSPF external type 1, E2 – OSPF external type 2

i – IS–IS, su – IS–IS summary, L1– IS–IS levels–1, L2 – IS–IS level–2

ia – IS–IS inter area,* – candidate default, U – per–user static route

o – ODR, P – periodic static route

Gateway of last resort is 192.168.23.2 to network 0.0.0.0

O 192.168.12.0/24 [110/1563] via 192.168. 23.2, 00:05:28, Serial0/0/1

1.0.0.0/32 is subnetted, 1 subnets

O 1.1.1.1 [110/1563] via 192.168.23.2, 00:05:28, Serial0/0/1

2.0.0.0/32 is subnetted, 1 subnets

O 2.2.2.2 [110/782] via 192.168.23.2, 00:05:28, Serial0/0/1

4.0.0.0/32 is subnetted, 1 subnets

O 4.4.4.4 [110/782] via 192. 168.34.4, 00:05:28, Serial0/0/0

O*E2 0.0.0.0/0 [110/1] via 192.168.23.2, 00:05:30, Serial0/0/1

从上面 R3 和 R4 的路由表的输出可以看到，通过"default–information originate"

命令确实可以向 OSPF 区域注入一条默认路由。

（2）使用"Show ip ospf database"命令查看 OSPF 拓扑结构数据库。

R4#show ip ospf database

OSPF Router with ID (4.4.4.4)(Process ID l)

Rout Link States (area 0)

Link ID	ADV Router	Age	seq#	Checksum	Link count
1.1.1.1	1.1.1.1	746	0x80000010	0x000DB7	3
2.2.2.2	2.2.2.2	188	0x80000016	0x00CFB8	5
3.3.3.3	3.3.3.3	163	0x80000007	0x00282D	5
4.4.4.4	4.4.4.4	248	0x80000004	0x009402	3

Type−5 AS External Link States

Link ID	ADV Router	Age	Seq#	Checksum	Tag
0.0.0.0	1.1.1.1	863	0x80000001	0x001D91	1

通过查看 R4 的拓扑结构数据库可以看到，确实从外面注入了一条类型 5 的 LSA。

【思考与练习】

1. Cisco 路由器 OSPF 协议配置和调试的常用命令有哪些？

2. OSPF 协议动态路由基本配置的内容有哪些？

3. 针对不同的网络拓扑结构二层链路类型，OSPF 协议动态路由的配置有何特点？

▲ 模块 13　网络地址转换（Z38G2013Ⅲ）

【模块描述】本模块包含在路由器上实现网络地址转换的配置。通过对网络地址转换概念、静态及动态地址转换设置、端口复用地址转换设置步骤的介绍，掌握在路由器上实现 IP 地址转换的基本概念和配置方法。

【模块内容】

一、网络地址转换基础知识

网络地址转换（Network Address Translation，NAT）不仅能够解决 IP 地址不足的问题，而且还能隐藏内部网络的结构，避免来自外部网络的攻击，因此被广泛应用于内部网络 Internet 接入。NAT 可以在路由器或防火墙设备上实现，但大多情况下是在路由器上。本模块介绍路由器上网络地址转换的配置。

1. 合法 IP 地址和私有 IP 地址

IP 地址可分为两类，一类是合法 IP 地址，另一类是私有 IP 地址。合法 IP 地址也叫做公有 IP 地址、公网 IP 地址，是指通过向 ISP 或注册中心申请而得到的、在 Internet

网上全球唯一的 IP 地址。私有 IP 地址是指 RFC1918 为私有网络预留的、可以在内部网络中自由使用的 IP 地址。RFC1918 为私有网络预留出了三个 IP 地址块：

A 类：10.0.0.0～10.255.255.255

B 类：172.16.0.0～172.31.255.255

C 类：192.168.0.0～192.168.255.255

上述三个范围内的 IP 地址不会在 Internet 上分配，因而可以不必向 ISP 或注册中心申请而在企业内部网络上自由使用。

2. 网络地址转换原理

随着 Internet 规模的快速发展，IP 地址短缺已成为一个十分突出的问题。IETF 制定的 NAT 标准使得一个采用私有 IP 地址的内部网络通过少量的合法 IP 地址连接到 Internet，实现私有内部网络访问外部公用网络的功能，有利于减缓合法 IP 地址不足的矛盾。

一般情况下，内部网络是通过路由器连接到外部 Internet 网的。内网主机通过路由器向外网发送数据包时，NAT 将数据包报头中的私有地址转换为合法 IP 地址，反之亦然。

在配置网络地址转换实现的过程之前，首先必须搞清楚内部接口和外部接口，以及在哪个外部接口上启用 NAT。通常情况下，连接到企业网络的接口是 NAT 内部接口，而连接到外部网络（如 Internet）的接口是 NAT 外部接口，如图 8-13-1 所示。

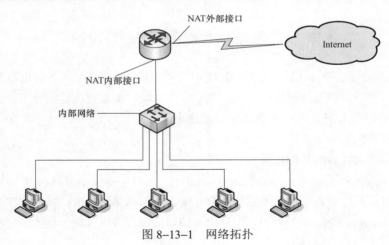

图 8-13-1 网络拓扑

3. NAT 的类型

NAT 的实现方式有 3 种，即静态转换、动态转换和端口多路复用。

（1）静态 NAT，是指将内网私有 IP 地址一对一固定地转换为外网合法 IP 地址，即将合法 IP 地址一一对应地转换为私有 IP 地址。如果内网中有对外网提供服务的邮件或 FTP 服务器，这些服务器的 IP 地址必须采用静态转换，以便外部用户可以使用这些服务。

（2）动态 NAT，是指先将多个合法 IP 地址定义为一个地址池，内网私有 IP 地址转换为外网合法 IP 地址时，路由器从地址池中随机选定一个未被使用的合法 IP 地址。私有 IP 地址与合法 IP 地址是动态一对一映射的。当 ISP 提供的合法 IP 地址少于内网络中的主机数量时，可以采用动态 NAT。

（3）端口 NAT 又称为 PAT（Port Address Translation），PAT 是动态 NAT 的一种特殊形式，它将内网多个私有 IP 地址映射到一个合法 IP 地址的不同端口上，内部多台主机共享一个合法 IP 地址，实现对 Internet 的访问，从而可以最大限度地节约 IP 地址资源。PAT 的另一个优点是能更好地隐藏网络内部的所有主机，有效避免来自 Internet 的攻击。

下面，我们以 Cisco 路由器为例，来介绍 NAT 的配置方法。

二、静态 NAT 的配置

如果内网已获得多个合法 IP 地址，可以借助静态地址转换方式，将合法 IP 地址转换为内部服务器的 IP 地址，从而实现通过 Internet 对内网服务器的访问。

假设某一网络，其内部使用的 IP 地址段为 192.168.100.1～192.168.100.254，路由器局域网端口（即默认网关）的 IP 地址为 192.168.100.1，子网掩码为 255.255.255.0。网络申请到的合法 IP 地址范围为 61.159.62.128～61.159.62.135，路由器广域网中的 IP 地址为 61.159.62.129，子网掩码为 255.255.255.248，可用于转换的 IP 地址为 61.159.62.133。要求将内部网址 192.168.100.2 ～192，168.100.6 分别转换为合法 IP 地址 61.159.62.133。配置步骤如下：

第 1 步，进入全局配置模式

Router#config terminal

第 2 步，设置 NAT 外部端口

Router(config)#interface s0/0

Router(config−if)#ip address 61.159.62.133 255.255.255.248

Router(config−if)#ip nat outside

第 3 步，返回全局配置模式

Router(config−if)#exit

第 4 步，设置 NAT 内部端口

Router(config)#interface f0/0

Router(config−if)#ip address 192.168.100.1 255.255.255.0

Router(config–if)#ip nat inside

第 5 步，返回全局配置模式

Router(config–if)#exit

第 6 步，设置静态 NAT

Router(config)#ip nat inside source static 192.168.100.2 61.159.62.130   //将私有 IP 地址 192.168.100.2 转换为合法 IP 地址 61.159.62.130

Router(config)#ip nat inside source static 192.168.100.3 61.159.62.131

Router(config)#ip nat inside source static 192.168.100.4 61.159.62.132

Router(config)#ip nat inside source static 192.168.100.5 61.159.62.133

Router(config)#ip nat inside source static 192.168.100.6 61.159.62.134

第 7 步，返回特权模式

Router(config)#end

第 8 步，显示并校验配置

Router#show ip nat translations

第 9 步，保存配置

Router#copy running–config startup–config

三、动态 NAT 的配置

配置动态 NAT，先要用"ip net pool"命令把可用的合法 IP 地址设定为一个地址池，再把准许访问外网的私有 IP 地址用"access–list"命令设置到访问控制列表中，然后通过"ip nat inside source"命令实现动态地址转换。

假设某一网络，其内部使用的 IP 地址段为 172.16.100.1～172.16.100.254，路由器局域网端口（即默认网关）的 IP 地址为 172.16.100.1，子网掩码为 255.255.255.0。网络分配到的合法 IP 地址范围为 61.159.62.128～61.159.62.191，路由器广域网中的 IP 地址为 61.159.62.129，子网掩码为 255.255.255.192，可用于转换的 IP 地址范围为 61.159.62.130～61.159.62.190。要求将内部 IP 地址 172.16.100.1～172.16.100.254 动态转换为合法理地址 61.159.62.130～61.159.62.190。动态 NAT 的配置步骤如下：

第 1 步，进入全局配置模式

Router#config terminal

第 2 步，设置外部端口

Router(config)#interface s0/0

Router(config–if)#ip address 61.159.62.129 255.255.255.192

Router(config–if)#ip nat outside

第 3 步，返回全局配置模式

Router(config–if)#exit

第 4 步，设置内部端口

Router(config)#interface f0/0

Router(config–if)#ip address 172.16.100.1 255.255.255.0

Router(config–if)#ip nat inside

第 5 步，返回全局配置模式

Router(config–if)#exit

第 6 步，定义合法 IP 地址池

Router(config)#ip nat pool nat–test 61.159.62.130 61.159.62.190 netmask 255.255.255.192　　// nat–test 为自定义的地址池名称

第 7 步，定义允许访问 Internet 的访问控制列表

Router(config)#access–list 1 permit 172.16.100.0 0.0.0.255　　//其中，"1"为表号，取值范围为 1～99 之间的整数；0.0.0.255 为通配符掩码

第 8 步，设置网络地址转换

Router(config)#ip nat inside source list 1 pool nat–test

第 9 步，返回特权模式

Router(config)#end

第 10 步，显示并校验配置

Router#show ip nat translations

第 11 步，保存配置

Router#copy running–config startup–config

四、PAT 的配置

配置 PAT 的方法与动态 NAT 基本相同，只是在"ip nat inside source"命令中要加上"overload"关键字。当只有一个合法 IP 地址，合法 IP 地址池中起、止地址是相同的。

假设某一网络，其内部使用的 IP 地址段为 10.100.100.1～10.100.100.255，路由器局域网端口（即默认网关）的 IP 地址为 10.100.100.1，子网掩码为 255.255.255.0。路由器 Internet 接口的 IP 地址为 202.99.160.1，子网掩码为 255，255.255.252。要求将内部网址 10.100.100.1～10.100.100.254 转换为合法 IP 地址。配置过程如下：

第 1 步，进入全局配置模式

Router#config terminal

第 2 步，设置外部端口

Router(config)#interface s0/0

Router(config–if)#ip address 202.99.160.1 255.255.255.252

Router(config–if)#ip nat outside

第 3 步，返回全局配置模式

Router(config–if)#exit

第 4 步，设置内部端口

Router(config)#interface f0/0

Router(config–if)#ip address 10.100.100.1 255.255.255.0

Router(config–if)#ip nat inside

第 5 步，返回全局配置模式

Router(config–if)#exit

第 6 步，定义合法 IP 地址池

Router(config)#ip nat pool pat–test 202.99.160.1 202.99.160.1 netmask 255.255.255.252 // pat–test 为自定义的地址池名称

第 7 步，定义访问控制列表

Router(config)#access–list 2 permit ip 10.100.100.1 0 0.0.0.255 any

第 8 步，设置端口地址转换

Router(config)#ip nat inside source list 2 pool pat–test overload

第 9 步，返回特权模式

Router(config)#end

第 10 步，显示并校验配置

Router#show ip nat translations

第 11 步，保存配置

Router#copy running–config startup–config

如果有多个合法 IP 地址，也可采用 PAT，在合法 IP 地址池中输入相应的起、止地址即可。此时，采用 PAT 比采用动态 NAT 的转换效率更高。

在只有一个合法 IP 地址的情况下，也可以直接使用路由器的外部接口，而不必定义合法 IP 地址池。将第 8 步的命令改为：

Router(config)#ip nat inside source list 2 interface s0/0 overload

五、NAT 配置和调试其他常用命令

1. 查看动态 NAT 转换的过程

要查看网络地址转换的动态过程，先输入命令：

Router#debug ip nat

然后再输入命令：

Router#clear ip nat translation *

清除现有动态 NAT 重新启动地址转换，从路由器输出的信息中可以观察到转换的过程。

2. 查看 NAT 转换的统计信息

查看 NAT 转换的统计信息可使用命令：

Router#ip nat statistics

【思考与练习】

1. 网络地址转换的用途是什么？

2. 网络地址转换的实现方式有几种？

3. 简述动态 NAT 的配置步骤。

▲ 模块 14　MPLS–VPN 配置（Z38G2014Ⅲ）

【模块描述】本模块介绍 MPLS–VPN 的配置方法。通过方法介绍和举例说明，掌握配置 BGP/MPLS– VPN 功能的步骤和方法。

【模块内容】

一、MPLS–VPN 的配置方法

要实现 BGP/MPLS–VPN 的功能一般需要完成以下步骤：在 PE、CE、P 上配置基本信息；然后建立 PE 到 PE 的具有 IP 能力的逻辑或物理的链路；发布、更新 VPN 信息。

1. CE 设备的配置

CE 设备的配置比较简单，只需配置静态路由、RIP、OSPF 或 EBGP 等，与相连的 PE 交换 VPN 路由信息，不需要配置 MPLS。

2. PE 设备的配置

PE 设备的配置比较复杂，完成 BGP /MPLS–VPN 的核心功能，大致可分为以下几个部分：

（1）配置 MPLS 基本能力，与 P 设备和其他 PE 设备共同维护 LSP。

（2）配置 BGP/MPLS–VPN Site，即有关 vpn–instance 的配置。

（3）配置静态路由、RIP、OSPF 或 MP–EBGP，与 CE 交换 VPN 路由信息。

（4）配置 IGP，实现 PE 内部的互通。

（5）配置 MP–IBGP，在 PE 之间交换 VPN 路由信息。

二、CE、PE 的配置方法

1. CE 路由器的配置

（1）CE 路由器作为用户端设备，仅需要做一些基本的配置，使之能够实现与 PE 设备进行路由信息的交换。目前可选择的路由交换方式有静态路由、RIP、OSPF、EBGP、VLAN 子接口等。

（2）在 CE 上配置路由。

（3）如选择静态路由作为 CE-PE 间的路由交换方式，则应在 CE 上配置一条指向 PE 端的私网静态路由。

（4）如选择 RIP 作为 CE-PE 间的路由交换方式，则应在 CE 上配置 RIP。

（5）如选择 OSPF 作为 CE-PE 间的路由交换方式，则应在 CE 上配置 OSPF。

2. PE 路由器的配置

（1）定义 VPN。

定义 VPN 实例。

1）创建并进入 VPN 实例视图。vpn-instance 在实现中与 Site 关联，一个 Site 的 VPN 成员关系和路由规则等均在 vpn-instance 的配置下体现。

2）配置 vpn-instance 的 RD。在 PE 路由器上配置 RD，当从 CE 学习到的一条 VPN 路由引入 BGP 时，MP-BGP 将 RD 附加到 IPv4 前面，使之转换为 VPN IPv4 地址，使原来在 VPN 中全局不唯一的 IPv4 地址成为全局唯一的 VPN IPv4 地址，以便在 VPN 中实现正确的路由。

3）为 vpn-instance 配置描述信息。

4）配置 vpn-instance 的 vpn-target 属性。vpn-target 用来控制 VPN 路由信息的发布，该属性是 BGP 的扩展团体属性。

5）将接口（含 VLAN 子接口）与 vpn-instance 关联。vpn-instance 通过与接口绑定实现与直接连接的 Site 相关联。当 Site 发来的报文经此接口进入 PE 路由器时，即可查找相应的 vpn-instance 获得路由信息（包括下一条、标签、输出接口等信息）。同理，当 CE 通过 VLAN 子接口连接到 PE 时，应在 VLAN 子接口下将子接口与 vpn-instance 关联。

（2）配置 PE 与 CE 间进行路由交换。目前 PE 与 CE 间的路由交换方式有静态路由、RIP、OSPF、EBGP、VLAN 子接口等。

1）在 PE 上配置静态路由。可以在 PE 上配置一条指向 CE 端的静态路由，使 PE 通过静态路由的方式向 CE 学习 VPN 路由。

2）在 PE 上配置 RIP 的实例。在 PE 和 CE 之间配置 RIP 时，需要在 PE 上指定 RIP 实例的运行环境，使用该命令进入路由实例的配置视图，并在此视图下配置 RIP 路由实例的引入、发布等。

3）在 PE 上配置 EBGP。在 PE 与 CE 之间运行 EBGP，应在 MP–BGP 的 vpn–instance 视图下，为每个 VPN 配置 EBGP。

（3）配置 PE–PE 间进行路由交换。在 PE 上配置 MP–IBGP 协议，使得 PE 之间能够交互 VPN–IPv4 路由。对于 IBGP 一般情况，需要配置以下各项：

1）配置 BGP 的同步方式为不同步。

2）配置 BGP 邻居。

3）配置允许内部 BGP 会话使用任何可操作的 TCP 连接接口。

4）配置 MP–IBGP。

（4）进入协议地址族视图。

1）配置 MBGP 邻居。

2）配置激活对等体（组）。

3）配置在发布路由时将自身地址作为下一跳（可选）。

4）配置传送 BGP 更新报文时不携带私有自治系统号（可选）。

三、MPLS–VPN 配置案例

1. 组网需求

CE1 和 CE2 分别与 PE1 和 PE2 设备相连；三个 PE 设备也两两相连，组成备份链路。CE3 和 CE4 只与一个 PE 设备相连。

CE1 与 CE3 属于同一个 VPN；CE2 与 CE4 属于同一个 VPN。不同的 VPN 之间不能互通。

2. 组网图

CE 双归属组网图如图 8–14–1 所示。

3. 配置步骤

下面以配置 PE1 为例进行介绍。

（1）在 PE1 上为 CE1 和 CE2 分别创建 vpn–instance1.1 和 vpn–instance1.2，并配置不同的 vpn–target 属性。

[PE1] ip vpn–instance vpn–instance1.1

[PE1–vpn–vpn–instance1.1] route–distinguisher 1.1.1.1:1

[PE1–vpn–vpn–instance1.1] vpn–target 1.1.1.1:1

[PE1–vpn–vpn–instance1.1] quit

[PE1] ip vpn–instance vpn–instance1.2

[PE1–vpn–vpn–instance1.2] route–distinguisher 2.2.2.2:2

[PE1–vpn–vpn–instance1.2] vpn–target 2.2.2.2:2

[PE1–vpn–vpn–instance1.2] quit

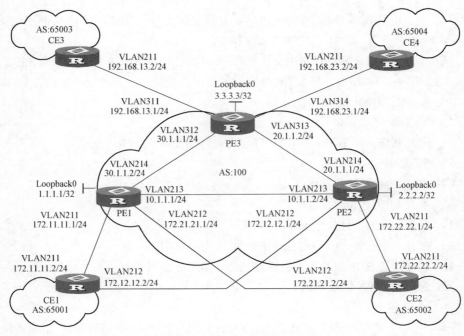

图 8-14-1 CE 双归属组网图

（2） PE1 在实例 vpn-instance1.1 下与 CE1 建立 EBGP 邻居，将 CE1 内部 VPN 路由引 vpn- instance1.1。

[PE1] bgp 100

[PE1-bgp] ipv4-family vpn-instance vpn-instance1.1

[PE1-bgp-af-vpn-instance] import-route direct

[PE1-bgp-af-vpn-instance] import-route static

[PE1-bgp-af-vpn-instance] group 17211 external

[PE1-bgp-af-vpn-instance] peer 172.11.11.2 group 17211 as-number 65001

[PE1-bgp-af-vpn] quit

[PE1-bgp] quit

（3） PE1 在实例 vpn-instance1.2 下与 CE2 建立 EBGP 邻居，将 CE2 内部 VPN 路由引 vpn- instance1.2。

[PE1-bgp] ipv4-family vpn-instance vpn-instance1.2

[PE1-bgp-af-vpn-instance] import-route direct

[PE1-bgp-af-vpn-instance] import-route static

[PE1−bgp−af−vpn−instance] group 17221 external

[PE1−bgp−af−vpn−instance] peer 172.21.21.2 group 17221 as−number 65002

[PE1−bgp−af−vpn] quit

[PE1−bgp] quit

（4）将 PE1 与 CE1 相连的 VLAN 接口绑定到 vpn−instance1.1；将 PE1 与 CE2 相连的 VLAN 口绑定到 vpn−instance1.2。

[PE1] vlan 211

[PE1−vlan211] port gigabitethernet 2/1/1

[PE1−vlan211] quit

[PE1] interface vlan−interface 211

[PE1−vlan−interface211] ip binding vpn−instance vpn−instance1.1

[PE1−vlan−interface211] ip address 172.11.11.1 255.255.255.0

[PE1−vlan−interface211] quit

[PE1] vlan 212

[PE1−vlan212] port gigabitethernet 2/1/2

[PE1−vlan212] quit

[PE1] interface vlan−interface 212

[PE1−vlan−interface212] ip binding vpn−instance vpn−instance1.2

[PE1−vlan−interface212] ip address 172.21.21.1 255.255.255.0

[PE1−vlan−interface212] quit

（5）配置 LoopBack 接口。

[PE1] interface loopback 0

[PE1−LoopBack0] ip address 1.1.1.1 255.255.255.255

[PE1−LoopBack0] quit

（6）配置 MPLS 基本能力，并在 PE1 与 PE2、PE3 相连的 VLAN 接口上使能 LDP。

[PE1] mpls lsr−id 1.1.1.1

[PE1] mpls

[PE1−mpls] quit

[PE1] mpls ldp

[PE1] vlan 213

[PE1−vlan213] port gigabitethernet 2/1/3

[PE1−vlan213] quit

[PE1] interface vlan−interface213

[PE1−vlan−interface213] mpls

[PE1−vlan−interface213] mpls ldp enable

[PE1−vlan−interface213] mpls ldp transport−ip interface

[PE1−vlan−interface213] ip address 10.1.1.1 255.255.255.0

[PE1−vlan−interface213] quit

[PE1] vlan 214

[PE1−vlan214] port gigabitethernet 2/1/4

[PE1−vlan214] quit

[PE1] interface vlan−interface 214

[PE1−vlan−interface214] mpls

[PE1−vlan−interface214] mpls ldp enable

[PE1−vlan−interface214] mpls ldp transport−ip interface

[PE1−vlan−interface214] ip address 30.1.1.2 255.255.255.0

[PE1−vlan−interface214] quit

（7） 在 PE1 与 P2、PE3 相连的接口及环回接口上启用 OSPF，实现 PE 内部的互通。

[PE1] Router−id 1.1.1.1

[PE1] ospf

[PE1−ospf−1] area 0

[PE1−ospf−1−area−0.0.0.0] network 1.1.1.1 0.0.0.0

[PE1−ospf−1−area−0.0.0.0] network 30.1.1.2 0.0.0.255

[PE1−ospf−1−area−0.0.0.0] network 10.1.1.1 0.0.0.255

[PE1−ospf−1−area−0.0.0.0] quit

[PE1−ospf−1] quit

（8） 在 PE 与 PE 之间建立 MP−IBGP 邻居，进行 PE 内部的 VPN 路由信息交换，并在 VPNv4 地址族视图下激活 MP−IBGP 对等体。

[PE1] bgp 100

[PE1−bgp] group 2

[PE1−bgp] peer 2.2.2.2 group 2

[PE1−bgp] peer 2.2.2.2 connect−interface loopback 0

[PE1−bgp] group 3

[PE1−bgp] peer 3.3.3.3 group 3

[PE1−bgp] peer 3.3.3.3 connect−interface loopback 0

[PE1−bgp] ipv4−family vpnv4

[PE1–bgp–af–vpn] peer 2 enable

[PE1–bgp–af–vpn] peer 2.2.2.2 group 2

[PE1–bgp–af–vpn] peer 3 enable

[PE1–bgp–af–vpn] peer 3.3.3.3 group 3

[PE1–bgp–af–vpn] quit

【思考与练习】

1. 简述要实现 BGP/MPLS–VPN 的功能一般所需要完成的配置步骤。

2. 如果选择 RIP 作为 CE–PE 间的路由交换方式，应在哪些设备上配置 RIP？

3. 简述如何配置 BGP/MPLS–VPN Site？

▲ 模块 15　VRRP 配置（Z38G2015Ⅲ）

【模块描述】本模块介绍 VRRP 的配置方法。通过方法介绍和举例说明，掌握配置 VRRP 功能的步骤和方法。

【模块内容】

通常，同一网段内的所有主机上都存在一条相同的、以网关为下一跳的默认路由。主机发往其他网段的报文将通过默认路由发往网关，再由网关进行转发，从而实现主机与外部网络的通信。当网关发生故障时，本网段内所有以网关为默认路由的主机将无法与外部网络通信。

默认路由为用户的配置操作提供了方便，但是对默认网关设备提出了很高的稳定性要求。增加出口网关是提高系统可靠性的常见方法，此时如何在多个出口之间进行选路就成为需要解决的问题。

VRRP（Virtual Router Redundancy Protocol，虚拟路由器冗余协议）将可以承担网关功能的一组路由器加入到备份组中，形成一台虚拟路由器，由 VRRP 的选举机制决定哪台路由器承担转发任务，局域网内的主机只需将虚拟路由器配置为默认网关。

VRRP 是一种容错协议，在提高可靠性的同时，简化了主机的配置。在具有多播或广播能力的局域网（如以太网）中，借助 VRRP 能在某台路由器出现故障时仍然提供高可靠的默认链路，有效避免单一链路发生故障后网络中断的问题，而无需修改动态路由协议、路由发现协议等配置信息。

本模块以 H3C 路由器为例，介绍了两个 VRRP 典型配置举例。

一、VRRP 单备份组配置举例

1. 组网需求

主机 A 把路由器 A 和路由器 B 组成的 VRRP 备份组作为自己的默认网关，访问

Internet 上的主机 B。VRRP 备份组构成：备份组号为 1，虚拟 IP 地址为 202.38.160.111，路由器 A 做 Master，路由器 B 做备份路由器，允许抢占，如图 8-15-1 所示。

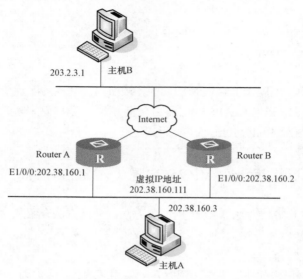

图 8-15-1　VRRP 单备份组配置组网图

2. 配置步骤

（1）配置路由器 A。

[H3C-Ethernet1/0/0] vrrp vrid 1 virtual-ip 202.38.160.111

[H3C-Ethernet1/0/0] vrrp vrid 1 priority 120

[H3C-Ethernet1/0/0] vrrp vrid 1 preempt-mode timer delay 5

（2）配置路由器 B。

[H3C-Ethernet1/0/0] vrrp vrid 1 virtual-ip 202.38.160.111

备份组配置后不久就可以使用。主机 A 可将默认网关设为 202.38.160.111。

正常情况下，路由器 A 执行网关工作，当路由器 A 关机或出现故障，路由器 B 将接替执行网关工作。设置抢占方式，目的是当路由器 A 恢复工作后，能够继续成为 Master 执行网关工作。

二、VRRP 监视接口配置举例

1. 组网需求

即使路由器 A 仍然工作，但当其连接 Internet 的接口不可用时，可能希望由路由器 B 来执行网关工作。可通过配置监视接口来实现上述需求。如图 8-15-2 所示。

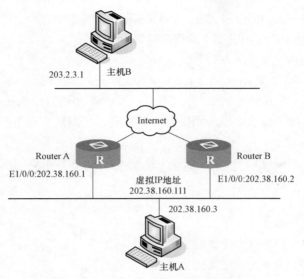

图 8-15-2　VRRP 监视接口配置组网图

为了便于说明，设备份组号为 1，并增加授权字和计时器的配置（在该应用中不是必须的）。

2. 配置步骤

（1）配置路由器 A。

#创建一个备份组。

[H3C-Ethernet1/0/0] vrrp vrid 1 virtual-ip 202.38.160.111

#设置备份组的优先级。

[H3C-Ethernet1/0/0] vrrp vrid 1 priority 120

#设置备份组的认证字。

[H3C-Ethernet1/0/0] vrrp authentication-mode md5 H3C

#设置 Master 发送 VRRP 报文的间隔时间为 5s。

[H3C-Ethernet1/0/0] vrrp vrid 1 timer advertise 5

#设置监视接口。

[H3C-Ethernet1/0/0] vrrp vrid 1 track serial2/0/0 reduced 30

（2）配置路由器 B。

#创建一个备份组。

[H3C-Ethernet1/0/0] vrrp vrid 1 virtual-ip 202.38.160.111

#设置备份组的认证字。

[H3C–Ethernet1/0/0] vrrp authentication–mode md5 H3C

#设置 Master 发送 VRRP 报文的间隔时间为 5s。

[H3C–Ethernet1/0/0] vrrp vrid 1 timer advertise 5

[H3C–Ethernet1/0/0] vrrp vrid 1 preempt–mode timer delay 5

正常情况下，路由器 A 执行网关工作，当路由器 A 的接口 Serial2/0/0 不可用时，路由器 A 的优先级降低 30，低于路由器 B 优先级，路由器 B 将抢占成为 Master 执行网关工作。

当路由器 A 的接口 Serial2/0/0 恢复工作后，路由器 A 能够继续成为 Master 执行网关工作。

【思考与练习】

1. 简述 VRRP 的主要作用。

2. 简述 VRRP 监视接口配置的主要步骤。

3. 简述 VRRP 单备份组配置的主要步骤。

▲ 模块 16　QOS 配置（Z38G2016Ⅲ）

【模块描述】本模块介绍 QOS 的配置方法。通过方法介绍和举例说明，掌握配置 QOS 功能的步骤和方法。

【模块内容】

服务质量（Quality Of Service，简称 QOS）是各种存在服务供需关系的场合中普遍存在的概念，它评估服务方满足客户服务需求的能力。QOS 所评估的就是网络投递分组的服务能力。由于网络提供的服务是多样的，因此对 QOS 的评估可以基于不同方面。本模块以 H3C 路由器为例，介绍五种情况下的 QOS 配置。

一、基于内网网段进行限速 QOS 配置举例

1. 配置要求

对内网为 192.168.1.0 的网段进行限速，访问外网的速率不能超过 64k。

2. 定义 ACL 规则

[H3C]acl number 2000

[H3C –acl–basic—2000] rule 0 permit source 192.168.1.0 0.0.0.255

3. 在内网口应用策略

[H3C] interface Ethernet 0/1

[H3C–Ethernet0/1] qos car inbound acl 2000 cir 64 cbs 4000 ebs 0 green pass red discard

4. CBS 和 EBS 的配置方法

CIR：表示向 C 桶中投放令牌的速率，即 C 桶允许传输或转发报文的平均速率。

CBS：表示 C 桶的容量，即 C 桶瞬间能够通过的承诺突发流量。

EBS：表示 E 桶的容量，即 E 桶瞬间能够通过的超出突发流量。

CIR 用来确定设备允许的流的平均速度，基于速率的设置就是指该值的设置；CBS 表示每次突发所允许的最大的流量尺寸，这个值可以通过（流量波动时间 超过 CIR 的部分）进行估算。但是该值的设置一般比较粗略，只能是一个大概的数值，在实际使用中如果效果不好，还需要继续细调；EBS 的值一般来说不需要设置，所以设置为 0 即可。

二、基于时间段和网段进行限速

1. 场景要求

对内网为 192.168.1.0 的网段进行限速，访问外网的速率不能超过 64k，定时间为工作时间。通过设置 time-range 和 ACL，可以实现基于时间段的限速。

2. 定义时间段

[H3C]time-range worktimeam 8:00 to 12:00 working-day

[H3C]time-range worktimepm 13:00 to 17:00 working-day

3. 定义 ACL 规则

[H3C]acl number 2000

[H3C-acl-basic-2000]

[H3C-acl-basic-2000] rule 0 permit source 192.168.1.0 0.0.0.255 time-range worktimeam

[H3C-acl-basic-2000] rule 1 permit source 192.168.1.0 0.0.0.255 time-range worktimepm

4. 在内网口应用策略

[H3C] interface Ethernet 0/1

[H3C-Ethernet0/1] qos car inbound acl 2000 cir 64 cbs 4000 ebs 0 green pass red discard

三、基于网段进行流量整形

1. 场景要求

对内网为 192.168.1.0 的网段进行流量整形，访问外网的速率不能超过 512k。

2. 定义 ACL 规则

[H3C]acl number 2000

[H3C -acl-basic-2000]

[H3C -acl-basic-2000] rule 0 permit source 192.168.1.0 0.0.0.255

3. 在外网口应用策略

[H3C] interface Ethernet 0/0

[H3C–Ethernet0/0] qos gts acl 2000 cir 512 cbs 32000 ebs 0 queue–length 50

四、基于物理接口进行限速

1. 场景要求

对出接口方向进行物理限速为 64k。

2. 在外网口应用策略

[H3C] interface Ethernet 0/0

[H3C–Ethernet0/0] qos lr outbound cir 64 cbs 4000 ebs 0

五、基于协议进行限速

1. 场景要求

对 BT 下载的速率不能超过 64k。

2. 定义类

[H3C] traffic classifier bt operator and

[H3C–classifier–bt] if–match protocol bittorrent

3. 定义流行为

[H3C] traffic behavior 64k

[H3C–behavior–64k] car cir 64 cbs 4000 ebs 0 green pass red discard

4. 定义策略

[H3C] qos policy bt_64k

[H3C–qospolicy–bt_64k] classifier bt behavior 64k

5. 在外网口的入和出方向应用策略

[H3C] interface Ethernet 0/0

[H3C–Ethernet0/0] qos apply policy bt_64k inbound

[H3C–Ethernet0/0] qos apply policy bt_64k outbound

【思考与练习】

1. 简述 QOS 的基本概念。

2. 简述针对协议进行限速的 QOS 配置的主要步骤。

3. 简述针对物理接口进行限速的 QOS 配置的主要步骤。

▲ 模块 17 路由器吞吐量测试（Z38G2017Ⅲ）

【模块描述】本模块介绍路由器吞吐量性能的测试。通过操作过程详细介绍，掌握路由器吞吐量性能测试的方法。

【模块内容】

一、测试目的

路由器吞吐量测试的目的是为了路由器吞吐量指标是否符合路由器厂家宣称的设计要求。

二、测试准备

1. 测试硬件准备

路由器 H3C MSR 2600–17 一台、斯博伦公司的 SMB6000B 网络分析仪一台、PC 机一台（并安装 Smartbits Application 和 AST 软件）、线缆若干。

2. 测试拓扑图

路由器性能测试所搭建的测试环境是一样的，以测试 1 个端口为例，具体如图 8–17–1 所示。

路由器H3C MSR 2600–17

SMB6000B网络分析仪

图 8–17–1 测试拓扑图

（1） 路由器的 E1/0/1、E1/0/2、E1/0/11、E1/0/12、E1/0/21、E1/0/22 六个端口分别和 SMB6000B 的六个百兆口相连接。

（2） 配置路由器，关掉 spanning–tree 和 pdp。

3. SMB 设备连接配置

（1） SMB 与 PC 通过以太网线背靠背连接。

（2） 在 PC 的本地连接中添加与 SMB 地址（IP：192.168.20.5）同网段的 IP 地址（如：192.168.20.99/24），打开 CMD，利用 ping 192.168.20.5 测试连通性。

4. SMB 设备连接步骤

（1） 打开 SMB Application 软件。

（2） 单击"Setup/SmartBits Connection"菜单，打开 Setup SmartBit Connects 界面，如图 8–17–2 所示。

（3） 添加 IP 地址：192.168.20.5，单击"Add"按钮后，在所添加的"Connection List"选中该 IP，然后单击"OK"按钮即可，如图 8–17–3 所示。

（4） 单击"Action/Connect"主菜单或者"Connect"图标菜单，都会出现"Connect Confirmation"对话框，单击"OK"即可完成与 PC 机建立起连接。

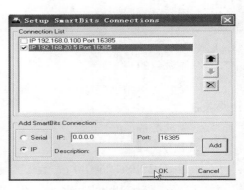

图 8-17-2　配置界面

图 8-17-3　添加 IP 地址界面

1）　单击"Connect"图标菜单，如图 8-17-4 所示。

2）　出现连接对话框，单击"Connect"按钮即可，如图 8-17-5 所示。

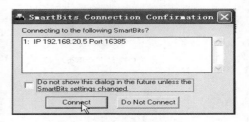

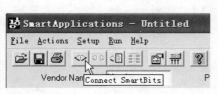

图 8-17-4　连接界面

图 8-17-5　连接确认界面

3）　连接成功显示如图 8-17-6 所示。

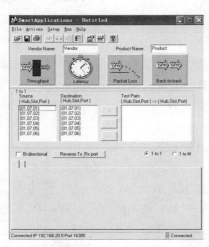

图 8-17-6　连接成功界面

5. SMB 设备参数设置

在测试路由器四个性能指标时，端口的设置是相同的。具体设置如下：

（1）"1 to 1"选项：Source 和 Destination 端口一对一选测，并添加到 test pairs 列表中；选择双向测试，即 Bi-directional 打勾，如图 8-17-7 所示。

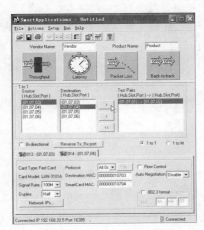

图 8-17-7　端口设置主界面

（2）端口参数具体设置：

打开"Setup/All Smartcards"菜单，设置：

1）Speed:100M。

2）Duplex:Full。

3）Auto Negotiation:Force。

4）Protocol:All 0s（即为默认即可）。

5）DES MAC 和 Src MAC 要一一对应

6）Smartcard's IP 和 Router's IP 不用设。

端口配置界面如图 8-17-8 所示。

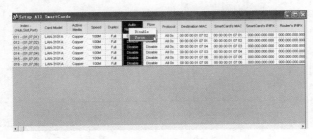

图 8-17-8　端口配置界面

（3）设置完毕，单击关闭按钮，出现确认对话框确认即可，如图 8-17-9 所示。

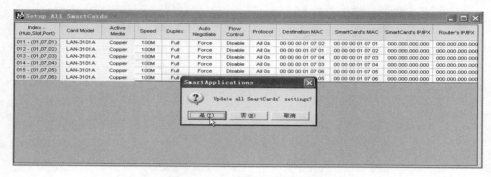

图 8-17-9　端口配置确认界面

三、测试步骤及要求

第 1 步：打开"Setup Test Configuration"菜单，Test Configuration 选项卡：General：选择 Use Custom；Learning Packets 中的 Learning Mode 选 Every Trial，Thoughput 的测试时间 Duration 参数设置 300，次数 Number of Trial 参数为 1，如图 8-17-10 所示。

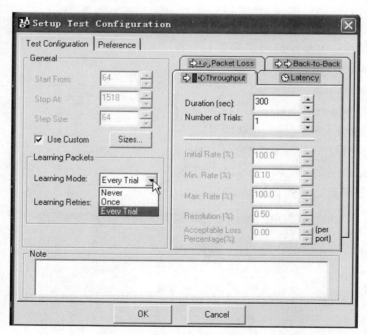

图 8-17-10　吞吐量测试配置界面

第 2 步：单击"Sizes"按钮，打开 Custom Packet Sizes 界面，单击"Default"按钮，然后单击"OK"按钮即可。如果要进行其他字节的设置，只需在该界面做相应的修改即可，如图 8-17-11 所示。

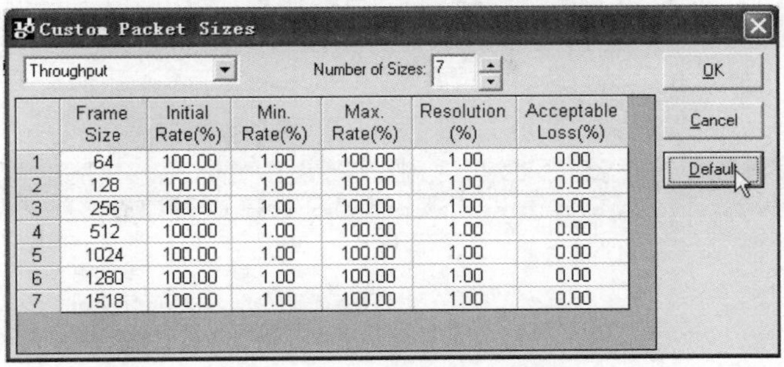

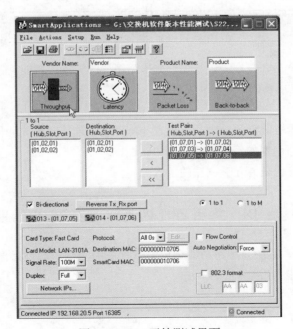

图 8-17-11　定制包界面

第 3 步：Preference 选项卡：这里是路由器三层性能测试，所以 Test options 中的 Router Test 选项要选，其他为默认配置。然后单击"OK"即可。

第 4 步：单击"Throughputs"按钮或者"Run/throughputs"菜单，开始测试，如图 8-17-12 所示。

图 8-17-12　开始测试界面

四、测试结果分析及测试报告编写

（1） 图 8–17–13 为通过 Smartbits Application 软件显示的测试结果。

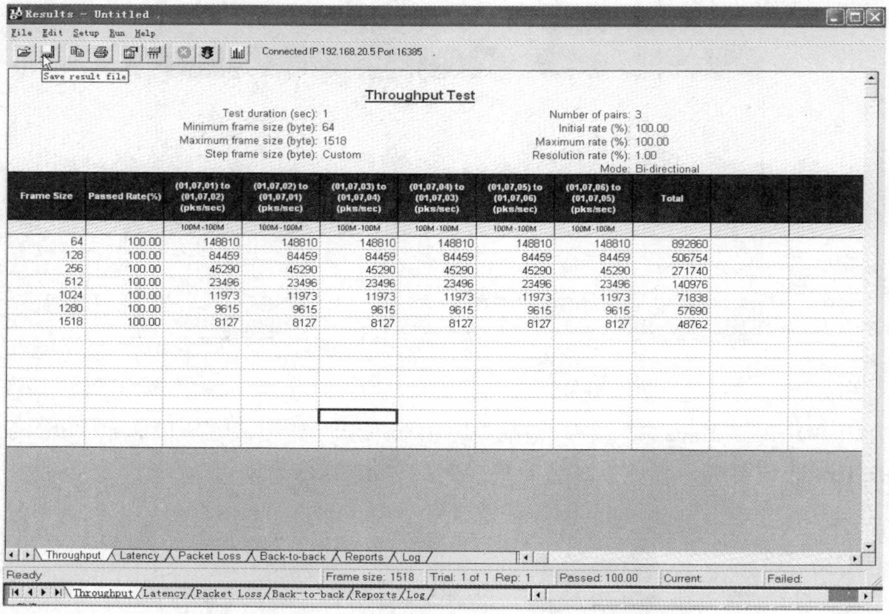

图 8–17–13 测试结果界面

（2） 测试完毕后，根据测试数据，如果路由器的转发率性能测试的预期结果能达到线速，则表明路由器的吞吐量正常。

【思考与练习】

1. 进行路由器吞吐量测试时测试仪表与测试设备连接时需要如何设置？

2. 怎样判断路由器的吞吐量是否正常？

3. 简要叙述路由器吞吐量测试的步骤。

▲ 模块 18 路由器延迟测试（Z38G2018Ⅲ）

【模块描述】本模块介绍路由器延迟测试性能的测试。通过操作过程详细介绍，掌握路由器延迟测试性能测试的方法。

【模块内容】

一、测试目的

路由器延迟测试的目的是为了路由器延迟指标是否符合路由器厂家宣称的设计

要求。

二、测试准备

1. 测试硬件准备

路由器 H3C MSR 2600–17 一台、斯博伦公司的 SMB6000B 网络分析仪一台、PC 机一台（并安装 Smartbits Application 和 AST 软件）、线缆若干。

2. 测试拓扑图

路由器性能测试所搭建的测试环境是一样的，以测试 1 个端口为例，具体如图 8–18–1 所示。

路由器H3C MSR 2600–17

SMB6000B网络分析仪

图 8–18–1 测试拓扑图

（1）路由器的 E1/0/1、E1/0/2、E1/0/11、E1/0/12、E1/0/21、E1/0/22 六个端口分别和 SMB6000B 的六个百兆口相连接。

（2）配置路由器，关掉 spanning–tree 和 pdp。

3. SMB 设备连接配置

（1）SMB 与 PC 通过以太网线背靠背连接。

（2）在 PC 的本地连接中添加与 SMB 地址（IP：192.168.20.5）同网段的 IP 地址（如：192.168.20.99/24），打开 CMD，利用 ping 192.168.20.5 测试连通性。

4. SMB 设备连接步骤

（1）打开 SMB Application 软件。

（2）单击 "Setup/SmartBits Connection" 菜单，打开 Setup SmartBit Connects 界面，如图 8–18–2 所示。

图 8–18–2 配置界面

（3）添加 IP 地址：192.168.20.5，单击"Add"按钮后，在所添加的"Connect List"选中该 IP，然后单击"OK"按钮即可，如图 8-18-3 所示。

图 8-18-3 添加 IP 地址界面

（4）单击"Action/Connect"主菜单或者"Connect"图标菜单，都会出现"Connect Confirmation"对话框，单击"OK"即可完成与 PC 机建立起连接。

1）单击"Connect"图标菜单，如图 8-18-4 所示。

图 8-18-4 连接界面

2）出现连接对话框，单击"Connect"按钮即可，如图 8-18-5 所示。

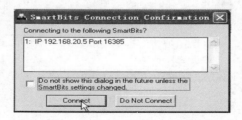

图 8-18-5 连接确认界面

3） 连接成功显示如图 8-18-6 所示。

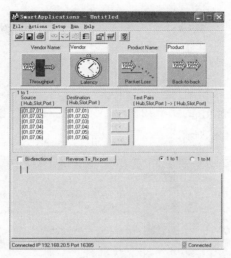

图 8-18-6 连接成功界面

5. SMB 设备参数设置

在测试路由器四个性能指标时，端口的设置是相同的。具体设置如下：

（1） "1 to 1" 选项：Source 和 Destination 端口一对一选测，并添加到 test pairs 列表中；选择双向测试，即 Bi-directional 打勾，如图 8-18-7 所示。

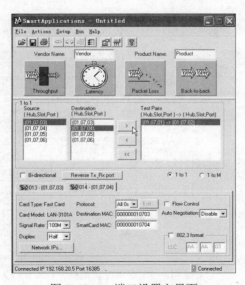

图 8-18-7 端口设置主界面

（2）端口参数具体设置。打开"Setup/All Smartcards"菜单，设置：

1）Speed：100M。

2）Duplex：Full。

3）Auto Negotiation：Force。

4）Protocol：All 0s（即为默认即可）。

5）DES MAC 和 Src MAC 要一一对应。

6）Smartcard's IP 和 Router's IP 不用设。

端口配置如图 8-18-8 所示。

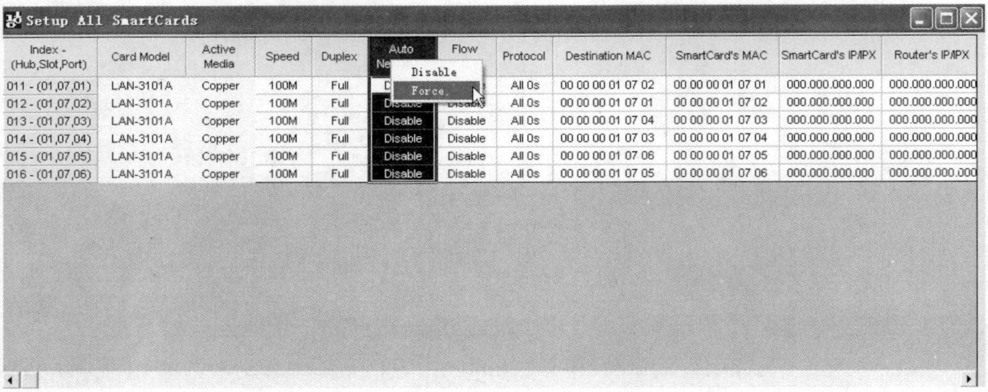

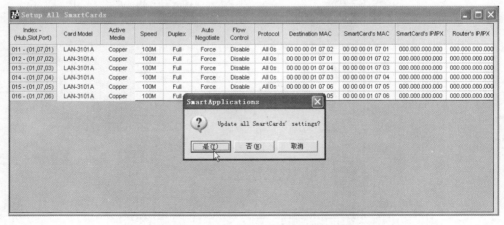

图 8-18-8　端口配置界面

（3）设置完毕，单击关闭按钮，出现确认对话框确认即可，如图 8-18-9 所示。

图 8-18-9　端口配置确认界面

三、测试步骤及要求

第 1 步：打开"Setup Test Configuration"菜单，Test Configuration 选项卡：General：
选择 Use Custom；Learning Packets 中的 Learning Mode 选 Every Trial，Latency 的测试
时间 Duration 参数设置 30，次数 Number of Trial 参数为 5，如图 8−18−10 所示。

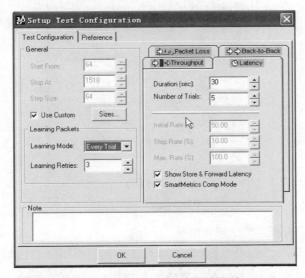

图 8−18−10　延迟测试配置界面

第 2 步：单击"sizes"按钮，打开 Custom Packet Sizes 界面，单击"Default"按
钮，然后单击"OK"按钮即可，如图 8−18−11 所示。如果要进行其他字节的设置，只
需在该界面做相应的修改即可。

	Frame Size	Initial Rate(%)	Max. Rate(%)	Step Rate(%)
1	64	100.00	100.00	10.00
2	128	50.00	100.00	10.00
3	256	50.00	100.00	10.00
4	512	50.00	100.00	10.00
5	1024	50.00	100.00	10.00
6	1280	50.00	100.00	10.00
7	1518	50.00	100.00	10.00

图 8−18−11　定制包界面

第 3 步：Preference 选项卡：这里是路由器三层性能测试，所以 Test options 中的
Router Test 选项要选，其他为默认配置。然后单击"OK"即可。

第 4 步：单击"Latency"按钮，开始测试，如图 8-18-12 所示。

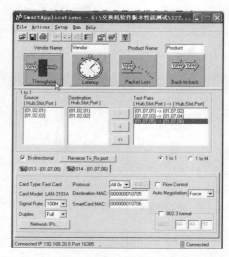

图 8-18-12 开始测试界面

四、测试结果分析及测试报告编写

（1）测试完毕后，Smartbits Application 软件显示测试结果，具体如图 8-18-13 所示。

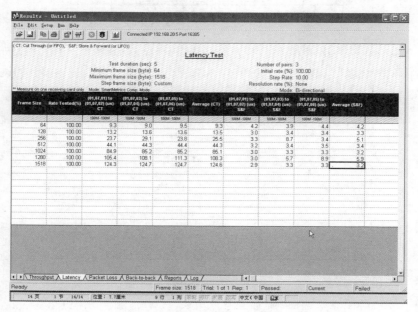

图 8-18-13 测试结果界面

（2）测试完毕后，根据测试数据，如果路由器的延迟性能测试的预期结果能达到线速，则表明路由器的延迟性能正常。

【思考与练习】

1. 进行路由器延迟测试时应关闭路由器的什么功能？

2. 进行路由器延迟测试时测试仪表与测试设备连接时需要如何设置？

3. 简要叙述路由器延迟测试的步骤。

▶ 模块 19 路由器丢包测试（Z38G2019Ⅲ）

【模块描述】本模块介绍路由器丢包性能的测试。通过操作过程详细介绍，掌握路由器丢包率性能测试的方法。

【模块内容】

一、测试目的

路由器丢包率测试的目的是为了路由器丢包率指标是否符合路由器厂家宣称的设计要求。

二、测试准备

1. 测试硬件准备

路由器 H3C MSR 2600-17 一台、斯博伦公司的 SMB6000B 网络分析仪一台、PC机一台（并安装 Smartbits Application 和 AST 软件）、线缆若干。

2. 测试拓扑图

路由器性能测试所搭建的测试环境是一样的，以测试 1 个端口为例，具体如图 8-19-1 所示。

路由器H3C MSR 2600-17

SMB6000B网络分析仪

图 8-19-1 测试拓扑图

（1）路由器的 E1/0/1、E1/0/2、E1/0/11、E1/0/12、E1/0/21、E1/0/22 六个端口分别和 SMB6000B 的六个百兆口相连接。

（2）配置路由器，关掉 spanning-tree 和 pdp。

3. SMB 设备连接配置

（1）SMB 与 PC 通过以太网线背靠背连接。

（2）在 PC 的本地连接中添加与 SMB 地址（IP：192.168.20.5）同网段的 IP 地址（如：192.168.20.99/24），打开 CMD，利用 ping 192.168.20.5 测试连通性。

4. SMB 设备连接步骤

（1）打开 SMB Application 软件。

（2）单击"Setup/SmartBits Connection"菜单，打开 Setup SmartBit Connections 界面，如图 8-19-2 所示。

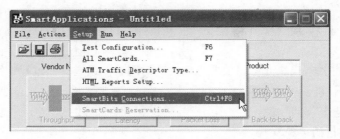

图 8-19-2　配置界面

（3）添加 IP 地址：192.168.20.5，单击"Add"按钮后，在所添加的"Connection List"选中该 IP，然后单击"OK"按钮即可，如图 8-19-3 所示。

图 8-19-3　添加 IP 地址界面

（4）单击"Action/connect"主菜单或者"Connect"图标菜单，都会出现"Connect Confirmation"对话框，单击"OK"即可完成与 PC 机建立起连接。

1）单击"Connect"图标菜单，如图 8-19-4 所示。

2）出现连接对话框，单击"Connect"按钮即可，如图 8-19-5 所示。

图 8-19-4　连接界面

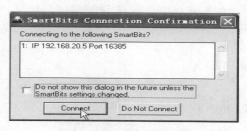

图 8-19-5　连接确认界面

3）连接成功，如图 8-19-6 所示。

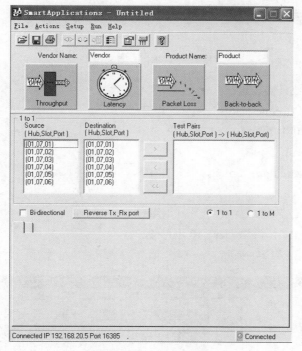

图 8-19-6　连接成功界面

5. SMB 设备参数设置

在测试路由器四个性能指标时，端口的设置是相同的。具体设置如下：

（1）"1 to 1"选项：Source 和 Destination 端口一对一选测，并添加到 Test Pairs 列表中；选择双向测试，即 Bi-directional 打勾，如图 8-19-7 所示。

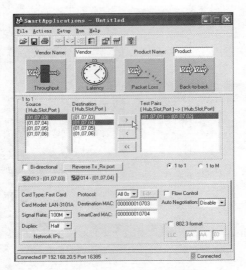

图 8-19-7　端口设置主界面

（2）端口参数具体设置：

打开"Setup/All Smartcards"菜单，设置：

1）Speed:100M。

2）Duplex:Full。

3）Auto Negotiation：Force。

4）Protocol:All 0s（即为默认即可）。

5）DES MAC 和 Src MAC 要一一对应。

6）Smartcard's IP 和 Router's IP 不用设。

端口配置如图 8-19-8 所示。

Index - (Hub,Slot,Port)	Card Model	Active Media	Speed	Duplex	Auto Ne	Flow	Protocol	Destination MAC	SmartCard's MAC	SmartCard's IP/IPX	Router's IP/IPX
011 - (01,07,01)	LAN-3101A	Copper	100M	Full	Disable / Force		All 0s	00 00 00 01 07 02	00 00 00 01 07 01	000.000.000.000	000.000.000.000
012 - (01,07,02)	LAN-3101A	Copper	100M	Full	Disable	Disable	All 0s	00 00 00 01 07 01	00 00 00 01 07 02	000.000.000.000	000.000.000.000
013 - (01,07,03)	LAN-3101A	Copper	100M	Full	Disable	Disable	All 0s	00 00 00 01 07 04	00 00 00 01 07 03	000.000.000.000	000.000.000.000
014 - (01,07,04)	LAN-3101A	Copper	100M	Full	Disable	Disable	All 0s	00 00 00 01 07 03	00 00 00 01 07 04	000.000.000.000	000.000.000.000
015 - (01,07,05)	LAN-3101A	Copper	100M	Full	Disable	Disable	All 0s	00 00 00 01 07 06	00 00 00 01 07 05	000.000.000.000	000.000.000.000
016 - (01,07,06)	LAN-3101A	Copper	100M	Full	Disable	Disable	All 0s	00 00 00 01 07 05	00 00 00 01 07 06	000.000.000.000	000.000.000.000

图 8-19-8　端口配置界面

（3）设置完毕，单击关闭按钮，出现确认对话框确认即可，如图8-19-9所示。

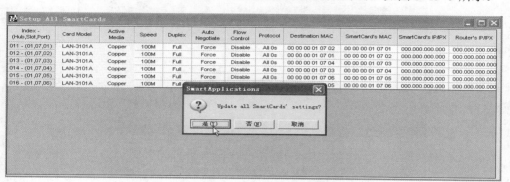

图 8-19-9　端口配置确认界面

三、测试步骤及要求

第 1 步：打开"Setup/Test Configuration"菜单，Test Configuration 选项卡：General：选择 Use Custom；Learning Packets 中的 Learning Mode 选 Every Trial，Packets Loss 的测试时间 Duration 参数设置 60，次数 Number of trial 参数为 2，如图 8-19-10 所示。

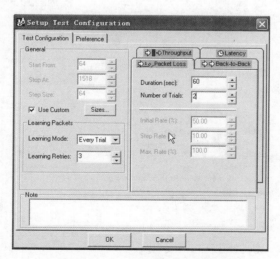

图 8-19-10　延迟测试配置界面

第 2 步：单击"Sizes"按钮，打开 Custom Packet Sizes 界面，单击"Default"按钮，然后单击"OK"按钮即可。如果要进行其他字节的设置，只需在该界面做相应的修改即可，如图 8-19-11 所示。

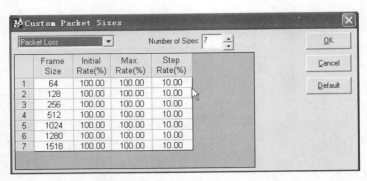

图 8-19-11 定制包界面

第 3 步：Preference 选项卡：这里是路由器三层性能测试，所以 Test options 中的 Router Test 选项要选，其他为默认配置。然后单击"OK"即可。

第 4 步：单击"Packet Loss"按钮，开始测试，如图 8-19-12 所示。

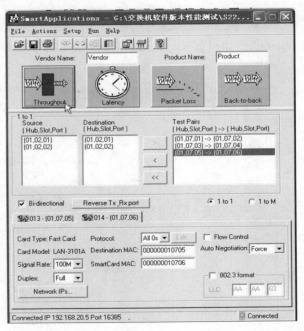

图 8-19-12 开始测试界面

四、测试结果分析及测试报告编写

（1）测试完毕后，Smartbits Application 软件显示测试结果，具体如图 8-19-13 所示。

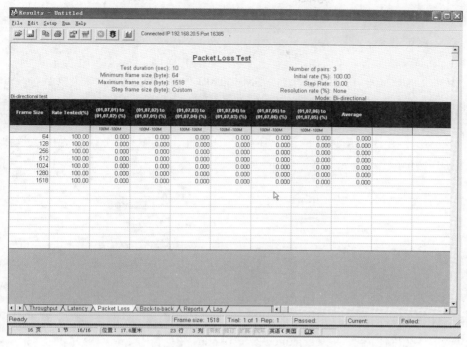

图 8-19-13　测试结果界面

（2）测试完毕后，根据测试数据，由于路由器的转发率均能达到线速，所以该性能测试的预期结果一般为 0（丢包率）。说明：如果转发率性能达到线速，丢包率性能可以不测试。

【思考与练习】

1. 路由器丢包测试常用的测试软件是什么？
2. 测试设备与 PC 连接时有什么要求？
3. 简要叙述路由器丢包率测试的步骤。

◢ 模块 20　路由器背靠背测试（Z38G2020Ⅲ）

【模块描述】本模块介绍路由器背靠背性能的测试。通过操作过程详细介绍，掌握路由器背靠背性能测试的方法。

【模块内容】

一、测试目的

路由器背靠背测试的目的是为了路由器背靠背指标与路由器厂家宣称的性能是否

符合。

二、测试准备

1. 测试硬件准备

H3C MSR 2600–17 路由器一台、SMB6000B 一台、PC 机一台（并安装 Smartbits Application 和 AST 软件）、线缆若干。

2. 测试拓扑图

路由器性能测试所搭建的测试环境是一样的，以测试 1 个端口为例，具体如图 8–20–1 所示。

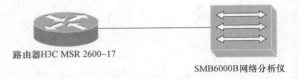

路由器H3C MSR 2600–17

SMB6000B网络分析仪

图 8–20–1　测试拓扑图

（1）路由器的 E1/0/1、E1/0/2、E1/0/11、E1/0/12、E1/0/21、E1/0/22 六个端口分别和 SMB6000B 的六个百兆口相连接。

（2）配置路由器，关掉 spanning–tree 和 pdp。

3. SMB 设备连接配置

（1）SMB 与 PC 通过以太网线背靠背连接。

（2）在 PC 的本地连接中添加与 SMB 地址（IP：192.168.20.5）同网段的 IP 地址（如：192.168.20.99/24），打开 CMD，利用 ping 192.168.20.5 测试连通性。

4. SMB 设备连接步骤

（1）打开 SMB Application 软件。

（2）单击 "Setup/SmartBits Connection" 菜单，打开 Setup SmartBit Connects 界面，如图 8–20–2 所示。

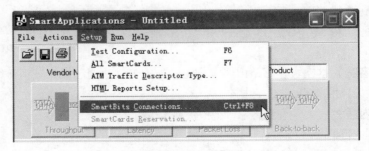

图 8–20–2　配置界面

（3）添加 IP 地址：192.168.20.5，单击"Add"按钮后，在所添加的"Connect List"选中该 IP，然后单击"OK"按钮即可，如图 8-20-3 所示。

图 8-20-3　添加 IP 地址界面

（4）单击"Action/Connect"主菜单或者"Connect"图标菜单，都会出现"Connect Confirmation"对话框，单击"OK"即可完成与 PC 机建立起连接。

1）单击"Connect"图标菜单，如图 8-20-4 所示。

2）出现连接对话框，单击"Connect"按钮即可，如图 8-20-5 所示。

图 8-20-4　连接界面

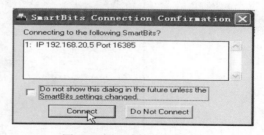

图 8-20-5　连接确认界面

3）连接成功显示如图 8-20-6 所示。

5. SMB 设备参数设置

在测试路由器四个性能指标时，端口的设置是相同的。具体设置如下：

（1）"1 to 1"选项：Source 和 Destination 端口一对一选测，并添加到 Test Pairs 列表中；选择双向测试，即 Bi-directional 打勾，如图 8-20-7 所示。

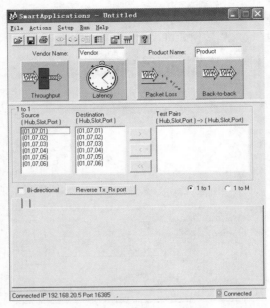

图 8-20-6　连接成功界面

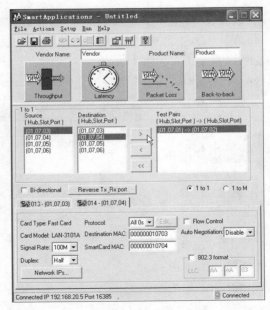

图 8-20-7　端口设置主界面

（2）端口参数具体设置。打开"Setup/All Smartcards"菜单，设置：

1）　Speed:100M。

2）　Duplex:Full。

3）　Auto Negotiation:Force。

4）　Protocol:All 0s（即为默认即可）。

5）　DES MAC 和 Src MAC 要一一对应。

6）　Smartcard's IP 和 Router's IP 不用设。

端口配置如图 8-20-8 所示。

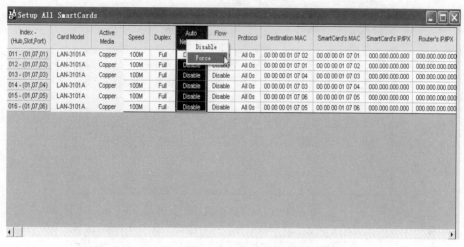

图 8-20-8　端口配置界面

（3）　设置完毕，单击关闭按钮，出现确认对话框确认即可，如图 8-20-9 所示。

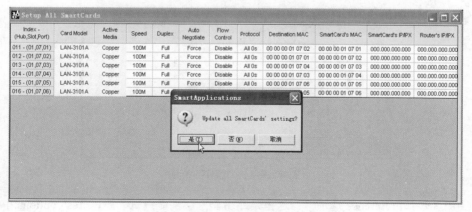

图 8-20-9　端口配置确认界面

三、测试步骤及要求

第 1 步：打开“Setup/Test Configuration”菜单，Test Configuration 选项卡：General：选择 Use Custom；Learning Packets 中的 Learning Mode 选 Every Trial，Back–to–Back 的测试时间 Duration 参数设置 2，测试次数 Number of Trial 参数为 5，如图 8–20–10 所示。

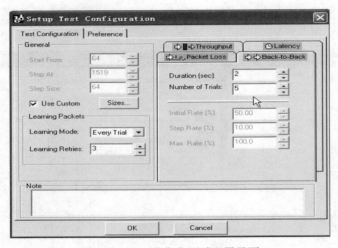

图 8–20–10　背靠背测试配置界面

第 2 步：单击“Sizes”按钮，打开 Custom Packet Sizes 界面，单击“Default”按钮，然后单击“OK”按钮即可。如果要进行其他字节的设置，只需在该界面做相应的修改即可，如图 8–20–11 所示。

	Frame Size	Initial Rate(%)	Max. Rate(%)	Step Rate(%)
1	64	100.00	100.00	10.00
2	128	100.00	100.00	10.00
3	256	100.00	100.00	10.00
4	512	100.00	100.00	10.00
5	1024	100.00	100.00	10.00
6	1280	100.00	100.00	10.00
7	1518	100.00	100.00	10.00

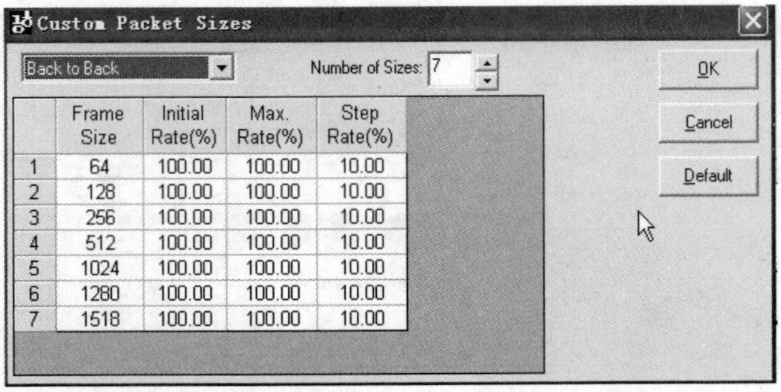

图 8–20–11　定制包界面

第 3 步：Preference 选项卡：这里是路由器三层性能测试，所以 Test options 中的 Router Test 选项要选，其他为默认配置。然后单击“OK”即可。

第 4 步：单击"Back-to-Back"按钮，开始测试，如图 8-20-12 所示。

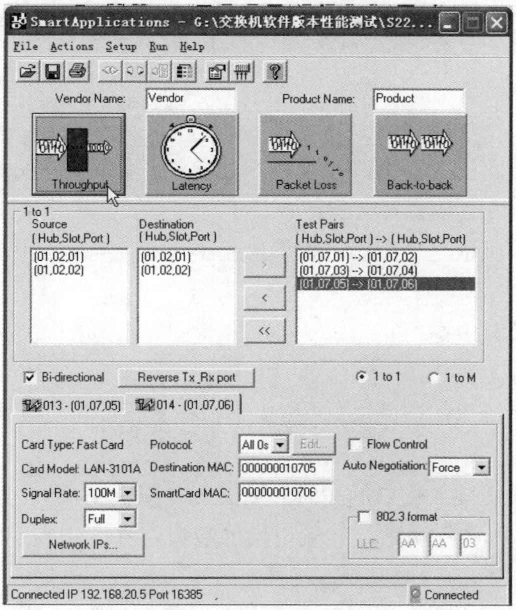

图 8-20-12　开始测试界面

四、测试结果分析及测试报告编写

（1）测试完毕后，Smartbits Application 软件显示的测试结果。

（2）测试完毕后，根据测试数据，如果路由器背靠背的预期结果能达到线速，则表明路由器的背靠背性能正常。

【思考与练习】

1. 路由器背靠背测试时测试仪表与测试设备连接时需要如何设置？

2. 路由器背靠背测试时需要关闭路由器的什么功能？

3. 简要叙述路由器背靠背测试的步骤。

▲ 模块 21　路由器硬件故障处理（Z38G2021Ⅲ）

【模块描述】本模块介绍路由器常见硬件故障的分析和处理。通过案例分析，掌握路由器常见硬件故障的处理方法。

【模块内容】

路由器常见硬件故障主要有路由器设备故障、端口故障、背板故障、线缆故障等。

一、故障现象

（1）路由器停止工作。

（2）路由器连接的 RJ45 端口或光端口灯不亮。

二、故障分析与处理

1. 路由器停止工作故障

（1）检查路由器面板上 POWER 是否绿色常亮，如果该指示灯灭，则说明路由器没有正常供电，检查路由器输入电源。

（2）检查路由器风扇是否工作，如果风扇不工作，可能是风扇损坏造成路由器过热造成停机。

（3）检查路由器背板是否正常。

2. 路由器端口灯不亮

（1）检查路由器接入端口的 RJ45 接头是否插紧，重新拔插 RJ45 头、光模块和接入光模块的尾纤。

（2）如果反复拔插接入端口的 RJ45 接头、光模块和接入尾纤，路由器端口灯还不亮，则需更换端口再进行测试，如果更换的端口灯亮，则表明老端口存在雷击等原因造成的故障。

（3）上述两个原因排除后，则需要进一步检测接入线缆，判断线缆制作时顺序排列错误或者不规范，线缆连接时应该用交叉线却使用了直连线，光缆中的两根光纤交错连接，错误的线路连接导致网络环路等。

三、故障案例分析举例

1. 案例一

（1）故障现象。网管软件报警，机房一台 H3C MSR 2600-17 路由器已经丢失管理。

（2）原因分析。到机房后发现路由器前面板已经无指示灯闪烁，判断路由器停止工作。初步分析可能存在四个方面的原因：

1）路由器外部供电存在问题。

2）路由器自身电源模块发生故障。

3）路由器风扇故障导致环境温度过高致使路由器宕机。

4）路由器背板存在问题。

（3）故障处理。

1）围绕这四个方面的原因进行逐一查找进行逐步检查。

2）排除路由器外部供电原因，可以拔下路由器电源插头，用万用表测量插头电压是否正常。

3) 电源插头如正常，拔下路由器电源线，10min 左右后，重新上电，如果路由器没有启动反应，则判断路由器电源故障，如果路由器能够启动或者启动中宕机，则可以判断路由器风扇故障。

4) 排除上述两个原因后，路由器仍不能启动，则判断为路由器背板故障。

5) 如为路由器板卡故障，更换故障板卡或部件，重新启动路由器。如为路由器背板故障，则更换并重新配置路由器。

2. 案例二

（1）故障现象。两台通过网线互联的 H3C MSR 2600–17 路由器失去通信。

（2）原因分析。

1) 路由器端口原因导致路由器端口处于 shutdown 状态。

2) 路由器端口连接线缆和路由器端口硬件故障。

3) 接入路由器网线的 RJ45 接头原因。

（3）故障处理。

1) 首先远程登录该用户计算机接入的两台路由器，找到连接端口，通过路由器软件判断互联端口的状态，排除路由器互联端口 shutdown 状态。

2) 如果路由器端口软件测试正常，需要排查路由器端口连接线缆和硬件故障。

3) 反复拔插两台路由器互连网线的 RJ45 接头，判断是否因 RJ45 接头原因造成故障。

4) 更换路由器端口进行检查，判断是否路由器端口故障导致不能通信。

5) 经反复检查，最后判断是由于其中一台路由器端口发生了硬件故障。更换了路由器连接端口后，两台路由器恢复正常通信。

【思考与练习】

1. 路由器常见的硬件故障有哪些？

2. 网管上发现路由器丢失管理应如何进行排查？

3. 连接路由器的电端口灯不亮，如何进行排查？

▶ 模块 22　路由器路由协议配置错误故障处理（Z38G2022Ⅲ）

【模块描述】本模块介绍路由器协议配置错误故障的分析和处理。通过案例分析，掌握路由器协议配置错误处理方法。

【模块内容】

一、故障现象

按照图 8–22–1 所示搭建测试环境，其中路由器 R1 和路由器 R2 均为 H3C MSR

2600-17 路由器，R1 和 R2 通过网线互联各自以太网端口，两台路由器启用了路由协议，通过该协议实现互通，但是在实验中发现路由器 R1 和路由器 R2 不能互通。

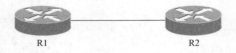

R1　　　　　　　　　　R2

图 8-22-1　测试环境拓扑图

二、故障分析及处理

1. 查看路由器 R1 主要配置

使用 display cur 查看路由器的配置文件，主要配置为：

Int E1/0/1　　//进入端口 1 配置

Port link-mode route　　//设置端口模式为 route 模式

Ip add 192.168.0.1 255.255.255.252　　//设置端口 IP 地址

ospf 1　　//启用 ospf 路由

area 0　　//设置 ospf 路由域

Network 192.168.0.1 0.0.0.0　　//宣告路由

2. 查看路由器 R2 主要配置

使用 display cur 查看路由器的配置文件，主要配置为：

Int E1/0/1　　//进入端口 1 配置

Port link-mode route　　//设置端口模式为 route 模式

Ip add 192.168.0.2 255.255.255.252　　//设置端口 IP 地址

ospf 1　　//启用 ospf 路由

area 0　　//设置 ospf 路由域

Network 192.168.0.2 0.0.0.0　　//宣告路由

Rip　　//启用 rip 路由

network 192.168.0.2　　//宣告路由

peer 192.168.1.1　　//设置 peer 地址

validate-source-address E1/0/1　　//设置有效源端口

version 2　　//设置路由版本

3. 故障分析

由上述配置可以看出，两台路由器上没有配置相同的路由协议，导致两台路由器无法互通。

4. 故障处理

根据上述分析，路由器 R2 的主要配置应改为如下：

Int E1/0/1   //进入端口 1 配置

Port link–mode route   //设置端口模式为 route 模式

Ip add 192.168.0.2 255.255.255.252   //设置端口 IP 地址

ospf 1   //启用 ospf 路由

area 0   //设置 ospf 路由域

Network 192.168.0.2 0.0.0.0   //宣告路由

这样路由器 R1 和 R2 的互联端口 IP 地址就属同一网段，修改后，路由器 R1 和 R2 就可以互联互通。

【思考与练习】

1. 华三路由器互联端口配置路由 IP 地址的要求是什么？

2. 华三路由器配置 ospf 路由协议宣告路由的命令是什么？

3. 分析两台互联路由器路由协议配置错误主要有哪些内容？

◢ 模块 23   路由器端口配置错误故障处理（Z38G2023Ⅲ）

【模块描述】本模块介绍路由器端口配置错误故障的分析和处理。通过案例分析，掌握路由器端口配置错误处理方法。

【模块内容】

一、故障现象

按照图 8–23–1 所示搭建测试环境，其中路由器 R1 和路由器 R2 均为 H3C MSR 2600–17 路由器，R1 和 R2 通过网线互联各自以太网端口，两台路由器启用了 ospf 路由协议，通过该协议实现互通，但是在实验中发现路由器 R1 和路由器 R2 不能互通。

R1   R2

图 8–23–1   测试环境拓扑图

二、故障分析及处理

1. 查看路由器 R1 主要配置

使用 display cur 查看路由器的配置文件，主要配置为：

Int E1/0/1   //进入端口 1 配置

Port link–mode route   //设置端口模式为 route 模式

Ip add 192.168.0.2 255.255.255.252   //设置端口 IP 地址

ospf 1   //启用 ospf 路由

area 0   //设置 ospf 路由域

Network 192.168.0.2 0.0.0.0   //宣告路由

2. 查看路由器 R2 主要配置

使用 display cur 查看路由器的配置文件，主要配置为：

Int E1/0/1   //进入端口 1 配置

Port link−mode route   //设置端口模式为 route 模式

Ip add 192.168.0.4 255.255.255.252   //设置端口 IP 地址

ospf 1   //启用 ospf 路由

area 0   //设置 ospf 路由域

Network 192.168.0.4 0.0.0.0   //宣告路由

3. 查看 ospf 邻居信息

在两台路由器上使用 di ospf peer 命令查看 ospf 邻居信息，发现未建立邻居。

4. 查看 ospf 路由端口信息

在两台路由器上使用 dis ospf int E1/0/1 命令查看 ospf 端口信息，发现 ospf 路由端口信息配置不对。

5. 故障分析

（1）两台路由器上均配置了 ospf 路由器协议，配置语句检查后没有问题。

（2）在 R1 上 ping 路由器 R2 端口 Fa0/1 的路由地址，发现 ping 不通，检查配置，发现两台路由器端口配置的 IP 地址不在一个网段，根据 ospf 路由协议定义，互联端口 IP 地址应属同一网段。

6. 故障处理

根据上述分析，路由器 R2 端口的主要配置应改为如下：

Int E1/0/1   //进入端口 1 配置

Port link−mode route   //设置端口模式为 route 模式

Ip add 192.168.0.2 255.255.255.252   //设置端口 IP 地址

这样路由器 R1 和 R2 的互联端口 IP 地址就属同一网段，修改后，路由器 R1 和 R2 就可以互联互通。

【思考与练习】

1. 华三路由器查看 OSPF 邻居信息的命令是什么？

2. 华三路由器查看 OSPF 端口信息的命令是什么？

3. 分析两台互联路由器路由不通主要有哪些内容？

模块 24 路由器路由配置错误故障处理（Z38G2024Ⅲ）

【模块描述】本模块介绍路由器路由配置错误故障的分析和处理。通过案例分析，掌握路由器路由配置错误处理方法。

【模块内容】

一、故障现象

按照图 8–24–1 所示搭建测试环境，其中路由器 R1 和路由器 R2 均为 H3C MSR 2600–17 路由器，R1 和 R2 通过网线互联各自以太网端口，两台路由器启用了 ospf 路由协议，通过该协议实现互通，但是在实验中发现路由器 R1 和路由器 R2 不能互通。

R1　　　　　　　　R2

图 8–24–1　测试环境拓扑图

二、故障分析及处理

1. 查看路由器 R1 主要配置

使用 dis cur 查看路由器的配置文件，主要配置为：

Int E1/0/1　　//进入端口 1 配置

Port link–mode route　　//设置端口模式为 route 模式

Ip add 192.168.0.1 255.255.255.252　　//设置端口 IP 地址

ospf 1　　//启用 ospf 路由

area 0　　//设置 ospf 路由域

Network 192.168.0.1 0.0.0.0　　//宣告路由

2. 查看路由器 R2 主要配置

使用 display cur 查看路由器的配置文件，主要配置为：

Int E1/0/1　　//进入端口 1 配置

Port link–mode route　　//设置端口模式为 route 模式

Ip add 192.168.0.4 255.255.255.252　　//设置端口 IP 地址

ospf 1　　//启用 ospf 路由

area 0　　//设置 ospf 路由域

Network 192.168.1.4 0.0.0.0　　//宣告路由

3. 使用命令查看 ospf 邻居信息

在两台路由器上使用 dis ospf peer 命令查看 ospf 邻居信息,发现建立了邻居。

4. 使用命令查看 ospf 路由端口信息

在两台路由器上使用 dis ospf int E1/0/1 命令查看 ospf 端口信息,发现 ospf 路由端口信息配置也没有问题。

5. 使用命令查看 ospf 数据库

在两台路由器上使用 dis ospf database 命令查看 ospf 数据库信息,发现建立了邻居。

6. 故障分析

(1) 两台路由器上均配置了 ospf 路由器协议,配置语句检查后没有问题。

(2) 在 R1 上 ping 路由器 R2 端口 E1/0/1 的路由地址,发现 ping 不通,检查配置,发现 ospf 路由域未将端口配置的路由进行宣告,导致 R2 未能收到邻居路由信息,不能建立邻居信息。

7. 故障处理

根据上述分析,路由器 R2 端口的主要配置应改为如下:

ospf 1

Area 0

Network 192.168.0.4 0.0.0.0

这样路由器 R2 就成功宣告了端口路由。

【思考与练习】

1. 华三路由器看查看 OSPF 邻居信息的命令?

2. 华三路由器看查看 OSPF 端口信息的命令?

3. 华三路由器看查看 OSPF 数据库的命令?

第九章

信息安全设备安装与调试

▲ 模块 1 防火墙的硬件组成（Z38G3001 Ⅰ）

【**模块描述**】本模块介绍典型防火墙的结构、功能。通过要点讲解、图片示意，掌握防火墙的系统组成。

【**模块内容**】

防火墙是一个由硬件和软件组合而成的、部署在网络边界，用于保护内部网络免遭非法用户入侵的安全防护装置。根据国家电网有限公司《电力二次系统安全防护总体方案》要求，防火墙可以部署在控制区和非控制区之间，实现两个区域的逻辑隔离、报文过滤和访问控制等功能。下面以天融信 NFGW 4000 TG–4428 防火墙为例说明防火墙的硬件组成。

一、防火墙的外观结构

防火墙的硬件由机箱、电源、面板指示灯、业务端口组成，图 9–1–1 和图 9–1–2 分别为天融信 NGFW4000 TG–4428 设备的正面和背面面板图。

图 9–1–1 防火墙正面面板图

图 9–1–2 防火墙背面面板图

表 9-1-1 面 板 指 示 灯 说 明

指示灯名称	指示灯状态描述
工作灯（RUN）	当防火墙进入工作状态时，工作灯闪烁
主从灯（M/S）	主从灯亮的时候，代表这台墙是工作墙，反之如主从灯处于熄灭状态时，代表这台墙工作在备份模式
管理灯（MGMT）	当网络管理员登录防火墙时，管理灯点亮
日志灯（LOG）	当有日志记录动作发生时，且前后 2 次日志记录发生的时间间隔超过 1s 时，日志灯会点亮

二、防火墙的系统组成

（1）防火墙 NG FW4000 （硬件）：是一个基于安全操作系统平台的通信保护控制系统。

（2）日志管理器（软件）：是一个可运行于 Windows 98、Windows 2000 系统下，用于对网络卫士防火墙 NG FW4000 提供的访问日志信息进行可视化审计的管理软件。

（3）防火墙管理器（软件）：是一个可运行于 Window s98、Windows 2000 系统下，用于对处于不同网络中的多个网络卫士防火墙 NG FW4000 进行集中管理配置的管理软件。

三、防火墙的体系结构

NG FW4000 防火墙采用基于 OS 内核的会话检测技术，在 OS 内核实现对应用层访问控制。其体系结构就是为了实现基于 OS 内核的会话检测技术而设计的，具体如图 9-1-3 所示。

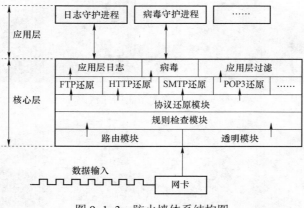

图 9-1-3 防火墙体系结构图

网卡接收的数据首先交给路由模块和透明模块进行处理，然后将数据交给规则检查模块，如果规则检查模块在规则匹配过程中需要对数据进行还原，那么数据将被提交给协议还原模块，协议还原模块根据具体协议的类型，将数据交给具体协议的还原模块去完成。如 FTP 协议数据就交给 FTP 还原模块进行还原，HTTP 协议数据就交给 HTTP 协议还原模块去处理，然后根据还原的结果来执行相应的安全策略。

基于 OS 内核的会话过滤技术可以对整个通信会话进行全部或者部分的还原，其输出的日志信息包括传统的会话日志（主要描述通信的时间、源目地址、源目端口、通信流量、通信协议等）和命令日志（描述使用了那些命令，执行了那些操作，如发送的邮件内容、获取的网页内容等），用户可以根据需要对不同的通信记录不同的日志，从而为日志分析、事后追踪提供了更多的依据。

【思考与练习】

1. 防火墙的硬件由哪几部分组成？
2. 防火墙的面板指示灯代表什么含义？
3. 简述防火墙的体系结构。

▲ 模块 2　防火墙的安装（Z38G3002Ⅰ）

【模块描述】 本模块介绍防火墙安装工艺要求和安装流程。通过操作过程详细介绍，掌握防火墙的安装要求。

【模块内容】

一、安装内容

防火墙安装；电缆布放及连接。

二、安装准备

为保证整个设备安装的顺利进行，需要准备以下相关技术资料及工具材料：

（1）施工技术资料：合同协议书、设备配置表、会审后的施工设计图、安装手册。

（2）工具和仪表：剪线钳、压线钳、各种扳手、螺钉旋具、数字万用表、标签机等。仪表必须经过严格校验，证明合格后方能使用。

（3）安装辅助材料：交流电缆、接地连接电缆、网线、接线端子、线扎带、绝缘胶布等，材料应符合电气行业相关规范，并根据实际需要制作具体数量。

三、机房环境条件的检查

（1）检查机房的高度、承重、墙面、沟槽布置等是否满足规范及设计要求。

（2）检查机房的门窗是否完整、日常照明是否满足要求。

（3）检查机房环境及温度、湿度应满足设备要求。

（4）检查机房是否具备施工用电的条件。

（5）检查是否具有有效的防静电、防干扰、防雷措施和良好的接地系统。

（6）检查是否做好机房走线装置，比如走线架、地板、走线孔等内容。

（7）检查机房应配备足够的消防设备。

四、安全注意事项

（1）施工前，对施工人员进行施工内容和安全技术交底，并签字确认。

（2）现场施工人员应经过安全教育培训并能按规定正确使用安全防护用品。

（3）施工用电的电缆盘上必须具备触电保护装置，电缆盘上的熔丝应严格按照用电容量进行配置，严禁采用金属丝代替熔丝，严禁不使用插头而直接用电缆取电。

（4）仪器仪表应经专业机构检测合格。

五、操作步骤及质量标准

防火墙安装的安装步骤为：开箱检查—子架安装及电缆布放—软件安装—安装检查。设备安装应符合施工图设计的要求。

（一）开箱检查

（1）检查物品的外包装的完好性；检查机箱有无变形和严重回潮。

（2）检查产品的标志、出厂日期和序列号是否正确。

（3）检查一次性产品封条的完好性和封条的序列号。

（二）子架安装及电缆布放

（1）子架位置应符合设计要求。

（2）天融信防火墙子架随机附件中有一对上架支架（侧耳），可以安装固定在标准19英寸机柜中。

（3）子架安装应牢固、排列整齐、插接件接触良好。

（4）子架接地要可靠牢固，符合规范要求。

（5）线缆布放应整齐美观，标示齐全。

（三）安装后检查

（1）检查子架安装是否牢固，电源线、保护接地线、网线安装是否整齐美观。

（2）检查电源电压是否在设备允许的电压范围内。

（3）检查设备的内、外网口线连接是否正确。

（4）检查标签、标识是否正确、完备。

【思考与练习】

1. 防火墙的安装应该注意什么？

2. 防火墙的安装步骤有哪些？

3. 防火墙安装结束后应做哪些检查？

▲ 模块3　防火墙的配置（Z38G3007Ⅱ）

【模块描述】本模块包含防火墙的系统管理、网络管理、资源管理及访问控制配置。通过操作过程详细介绍，掌握防火墙配置的方法和技能。

【模块内容】

目前主流的防火墙均支持 WEBUI 管理方式（https 协议），这种管理方式简单、可操作性极高。本模块以天融信 NGFW4000 TG-4428 防火墙为例，介绍防火墙通过 WEBUI 方式的配置过程。

一、防火墙登录

天融信防火墙默认的管理地址是 192.168.1.254，默认的用户名：superman，密码：talent。配置工具为一台装有 Windows2000/XP/NT/9x 操作系统的计算机和一根直通网络线。配置计算机的 IP 地址跟防火墙默认管理地址在同一个网段内，并将网络线与防火墙的 Eth0 口相连。

打开电脑的浏览器，在浏览器中输入 https: //192.168.1.254，即可进入到如图 9-3-1 所示界面。

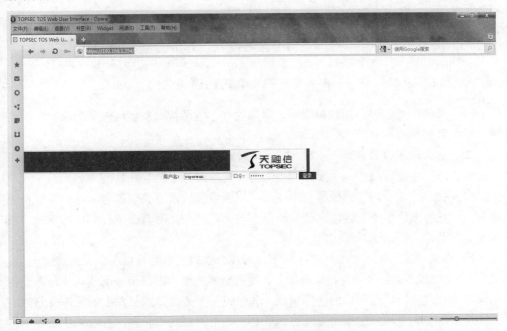

图 9-3-1　防火墙登录界面

在上述界面中输入默认的用户名和密码，点击登录，即可进入防火墙配置管理界面，如图 9-3-2 所示。

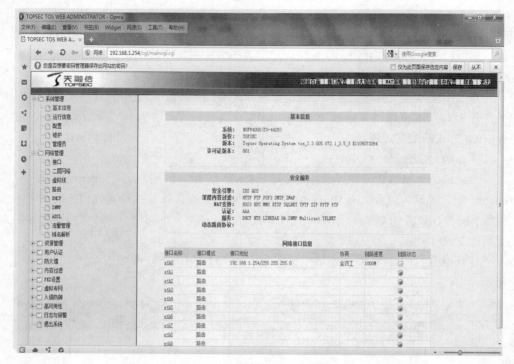

图 9-3-2 防火墙配置主界面

防火墙的配置主要包括系统管理、网络管理、资源管理及访问控制配置，下面将逐一对配置过程进行介绍。

二、防火墙系统管理

防火墙的系统管理中，主要介绍"配置"菜单和"维护"菜单。

（1）在"系统管理"→配置菜单中，可以查看和修改系统设备名、对外开放系统服务、设置防火墙系统时钟、设置 Web 管理，启动或停止对系统进行监控和管理的系统服务以及常用测试工具等。

1）修改设备名称：如图 9-3-3 所示，可以修改设备名称，以明确设备标示。

2）开放服务：管理员通过开放服务，配置对本机端口的访问控制规则，允许设备在相应的物理接口接收用户的连接请求。如果设备要接收管理员发出的管理或监控的连接请求，设备上相应的系统服务进程还必须处于"启动"状态，否则无法接收用户的连接请求。

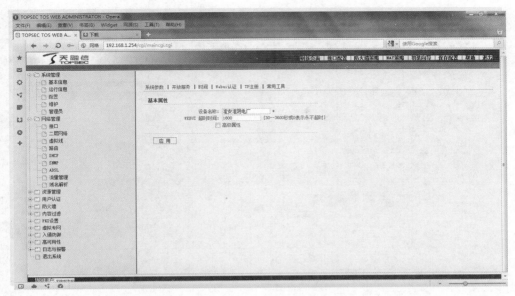

图 9-3-3　防火墙系统信息修改

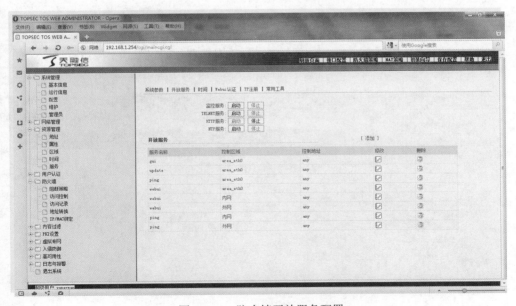

图 9-3-4　防火墙开放服务配置

　　（2）在"系统管理"→维护菜单中，管理员可以对防火墙系统将进行维护工作，包括对系统的配置文件进行查看、上传、下载等操作，下载设备的健康记录，对设备进行升级，设备恢复出厂默认配置、重新启动设备等功能，如图 9-3-5 所示。

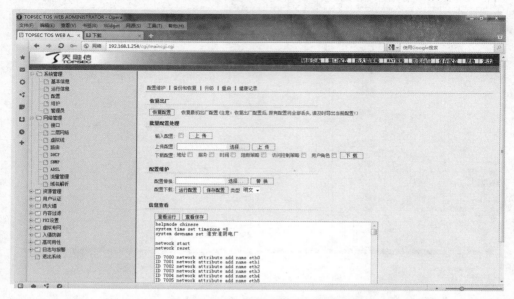

图 9-3-5 防火墙系统维护

（3）在"系统管理"→管理员菜单中，可以对管理员的权限和密码进行修改，如图 9-3-6 示。

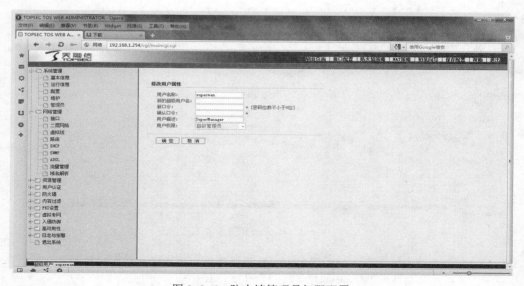

图 9-3-6 防火墙管理员权限配置

三、防火墙网络管理

天融信防火墙作为一种网关型产品，通常部署在各个安全区域的入口或交点，可以通过交换机或 HUB 将安全区收缩为一个入口，并将此入口点连接到防火墙的网络接口。因此在安装天融信防火墙之前，网络管理人员应根据网络应用的实际情况以及网络中主机、服务器等设备的安全属性来规划安全区域。

网络管理主要内容包括：

接口设置：主要介绍如何设置天融信防火墙上的物理接口、子接口以及端口聚合，包括接口属性和 IP 地址设置等。

二层网络：主要介绍如何在天融信防火墙上设置 VLAN、ARP 和 MAC 地址表等信息。

路由：介绍天融信防火墙支持的路由协议，及各种路由的设置方式。

DHCP：主要介绍如何将天融信防火墙作为 DHCP 服务器、DHCP 客户端和 DHCP 中继使用。

流量管理：主要介绍天融信防火墙的带宽管理功能，主要包括 QOS 对象设置、各种流量统计以及连接统计设置。

域名解析：主要介绍如何在天融信防火墙上设置 DNS 服务器。

下面主要介绍防火墙网络配置中的接口和路由配置。

1. 接口配置

接口是天融信防火墙与网络中其他设备交换数据并相互作用的部分，天融信防火墙的接口分为物理接口和逻辑接口。物理接口是指真实存在，并且有对应硬件器件支持的接口，如以太网接口；逻辑接口是指能够实现数据交换功能但物理上不存在，并且需要通过配置建立的接口，包括子接口、虚接口和聚合接口。具体配置如图 9-3-7 和图 9-3-8 所示。

2. 路由配置

路由是将数据包从一个网络转发到另外一个网络的过程。路由设备作为网络间的连接节点根据其路由表将数据包从源地址逐跳转发到目标地址。天融信防火墙工作在路由模式下时，支持静态路由、动态路由、策略路由和多播路由，可以作为网络中的路由设备使用，支持普通数据报文的转发。图 9-3-9 和图 9-3-10 是以静态路由器为例进行介绍。

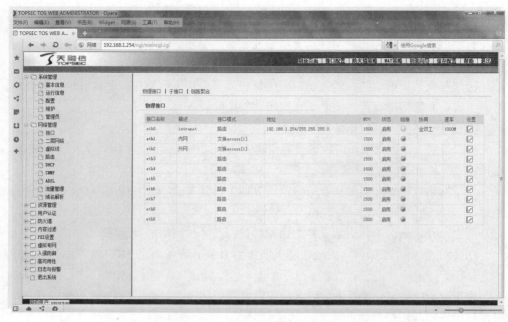

图 9-3-7 防火墙接口配置界面

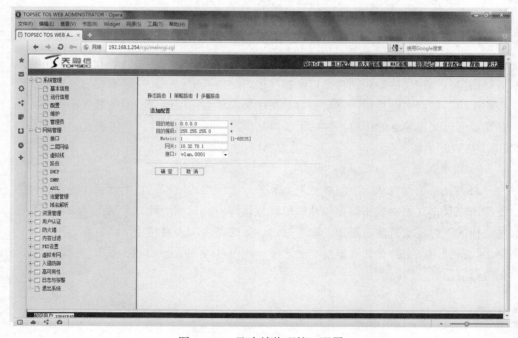

图 9-3-8 防火墙物理接口配置

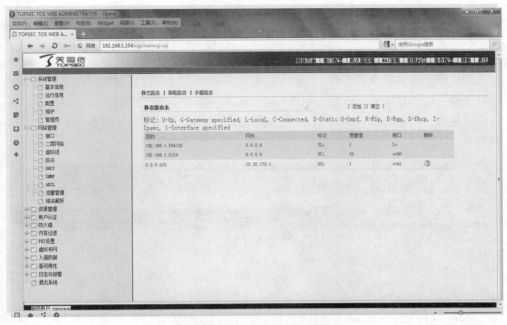

图 9-3-9　防火墙路由配置界面

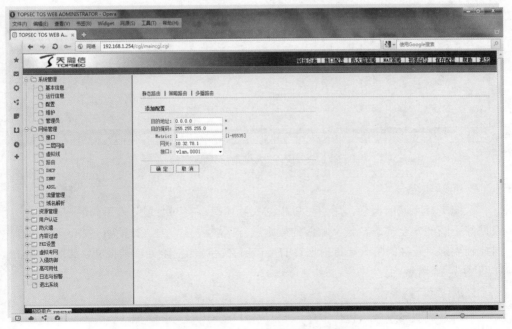

图 9-3-10　防火墙静态路由配置

四、资源管理

资源管理主要是对防火墙一些基本资源比如地址、区域、服务等资源的配置。

1. 地址资源

地址资源的设置是资源管理中最基本的操作，在定义访问控制规则和地址转换规则时需要引用不同的地址资源。用户可以设置各种类型的地址资源，如主机资源、地址范围资源、子网资源，同时可以将这些不同的地址资源添加到地址组中，如图 9-3-11 和图 9-3-12 所示。

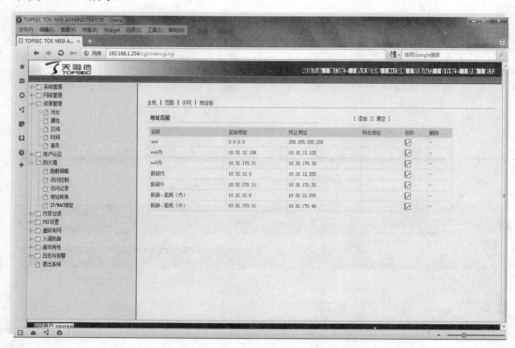

图 9-3-11　防火墙地址资源配置

2. 区域资源

系统支持区域的概念，用户可以根据实际情况，将网络划分为不同的安全域，并根据其不同的安全需求，定义相应的规则进行区域边界防护。如果不存在可匹配的访问控制规则，天融信防火墙将根据目的接口所在区域的权限处理该报文，如图 9-3-13 和图 9-3-14 所示。

3. 服务资源

服务资源的设置便于用户根据不同的服务定义访问控制规则，服务资源分为三种：系统预定义服务：系统预定义的一些常用服务；自定义服务：根据自身业务的需要自

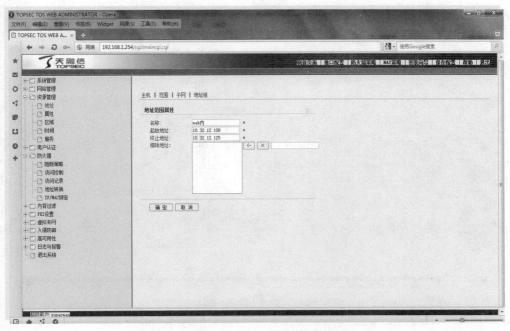

图 9-3-12　防火墙地址范围配置

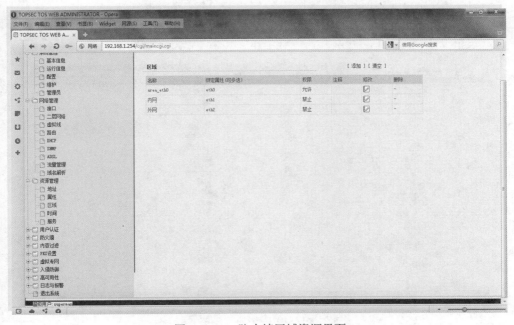

图 9-3-13　防火墙区域资源界面

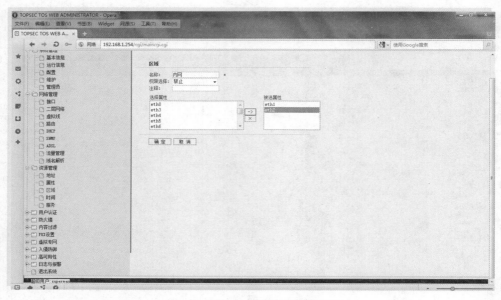

图 9-3-14 防火墙区域资源配置

定义的服务和端口号；服务组：将各种服务组合定义成服务组。

防火墙服务资源界面和配置如图 9-3-15 和图 9-3-16 所示。

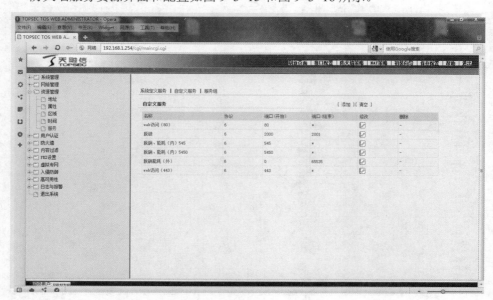

图 9-3-15 防火墙服务资源界面

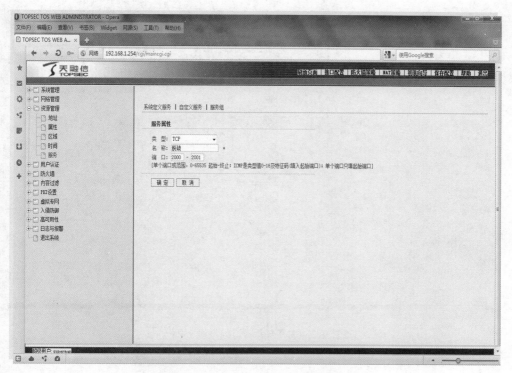

图 9-3-16　防火墙服务资源配置

五、访问控制配置

实现包过滤技术最主要的安全技术是使用访问控制列表（Access Control Lists，ACL），访问控制列表包含一组指令列表。这些指令列表用来告诉防火墙哪些数据包可以接收、哪些数据包需要拒绝。指令列表是由多条访问控制规则组成的。

访问控制规则对报文实现基于内容的过滤方式，不仅能够检测报文的网络层和传输层信息，还能够检测报文的应用层内容。天融信防火墙接收到一个报文时，检测报文的源和目的区域、源 VLAN、源和目的地址、服务等，按照一定顺序检测访问控制规则表中是否有匹配的规则。如果有，则按照策略所规定的操作处理该报文；否则，将根据目的区域的缺省属性处理该报文。

选择防火墙→访问控制，即可进入访问控制规则定义界面进行配置，如图 9-3-17～图 9-3-20 所示。

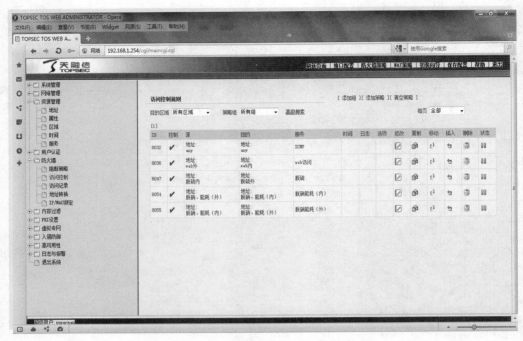

图 9-3-17　防火墙访问规则界面

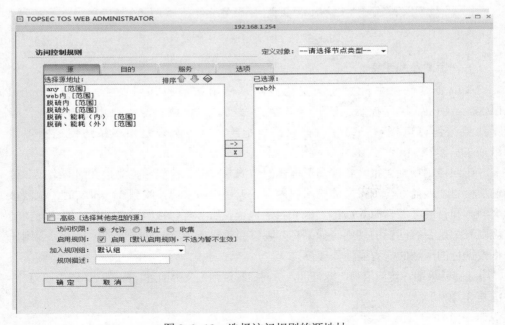

图 9-3-18　选择访问规则的源地址

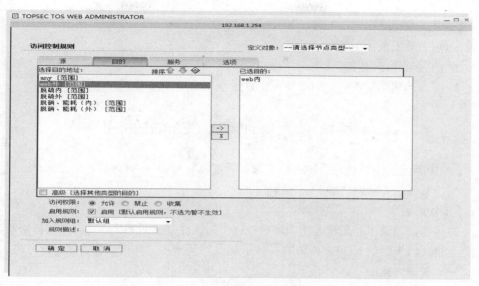

图 9-3-19　选择访问规则的目的地址

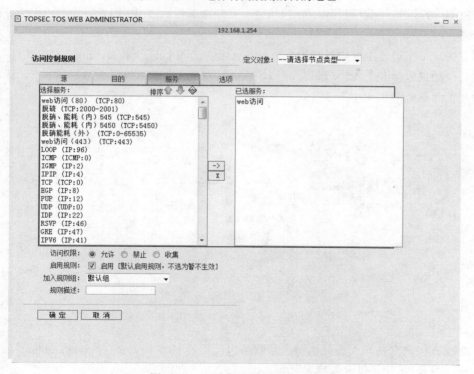

图 9-3-20　选择访问规则的服务

【思考与练习】

1. 防火墙配置的主要内容有哪些？
2. 防火墙的接口有哪几类？
3. 防火墙网络管理配置的主要内容有哪些？

▲ 模块 4　防火墙的调试（Z38G3008 Ⅱ）

【**模块描述**】本模块包含防火墙的远程管理及 ping、tracert 调试。通过操作过程详细介绍，掌握防火墙调试的方法和技能。

【**模块内容**】

防火墙的调试主要是通过防火墙系统自带的软件或诊断工具，对网络进行诊断测试。本模块以天融信 NGFW4000 TG–4428 防火墙为例，对防火墙的调试进行介绍。

一、管理方式

第一次使用防火墙，管理员可以通过 CONSOLE 口以命令行方式、通过浏览器以 WEBUI 方式进行配置和管理。本模块将主要介绍如何通过 WEBUI 方式对防火墙进行管理。

管理员在管理主机的浏览器上输入防火墙的管理 URL，例如：https：//192.168.1.254，（如果包含 SSL VPN 模块，则 URL 应当为 https：//192.168.1.254：8080），弹出登录页面，如图 9–4–1 所示。

图 9–4–1　浏览器登录界面图

输入用户名密码（天融信防火墙默认出厂用户名/密码为：superman/talent）后，单击"登录"，就可以进入管理页面。

二、诊断

天融信防火墙提供 Ping 工具，用于探测网络连接状况，提供 TraceRoute 工具用于显示路由封包到达目的地址的信息。

诊断工具使用的具体操作步骤如下：

（1）单击导航菜单系统管理→维护，并选择"诊断"页签，如图 9-4-2 所示。

图 9-4-2 诊断工具界面图

（2）在"诊断类型"处选择使用的工具，可选项为"Ping"工具和"TraceRoute"工具。

在"诊断地址"处，输入探测的 IP 地址。

单击"诊断"按钮，在下方将显示命令的执行结果，如图 9-4-3 所示。

图 9-4-3 诊断工具 PING 命令截图

在探测过程中，单击"停止"按钮可以停止命令执行。如果探测停止，"停止"按钮自动显示为灰色不可操作状态。

单击"清空"按钮可以将命令的执行结果从 WEBUI 界面中删除。

【思考与练习】

1. 简述防火墙的管理方式。

2. 防火墙的诊断有哪些工具？

3. 天融信防火墙默认管理地址、默认用户名、密码分别是什么？

▲ 模块 5　加密装置的硬件组成（Z38G3003Ⅰ）

【模块描述】本模块介绍典型加密装置的结构、功能以及工作模式。通过举例介绍，掌握加密装置的系统组成。

【模块内容】

一、加密装置产品介绍

电力专用加密认证装置安置在电力控制系统的内部局域网与电力调度数据网络的路由器之间，用来保障电力调度系统纵向数据传输过程中的数据机密性、完整性和真实性。

按照"分级管理"要求，纵向加密认证装置部署在各级调度中心及下属的各厂站，根据电力调度通信关系建立加密隧道（原则上只在上下级之间建立加密隧道），加密隧道拓扑结构是部分网状结构，如图 9–5–1 所示。

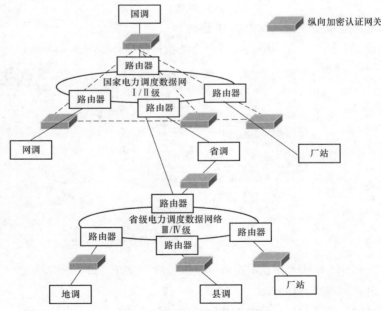

图 9–5–1　加密装置部署示意图

二、加密装置硬件结构介绍

电力系统使用的加密装置品牌较多，结构型号各不相同，本模块以 NetKeeper–2000 型加密装置为例进行介绍。

1. 系统结构介绍

NetKeeper–2000 加密认证装置的硬件结构图 9–5–2 所示，硬件系统基于高性能 RISC 体系架构，主板集成 5 个以太网接口；串口用于对加密认证装置进行监控管理，高性能电力专用密码卡单元（内嵌电力专用密码算法和 RSA 公私密钥算法）对网络通信数据进行加密与认证；双机接口支持加密认证装置的双机热备和链路冗余备份，避免重要数据的丢失；硬件看门狗实时监控系统状态，保证加密认证装置稳定、可靠运行。

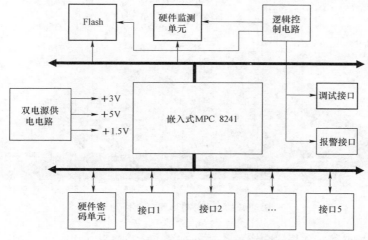

图 9–5–2　加密装置硬件结构图

2. 硬件外观介绍

加密装置的前面板图有 7 组指示灯，分别是双电源指示灯（POWER）、告警指示灯（ALARM）、读写器指示灯（ICSTA/ICACT）、加解密指示灯（ENCSTA/ENCACT）、四组网络接口指示灯（Eth0–Eth3SPD/LNK/ACT）。电源指示灯标识双电源的工作状态，红灯亮表示电源模块工作正常；告警灯亮并伴有声音告警表示加密认证装置受到异常网络攻击或者处于非稳定工作状态，管理员可以通过日志信息综合判断装置的工作情况；加解密 ENCSTA 灯亮表示电力专用数据密码卡处于正常状态，加解密 ENCACT 灯闪烁表示密码卡正在加解密数据；智能读写器 ICSTA 灯亮表示读写器处于正常状态，ICACT 灯闪烁表示数据正在被读取。四组网络接口 LNK 灯亮表示网卡与网络正确连接，网络接口 ACT 灯闪烁表示网卡正在接收或发送数据。

加密装置的后面板图设计有双电源，有一个电源作为主电源供电，另一个做辅电源备份，这种设计可以有效地提高电源工作的可靠性及延长整个系统的平均无故障工作时间，最右边是电源开关 1，然后是电源插座 1，电源开关 2，电源插座 2；Console 口用来对加密装置进行监控；4 个网口（Eth0～Eth3）可以灵活配置为内网接口或外网接口。

双电 加解 读写 Eht0 Eht1 Eht2 Eht3
源指 密指 指示 口指 口指 口指 口指
示灯 示灯 灯 示灯 示灯 示灯 示灯

图 9—5—3 加密装置前面板图

网口0 网口1 网口2 网口3 配置口 电源插座1 电源开关1 电源插座2 电源开关2

图 9—5—4 加密装置后面板图

三、加密装置接入模式介绍

纵向加密认证装置在网络环境接入根据用户需求不同，可以有多种选择，体现在以下几种接入模式。

1. 明通模式

当对端通信节点没有部署加密装置时，可以采用明通模式。此时加密装置具备硬件防火墙的基本功能，只转发配置通信策略的报文实现报文过滤，但数据不能进行加密保护，明通网络拓扑如图 9—5—5 所示。加密装置配置如下。

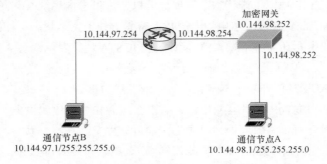

图 9—5—5 明通模式网络拓扑图

2. 路由模式

纵向加密认证装置部署在各级调度中心及下属的各厂站，根据电力调度通信关系建立加密隧道，典型网络拓扑如图9-5-6所示。策略配置以加密装置2为例。

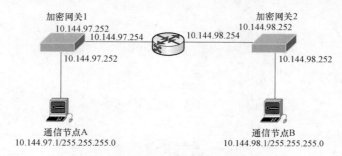

图9-5-6 路由模式网络拓扑图

3. VLAN环境模式

加密装置支持VLAN接入，典型配置拓扑如图9-5-7所示。交换机上划分了两个VLAN网段（VLAN 10/VLAN 20），在路由器与交换机相连的端口划分子端口，使子端口与交换机上的VLAN通过802.1Q建立对应通信关系。通信节点B位于交换机的VLAN10网段。策略配置以加密装置2为例。

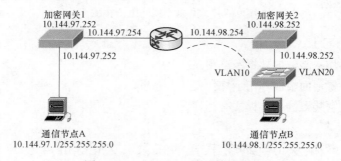

图9-5-7 VLAN环境网络拓扑图

4. NAT模式

加密认证装置系统支持NAT地址转换（地址伪装和目的地址转换），保护内网私有地址，典型网络拓扑如图9-5-8所示。加密装置1启动地址转化功能，策略配置以加密装置1为例。

5. 网桥模式

当加密装置具备多进多出功能时，需要对装置的网桥模式进行配置。典型拓扑如图9-5-9所示，假设加密装置1启动网桥功能，策略配置以加密装置1为例。

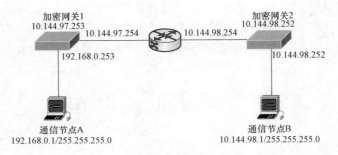

图 9-5-8 NAT 模式网络拓扑图

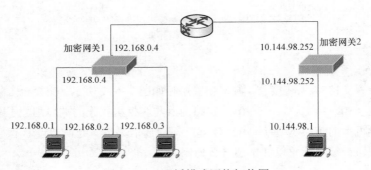

图 9-5-9 网桥模式网络拓扑图

【思考与练习】

1. 请画出加密装置的部署示意图。
2. 加密装置前面板的各指示灯代表什么意思？
3. 简述加密装置的接入模式有几种？

◢ 模块 6 加密装置的安装（Z38G3004 Ⅰ）

【模块描述】本模块介绍加密装置安装工艺要求和安装流程。通过操作过程详细介绍，掌握加密装置的安装要求。

【模块内容】

一、安装内容

加密装置安装；电缆布放及连接。

二、安装准备

为保证整个设备安装的顺利进行，需要准备以下相关技术资料及工具材料：

（1）施工技术资料：合同协议书、设备配置表、会审后的施工设计图、安装手册。

（2）工具和仪表：剪线钳、压线钳、各种扳手、螺钉旋具、数字万用表、标签机等。仪表必须经过严格校验，证明合格后方能使用。

（3）安装辅助材料：交流电缆、接地连接电缆、网线、接线端子、线扎带、绝缘胶布等，材料应符合电气行业相关规范，并根据实际需要制作具体数量。

三、机房环境条件的检查

（1）机房的高度、承重、墙面、沟槽布置等是否满足规范及设计要求。

（2）机房的门窗是否完整、日常照明是否满足要求。

（3）机房环境及温度、湿度应满足设备要求。

（4）机房是否具备施工用电的条件。

（5）有效的防静电、防干扰、防雷措施和良好的接地系统检查。

（6）机房走线装置检查，比如走线架、地板、走线孔等内容。

（7）机房应配备足够的消防设备。

四、安全注意事项

（1）施工前，对施工人员进行施工内容和安全技术交底，并签字确认。

（2）现场施工人员应经过安全教育培训并能按规定正确使用安全防护用品。

（3）施工用电的电缆盘上必须具备触电保护装置，电缆盘上的熔丝应严格按照用电容量进行配置，严禁采用金属丝代替熔丝，严禁不使用插头而直接用电缆取电。

（4）仪器仪表应经专业机构检测合格。

五、操作步骤及质量标准

加密装置安装的安装步骤为：开箱检查→子架安装及电缆布放→软件安装→安装检查。设备安装应符合施工图设计的要求。

1. 开箱检查

（1）检查物品的外包装的完好性；检查机箱有无变形和严重回潮。

（2）检查产品的标志、出厂日期和序列号是否正确。

（3）检查一次性产品封条的完好性和封条的序列号。

2. 子架安装及电缆布放

（1）子架位置应符合设计要求。

（2）子架安装应牢固、排列整齐、插接件接触良好。

（3）子架接地要可靠牢固，符合规范要求。

（4）线缆布放应整齐美观，标示齐全。

3. 安装后检查

（1）检查子架安装是否牢固，电源线、保护接地线、网线安装是否整齐美观。

（2）检查电源电压是否在设备允许的电压范围内。

（3）检查设备的网口线连接是否正确。

（4）检查标签、标识是否正确、完备。

六、软件安装

加密认证装置随机带有配置软件光盘、一根网络配置线、一根串口配置线，配置软件可以安装在 Windows2000/XP/NT/9x 操作系统的计算机上（注：配置计算机必须要有 java 运行环境支持）。

（1）将安装盘插入光盘驱动器中，然后在 Windows 资源管理器中双击该盘中的/配置软件/setup.exe 文件，即可自动安装客户端程序。

（2）屏幕出现 NetKeeper–2000 配置安装程序，单击"下一步"按钮。出现软件使用协议条款，选择"同意"接受条款，选择"拒绝"退出安装。

（3）出现安装目录窗口，提示用户输入安装目录，选择"浏览"按钮更改安装目录，单击"下一步"按钮继续。

（4）选择程序管理器组，单击"下一步"按钮继续。

（5）选择设置选项，单击"下一步"按钮继续。

（6）接着是确认安装信息，单击"下一步"按钮开始安装。

（7）安装完成，单击"完成"按钮。

【思考与练习】

1. 加密装置的安装有哪些步骤？

2. 加密装置的安装有哪些要求？

3. 加密装置安装后应检查哪些内容？

▲ 模块 7 加密装置初始化管理（Z38G3009Ⅱ）

【模块描述】本模块包含装置登录设置及装置证书的生成、导入、管理。通过操作过程详细介绍、图片示意，掌握加密装置的初始化过程和方法。

【模块内容】

加密认证装置投入使用前，需要进行设备的初始化操作，初始化操作内容包括安装调度证书服务系统根证书、装置管理系统证书、本装置的主备操作员证书、与本装置通信的对端设备证书以及本装置的设备私钥。上述证书由调度证书服务系统生成并签名，存储在纵向加密认证装置的安全存储区中。本模块以南瑞的 NetKeeper–2000 型加密装置为例，介绍装置的初始化配置。

一、设备登录

（1）将本地配置计算机地址设置为 11.22.33.43，掩码为 255.255.255.0，用随机附带的网络配置线（交叉线）连接到加密认证装置的配置接口（eth3）。

（2）启动加密认证装置的配置软件，出现以下软件主界面，如图 9-7-1 所示。

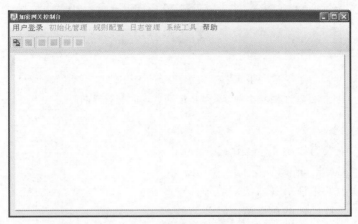

图 9-7-1　加密认证装置配置软件启动界面

点击用户登录→连接装置，软件系统会自动和加密装置服务程序建立连接，如图 9-7-2 所示。

（3）点击确定后成功连接，系统会提示输入操作员 PIN 码，如图 9-7-3 所示。

图 9-7-2　登录装置

图 9-7-3　PIN 码验证

（4）点击确认后系统登录成功，所有菜单都激活，可以配置，如图 9-7-4 所示。

二、设备初始化

下面结合电力二次系统实际情况对初始化的过程进行描述。设备初始化主要是证书导入和证书申请工作。

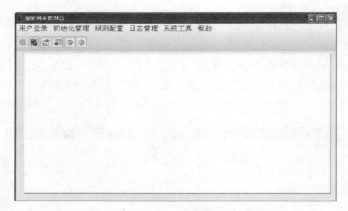

图 9-7-4　系统认证通过后的配置界面

1. 证书导入

证书导入主要有以下 4 个工作：

（1）调度 CA 根证书。

（2）网省调的根证书（二级 CA 证书）。

（3）与本装置通信的对端节点设备证书。

（4）装置管理系统证书。

以上第（1）和第（3）是初始化过程必须的操作，不可忽略，其他的操作步骤由用户根据现场实际情况进行选择。

2. 证书导入步骤

（1）生成装置公私密钥对。单击密钥管理 "初始化装置"，生成装置公私密钥对，如图 9-7-5 和图 9-7-6 所示。

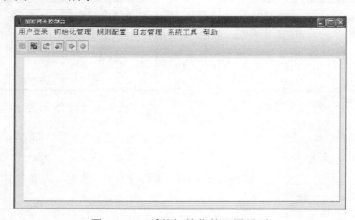

图 9-7-5　系统初始化的配置界面

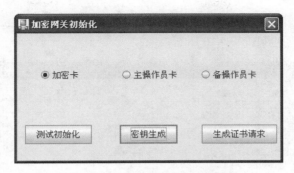

图 9-7-6　加密装置初始化界面

　　加密卡密钥生成成功后提示成功信息，然后可以生成加密卡的证书请求（装置的证书请求）。

　　（2）制作加密装置设备证书请求文件。单击密钥管理"初始化装置"，则弹出填写设备证书请求的对话框，如图 9-7-7 所示。

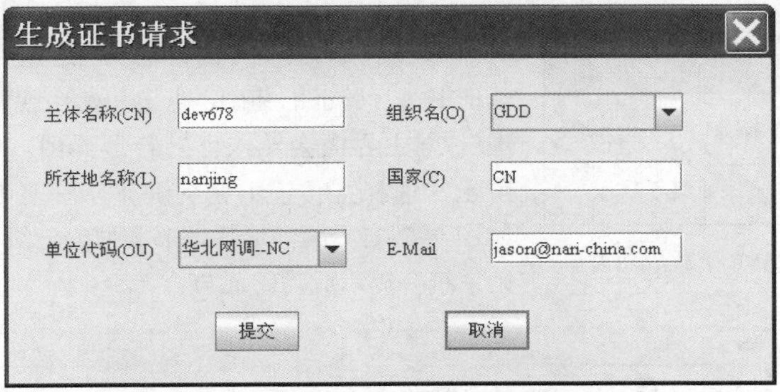

图 9-7-7　生成证书请求

　　主体名称：加密装置的唯一标识，建议采用装置所在厂站名。

　　组织名：GDD（默认）。

　　所在地名称：厂站所在地名称。

　　中国：CN（默认）。

　　单位代码：签发单位名称。

　　E-Mail：×××@×××.×××.×××。

　　按照上述说明填写后，单击"提交"按钮，证书请求生成成功后弹出成功信息，如图 9-7-8 所示。

图 9-7-8　CSR 生成提示

将生成的证书请求文件保存在本地安全存储介质中并提交给调度证书管理系统进行签发，如图 9-7-9 和图 9-7-10 所示。

图 9-7-9 文件下载目录

图 9-7-10 CSR 下载成功提示

（3）导入调度 CA 的根证书。这是后续对其他实体证书进行验证的基础，点击初始化管理→"证书管理"，则主界面会转入证书管理界面，如图 9-7-11 所示，选择上传证书 系统会弹出上传证书界面，如图 9-7-12 所示。选择证书类型为一级证书并导入，则系统会提示成功验证与否。

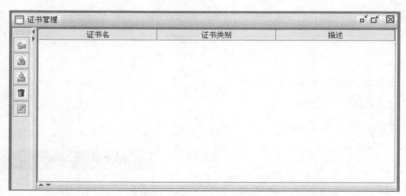

图 9-7-11 证书管理界面

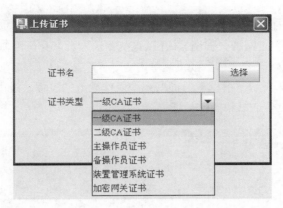

图 9-7-12 上传证书

（4）导入中级 CA 证书（网省调证书）。操作方法同上。

（5）导入主备操作员证书。操作方法同上。

（6）导入装置管理系统证书。操作方法同上。

（7）导入和本地加密装置通信的对端设备证书。操作方法同上。

导入全部证书后，单击 重新检验系统的初始化工作，如图 9-7-13 所示。先插入密钥管理卡，并进行登录，系统会检查当前的初始化状态，判断装置是否正确初始化，并提示用户。

图 9-7-13 初始化完成后的证书界面

3. 证书申请

在加密认证装置初始化的过程中，需要将生成的加密装置证书请求文件提交给电力调度证书服务系统进行签发，生成装置设备证书。具体流程如下所述。

加密装置生成证书请求文件后，将证书请求文件以可存储介质形式拷贝到各级调度证书系统上（国调、网调、省调），并以系统"录入员"身份用 UsbKey 登录证书系统；选择"导入证书请求信息"按钮，单击"导入"按钮，则将请求信息输入到证书系统，如图 9-7-14 所示。根据电力证书系统操作规范的流程，经由"审核员"审核，"签发员"签发出设备证书和操作员证书。

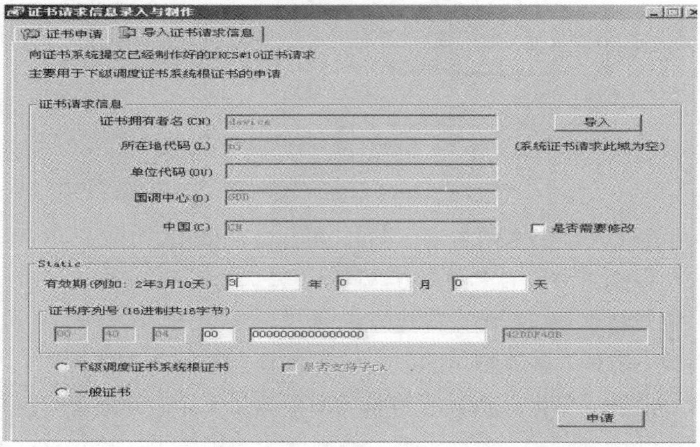

图 9-7-14　加密认证装置证书请求信息录入与制作

注：在不具备调度证书系统的条件下，可以采用配套光盘里的专用证书工具签发证书。

【思考与练习】
1. 简述加密装置的登录过程。
2. 简述加密装置的初始化过程。
3. 简述加密装置的证书导入过程。

▲ 模块 8　加密装置配置（Z38G3010Ⅱ）

【模块描述】本模块包含加密装置系统信息配置、网络接口配置、路由信息配置、隧道配置、安全策略配置。通过操作过程详细介绍，掌握加密装置的设备配置方法。

【模块内容】

加密认证装置位于电力控制系统的内部局域网与电力调度数据网络的路由器之间，为透明安全防护装置。装置的内网接口连接内部局域网，外网接口连接数据网，每个网络接口可以设置一个或者多个虚拟地址。本模块以南瑞的 NetKeeper-2000 型装置为例，介绍加密装置的配置过程。

一、加密装置配置登录

加密认证装置的配置主要是规则配置。在用户登录成功后，单击"规则配置"，在其下拉菜单中可以进行系统配置、网络配置、路由配置、隧道配置、安全策略配置等，如图 9-8-1 所示。

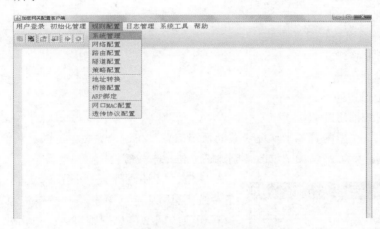

图 9-8-1　规则配置界面

在图 9-8-1 中，选择任意一项配置后，均会进入主配置界面，如图 9-8-2 所示。

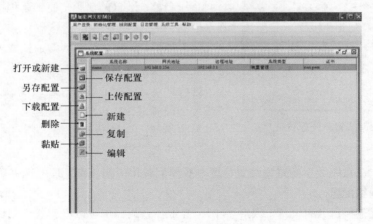

图 9-8-2　主配置界面

主配置界面左侧的编辑功能键描述如下（在其他项配置界面中编辑功能键的作用类似，下文中只以相应的图标加以表示，具体功能不再赘述）：

▢：打开配置或新建配置文件。

▢：保存配置。

▢：另存配置将配置信息保存至本地。

▢：上传配置信息至装置。

▢：下载装置配置信息到本地。

▢：建立新的配置信息。

▢：删除相关的配置信息

▢：复制资源。

▢：黏贴资源。

▢：编辑资源。

二、系统信息配置

系统配置主要配置加密认证装置的系统信息，在这个界面中可以对装置系统信息作一系列操作例如：增加、修改、删除、上传、下载等。

单击"规则配置"→"系统管理"，选中某一条系统信息规则之后单击▢（编辑资源），若原先没有相应的网络信息规则可以先单击▢（新建资源）并将其选中后单击编辑资源进入具体界面，如图 9–8–3 所示。

系统名称：装置的名称，便于远程标识装置的基本信息。

装置地址：加密装置的外网地址或者外网卡上用于被管理或审计所设置的地址。

远程地址：远程的装置管理系统、日志审计系统或者远程调试计算机的网络地址。

系统类型：包括装置管理、日志审计、远程调试。

图 9–8–3　装置系统配置信息

证书：在系统类型配置为装置管理时必须配置相应的装置管理的证书名称。

三、网络配置

加密认证装置共有 4 个以太网接口，其中任意网口都可以设置成内网口或者外网口。在实际的配置中，需要对加密认证装置的网络接口配置虚拟地址以便和内外网进行通信，内外网虚拟地址可以为相同网段，也可以为不同网段。

在网络配置界面中可以对装置网络信息作一系列的配置如：增加、修改、删除、上传、下载等。

单击"规则配置"→"网络配置"进入配置主界面之后选中相应的网络配置信息单击▣（编辑资源），若原先没有相应的网络信息规则可以先单击▢（新建资源）再单击编辑资源进入网络配置界面，如图 9-8-4 所示。

网络接口：所要配置的装置网口的名称，例如 eth0/eth1 等。

接口类型：装置网口的类型，分别有 PRIVATE（内网口）、PUBLIC（外网口）、BACKUP（互备口）、CONFIG（配置口）、BRIDGE（桥接口）。

IP 地址：所要配置网口的 IP 地址。

子网掩码：所要配置网口的掩码。

接口描述：所要配置网口的相关描述信息。

VLANID：所要配置网口的 VLAN ID 信息。

四、路由配置

加密认证装置需要对加密和解密过的 IP 报文进行路由选择，路由配置信息针对加密装置的内外网虚拟地址，通过路由地址关联内外网的网络地址信息。

在这个界面中可以对装置路由信息作一系列的配置例如：增加、修改、删除、上传、下载等。

单击"规则配置"→"路由配置"进入路由配置界面，之后选中相应的路由配置信息单击▣，若原先没有相应的路由信息规则可以先单击▢（新建资源）再单击编辑资源进入路由配置界面，如图 9-8-5 所示。

图 9-8-4 装置地址配置   图 9-8-5 路由信息配置

路由名称：路由信息的名称描述。

网络接口：要用到路由的出口网卡的名称一般为外网口。

目的网络：要实现通信的外网侧的所在网段。

目的掩码：路由信息的目的网络地址的子网掩码。

装置地址：加密装置的外网口通信地址。

VLANID：所要配置的网口 Vlan 信息。

五、隧道配置

隧道为加密认证装置之间协商的安全传输通道，隧道成功协商之后会生成通信密钥，进入该隧道通信的数据由通信密钥进行加密，隧道可以设置隧道周期和隧道容量，当隧道的通信时间达到指定传输周期后或者数据通信量达到指定容量后，加密装置之间会重新进行隧道密钥的协商，保证数据通信的安全。

单击"规则配置"→"隧道配置"进入隧道配置界面，之后选中相应的隧道配置信息单击囗，若原先没有相应的隧道信息规则可以先单击囗（新建资源）再单击编辑资源进入隧道配置界面，如图 9-8-6 所示。

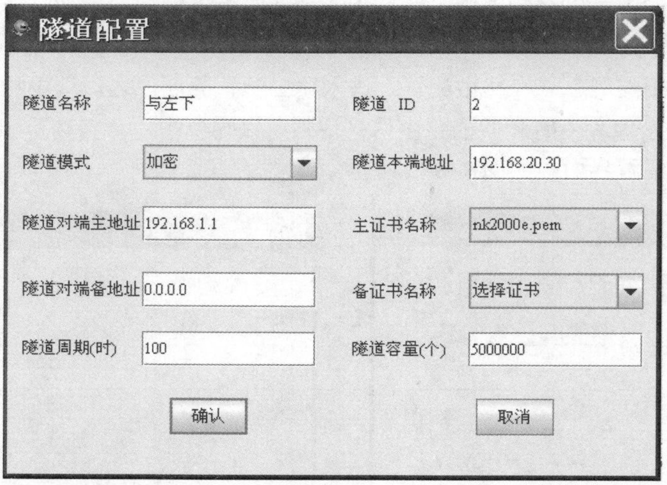

图 9-8-6　隧道配置

隧道名称：隧道的相关描述。

隧道 ID：隧道的标识，关联隧道的所有信息。

隧道模式：隧道模式分为两类：加密、明通。明通模式下，隧道两端装置不进行密钥协商，隧道中的所有数据只能通过明通方式（但可以对数据包进行安全过滤与检查，即只有配置了相关的通信策略的数据传输才能通过装置，否则装置会将不合法的报文全部丢弃）进行传输；加密模式下，隧道中的数据报文会根据协商好的密钥将相关通信策略的数据报文进行封装和加密，保证数据传输的安全性。

隧道本端地址：本端隧道的地址，即本侧加密装置的外网虚拟 IP 地址。

隧道对端主地址：对端隧道的主地址，即对端加密装置（主机）的外网虚拟 IP 地址。

主装置证书名称：对端主隧道的证书名称。对端加密装置的主设备证书名称需与初始化导入的对端加密装置证书名称一致。

隧道对端备地址：对端隧道的备用地址，即对端加密装置（备机）的外网。

虚拟 IP 地址。如果对端无备用装置，则隧道备地址为 0。

备装置证书：对端备隧道的证书名称。对端加密装置的备设备证书名称需与初始化导入的对端备加密装置证书名称一致。

隧道周期：隧道密钥的存活周期（以小时为基本计量单位）。超过设定的存活周期，装置会自动重新协商密钥。

隧道容量：隧道内可加解密报文总字节数的最大值，在隧道内加解密报文的总字节数一旦超过此值，隧道密钥立刻失效，装置会自动重新协商密钥。

六、策略配置

加密通信策略用于实现具体通信策略和加密隧道的关联以及数据报文的综合过滤，加密认证装置具有双向报文过滤功能，与加密机制分离，独立工作，在实施加密之前进行。过滤策略支持以下内容：

（1）源 IP 地址（范围）控制。

（2）目的 IP 地址（范围）控制。

（3）源 IP（范围）＋目的 IP 地址（范围）控制。

（4）TCP、UDP 协议＋端口（范围）控制。

（5）源 IP 地址（范围）＋TCP、UDP 协议＋端口（范围）控制。

（6）目标 IP 地址（范围）＋TCP、UDP 协议＋端口（范围）控制。

点击"规则配置"→"策略配置"进入策略配置界面，之后选中相应的策略配置信息单击，若原先没有相应的策略信息规则可以先单击（新建资源）再单击编辑资源进入策略配置界面，如图 9-8-7 所示。

如果对端加密认证装置存在备机，应该配置两条相同的策略，只是关联的隧道 ID 不同。

隧道 ID：隧道配置中设定的隧道 ID 信息。通过此信息，可以将策略关联到具体的隧道，以便对需要过滤的报文进行加解密处理。

工作模式：工作模式分为明通、加密或者选择性保护。

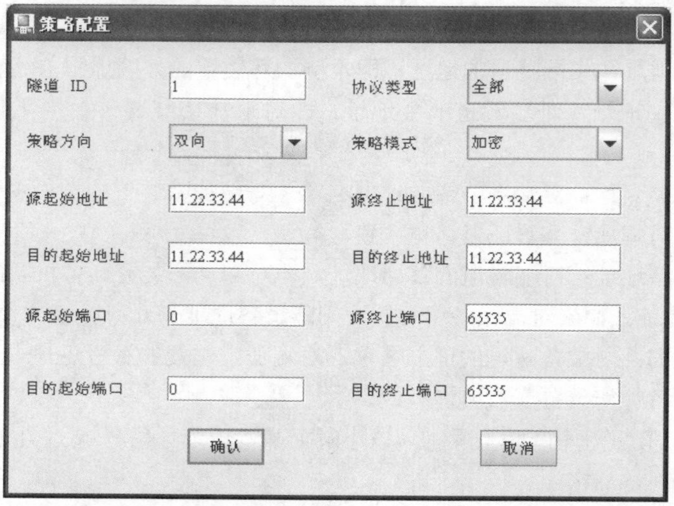

图 9-8-7 策略配置

源起始地址和源目的地址：本端通信网段的起始和终止地址，如果为单一通信节点，则源起始地址和源目的地址设置为相同。

目的起始地址和目的终止地址：对端通信网段的起始和终止地址，如果为单一通信节点，则目的起始地址和目的终止地址设置为相同。如果对端装置启用地址转化功能，则目的地址为对端装置的外网虚拟 IP 地址。

协议：支持 TCP、UDP、ICMP 等通信协议。

传输方向：此配置字段可以控制数据通信的流向，分为内→外、外→内和双向。

源起始端口和源终止端口：通信端口配置范围在 0~65 535 之间。

目的起始端口和目的终止端口：通信端口配置范围在 0~65 535 之间。对于通信进程的服务端，起始和终止端口可配置为相同。

【思考与练习】

1. 加密装置的配置包括哪些内容？

2. 加密装置的策略配置支持哪些过滤策略？

3. 加密装置的隧道配置有哪几种模式？

▲ 模块 9 加密装置的调试（Z38G3011Ⅱ）

【模块描述】本模块包含加密装置远程管理、日志管理、信息查询、系统诊断等测试项目。通过操作过程详细介绍，掌握加密装置的调试方法。

【模块内容】

加密装置的调试主要是对装置的硬件进行测试，并对网络配置进行检查，在遇到故障时，可通过日志管理、信息查询等功能查询历史告警信息以及设备运行状态。本模块以南瑞的 NetKeeper-2000 型加密装置为例，对加密装置的调试进行介绍。

一、加密装置硬件测试

加密装置内嵌电力专用密码模块和智能 IC 接口模块，为了排查加密装置系统有可能出现的数据通信错误，配置管理软件提供了对数据加密模块和智能读写器设备的调试诊断功能。

图 9-9-1 所示为密装置调试软件主页面，点击"初始化管理"下拉菜单中的"硬件测试"，则出现图 9-9-2 所示的硬件测试界面。

图 9-9-1　调试主页面

1. 加密单元设备调试

在图 9-9-2 所示界面中单击"加密卡测试"右侧的"测试"按钮，加密装置自动对加密单元进行检测，测试结果如图 9-9-3 所示。

图 9-9-2　硬件测试界面

图 9-9-3　加密卡测试结果

2. 智能 IC 卡单元测试

在图 9-9-2 所示界面中单击"IC 卡测试"右侧的"测试"按钮，加密装置自动对智能 IC 读写器单元进行检测，测试结果正常如图 9-9-4 所示。

如果提示测试失败（见图 9-9-5），请检查您的卡片是否插到位，面板上的 CRW 读卡器指示灯是否正常闪烁，如果在测试过程中，CRW 灯不闪烁，请及时与设备厂家联系。

图 9-9-4　IC 卡测试正常

图 9-9-5　IC 卡测试不正常

二、系统诊断

系统诊断用于确认和对端加密装置的连通情况，在系统诊断界面中输入对端加密装置的外网虚拟 IP 地址使用 ping 命令进行测试，单击"开始"，装置自动探测对端装置，如图 9-9-6 示。

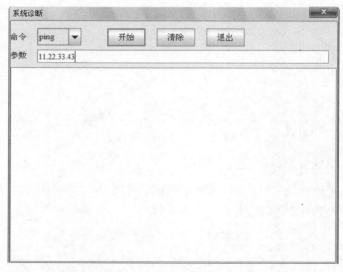

图 9-9-6　系统诊断界面

测试结果返回如图 9-9-7 所示。

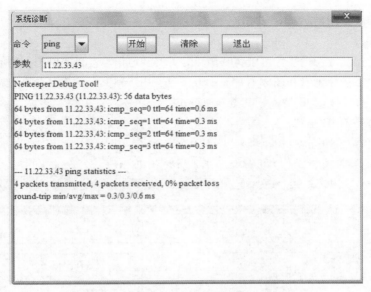

图 9-9-7　系统诊断结果

三、日志管理

加密装置具备专用安全日志存储单元，可以对装置日志进行审计。单击导航栏或者菜单中的"日志审计"，则将从装置中载入加密日志并自动解密分析其内容，为安全审计提供基础数据源，如图 9-9-8 所示。单击可以刷新当前页面，单击可以审计历史日志。

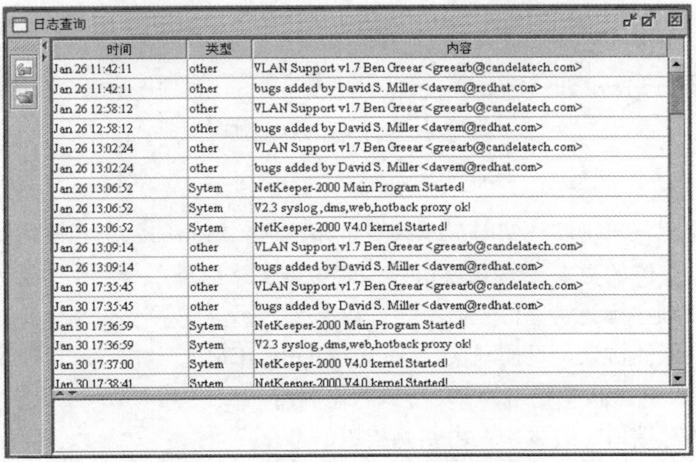

图 9-9-8　日志分析界面

四、信息查询

1. 隧道管理

加密装置配置管理软件可以实时浏览装置的隧道信息,只要单击左侧的更新 按钮。隧道信息按照列表和图标两种显示方式方便用户审阅。选中某个隧道后可以通过重置 按钮,对隧道重置,让其重新协商。

ID:隧道的 ID 信息;

状态: 隧道正常, 隧道异常;

热备: 对端装置是主机 对端装置是备机;

统计信息: | 加密次数 | 解密次数 | 加密错误... | 解密错误... | TCP包 | UDP包 | ICMP包 |

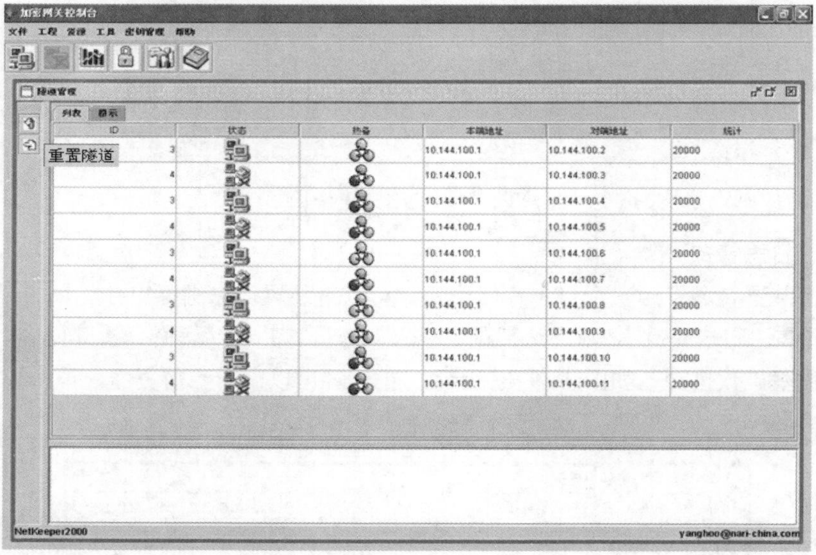

图 9-9-9 隧道列表示意图

2. 链路管理

加密装置配置管理软件实时显示装置链路信息,链路的状态和链路的统计信息。用户只需单击左侧的更新 按钮就可以实时查询链路信息。

ID:按照顺序标记链路的记数。

协议:链路的协议,目前只支持 TCP、UDP、ICMP 三种。

状态: 链路状态正常, 链路状态异常。

源地址和源端口:装置所在内网侧应用信息。

目的地址和目的端口:装置所在外网侧应用信息。

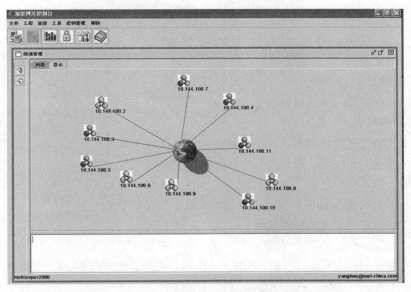

图 9-9-10　隧道拓扑示意图

统计信息：IN 为内向外报文个数，OUT 为外向内报文个数。

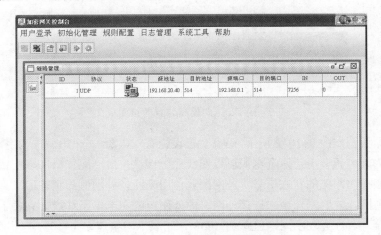

图 9-9-11　链路实时浏览

【思考与练习】

1. 加密装置的硬件测试有哪些内容？

2. 加密装置的系统诊断怎么进行？

3. 加密装置信息查询有哪些内容？

▲ 模块 10 隔离装置的硬件组成（Z38G3005 I）

【模块描述】本模块介绍典型隔离装置的结构、功能以及工作模式。通过举例介绍，掌握隔离装置的系统组成。

【模块内容】

为保证电力生产控制系统及重要数据的安全，抵御黑客、病毒、恶意代码等各种形式的恶意攻击和破坏，根据国家电监会第 5 号令《电力二次系统安全防护规定》在生产控制大区（安全区 I／II）和管理信息大区（安全区 III）之间需要加装正、反向隔离装置，用于安全区 I／II 到安全区 III 的单向数据传递。

一、正向隔离装置的外观结构

以 SysKeeper-2000 网络安全隔离产品为例，它是一个外形为标准 1U 装置。其前面板图如图 9-10-1 所示。前面板上的 3 个指示灯，分别是电源指示灯、内网灯和外网灯。内网灯亮表示有数据从内网传输到外网；外网灯亮表示有数据从外网传输到内网。如果内外网数据传输的流量太小，可能观察不到内外网灯的闪烁，此时可以根据后面板网卡指示灯的情况观察是否有数据接收和发送。

图 9-10-1 正向隔离装置的正面视图

其后面板图如图 9-10-2 所示。隔离装置设计有双电源，一个电源作为主电源供电，另一个作为辅电源备份，两个电源可以在线无缝切换；内网配置口用来配置正向隔离装置，并监控内网侧的状态信息，外网配置口用来监控外网侧的状态信息；内网网口用来连接内网，外网网口用来连接外网，内外网口的网卡指示灯绿灯亮表示网口与网络正确连接，黄灯亮表示网络速率是 100M，暗表示网络速率是 10M，闪烁表示有数据正在接收或发送；双机接口支持隔离装置的双机热备；告警接口支持使用标准 Syslog协议输出报警信息。

二、反向隔离装置的外观结构

反向隔离装置其前面板图与正向隔离装置一样，如图 9-10-3（a）所示。其后面板如图 9-10-3（b）所示。

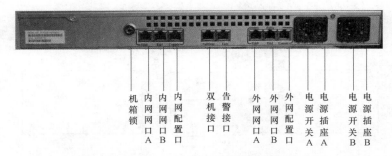

图 9-10-2　正向隔离装置的背面视图

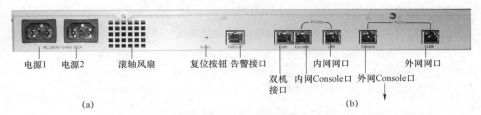

图 9-10-3　反向隔离装置的背面视图

（a）前面板；（b）后面板

反向隔离装置设计有双电源，有一个电源作为主电源供电↓，一个作为辅电源作备份，这种设计可以有效地提高电源工作的可靠性及延长整个系统的平均无故障工作时间。最左边是电源开关 1，然后是电源插座 1，电源开关 2，电源插座 2，系统复位按钮。内网 Console 口用来对安全隔离设备的内网侧状态信息进行监控，内网网口用来连接内网，外网 Console 口用来对安全隔离设备的进行配置，外网网口用来连接外网。双机接口用做主、备机的双机热备份，告警接口通过专用协议输出报警信息。

三、隔离装置的内部硬件结构

SysKeeper-2000 正向和反向安全隔离产品的硬件结构大同小异，产品硬件均采用高性能嵌入式计算机芯片，双机之间通过高速物理传输芯片进行物理连接，底板上有 10M/100M 以太网接口用来连接要隔离的两个网络。主板上的串口可以用来连接配置终端，方便管理人员对网络安全隔离设备的控制，硬件看门狗时刻监视系统状态，保证隔离装置的稳定、可靠运行。图 9-10-4 所示为正向隔离装置的硬件结构图。

四、网络安全隔离装置的部署

SysKeeper-2000 网络安全隔离装置的安装和部署非常简单，隔离装置部署在网络的唯一出口处，通过内网接口和外网接口，分别与内网和外网相连。内网和外网的数据交换必须通过隔离装置，以便保护安全的内部网络。在电力二次系统安全防护实施方案中，正、反隔离装置分别部署在生产控制大区和管理信息大区的边界，如图 9-10-5 所示。

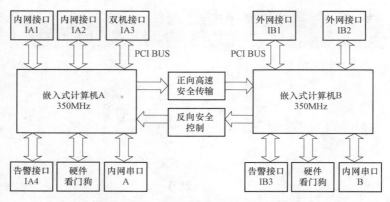

图 9-10-4 正向隔离装置的硬件结构图

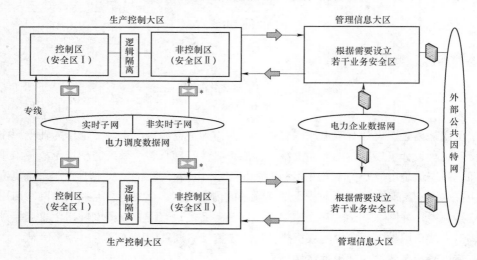

图 9-10-5 网络安全隔离装置的部署示意图

【思考与练习】

1. 网络安全隔离装置前面板图中的灯分别表示什么意思?

2. 正向隔离装置网卡绿灯、黄灯、暗、闪烁分别表示什么意思?

3. 反向隔离装置的内外网 Console 口分别有什么用?

4. 请画出网络安全隔离装置部署示意图。

模块 11　隔离装置的安装（Z38G3006Ⅰ）

【模块描述】本模块介绍隔离装置安装工艺要求和安装流程。通过操作过程详细介绍，掌握隔离装置的安装要求。

【模块内容】

一、安装内容

隔离装置安装；电缆布放及连接。

二、安装准备

为保证整个设备安装的顺利进行，需要准备以下相关技术资料及工具材料：

（1）施工技术资料：合同协议书、设备配置表、会审后的施工设计图、安装手册。

（2）工具和仪表：剪线钳、压线钳、各种扳手、螺钉旋具、数字万用表、标签机等。仪表必须经过严格校验，证明合格后方能使用。

（3）安装辅助材料：交流电缆、接地连接电缆、网线、接线端子、线扎带、绝缘胶布等，材料应符合电气行业相关规范，并根据实际需要制作具体数量。

三、机房环境条件的检查

（1）机房的高度、承重、墙面、沟槽布置等是否满足规范及设计要求。

（2）机房的门窗是否完整、日常照明是否满足要求。

（3）机房环境及温度、湿度应满足设备要求。

（4）机房是否具备施工用电的条件。

（5）有效的防静电、防干扰、防雷措施和良好的接地系统检查。

（6）机房走线装置检查，比如走线架、地板、走线孔等内容。

（7）机房应配备足够的消防设备。

四、安全注意事项

（1）施工前，对施工人员进行施工内容和安全技术交底，并签字确认。

（2）现场施工人员应经过安全教育培训并能按规定正确使用安全防护用品。

（3）施工用电的电缆盘上必须具备触电保护装置，电缆盘上的熔丝应严格按照用电容量进行配置，严禁采用金属丝代替熔丝，严禁不使用插头而直接用电缆取电。

（4）仪器仪表应经专业机构检测合格。

五、操作步骤及质量标准

隔离装置安装的安装步骤为：开箱检查→子架安装及电缆布放→软件安装→安装

检查。设备安装应符合施工图设计的要求。

1. 开箱检查

（1）检查物品的外包装的完好性；检查机箱有无变形和严重回潮。

（2）检查产品的标志、出厂日期和序列号是否正确。

（3）检查一次性产品封条的完好性和封条的序列号。

2. 子架安装及电缆布放

（1）子架位置应符合设计要求。

（2）子架安装应牢固、排列整齐、插接件接触良好。

（3）子架接地要可靠牢固，符合规范要求。

（4）线缆布放应整齐美观，标示齐全。

3. 安装后检查

（1）检查子架安装是否牢固，电源线、保护接地线、网线安装是否整齐美观。

（2）检查电源电压是否在设备允许的电压范围内。

（3）检查设备的网口线连接是否正确。

（4）检查标签、标识是否正确、完备。

4. 软件安装

SysKeeper–2000 安全隔离产品随机带有软件安装光盘，适用于 Windows2000/XP/9x 等操作系统的用户。软件安装步骤如下：

（1）将安装盘插入光盘驱动器中，然后在 Windows 资源管理器中双击该盘中的/配置软件/setup.exe 文件，即可自动安装客户端程序。

（2）屏幕出现 SysKeeper–2000 配置安装程序，单击"下一步"按钮。出现软件使用协议条款，选择"同意"接受条款，选择"拒绝"退出安装。

（3）出现安装目录窗口，提示用户输入安装目录，选择"浏览"按钮更改安装目录，单击"下一步"按钮继续。

（4）选择程序管理器组，单击"下一步"按钮继续。

（5）选择设置选项，单击"下一步"按钮继续。

（6）接着是确认安装信息，单击"下一步"按钮开始安装。

（7）安装完成，单击"完成"按钮。

【思考与练习】

1. 机房环境条件的检查应主要检查哪些内容？

2. 设备开箱检查应主要检查哪些内容？

3. 设备安装后检查主要检查哪些内容？

▲ 模块 12　隔离装置配置（Z38G3012Ⅱ）

【模块描述】本模块包含隔离装置用户登录、安全规则配置。通过操作过程详细介绍，掌握隔离装置的设备配置方法。

【模块内容】

网络安全隔离装置的配置主要包括安全策略的配置、用户管理配置以及日志管理的配置。

一、安全策略的配置

安全策略的配置是为安全隔离设备提供基本的安全保障，根据管理员预先设定的规则，安全隔离设备对收到的每一个数据包进行检查，从它们的包头中提取出所需要的信息，如源 MAC 地址、目的 MAC 地址、源 IP 地址、目的 IP 地址、源端口号、目的端口号、协议等，再与已建立的规则逐条进行比较，并执行所匹配规则的策略，以保护内部安全网络不受外部攻击。

二、用户管理配置

为了更好地管理隔离装置，在隔离装置中可以设置两类用户：超级用户和普通用户。超级用户和普通用户的权限不同：超级用户可以增加、删除、修改隔离装置的配置规则，可以增加或删除隔离装置的普通用户，可以查询隔离装置的日志等；普通用户只可以查看隔离装置的配置规则和日志等。

三、日志管理的配置

日志管理功能用于查看隔离装置的运行日志，以供用户分析隔离装置的运行状况。SysKeeper-2000 网络安全隔离装置针对电力系统四安全区的网络拓扑结构，可以采用多种形式满足二次系统安全防护体系的要求。下面以 SysKeeper-2000 正向隔离装置在二层交换机运行模式下配置为例，说明其安全策略的配置。

1. 网络环境

如图 9-12-1 所示，内网主机为客户端，IP 地址为 192.168.0.1，虚拟 IP 为 10.144.0.2，MAC 地址为 00：E0：4C：E3：97：92；外网主机为服务端，IP 地址为 10.144.0.1，虚拟 IP 为 192.168.0.2，MAC 地址为 00：E0：4C：5F：92：93。假设 Server 程序数据接收端口为 1111，隔离装置内外网卡都使用 eth0。由于二层交换机不会修改经它转发出去的数据报文的源 MAC 地址，故配置规则时可以选择绑定内外网主机 MAC 地址或不绑定。

2. 配置步骤

（1）启动配置管理软件，软件界面如图 9-12-2 所示。

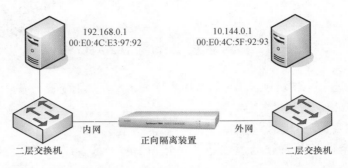

图 9-12-1 正向隔离装置在二层交换机运行模式下示意图

（2）用随机附带的配置串口线连接到安全隔离装置的内网配置串口（Console）。

（3）启动安全隔离装置的配置软件，然后单击"串口配置"菜单，在"端口"选项下选择相应串口的 COM 端口，如图 9-12-3 所示。

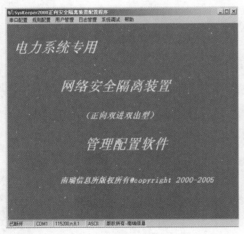

图 9-12-2 配置管理软件启动界面

图 9-12-3 串口配置界面

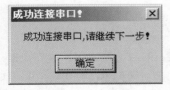

图 9-12-4 串口连接成功图

（4）点击"连接"选项。如果连接成功，系统将会提示成功连接串口，如图 9-12-4 所示；如果连接失败，系统也会提示连接串口失败，如图 9-12-5 所示。程序会反复重连 5 次，5 次都失败后，程序会自动退出。

（5）点击"规则配置"菜单下的"配置规则"选项（见图 9-12-6），系统会提示输入用户名和口令（见图 9-12-7）进行权限认证。隔离装置默认的系统管理员用户名/口令是 root/root。用户在使用隔离装置后，请立刻修改系统管理员口令。

图 9-12-5　串口连接失败图

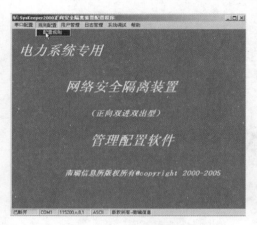

图 9-12-6　规则配置界面

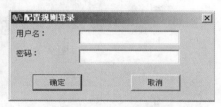

图 9-12-7　配置规则登录界面

（6）用户登录成功后，隔离装置会自动导出已存在的配置规则（见图 9-12-8），导出成功后进入"配置系统规则主界面"（见图 9-12-9），在"配置系统规则主界面"中配置用户规则如图 9-12-10 所示。

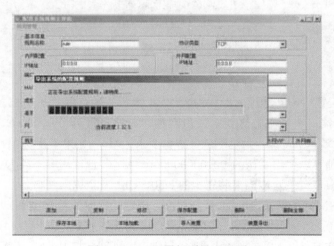

图 9-12-8　配置规则导出界面

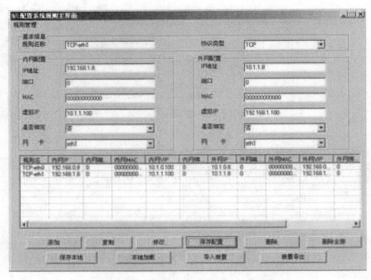

图 9-12-9 配置系统规则主界面

图 9-12-10 用户规则配置界面

注意事项：

1）规则配置中，IP 地址的形式为×.×.×.×，×的范围取 0～255。端口设置为 0 时，表示任意端口（没有特殊要求，内网端口应该设置为 0）。MAC 地址的形式为 ×××，其中×为十二位十六进制数（字母要求大写）。如果不使用 MAC 地址绑定功能，MAC 地址可以使用默认的 000000000000（MAC 地址内容不能为空）。网卡可以选择 eth0、eth1，分别对应隔离装置上的 eth0、eth1 两个以太网口。

2）如果内网向外网发送 UDP 广播报文，规则配置中外网 IP 地址设置为外网广播地址（10.144.0.255）或者全网广播地址（255.255.255.255）；外网 MAC 地址设置为 FFFFFFFFFFFF，外网 MAC 和 IP 需要执行绑定。外网虚拟 IP 地址设置为内网网段的广播地址（192.168.0.255）。

3）如果内网向外网发送 UDP 组播报文，规则配置中外网 IP 地址设置为外网组播地址，外网 MAC 地址设置为组播 MAC 地址，外网 MAC 和 IP 需要执行绑定，外网虚拟 IP 地址也设置为外网组播地址，内网虚拟 IP 地址设置为内网 IP 地址。

4）如果隔离装置两边主机是同一网段，虚拟 IP 地址与真实的 IP 地址相同。例如主机 C（10.144.100.1），与主机 D（10.144.100.2）进行通信，此时可以把主机 C 的虚拟 IP 地址设置为 10.144.100.1，主机 D 的虚拟 IP 地址设置为 10.144.100.2。

3. 配置保存

所有的规则配置完成后，首先单击"保存配置"按钮将配置文件保存到配置终端的内存中，然后单击"导入装置"按钮将规则导入到隔离装置内以完成规则配置。导入成功后，系统会提示"已成功导入，请重新启动"，重新启动隔离装置使配置规则生效。

【思考与练习】

1. 隔离装置配置主要包括哪些内容？
2. 安全策略配置的主要作用是什么？
3. 规则配置完成后应怎样操作使规则生效？

◢ 模块 13　隔离装置的调试（Z38G3013Ⅱ）

【模块描述】本模块包含隔离装置 PING 调试、链路状态监测等调试项目。通过操作过程详细介绍，掌握隔离装置的调试方法。

【模块内容】

一、工作内容

隔离装置的调试；利用 PING 命令诊断网络安全隔离设备与网络的连接是否正常，实时地监控隔离装置的配置信息和运行状态。

二、测试步骤

1. PING 命令

单击"系统调试"菜单下的"系统诊断工具"选项诊断网络连接情况，如图 9-13-1 所示。

以正向隔离装置在如图 9-13-2 所示网络连接诊断示例。

内网主机真实地址为 10.144.1.1，虚地址为 202.102.1.2；外网主机真实地址为 202.102.1.1，虚地址为 10.144.1.2。假设隔离装置与内外网络已经连接好，并且已经配置好规则。具体诊断步骤如下所述：

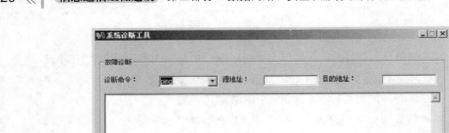

图 9–13–1 系统诊断工具

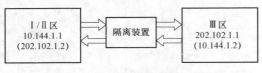

图 9–13–2 网络连接诊断示例图

（1）首先测试隔离装置与内网的连接是否正常。将配置串口线连接到隔离装置的内网配置口，连接串口成功后，选择系统诊断界面中的 ping 命令，源地址输入外网主机的虚地址，目的地址输入内网主机的真实地址。本例中源地址输入 10.144.1.2，目的地址输入 10.144.1.1。

（2）单击"开始调试"按钮，系统会提示正在导出系统调试信息。如果诊断信息为 ping success：10.144.1.1 to 10.144.1.1，则表示隔离装置与内网网络连接正常（见图 9–13–3）。否则诊断信息应为 ping error。

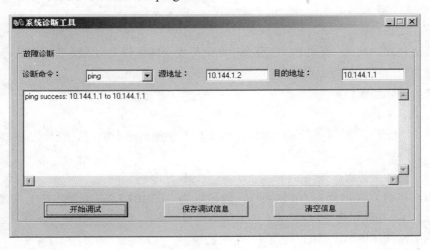

图 9-13-3　网络连接诊断结果

（3）测试隔离装置与外网的连接是否正常，与测试内网连接类似。将配置串口线连接到隔离装置的外网配置口，源地址应该输入内网主机的虚地址（202.102.1.2），目的地址输入外网主机的真实地址（202.102.1.1）。

2. 系统状态监视

要监控正向隔离装置的工作状态，只需将配置串口线连接到正向隔离装置的内网配置口即可。

（1）单击"系统调试"菜单下的"系统状态监视"选项监视隔离装置的链路信息状态如图 9-13-4 所示。

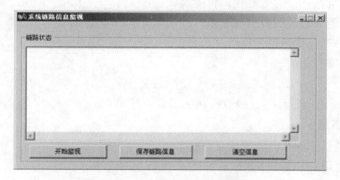

图 9-13-4　系统链路信息监视窗口

（2）单击"开始监视"按钮，系统会提示正在导出系统链路状态信息，导出成功后，即可查看当前正在运行的链路状态（见图 9-13-5）。

图 9-13-5　链路状态

在链路状态窗口中，链路信息的格式如下：

1，tcp，192.168.0.8，192.168.0.108，1627，9008，5802，10661，du #packets/s：970，bytes/s：959562

说明：

1——链路的序列号；

tcp——链路的协议类型（UDP 或 TCP）；

192.168.0.8——链路通过的数据包的源地址；

192.168.0.108——链路通过的数据包的目的地址（拟地址）；

1627——链路通过的数据包的源端口号；

9008——链路通过的数据包的目的端口号；

5802——链路通过的数据包个数；

10661——链路通过的数据包字节数；

du——链路存在的时间；

packets/s——当前链路通过的数据包个数的速率；

bytes/s——当前链路通过的数据包字节数的速率。

【思考与练习】

1. 隔离装置的调试内容主要有哪些？

2. 简述采用 PING 命令测试的步骤。

3. 简述进行系统状态监视的步骤。

第十章

主机设备安装与调试

▲ 模块 1　PC 服务器硬件组成（Z38G4001 I）

【模块描述】本模块包含了 PC 服务器的分类及硬件结构。通过 PC 服务器结构的要点讲解，掌握服务器的基本分类及硬件组成。

【模块内容】

一、PC 服务器基本概念

服务器是指在网络环境中能对网上其他用户提供某些服务的一种高性能计算机，英文名称叫 Server。相对于普通个人计算机来说，其高性能主要体现在高速的运算能力、长时间的可靠运行、强大的外部数据吞吐能力、多用户多任务的处理能力等方面，因此其内部硬件，如 CPU、芯片组、内存、磁盘系统、网络等，尽管与普通个人计算机相似，但稳定性、可靠性、安全性、可扩展性、可管理性等性能大为增强。同时其软件系统也采用了普通计算机没有的冗余技术、系统备份技术、在线诊断技术、故障预报警技术、内存纠错技术、热插拔技术和远程诊断技术等，使大多数故障能在不停机的情况下得到及时修复，具有极强的可管理性。PC 服务器与普通个人计算机的性能对比见表 10-1-1。

表 10-1-1　　　　　　　PC 服务器与普通个人计算机性能对比表

性能	PC 服务器	普通个人计算机
处理器	支持多 CPU，性能强	一般不支持多处理，性能较弱
输入/输出能力	强大	弱小
可管理程度	高	相对低
可靠性	非常高	相对低
扩展性	非常强	相对弱
安全性	高	相对低

二、PC 服务器的分类

1. 按 PC 服务器系统架构分

（1）非 x86 服务器，是指 RISC（精简指令集）架构服务器。即通常所讲的大型机、小型机、UNIX 服务器。它的指令系统相对简单，大部分复杂的操作则使用成熟的编译技术，由简单指令合成。目前在中高档服务器中普遍采用这一指令系统，通常使用 UNIX 等专用操作系统。其特点是价格昂贵、体系封闭，但稳定性、安全性较好。常用于大型企业及核心业务。

（2）x86 服务器，是指 CISC（复杂指令集）架构服务器。即通常所讲的 PC 服务器。基于 PC 机体系结构，使用 Intel 及其他兼容 x86 指令集的处理器芯片或使用 Windows 操作系统的服务器，常用的有 IBM 的 System X 系列服务器、HP 的 Proliant 系列服务器。其特点为价格便宜，兼容性好，稳定性、安全性相对较差，常用于中小企业及非关键业务。

2. 按 PC 服务器应用层次分

服务器应用层次分界会随着服务器技术的发展而有所变化，基本分为下述四类：

（1）入门级服务器。入门级服务器通常只使用一块 CPU，并根据需要配置相应的内存和大容量硬盘，必要时也会采用 RAID 技术进行数据保护，入门级服务器主要针对基于 Windows 或 NetWare 等网络操作系统的用户，可以满足中小型网络用户的文件共享、打印服务、数据处理、简单数据库应用的需求。

（2）工作组级服务器。工作组级服务器一般支持 1～2 个 CPU，可支持大容量的可纠错内存，功能全面，可管理性强，易于维护，具备小型服务器所必备的各种特性，如采用 SCSI 总线的 I/O 系统、SMP 对称多处理结构，可选装 RAID、热插拔硬盘、电源等，具有高可用性特性。适用于中小企业的 Web、邮件等服务。

（3）部门级服务器。部门级服务器一般可支持 2～4 个 CPU，具有较高的可靠性、可用性、可扩展性和可管理性。首先，其具有全面的服务器管理能力，可监测服务器温度、电压、风扇、机箱等状态参数；其次，可结合服务器管理软件，使服务器管理人员及时了解服务器工作状况。该类服务器具有优良的系统扩展性，能够及时在线升级系统。适用于中型企业的数据中心、Web 站点等业务。

（4）企业级服务器。企业级服务器最起码使用 4 个以上 CPU 的对称处理器结构，属于高档服务器系列，CPU 最高可达几十个。通常具有独立的双 PCI 通道和内存扩展板设计，具有高内存带宽、大容量热插拔硬盘和热插拔电源、超强的数据处理能力和群集性能等。适用于需要处理大量数据、高处理速度和极高可靠性要求的大型企业和重要数据业务。

3. 按 PC 服务器用途分

（1）通用型服务器。通用型服务器不是为某种特殊服务专门设计的，是可以提供各种服务功能的服务器，目前绝大多数服务器为通用型服务器。该类服务器在设计时兼顾了多方面的应用需要，其结构相对较为复杂，性能较强，价格较贵。

（2）专用型服务器。专用型服务器是专门为某一种功能或几种功能设计的服务器。在某些方面与通用型服务器不同，如用于存放光盘镜像文件的光盘镜像服务器就需要有相应的大容量、高速度的硬盘与之匹配。

4. 按 PC 服务器机箱结构分

（1）台式服务器。台式服务器又称为塔式服务器，有的台式服务器大小类似普通立式计算机，有的采用大容量的机箱，像个机柜。

（2）机柜式服务器。机柜式服务器通常为高档服务器，其内部结构复杂、内部设备较多，有的还具有许多不同的设备单元或几个服务器放在一个机柜中。

（3）机架式服务器。机架式服务器的外形像网络交换机，有 1U（1U=1.75 英寸）、2U、4U 等规格，机架式服务器安装在标准机柜中，每个机柜可安装多个机架式服务器，该类服务器多为功能型服务器。

（4）刀片式服务器。刀片式服务器是一种高可用、高密度的低成本服务器平台，是专门为特殊应用行业和高密度计算机环境设计的；其中每一块刀片实际上就是一块系统母板，类似于一个独立的服务器。在这种模式下，每一个母板运行独立的系统，服务于特定的用户群，相互之间没有关联。也可以使用软件将这些母板集合成为集群模式，在该模式下，母板可以连接起来提供高速的网络环境，可以共享资源，为相同的用户群服务。

三、PC 服务器组成单元介绍

以企业常用的机架式服务器为例，PC 服务器的组成单元如下：

1. 服务器正面

典型服务器正面视图如图 10-1-1 所示，该服务器前面板包括热插拔硬盘仓位、散热窗口、光驱、软驱、前置 USB 接口、VGA 接口、故障诊断灯以及电源按钮等。

图 10-1-1　服务器正面视图

2. 服务器背面

典型服务器背面视图如图 10-1-2 所示，服务器后面板包括电源仓位、两个 PS/2 接口、一个串口、两个千兆以太网口、一个 KVM 接口、一个 VGA 接口、两个 USB 接口和一个外置 SCSI 接口等。

图 10-1-2　服务器背面视图

3. 服务器配件

（1）服务器内存。服务器内存与普通个人计算机内存没有实质性的区别，主要是在内存上引入了一些新的特有的技术，如 ECC（错误检查和纠正）、Chipkill（新的 ECC 内存保护技术）、热插拔技术等，具有极高的稳定性和极强的纠错性能。

（2）服务器硬盘。服务器硬盘是服务器的数据仓库，所有的软件和用户数据都存储在这里。服务器硬盘通常使用高速、稳定、安全的 SCSI 硬盘，以适应大数据量、超长工作时间的工作环境。服务器硬盘具有速度快、可靠性高、多使用 SCSI 接口和可支持热插拔四大特点。

（3）服务器网卡。服务器网卡用于服务器与交换机等设备之间连接，通常具有网卡数量多、数据传输速度快、CPU 占用率低、安全性能高等特点。

（4）服务器 CPU。服务器 CPU 大多采用 SMP（对称多处理）技术，一台服务器汇集一组处理器（多 CPU），各 CPU 之间共享内存子系统及总线结构，极大地提高了整个系统的数据处理能力。所有的处理器都可以平等地访问内存、输入/输出和外部中断。

（5）RAID 卡。RAID 为独立磁盘冗余阵列，亦简称磁盘阵列。它是一种把多块独立的硬盘（物理硬盘）按不同方式组合起来形成一个硬盘组（逻辑硬盘），从而提供比单个硬盘更高的存储性能和数据冗余的技术。RAID 卡就是用来实现 RAID 功能的板卡，通常由 I/O 处理器、SCSI 控制器和缓存等一系列零组件构成。组成磁盘阵列的不同方式称为不同的 RAID 级别，不同的 RAID 级别代表着不同的存储性能、数据安全性和存储成本。RAID 技术经过不断发展，现在拥有了 RAID0～RAID6 七种基本级别。

（6）服务器电源。目前常用的服务电源标准有 ATX 和 SSI 两种。一般来说，ATX 标准使用较普遍，适用于桌面 PC 机、工作站、低端服务器。SSI 标准是专为服务器制定的，适用于高、中、低端服务器。

【思考与练习】

1. PC 服务器的概念是什么？与普通个人计算机的区别是什么？
2. PC 服务器的主要配件有哪些？
3. PC 服务器按应用层次可分为哪几类？

▲ 模块 2　小型机硬件组成（Z38G4002 I ）

【模块描述】本模块介绍小型机的基本概念及硬件组成。通过结构要点讲解，掌握小型机的基本概念及硬件组成。

【模块内容】

一、小型机概念

小型机是指运行原理类似于个人计算机和服务器，但性能及用途与 PC 服务器截然不同，其性能和价格介于 PC 服务器与大型主机之间的一种高性能 64 位计算机，通常采用 8～32 个 CPU 处理器。小型机相对具有更高的运算处理能力、高可靠性、高服务性和高可用性。

1. 高运算处理能力

（1）采用 8～32 核处理器，实现多 CPU 协同处理功能。

（2）配置超过 32GB 的海量内存容量。

（3）系统设计有专用高速 I/O 通道。

2. 高可靠性：能够持续运转，从不停机

（1）采用了大型机、中型机的高标准的系统与部件设计技术。

（2）采用高稳定性的多任务 UNIX 类操作系统。

3. 高服务性

能够及时在线诊断，精确定位出根本问题所在，准确无误地快速修复故障。

4. 高可用性

小型机采用多冗余体系结构设计：如冗余电源系统、冗余输入/输出系统、散热系统等，因此重要资源都有备份；能检测到潜在的问题，并能转移其运行的任务到其他资源，以减少停机时间，保持生产的持续运转；具有实时在线维护和延迟性维护功能。

二、小型机硬件组成

目前小型机具有区别于 PC 服务器的特有的体系结构，各制造厂家生产的小型机均加入了各自的专利技术，有些还采用小型机专用 CPU，目前生产小型机的厂商主要有 IBM、HP、SUN、浪潮等。下面以 IBM P550 小型机为例，作为典型设备分析。

1. IBM P550 小型机外观结构介绍

IBM P550 小型机外观类似于有 4U（1U 相当于 1.75 英寸）高度的机架式服务器，其 CPU 采用可扩展的 POWER6 处理器，硬盘为可扩展的 SCSI 硬盘，双电源系统设计。

2. IBM P550 小型机前视图

IBM P550 小型机前视图如图 10-2-1 所示，主要包括硬盘、SCSI Device（Tape）、内置 4mm 磁带机、IDE Device、光盘驱动器、控制面板等。

图 10-2-1　前视图

3. IBM P550 小型机后视图

IBM P550 小型机后视图见图 10-2-2，主要包括电源模块、散热风扇、PCI 卡、集成串口、扩展 I/O 柜电源控制接口、与 HMC 连接端口、USB 口、集成网口、扩展 I/O 柜输入输出端口、指示灯等。

图 10-2-2　后视图

三、小型机系统组成

小型机系统通常是由小型机、存储通过网络连接起来的一套系统。每套小型机系统可以根据用户的不同需求进行选择配置，通常由两台小型机组成主备双机系统（双机系统可以在冷备份或热备份方式下工作），同时独立配置一个或多个不同的存储系统。典型的小型机系统组成如图 10-2-3 所示，小型机 A、小型机 B 互为主备，每个主机分成不同的区域，每个分区可安装不同版本的操作系统，配置不同数量的 CPU 和内存，以完成不同的服务。同时也配备了各个型号的存储设备，各小型机各分区通过网络与各存储设备的相应数据存放区交换数据、信息。

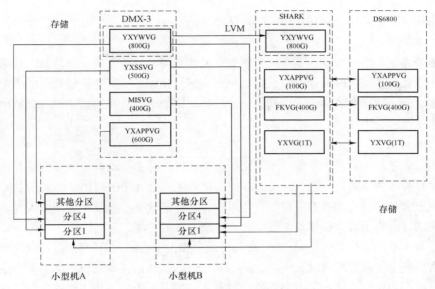

图 10-2-3　小型机系统组成

【思考与练习】

1. 小型机的基本概念是什么？

2. 小型机的特点是什么？

3. 典型小型机系统是如何组成的？

▲ 模块 3　存储设备基本概念（Z38G4003 I ）

【模块描述】本模块主要介绍存储的基本概念。通过基本概念要点讲解，掌握存储设备的分类。

【模块内容】

一、存储的基本概念

存储是根据不同的应用环境，通过采取合理、安全、有效的方式，将数据保存到某些介质上并能保证有效访问。存储包括两方面的含义：一是数据临时或长期驻留的物理媒介；二是存储是保证数据完整安全存放的方式或行为，存储就是把这两方面结合起来，向用户提供一套数据存放的解决方案。

二、存储设备分类

存储设备主要有磁带存储器、磁带库、磁盘阵列、光盘库、光盘塔等，结合所采用的网络存储方式还能分为 SAN 网络存储、NAS 网络存储、IP SAN 网络存储、虚拟磁带库等。下面简单介绍几种传统的存储设备。

1. 磁带存储器

磁带存储器的读写原理基本上与磁盘存储器相同，只是它的载磁体是一种带状塑料，叫作磁带。写入时可通过磁头把信息代码记录在磁带上。当记录代码的磁带在磁头下移动时，就可在磁头线圈上感应出电动势，即读出信息代码。磁带存储器由磁带机和磁带两部分组成。

2. 磁带库

磁带库是基于磁带的备份系统，它能提供同样的基本自动备份和数据恢复功能，但同时具有更先进的技术特点。它的存储容量可达到数百 PB（1PB=100 万 GB），可以实现连续备份、自动搜索磁带，也可以在驱动管理软件控制下实现智能恢复、实时监控和统计，整个数据存储备份过程完全摆脱了人工干涉。

磁带库不仅数据存储量大，而且在备份效率和人工占用方面拥有无可比拟的优势。在网络系统中，磁带库通过 SAN（Storage Area Network，存储局域网络）可形成网络存储系统，为企业存储提供有力保障，很容易完成远程数据访问、数据存储备份，或通过磁带镜像技术实现多磁带库备份，无疑是数据仓库、ERP 等大型网络应用的良好存储设备

3. 磁盘阵列

磁盘阵列，简称盘阵，计算机行业使用的一种企业级存储系统。盘阵把多个磁盘组合成一个阵列，通过 RAID 和虚拟化等技术手段，作为一个单一的存储设备来使用。通过把数据分散在不同的物理磁盘中，盘阵可以减低数据的访问时间，提高访问速度；通过 RAID 等容错机制，它可以提高数据的安全性；另外，它还可以有效地利用磁盘空间。

4. 光盘库、光盘塔

CD–ROM 光盘库（CD–ROM Jukebox）是一种带有自动换盘机构（机械手）的光盘网络共享设备。光盘库一般配置有 1～6 台 CD–ROM 驱动器，可容纳 100～600 片 CD–ROM 光盘。用户访问光盘库时，自动换盘机构首先将 CD–ROM 驱动器中的光盘取出并放置到盘架上的指定位置，然后再从盘架中取出所需的 CD–ROM 光盘并将其送入 CD–ROM 驱动器中。由于自动换盘机构的换盘时间通常在秒量级，因此光盘库的访问速度较低。

CD–ROM 光盘塔（CD–ROM Tower）是由多个 SCSI 接口的 CD–ROM 驱动器串联而成的，光盘预先放置在 CD–ROM 驱动器中。受 SCSI 总线 ID 号的限制，光盘塔中的 CD–ROM 驱动器一般以 7 的倍数出现。用户访问光盘塔时，可以直接访问 CD–ROM 驱动器中的光盘，因此光盘塔的访问速度较快。

三、存储方式的分类及特点

随着存储技术的发展，数据存储方式通常可分为 DAS、NAS、SAN 三种类型。这三种存储方式共同存在、相互补充，能够很好地满足目前企业信息化应用的需要。

1. DAS 数据存储方式及其特点

DAS（直接附加存储）数据存储方式与我们普通的 PC 存储架构一样，外部存储设备都是直接挂接在服务器内部总线上，数据存储设备是整个服务器结构的一部分。其特点如下：

（1）适用于小型网络。因为网络规模较小，数据存储量小，且不复杂，采用这种存储方式对服务器的影响不会很大，而且比较经济，适用于拥有小型网络的企业用户。

（2）适用于地理位置比较分散的网络。虽然企业总体网络规模较大，但地理分布分散，通过 NAS 或 SAN 在它们之间互联比较困难，此时各分支机构服务器可采用 DAS 存储方式，以降低成本。

（3）适用于特殊应用服务器。在一些特殊应用服务器上，有要求存储设备直接连接到应用服务器。

2. NAS 数据存储方式

NAS（网络附加存储）数据存储方式全面改进了以前低效的 DAS 存储方式。采用独立于服务器，单独为网络数据存储而开发的一种文件服务器来连接所存储设备，自形成一个网络。这样数据存储就不再是服务器的附属，而是作为独立网络节点而存在于网络中，可由所有的网络用户共享。其特点如下：

（1）即插即用。NAS 是独立存在于网络之中的存储节点，与用户的操作系统平台无关，可实现即插即用。

（2）存储部署简单。NAS 不依赖于通用的操作系统，而是采用一个面向用户设计的、专门用于数据存储的简化操作系统，内置了与网络连接所需要的协议，使整个系统的管理和设置较为简单。

（3）存储设备位置非常灵活，管理容易而且成本低。NAS 数据存储方式是基于现有的企业 Ethernet 而设计的，按照 TCP/IP 协议进行通信，以文件的 I/O 方式进行数据传输。

（4）NAS 存储方式存储性能较低，可靠性不高。

3. SAN 数据存储方式

SAN（网络存储区域）数据存储方式是基于光纤介质、以最大传输速率达 17Mbit/s 的服务器访问存储器的一种连接方式。该方式创造了存储的网络化，顺应了计算机服务体系结构的网络化趋势。SAN 的支撑技术是光纤通道技术，该技术支持 HIPPI、IPI、SCSI、IP、ATM 等多种高级协议，其最大特性是将网络和设备的通信协议与传统物理介质隔离开，这样多种协议可在同一个物理连接上同时传送。其特点如下：

（1）网络部署容易。

（2）高速存储性能。因采用了光纤通道技术，所以具有更高的存储带宽，存储性能明显提高，其光纤通道采用全双工串行通信原理传输数据，传输速率高达 GB/s。

（3）良好的扩展能力。由于 SAN 采用了网络结构，扩展能力更强。光线接口提供了 10km 的连接距离，使得实现物理上分离、不在本地机房的存储变得非常容易。

【思考与练习】

1. 存储的基本概念是什么？

2. 传统存储有哪几类？

3. 目前常用的网络存储技术有哪几种？

4. DAS、NAS、SAN 数据存储方式各有什么特点？

◢ 模块 4　PC 服务器硬件安装（Z38G4004Ⅰ）

【模块描述】本模块包括 PC 服务器整机及组件安装工艺要求和安装流程。通过操作过程的详细介绍，掌握 PC 服务器的整机及组件的安装规范要求。

【模块内容】

一、安装内容

机架安装、机架式服务器安装、组件安装，设备线缆敷设。

二、安装准备

为保证整个设备安装的顺利进行，需要准备以下相关技术资料及工具：

（1）施工技术资料，包括：① 合同协议书、设备配置表；② 会审后的施工详图；③ 安装手册。

（2）工器具及材料：卷尺、记号笔、水平仪、冲击钻、力矩扳手、套筒扳手、活动扳手、十字螺钉旋具、一字螺钉旋具、热吹风机、剥线钳、尖嘴钳、斜口钳、网线钳、冷压钳、剪线钳、美工刀、橡胶锤、铅垂仪、压接钳、万用表、网络测试仪、防静电手套、胶带、直流电源线、接地线、线鼻子、扎带。

万用表等仪表必须经过严格校验，证明合格后方能使用。

三、机房环境条件的检查

（1）检查机房内高度、承重、墙面、沟槽布置等是否满足规范及设计要求。

（2）检查机房的门窗是否完整、日常照明是否满足要求。

（3）检查机房是否具备施工用电的条件。

（4）检查机房环境及温、湿度是否满足设备要求。

（5）检查是否具有有效地防静电、防干扰、防雷措施和良好的接地系统检查。

（6）检查设备安装位置是否与设计图纸一致，设备基础是否齐全、牢固。

（7）检查交直流供电电压是否符合设备电源电压范围指标。

（8）检查其他相关联的设备（如网络交换机）是否满足要求。

（9）检查机房是否配备足够的消防设备。

四、安全注意事项

（1）施工用电的电缆盘上必须具备触电保护装置，电缆盘上的熔丝应严格按照用电容量进行配置，严禁采用金属丝代替熔丝，严禁不使用插头而直接用电缆取电。

（2）电动工具使用前应检查其完好情况。存在外壳、手柄破损、防护罩不齐全、电源线绝缘老化、破损的电动工具禁止在现场使用。

（3）现场施工人员应经过安全教育培训并能按规定正确使用安全防护用品。

（4）设备搬运、组立时应配备足够的人力，并统一协调指挥。

（5）特种作业人员应持证上岗。

（6）仪器仪表应经专业机构检测合格。

五、操作步骤及质量标准

1. 开箱检查

（1）检查物品外包装的完好性；检查机柜、机箱有无变形和严重回潮。

（2）按系统装箱数、装箱清单，检验箱体标识的数量、序号和设备装箱的正确性。

（3）根据合同和设计文件，检验设备配置的完备性和全部物品的发货正确性。

2. 机架安装

（1）机架的安装应端正牢固，垂直偏差不应大于机架高度的 1‰。

（2）列内机架应相互靠拢，机架间隙不得大于 3mm，列内机面平齐，无明显参差不齐现象。

（3）机架应用螺栓与基础之间牢固连接，机架顶应采用夹板与列槽道（列走道）上梁加固。

（4）所有紧固件必须拧紧，同一类螺钉露出螺帽的长度宜一致。

（5）设备的抗震加固应符合通信设备安装抗震加固要求，加固方式应符合施工图的设计要求。

3. 服务器组件安装

通常服务器主机出厂时均已安装好组件，如特殊情况需安装组件，主要为服务器硬盘的安装，在安装前应仔细核对插件的型号、安装位置，安装前必须戴好防静电手环。安装热插拔硬盘驱动器具体步骤如下：

（1）从某个空热插拔托架中卸下填充面板。

（2）在热插拔托架中安装硬盘驱动器：

1）确保托盘手柄处于打开位置（即垂直于驱动器）。

2）将驱动器组合件与托架中的导轨对齐。

3）轻轻将驱动器组合件推入托架，直至驱动器停住。

4）将托盘手柄推送至闭合（锁定）位置。

安装示意图如图 10-4-1 所示。

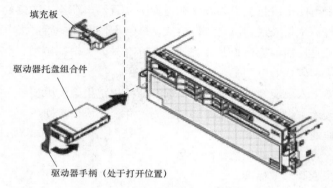

填充板

驱动器托盘组合件

驱动器手柄（处于打开位置）

图 10-4-1　硬盘驱动器安装示意图

4. 服务器安装

（1）机架式服务器安装位置应符合设计要求。

（2）服务器安装应牢固，排列整齐，插接件接触良好。

（3）机架接地要可靠牢固，符合规范要求。

5. 电源线缆布放

（1）电源线的敷设路由、路数及布放位置应符合施工图的规定。电源线的规格、熔丝的容量均应符合设计要求。

（2）电源线必须采用整段线料，中间无接头。

（3）电缆转弯应均匀圆滑，转弯的曲率半径应大于电缆直径的 5 倍。

（4）电缆绑扎应紧密靠拢，外观平直整齐，线扣间距均匀，松紧适度。

（5）直流电源线的成端接续连接牢靠，接触良好，电压降指标及对地电位符合设计要求。

6. 尾纤布放

（1）光纤应顺直布放，不扭绞，拐弯处曲率半径不小于光纤直径的 20 倍。

（2）走线槽架内布放尾纤应加套管进行保护，无套管保护处用扎带绑扎，但不宜过紧。

7. 安装结束检查

（1）检查电源接线极性、防雷保护接地情况。

（2）检查机柜内有无杂物及遗留的工器具，如发现应及时清理。

（3）检查机柜、机架架、单板、线缆标示标签是否正确、完备。

（4）如安装了硬盘组件，则检查硬盘驱动器状态指示灯，验证硬盘驱动器是否正常运行：如果淡黄色硬盘驱动器状态指示灯持续点亮，则该驱动器出现故障，必须进行更换；如果硬盘驱动器的绿色活动指示灯闪烁，则正在访问该驱动器。

【思考与练习】

1. 服务器安装操作步骤有哪些？

2. 服务器安装电源线缆布放有何要求？

3. 服务器安装结束后检查哪些内容？

▲ 模块 5　小型机、存储硬件安装（Z38G4005 I ）

【模块描述】本模块包括小型机及存储安装工艺要求和安装流程。通过操作过程的详细介绍，掌握小型机及存储的安装规范要求。

【模块内容】

一、安装内容

小型机安装；电缆布放及连接。

二、安装准备

为保证整个设备安装的顺利进行，需要准备以下相关技术资料及工具材料：

（1）施工技术资料：合同协议书、设备配置表、会审后的施工设计图、安装手册。

（2）工具和仪表：剪线钳、压线钳、各种扳手、螺钉旋具、数字万用表、标签机等。仪表必须经过严格校验，证明合格后方能使用。

（3）安装辅助材料：交流电缆、接地连接电缆、网线、接线端子、线扎带、绝缘胶布等。材料应符合电气行业相关规范，并根据实际需要确定具体数量。

三、机房环境条件的检查

（1）检查机房的高度、承重、墙面、沟槽布置等是否满足规范及设计要求。

（2）检查机房的门窗是否完整、日常照明是否满足要求。

（3）检查机房环境及温、湿度是否满足设备要求。

（4）检查机房是否具备施工用电的条件。

（5）检查是否具有有效地防静电、防干扰、防雷措施和良好的接地系统检查。

（6）检查是否做好机房走线装置检查，比如走线架、地板、走线孔等内容。

（7）检查机房是否配备足够的消防设备。

四、安全注意事项

（1）施工前，对施工人员进行施工内容和安全技术交底，并签字确认。

（2）现场施工人员应经过安全教育培训并能按规定正确使用安全防护用品。

（3）施工用电的电缆盘上必须具备触电保护装置，电缆盘上的熔丝应严格按照用电容量进行配置，严禁用金属丝代替熔丝，严禁不使用插头而直接用电缆取电。

（4）仪器仪表应经专业机构检测合格。

五、操作步骤及质量标准

小型机及存储气机安装的安装步骤：开箱检查→机架安装→电缆布放→安装检查。设备安装应符合施工图设计的要求。

1. 开箱检查

（1）检查物品外包装的完好性；检查机箱有无变形和严重回潮。

（2）按系统装箱数、装箱清单，检验箱体标识的数量、序号和设备装箱的正确性。

（3）根据合同和设计文件，检验设备配置的完备性和全部物品的发货正确性。

（4）小型机及存储气机、配件外观整洁、无划伤、无松动结构件、无破损；随机线缆无短缺、无破损、接头完好。

2. 机架安装

（1）机架的安装应端正牢固，垂直偏差不应大于机架高度的 1‰。

（2）列内机架应相互靠拢，机架间隙不得大于 3mm，列内机面平齐，无明显参差不齐现象。

（3）机架应用螺栓与基础之间牢固连接，机架顶应采用夹板与列槽道（列走道）上梁加固。

（4）所有紧固件必须拧紧，同一类螺丝露出螺帽的长度宜一致。

（5）设备的抗震加固应符合通信设备安装抗震加固要求，加固方式应符合施工图的设计要求。

3. 小型机及存储设备安装

（1）根据设计图纸，先确定好小型机主机及存储设备的安装位置和安装空间。

（2）将小型机设备及存储设备分别装入专用机柜相应卡槽。

（3）用面板螺钉将小型机及存储设备分别固定在机架上。

4. 电源线缆布放

（1）直流电源线的敷设路由、路数及布放位置应符合施工图的规定。电源线的规格、熔丝的容量均应符合设计要求。

（2）电源线必须采用整段线料，中间无接头。

（3）电缆转弯应均匀圆滑，转弯的曲率半径应大于电缆直径的 5 倍。

（4）电缆绑扎应紧密靠拢，外观平直整齐，线扣间距均匀，松紧适度。

（5）直流电源线的成端接续连接牢靠，接触良好，电压降指标及对地电位符合设计要求。

5. 尾纤布放

（1）光纤应顺直布放，不扭绞，拐弯处曲率半径不小于光纤直径的 20 倍。

（2）走线槽架内布放尾纤应加套管进行保护，无套管保护处用扎带绑扎，但不宜过紧。

6. 安装结束检查

所有小型机硬件安装工作完成以后，要对安装工作进行检查，为下面的软件安装及系统调试工作做好准备。

（1）检查电源接线、网线、SCSI 电缆等信号电缆连接准确性；防雷保护接地准确。

（2）检查机柜内有无杂物及遗留的工器具，如发现应及时清理。

（3）检查机柜、机架、主机、线缆标示标签是否正确、完备。

【思考与练习】

1. 机房环境条件的检查应主要检查哪些内容？

2. 设备开箱检查应主要检查哪些内容？

3. 小型机安装后检查包括哪些内容？

▲ 模块 6 主机设备启停（Z38G4006Ⅱ）

【模块描述】本模块介绍 PC 服务器、小型机、存储的设备启停操作流程。通过操作过程详细介绍，掌握主机设备启停操作方法。

【模块内容】

PC 服务器、小型机、存储的设备不能任意启停，需按照一定流程进行启停，否则会损坏相应的设备和数据，造成无法挽回的损失。

一、服务器启停

当服务器已连接到交流电源但没有开启时，操作系统并不运行，并且除服务处理器以外的所有核心逻辑都关闭，但服务器可以响应来自服务处理器的请求，例如开启服务器的远程请求。供电指示灯闪烁表明服务器已连接到交流电源，但是未开启。

1. 开启服务器

在服务器连接到交流电源大约 20s 后，电源控制按钮变为活动状态，并且在服务器接通电源的同时，一个或多个风扇可能开始运行以提供散热。可以通过以下任何一种方式开启服务器：

（1）按下电源控制按钮开启服务器并启动操作系统。

（2）如果开启服务器时出现电源故障，则电源恢复时服务器将自动重新启动。

（3）如果操作系统支持针对可选 Remote Supervisor Adapter Ⅱ SlimLine 的系统管理软件，那么该系统管理软件可开启服务器。

（4）如果操作系统支持 Wake on LAN® 功能，则 Wake on LAN 功能就能开启服务器。

2. 关闭服务器

当您关闭服务器并使其保持与交流电源的连接时，服务器可以响应来自服务处理器的请求，比如开启服务器的远程请求。当服务器保持连接到交流电源时，一个或多个风扇可能继续运行。要切断服务器的所有电源，必须断开服务器与电源的连接。某些操作系统需要在关闭服务器之前进行有序关闭。可以用以下任一方式关闭服务器：

（1）可以从操作系统关闭服务器（如果操作系统支持此功能）。有序关闭操作系统后，服务器将自动关闭。

（2）可以按下电源控制按钮以有序关闭操作系统并关闭服务器（如果操作系统支持此功能）。

（3）如果操作系统停止运行，则可以按住电源控制按钮 4s 以上以关闭服务器。

（4）如果服务器中安装了可选的 Remote Supervisor Adapter Ⅱ SlimLine，则可以从 Remote Supervisor Adapter Ⅱ SlimLine 用户界面来关闭该服务器。

（5）如果 Wake on LAN 功能开启了服务器，则 Wake on LAN 功能就能关闭服务器。

（6）可以通过来自服务处理器的请求关闭服务器。

二、小型机启停

1. 小型机系统启动

小型机系统启动正常顺序如下：

（1）首先对外设（磁盘阵列、磁带库等）加电。

（2）待所有外设加电自检完成后，主机加电正常启机。主机加电后，系统进行自检，在液晶显示屏显示 "OK" 后，才能按白色 POWER 键启机。

（3）启动主机 HACMP，启动后可用命令 tail –f/tmp/hacmp.out 来检查启动情况，在 HACMP 未完全启动前不要进行下一步。

（4）检查服务器的网络地址、路由表（可用 netstat –i，netstat –rn 等），检查文件系统、逻辑卷（可用 mount，lsvg –o 等）。

（5）检查各项应用是否工作正常。

2. 小型机系统关闭

（1）停止 HACMP（smitty clstop）。

（2）查看 HACMP 的状态，检查服务器的网络地址、路由表（可用 netstat –i, netstat–rn 等），检查文件系统、逻辑卷（可用 mount, lsvg –o 等）。在 HACMP 未完全停止前不要进行下一步。

（3）关闭主机（shutdown–F）。重启系统可以使用 shutdown –Fr。

（4）如有必要的话，按磁盘阵列前方的白色按钮关闭磁盘阵列。

三、存储启停

存储启停需按一定步骤进行，每种类型的存储启停有不同的规范，但基本流程和操作类似。

1. 存储启动

（1）开机前注意事项：磁盘阵列加电前，为确保磁盘柜散热和工作正常，须确认所有磁盘柜的每个槽位已经插上硬盘和挡风板。

（2）开机步骤：首先打开机箱上两个电源开关（机柜内部），其次打开机柜最底部两个存储自带电池电源。

2. 存储关闭

（1）关机前注意事项：不要在关闭两个电池的电源开关前，关闭其他盘柜的任何电源，否则很可能导致严重错误，并造成数据丢失。即使关闭两个电池电源开关后，也需要等待 3min，直到存储写缓存中的数据完全写入到硬盘上后，才可关闭其他盘柜的电源。停止所有对磁盘阵列访问的应用，以便所有的 I/O 能被从写缓存写回硬盘上。如果有 UNIX 服务器连接在磁盘阵列上，必须卸载 UNIX 服务器上所有与磁盘阵列相关的文件系统。

（2）关机步骤。

1）关闭所有使用该存储系统的应用。

2）关闭机柜最底部的两个电池开关，等待 3min，直到存储写缓存中的数据完全写入到硬盘上，并看到电池信号灯完全熄灭。

3）关闭机箱的电源开关。

4）关闭所有机柜内部的开关。

5）关闭机柜后面两侧机柜总开关。

【思考与练习】

1. 服务器正常开机顺序是什么？

2. 小型机的关机步骤有哪几步？

3. 存储关闭前需注意什么？

▲ 模块 7 PC 服务器系统安装（Z38G4007 Ⅱ）

【**模块描述**】本模块介绍 PC 服务器的典型操作系统安装流程。通过操作过程详细介绍，掌握 PC 服务器典型操作系统的安装方法。

【**模块内容**】

服务器操作系统一般指的是安装在大型计算机上的操作系统，是服务器得以运行的系统软件。目前主流服务器操作系统主要有四类：UNIX 操作系统、Linux 操作系统、NetWare 操作系统、Windows NT Server 操作系统。

一、服务器常用操作系统版本

目前在 PC 服务器中最普通常用的为 Windows Server 系列，比较经典的为 Windows Server 2003 系列，目前已经升级为 Windows Server 2008 系列。Windows Server 2003（2008）有多种版本，每种都适合不同的商业需求。下面简单介绍 Windows Server 2003 系列版本：

1. Windows Server 2003 标准版

Windows Server 2003 标准版是一个可靠的网络操作系统，可为企业提供迅速方便的解决方案，是中小型企业的理想选择。其主要功能如下：

（1）支持文件和打印机共享。

（2）提供安全的 Internet 连接。

（3）允许集中化的桌面应用程序部署。

2. Windows Server 2003 企业版

Windows Server 2003 企业版是为满足各种规模的企业一般用途而设计的。它是各种应用程序的理想平台，可支持高性能服务器，并且可以群集服务器，以便处理更大的负荷。通过这些功能可以提高服务器的高度可靠性、高性能和商业价值。有助于确保系统在出现问题时仍可继续使用。其主要特点如下：

（1）Windows Server 2003 企业版是一种全功能的服务器操作系统。

（2）提供企业级功能，如 8 节点群集。

（3）可用于能够支持 8 个 CPU 和 64GB RAM 的 64 位计算机平台。

3. Windows Server 2003 数据中心版

Windows Server 2003 数据中心版是针对要求最高级别的可伸缩性、可用性和可靠性的大型企业或国家机构等设计的。它有如下特点：

（1）Windows Server 2003 数据中心版是迄今为止开发的功能最强大的服务器操作系统。

（2）支持高达 32 路的 SMP 和 64G RAM。

（3）其标准功能为提供 8 节点群集和负载平衡服务。

（4）能支持 32 位版本和 64 位版本。

4. Windows Server 2003 Web 版

用于构建和存放 Web 应用程序、网页和 XML Web Services，便于部署和管理。其主要作用如下：

（1）作为 IIS 6.0 Web 服务器使用。

（2）提供快速开发和部署使用 ASP-NET 技术的 XML Web Services 和应用程序。

（3）用于生成和承载 Web 应用程序、Web 页面以及 XML Web 服务。

二、系统安装前准备

1. 服务器硬件准备

系统安装前，首先要确认服务器硬件是否与 Windows Server 2003 系列操作系统兼容。可通过从安装 CD 运行升级前的兼容性检查或通过 Windows Catalog 网站上查看硬件兼容性信息。另外须确认是否已获取更新的硬件设备驱动程序以及更新的系统 BIOS。而每一类型 Windows Server 操作系统对硬件环境要求不同，主要是 CPU、内存、硬盘的要求各不相同，具体如下：

（1）Windows Server 2003 标准版安装硬件环境要求。

1）CPU：133MHz 或更高级的微处理器，并且每台计算机最多可以支持 4 个 CPU。

2）内存：最小 256MB 内存，最高可支持 4GB。

3）硬盘：至少 1.2～2G 可利用空间。

（2）Windows Server 2003 企业版安装硬件环境要求。

1）CPU：133MHz 或更高级的微处理器，并且每台计算机最多可以支持 8 个 CPU。

2）内存：最小 128MB 内存，建议使用 256MB，最高可支持 32GB（32 位）、64GB（64 位）。

3）硬盘：至少 1.5～2G 可利用空间。

（3）Windows Server 2003 数据中心版安装硬件环境要求。

1）CPU：133MHz 或更高级的微处理器。

2）内存：最小 512MB 内存，建议使用 1GB。

3）硬盘：至少 1.5～2G 可利用空间。

（4）Windows Server 2003 Web 版安装硬件环境要求。

1）CPU：133MHz 或更高级的微处理器。

2）内存：最小 128MB 内存，建议使用 256MB，最高可支持 2GB。

3）硬盘：至少 1.5G 可利用空间。

2. 操作系统软件准备

（1）以典型操作系统 Windows Server 2003 Standard Edition 为例，准备好相应安装光盘。

（2）可能的情况下，在运行安装程序前用磁盘扫描程序扫描所有硬盘，检查硬盘错误并修复，否则安装程序运行时会很麻烦。

（3）记录安装文件的产品密钥（安装序列号）。

（4）做好服务器设备原系统、数据的备份。

三、典型操作系统安装

以 Windows Server 2003 标准版为例：

（1）系统安装启动：重新启动系统并把光驱设为第一启动盘，保存设置并重启。将 2003 安装光盘放入光驱，重新启动电脑。刚启动时，当出现提示时快速按下回车键，否则不能启动 2003 系统安装。

（2）系统安装：光盘自启动后，如无意外即可见到安装界面，从光盘读取启动信息，选择"要现在安装 Windows"→选择许可协议→选择系统所用的分区（通常为 C 盘）→选择"用 NTFS 文件系统格式化磁盘分区"→格式化 C 分区完成后，创建要复制的文件列表→接着开始复制系统文件→文件复制完后，安装程序开始初始化 Windows 配置。系统在 15s 后重新启动。

（3）系统配置：重新启动后，出现 Windows Server 2003 启动画面，点击下一步依次输入公司、密钥、管理员账户和密码、服务器连接数、网络配置等内容，安装完成后自动重新启动。

（4）系统安装完成：系统安装后，进入登录界面，输入密码后回车，继续启动进入 Windows Server 2003。

【思考与练习】

1. 服务器常用操作系统有哪几种？

2. Windows Server 2003 有哪几种类型的操作系统？

3. 安装系统前需做好哪些准备？

▲ 模块 8 PC 服务器配置（Z38G4008Ⅱ）

【模块描述】本模块介绍PC服务器的基本配置操作步骤。通过操作过程详细介绍，掌握 PC 服务器的配置方法。

【模块内容】

PC 服务器配置是指根据用户的实际需求针对安装过服务器操作系统的设备进行

软硬件的相应设置、操作，从而完成该服务器所承载业务活动的需求，可以分为针对各类服务器应用的配置，如常用的 Web 服务器、FTP 服务器、DNS 服务器等。具体如下：

一、网页服务器的配置

1. Web 服务器概念

Web 服务器也称为 WWW（World Wide Web）服务器，主要功能是提供网上信息浏览服务，是发展最快和目前用的最广泛的服务。当客户端的 Web 浏览器连接到服务器上并请求文件时，服务器将处理该请求并将文件发送到浏览器上，同时附带信息会告诉浏览器如何查看该文件（即文件类型）。服务器使用 HTTP（超文本传输协议）进行信息交流。Web 服务器不仅能够存储信息，还能在用户通过 Web 浏览器提供信息的基础上运行脚本和程序。

2. Web 服务器配置

（1）打开"控制面板"窗口，双击"添加/删除程序"图标，打开"添加或删除程序"窗口。右键单击"添加/删除 Windows 组件"按钮，打开"Windows 组件安装向导"对话框。

（2）在"Windows 组件"对话框中双击"应用程序服务器"选项，打开"应用程序服务器"对话框。在"应用程序服务器的子组件"列表中双击"Internet 信息服务（IIS）"复选框。

（3）打开"Internet 信息服务（IIS）"对话框，在"Internet 信息服务（IIS）的子组件"列表中选中"万维网服务"复选框。依次单击"确定"→"确定"按钮。

（4）系统开始安装 IIS 6.0 和 Web 服务组件。在安装过程中需要提供 Windows Server 2003 系统安装光盘或指定安装文件路径。安装完成后右键单击"完成"按钮即可。

二、文件传输服务器配置

1. FTP 服务器概念

FTP 服务器即为在互联网上提供存储空间的计算机，FTP 是文件传输协议（File Transfer Protocol）的简称，它们依照 FTP 协议提供服务，也可以说支持 FTP 协议的服务器就是 FTP 服务器。FTP 的作用是让用户可通过客户机程序向（从）远程主机上传（下载）文件。FTP 服务器就是用于下载或上传文件的主计算机。

2. FTP 服务器配置

（1）在开始菜单中依次右键单击"管理工具"→"Internet 信息服务（IIS）管理器"菜单项，打开"Internet 信息服务（IIS）管理器"窗口。在左窗格中展开"FTP 站点"目录，右键单击"默认 FTP 站点"选项，并选择"属性"命令。

（2）打开"默认 FTP 站点属性"对话框，在"FTP 站点"选项卡中可以设置关于

FTP 站点的参数。

（3）切换到"安全账户"选项卡，此选项卡用于设置 FTP 服务器允许的登录方式。默认情况下允许匿名登录。

（4）切换到"消息"选项卡，在"标题"编辑框中输入能够反映 FTP 站点属性的文字。

（5）切换到"主目录"选项卡。主目录是 FTP 站点的根目录，当用户连接到 FTP 站点时只能访问主目录及其子目录的内容，而主目录以外的内容是不能被用户访问的。主目录既可以是本地计算机磁盘上的目录，也可以是网络中的共享目录。

（6）切换到"目录安全性"选项卡，在该选项卡中主要用于授权或拒绝特定的 IP 地址连接到 FTP 站点。

三、域名系统服务器配置

1. DNS 服务器概念

DNS 服务器是计算机域名系统 （Domain Name System 或 Domain Name Service）的缩写，它是由解析器和域名服务器组成的。域名服务器是指保存有该网络中所有主机的域名和对应 IP 地址，并具有将域名转换为 IP 地址功能的服务器。其中域名必须对应一个 IP 地址，而 IP 地址不一定有域名。域名系统采用类似目录树的等级结构。域名服务器为客户机/服务器模式中的服务器方，主要有主服务器和转发服务器两种形式。将域名映射为 IP 地址的过程就称为"域名解析"。

2. DNS 服务器配置

（1）在"控制面板"中打开"添加或删除程序"窗口，并右键单击"添加/删除 Windows 组件"按钮，打开"Windows 组件安装向导"对话框。

（2）在"Windows 组件"对话框中双击"网络服务"选项，打开"网络服务"对话框。在"网络服务的子组件"列表中选中"域名系统（DNS）"复选框，并右键单击"确定"按钮。按照系统提示安装 DNS 组件。在安装过程中需要提供 Windows Server 2003 系统安装光盘或指定安装文件路径。

（3）在开始菜单中依次右键单击"管理工具"→DNS 菜单项，打开 dnsmgmt 窗口。在左窗格中右键单击服务器名称，选择"配置 DNS 服务器"命令。

（4）打开"配置 DNS 服务器向导"对话框，在欢迎对话框中右键单击"下一步"按钮。打开"选择配置操作"对话框，在默认情况下适合小型网络使用的"创建正向查找区域"单选框处于选中状态。保持默认设置并右键单击"下一步"按钮。

（5）打开"主服务器位置"对话框，选中"这台服务器维护该区域"单选框，并右键单击"下一步"按钮。

（6）打开"区域名称"对话框，在"区域名称"编辑框中输入一个能代表网站主题内容的区域名称，右键单击"下一步"按钮。

（7）在打开的"区域文件"对话框中已经根据区域名称默认填入了一个文件名。该文件是一个 ASCII 文本文件，里面保存着该区域的信息，默认情况下保存在 Windows/system32/dns 文件夹中。保持默认值不变，右键单击"下一步"按钮。

（8）在打开的"动态更新"对话框中指定该 DNS 区域能够接受的注册信息更新类型。允许动态更新可以让系统自动在 DNS 中注册有关信息，在实际应用中比较有用。因此选中"允许非安全和安全动态更新"单选框，右键单击"下一步"按钮。

（9）打开"转发器"对话框，保持"是，应当将查询转送到有下列 IP 地址的 DNS 服务器上"单选框的选中状态。在 IP 地址编辑框中输入 ISP（或上级 DNS 服务器）提供的 DNS 服务器 IP 地址，右键单击"下一步"按钮。

注：ISP（Internet service Provider，Internet 服务提供商）是专门提供网络接入服务的商家，通常都是电信部门。配置"转发器"可以使局域网内部用户在访问 Internet 上的网站时尽量使用 ISP 提供的 DNS 服务器进行域名解析。

（10）在最后打开的对话框中列出了报告，确认无误后右键单击"完成"按钮，结束 DNS 服务器的安装配置过程。

【思考与练习】

1. Web 服务器的概念是什么？

2. FTP 服务器如何配置？

3. DNS 服务器的概念是什么？

▲ 模块 9　小型机系统安装（Z38G4009Ⅱ）

【模块描述】本模块介绍小型机的典型系统安装流程。通过操作过程详细介绍，掌握小型机典型系统的安装方法。

【模块内容】

一、小型机操作系统介绍

小型机使用的操作系统主要分为 UNIX 操作系统和 Linux 操作系统两大类。

1. UNIX 操作系统

UNIX 操作系统在现代意义来说，就是用 C 语言实现的多用户分时操作系统。UNIX 操作系统主要有 AIX、HP–UX、Solaris、Linux 等，AIX、HP–UX、Solaris 操作系统，分别为 IBM 公司、HP 公司、SUN 公司等主机厂商根据自主开发的硬件设备发布的商业版 UNIX 操作系统。UNIX 操作系统的特性如下：

（1）UNIX 系统是一个多用户、多任务的操作系统。

（2）UNIX 结构可分为系统内核和外壳两部分，系统内核由文件自系统和进程控制子系统构成，最贴近硬件；外壳由 Shell 解释程序，支持程序设计的各种语言，编译程序和解释程序，实用程序和系统调用接口等组成，更贴近用户。

（3）UNIX 系统大部分是由 C 语言编写的，这使得系统易读、易修改、易移植。

（4）UNIX 系统提供了丰富的系统调用，整个系统实现紧凑、简洁。

（5）UNIX 系统提供了功能强大的可编程的外壳语言作为用户界面，具有简洁、高效的特点。

（6）UNIX 系统采用带链接树形目录结构，具有良好的安全性、保密性和可维护性。

（7）UNIX 系统采用进程对换的内存管理机制和请求调页的存储方式，实现了虚拟内存管理，大大提高了内存的使用效率。

（8）UNIX 系统提供多种通信机制，如管道通信、软中断通信、消息通信、共享存储器通信、信号灯通信。

2. Linux 操作系统

Linux 操作系统严格来说不是一个操作系统，而是一类操作系统的统称，或者说是操作系统内核的名称，但人们已经习惯了将基于 Linux 内核，并且使用 GNU 工程的各种工具和资料库的操作系统称为 Linux 操作系统。Linux 操作系统的特性如下：

（1）Linux 系统是一个开放性操作系统。该系统遵循世界标准规范，能与遵循同一国际标准所开发的硬件和软件彼此兼容，方便实现互联。

（2）Linux 系统是一个多用户、多任务的操作系统。系统资源可以被不同用户使用，每个用户对自己的资源（如文件、设备）有特定的权限，互不影响。可以同时执行多个程序，而且各个程序运行互相独立。

（3）Linux 系统有良好的用户界面。向用户提供了用户界面和系统调用等界面。还为用户提供了图形用户界面，利用鼠标、菜单等设施，为用户呈现一个直观、易操作、交互性强、友好的图形化界面。

（4）Linux 系统具备设备独立性的特点。Linux 操作系统把所有外部设备统一视为文件，只要安装它们的驱动程序，任何用户都可以像使用文件一样操纵、使用这些设备，而不必知道它们的具体存在形式。

（5）Linux 系统具备丰富的网络功能。完善的内置网络是 Linux 的一大特点。Linux 在通信和网络方面的功能优于其他操作系统。它的联网能力与内核紧密地结合在一起，为用户提供了完善、强大的网络功能。

（6）Linux 系统具备可靠的系统安全性。Linux 采取了许多安全技术措施，包括对读写进行权限控制、带保护的子系统、审计跟踪、核心授权等，为网络多用户环境中的用户提供了必要的安全保障。

（7）Linux 系统具备良好的可移植性。Linux 是一种可移植的操作系统，能够在从微型计算机到大型计算机的任何环境和任何平台上运行，为运行 Linux 的不同计算机平台与其他计算机进行准确而有效的通信提供了手段，而不需要另外增加特殊和昂贵的通信接口。

3. Linux 与商用 UNIX 之间的区别

Linux 和商用 UNIX 支持基本相同的软件、程序设计环境和网络特性，可以说 Linux 是 UNIX 的 PC 版本，Linux 在 PC 机上提供了相当于 UNIX 工作站的性能。Linux 与 UNIX 有以下几方面的区别：

（1）Linux 是免费软件，用户可以从网上下载，而商用的 UNIX 除了软件本身的价格外，用户还需支付文档、售后服务费用。

（2）Linux 拥有 GNU 软件支持，能够运行 GNU 计划的大量免费软件，这些软件包括应用程序开发、文字处理、游戏等方面的内容。

（3）Linux 的开发是开放的，任何志愿者都可以对开发过程做出贡献，而商用 UNIX 则是由专门的软件公司进行开发的。

二、典型小型机操作系统安装

1. 典型（IBM）小型机使用操作系统介绍

IBM 小型机支持 AIX 操作系统和 Linux 操作系统，但主要使用 AIX 系统，AIX 系统英文名字为 Advanced Interactive Executive（高级交互执行体），AIX 以其强大的硬件基础、完善和全面的系统设计，成为业界最为流行的 UNIX 操作系统。

2. AIX 操作系统版本选择

操作系统的选择首先应该根据应用系统的需要而定。目前最新的操作系统版本为 AIX 5.3，支持 pSeries 和 p5 系列的 IBM 小型机。如应用无特殊需要，建议安装最新版本操作系统，并配合当时最新的稳定补丁（发布一个月以上的）及 Critical fix。

3. 典型（IBM）小型机安装

（1）目标磁盘：选择单块内置硬盘进行安装（一般选择 hdisk0）。

（2）安装类型：如无特殊要求，使用 New and Complete Overwrite。

（3）内核类型：如应用无特殊要求，使用 64–Bit 模式。

（4）文件系统：如应用无特殊要求，系统文件系统缺省将采用 JFS2。

（5）语言环境：根据应用系统要求说明所需要的语言环境设置，应用系统对语言环境有特别要求的可以通过设置附加语言环境来实现支持。如果没有特别要求，使用缺省的语言英语（en_US）。

（6）其他相关软件包安装。

1）根据应用系统的具体要求提供除下列软件包之外还需要安装的附加操作系统软件包的清单。以下软件包是必须要安装的：

Server Bundle

Application Development Bundle

CDE Bundle

2）字符集：在操作系统安装完成后根据应用需要安装所需要的字符集。

3）如果需要安装 HACMP 软件，则需要参照 HACMP 软件的需求安装必备的软件包。HACMP5.3 要求如下软件包：

bos.adt.lib

bos.adt.libm

bos.adt.syscalls

bos.net.tcp.client

bos.net.tcp.server

bos.rte.SRC

bos.rte.libc

bos.rte.libcfg

bos.rte.libcur

bos.rte.libpthreads

bos.rte.odm

bos.rte.lvm (如果需要使用并行 VG)

bos.clvm.enh (如果需要使用并行 VG)

rsct.compat.basic.hacmp

rsct.compat.clients.hacmp

rsct.basic.rte

（7）补丁安装。

1）基本补丁（Technical Level）：如业务无特殊要求，安装当时最新的稳定补丁（发布一个月以上的）及 critical fix。

2）其他补丁：设计中需要考虑系统是否连接将连接第三方的外设。如有第三方设备，请第三方设备供应商对 AIX 版本和补丁提出要求，并由相关厂商提供相应的驱动程序。

【思考与练习】

1. 小型机操作系统主要分为哪两类？

2. UNIX 操作系统主要包括哪几类？

3. 典型小型机安装需要安装哪些内容？

◢ 模块 10　小型机配置（Z38G4010Ⅱ）

【模块描述】本模块介绍小型机的基本配置操作步骤。通过操作过程详细介绍，掌握小型机的配置方法。

【模块内容】

小型机安装完操作系统后，需要对其进行配置，以 IBM P550 小型机为例，其主要配置如下：

一、基本配置

1. 时区及时间配置

系统安装完毕后，需要确认系统时区和时间是否符合要求。如果不符合，应立即使用 smitty chtz 和 smitty date 进行更改。更改时区后，需要重启机器以确认生效，并使用 date 命令验证。

参考命令：chtz BEIST−8; date mmddHHMM [YYyy]

2. 用户数配置

根据应用需要，使用 smitty chlicense 更改系统的用户数为足够的大小。如无特殊需要，建议保持系统默认值。

参考命令：chlicense −u'32767'

3. 最大进程数配置

根据应用需要，使用 smitty chgsys 更改系统的最大进程数。如无特殊需要，建议改为 4096。

参考命令：chdev −l sys0 −a maxuproc='4096'

4. DUMP 配置

如果没有特别需要，我们建议用户总是打开"always allow dump"选项，这样可以在发生故障时，使用特定的键盘序列或 reset 按钮来强制产生 DUMP，便于故障的分析。缺省 2GB、打开压缩功能，如果 memory 较大，再根据应用实际情况扩大 sysdumplv。

参考命令：sysdumpdev−K

sysdumpdev−C

sysdumpdev−e

二、网络配置

1. 网络地址及路由配置

在系统安装完毕后第一次配置网络时，我们可以使用 smitty mktcpip 来配置网络地址，主机名及缺省网关。但是在配置第二块网卡或以后的其他网络配置更改中，应该使用 smitty hostname，smitty chinet 或 smitty route 等进行更改和配置。配置完成后，应使用 ping 及 netstat 命令查看网络是否工作正常。

2. 网络参数配置

确认交换机配置，尽量配置相应带宽全双工模式，避免使用自适应。除非应用指定，否则一般不需要对网络参数进行调整，保持系统缺省参数就可以了。

三、应用相关配置要求

1. 异步 I/O 配置

很多应用（如数据库等）都需要启动异步 I/O 以提高性能。应该根据应用的需要决定是否启用异步 I/O，启用何种异步 I/O 及 I/O Server 的数量。AIX 内同时支持两种 AIO 模式，一种是 POSIX AIO；另一种是 AIX 传统 AIO。

参考命令：smitty chgposixaio

smitty chgaio

2. 高低水位配置

在使用 HACMP 的环境下，建议将高低水位分别配置为 33 和 24。

参考命令：chdev –l sys0 –a maxpout='33' –a minpout='24'

3. ulimit 配置

如应用无特殊要求，一般建议将/etc/security/limits 文件中的 fsize 改为–1。对于其他应用（如 weblogic 等），可能需要修改 data、stack 和 nofiles 参数，具体数值需要参考应用需求。

fsize ： –1

data ： 默认

core： 512MB

stack： 默认

nofiles： 默认

4. pty 设备配置

对于需要使用大量伪终端的应用（如 term1/term2），需要使用 smitty chpty 修改最大伪终端数量。

参考命令：chdev –l pty0 –a ATTnum='700'

5. tty 设备配置

AIX 操作系统缺省不会配置 tty 设备，所以建议在安装完毕后手工将所有 tty 设备配置好，以避免日后 tty 设备名称和顺序混淆。

参考命令：smitty mktty

smitty chtty

四、其他配置

（1）系统相关参数配置。

（2）客户化配置。

（3）其他特殊要求配置。

五、文件系统配置

1. VG 配置

（1）操作系统和关键应用数据的存储必须有冗余数据保护，其中操作系统采用 AIX 的 LVM 镜像，其他关键应用数据可采用 AIX 的 LVM 镜像或者硬件 RAID 技术实现。

（2）不建议使用除 AIX LVM 以外的其他第三方外挂 LVM 软件。

（3）除了硬盘本身的冗余外，设计需要考虑存储通道的冗余，包括 SCSI 卡、光纤通道卡和 SAN 交换机等的冗余，避免单点故障的存在。

（4）对于磁盘操作量大、读写频繁的系统，需要选择能够实现通道流量分摊、自动均衡的存储软硬件系统。如有必要，可通过增加通道数量来提高数据吞吐量。

（5）对于多台主机共享 VG 的情况，需要保证所有机器上该 VG 的主设备号相同，以避免一些不必要的麻烦。

2. LV 配置

（1）AIX 系统卷组 rootvg 中的系统逻辑卷（LV）采用 LVM 镜像冗余保护，但是专门用于存储系统 Dump 的逻辑卷（LV）不得镜像，否则影响系统 Dump 的功能。

（2）镜像比例 1:2 即可满足大部分要求，如有特殊要求，也可考虑 1:3 镜像。

（3）为了管理和维护的方便，镜像卷组 PV 和 LV 的主备关系要做到一一对应。

（4）系统逻辑卷不得做条带化（Stripping）。

（5）LVM 镜像卷组的 Quorum 属性必须设为 off。

（6）镜像的系统启动硬盘必须都设置到机器的启动列表中。

（7）为了保证系统的正常运行，系统文件系统/, /var, /tmp 和/home 必须有足够的剩余空间。

（8）对于其他系统文件系统，操作系统对于剩余空间并无特别要求，可自行决定。

（9）磁盘空间分配请遵循"用多少分配多少"的原则，不建议在系统设计中将所有的空间都分配完，使用率不得高于 75%。

六、系统文件系统配置

一个典型系统文件系统配置见表 10-10-1，具体数值可根据应用需要进行调整，但是需遵循"用多少分配多少"的原则，不建议在系统设计中将所有的空间都分配完。

表 10–10–1 典型系统文件系统配置表

系统卷名 IV	系统卷大小 （建议初始大小）	文件系统挂接点 （Mount Point）	说明	是否镜像 Y/N
hd4	1GB	/	jfs2	Y
hd2	4GB	/usr	jfs2	Y
hd9var	1GB	/var	jfs2	Y
hd3	1GB	/tmp	jfs2	Y
hd1	512MB	/home	jfs2	Y
hd10opt	512MB	/opt	jfs2	Y

1. 系统交换区配置

（1）AIX5L 以后，对系统交换区（Paging Space）大小设置并没有特别的要求，需要根据应用和系统使用内存的实际情况决定，AIX4 版本中关于 Paging Space 是物理内存两倍的建议在 AIX5L 和大内存的系统中不适用。

（2）强烈建议对 Paging Space 做 LVM 镜像，否则不能保证机器的连续运行。AIX4 早期版本中 Paging Space 不能镜像的规定在 AIX5L 中不适用。

（3）镜像的 Paging Space 不得同时设置为系统 Dump Device。

（4）建议系统创建多个 Paging Space，但是不得将 Paging Space 建立到外置存储设备上。出于性能考虑，多个 Paging Space 需要尽量分布到不同硬盘上，每个 Paging Space 的大小最好相同。

（5）20GB real memory 以下的主机配置 1.25 倍 Paging Space，20GB real memory 以上的主机配置相等 Paging Space，最大不超过 40GB。单个 Paging Space 设备文件不超过 20GB。

2. 镜像配置

（1）rootvg 中所有 LV 均要求镜像（sysdumplv 除外）。

（2）LVM 镜像卷组的 Quorum 属性必须设为 off。

（3）镜像的系统启动硬盘必须都设置到机器的启动列表中。

【思考与练习】

1. 小型机的基本配置包括哪些内容？

2. 如何进行小型机网络配置？

3. 小型机 LV 配置有什么要求？

▲ 模块 11　PC 服务器故障处理（Z38G4011Ⅲ）

【模块描述】本模块包含 PC 服务器常见硬件故障现象及处理方法。通过典型案例分析，掌握 PC 服务器常见故障的分析和处理方法。

【模块内容】

PC 服务器常见故障判断基本基于 PC 服务器自带的光诊断模板判断及检查服务器 BMC 日志或系统错误日志两种方法，常见故障有电源模块损坏、硬盘损坏、CPU 损坏等，确认故障后，按插件更换规范更换后即可恢复。

一、常见故障诊断

每台服务器均有诊断面板或诊断指示灯，各设备诊断模板外形及安装方式不同，但其指示灯的名称和意义基本相同，可直接根据诊断指示灯判断相应故障，同时配合检查 BMC 日志或系统错误日志确定故障原因和位置。通常某个板卡有故障，相应板卡的指示灯会变为黄灯，常见指示灯和按钮的名称和意义见表 10–11–1。

表 10–11–1　　　　　　　服务器常见指示灯和按钮的名称和意义

序号	指示灯或按钮名称	可能发生故障
1	PS 指示灯	表明某个电源出现故障
2	TEMP 指示灯	表明系统温度超出阈值级别
3	FAN 指示灯	表明散热风扇或电源风扇出现故障或运行太慢。风扇发生故障还会导致 over temp 指示灯发亮
4	LINK 指示灯	网卡出现故障
5	VRM 指示灯	表明微处理器托盘上的某个 VRM 出现故障
6	CPU 指示灯	表明某个微处理器出现故障
7	PCI 指示灯	表明某个 PCI 总线发生错误
8	MEM 指示灯	表明发生内存错误
9	DASD 指示灯	表明某个热插拔硬盘驱动器出现故障
10	NMI 指示灯	表明出现一个不可屏蔽中断（NMI）
11	SP 指示灯	表明服务处理器遇到错误
12	BRD 指示灯	表明某个连接的 I/O 扩展单元出现故障
13	LOG 指示灯	表明您应该查看事件日志或 remotesupervisor
14	CNFG 指示灯	表明 BIOS 配置错误
15	RAID 指示灯	表明阵列卡故障

续表

序号	指示灯或按钮名称	可能发生故障
16	OVER SPEC 指示灯	表明对电源的需求超过了指定的电源供应
17	REMIND 按钮	按下此按钮可重新设置操作员信息面板上的系统错误指示灯，并将服务器置于提醒方式。在提醒方式下，故障并没有清除但系统错误指示灯会闪烁（每 2s 闪烁一次）而不是持续发亮；如果出现另一个系统错误，则系统错误指示灯将会持续发亮

二、典型服务器故障分析判断

1. 故障判断依据

PC 服务器故障判断依据通常为故障判断指示灯及服务器日志，但最直观、最常用

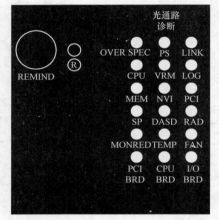

图 10-11-1 服务器光通路诊断面板

的判断方法为诊断指示灯。所有指示灯熄灭，说明设备运行正常，如有黄灯亮起，即说明该指示灯提示的组件可能有异常或故障，需要进一步判断及处理。IBM 公司典型机架式服务器的光通路诊断面板如图 10-11-1 所示。

2. 典型故障诊断分析

各服务器故障均可以通过光通路诊断面板指示灯判断分析，因此一旦设备开始运行即要对其进行定期检查和观察，发现有异常需要立即处理。以下为几种故障的分析诊断情况。

（1）硬盘故障。如果硬盘故障，则 DASD 灯会点亮，说明硬盘驱动器发生故障或被卸下。此时发生故障的硬盘驱动器上的错误指示灯也点亮，应先重新安装卸下的驱动器，再依次安装 SAS 硬盘驱动器背板 SAS、6x 电缆、I/O 板，每更换一个重新启动一次服务器。

（2）电源故障。当电源出现问题时，有可能是系统供电不足，没有足够的电量为系统供电；也有可能是某个电源卸下或故障。如果是系统供电不足，则仅 OVER SPEC 灯会亮，此时需添加一个电源。如果 NONRED 亮，说明服务器正在使用非冗余电源。此时一旦电源或其交流电源发生故障，系统将失电。如果 PS 灯亮，说明电源发生故障或已卸下。在冗余电源配置中，一个电源上的直流电源指示灯可能会熄灭。

（3）风扇故障。如果风扇故障时，首先可观察风扇是否停转，其次观察光通路诊断面板，如果 TEMP 灯亮说明系统温度或组件超出规范，如果室温正常，检查风扇指示灯 FAN 是否亮，如果点亮，则检查是否风扇被卸下或发生故障，同时可检查 BMC 日

志或系统错误日志以确定该故障。

（4）CPU 故障。微处理器发生故障、丢失或未正确安装时，CPU 灯会点亮。首先应检查各个微处理器是否已按正确顺序安装，通过检查微处理器托盘上的指示灯找到发生故障、丢失或不匹配的微处理器，再通过检查 BMC 日志或系统错误日志以确定指示灯点亮的原因。

（5）内存故障。如果发生内存错误时，MEM 灯会点亮。此时需打开机箱，检查内存，如果内存卡出错，则卡顶部的错误指示灯点亮，然后按下内存卡上的光通路按钮以识别发生故障的卡或 DIMM。如果内存出错，NMI 灯也会点亮，说明操作系统已收到一个硬件错误报告，可查阅 BMC 日志和系统错误日志。

（6）其他故障。其他故障，如网卡故障、PCI 适配器、I/O 板、阵列卡故障时，相应的 LINK 灯、PCI 灯、I/O 灯、RAID 灯均会点亮，可方便地找出故障。LOG 灯亮说明可能日志已满，需要清理或备份日志。

三、常见故障处理

当发现服务器某个配件发生故障时，需立即按操作顺序更换配件，然后重新启动服务器。

1. 硬盘故障处理

（1）首先备份硬盘数据，主要是数据库的数据，防止在更换硬盘后的同步过程中出现故障。

（2）备份数据后，即可对硬盘进行更换，如果是支持热插拔的硬盘（硬盘把手上可以看到一个 FRU，在官网上搜索该 FRU 就能知道它是否支持热插拔），只需把坏硬盘直接取下后插进新硬盘即可；如果是不支持热插拔的硬盘，必须先关机，拔出坏硬盘插入新硬盘，再重新开机。

（3）新硬盘加入服务器后会自动同步其他硬盘的数据，表现为硬盘上绿灯常亮，黄灯闪烁，同步时间一般 1h 以上，以硬盘大小而定，同步 10min 左右，没有出现报错信息一般说明同步正常。

（4）成功同步后，硬盘前面板黄灯熄灭，绿灯和其他硬盘同时闪烁说明故障解决。

2. 其他配件故障处理

其他配件，如 CPU、网卡、PCI 卡、风扇、电源等故障时，因不涉及数据，只需更换对应的硬件，更换之后黄灯熄灭就说明故障恢复。

【思考与练习】

1. PC 服务器常见故障判断办法是什么？

2. PC 服务器发生了硬盘故障如何处理？

3. PC 服务器风扇故障时如何排查？

▲ 模块 12　小型机、存储故障处理（Z38G4012Ⅲ）

【模块描述】本模块包含小型机、存储常见硬件故障现象及处理方法。通过典型案例分析，掌握小型机、存储常见故障的分析和处理方法。

【模块内容】

根据小型机在运行维护安装过程中的实际情况，大致分为以下几种常见故障及其定位方式和解决方法。

一、小型机硬件故障

1. 硬件故障分类

硬件故障有很多种，对系统产生的影响也不一样，这里按其故障对系统产生的影响程度分为致命影响的硬件故障和只影响功能的硬件故障两类：

（1）其损坏对系统产生致命影响（将使机器宕机或无法启动）。该类硬件故障包括：主板、CPU、I/O 柜（包含本地盘、光驱、PCI 插槽等的柜子）或 CEC 柜（包含CPU/MEMORY 等的柜子）、I/O 柜 I/O 柜与 CEC 柜的接线、电源模块、风扇、本地硬盘、内存损坏等。其中 I/O 柜和 CEC 柜一般在比较高端的如 M80 小型机才配备，低端小型机器为合一的。

这些设备的损坏等将使系统无法完成自检、引导和启动，液晶显示屏上都将有错误信息，可根据液晶显示屏上的错误码对照 Service Guide 查错误原因，如果是工作状态下出现这些硬件损坏，则系统将被挂起或宕机。

（2）其损坏仅对系统产生功能影响（机器不会宕机并能正常启动）。该类硬件包括：网卡、本地硬盘有坏块、显卡、SSA 卡和其他外围设备。这些设备的损坏只影响特定功能，如网络功能、显示功能、访问磁阵的功能等，对于本地硬盘有坏块的情况，则要看坏块中是否包含了重要的系统文件，如果不是重要系统文件，则系统功能不受影响，但也建议立即更换该硬盘。

2. 故障定位和排除

硬件故障信息都可以使用液晶屏上的错误码或 errpt–dH 查看到。根据错误码确定是什么硬件出了故障，对商用系统来讲，由于是双机系统，如果损坏机器是主机，可以将此服务器切换为备机，再逐一修复故障机器，恢复系统。

二、磁阵硬件故障

磁阵引起的故障是目前碰到的最频繁、危害最大的故障，据不完全统计，其故障占总故障的 70%以上。具体以磁盘阵列 7133 为例，可能引起磁阵故障的环节包括：磁阵硬盘、7133 柜、主机上的 SSA 卡、连接 7133 与主机的 SSA 线、硬盘的位置和 SSA

线的接线方式，以及盘柜使用的电压及周围磁场、磁阵/硬盘/SSA 卡的微码等，任何一个部件出现问题均可能造成 7133 的异常。

7133 磁阵的问题，一般有物理损坏和环境损坏两方面原因，如接线、插盘位置不符合要求、未及时查看系统告警等造成系统中断。不管是什么硬件故障，系统都会产生告警，如果能及时发现问题并采取措施，一般都能防止故障的发生，7133 硬件故障也可以使用 errpt-dH 查看。如显示错误码是红色，则说明肯定出现了硬件故障，需立即进行检查并采取措施，否则会导致磁盘阵列不能访问。举例如下：

1. 开环错误

系统出现了开环，出现开环不仅影响 I/O 性能，也增加了风险，即如果另一个环路也出现问题，将不能访问磁阵。开环一般有两种情况：

（1）如果报错比较频繁，如每天几次，则表示系统很有可能出了硬件故障，虽然不会导致访问磁阵失败，但需要立即查出原因并解决。

（2）如果偶尔报错一次，则有可能是读写忙出现的误报，如果没有查出具体的原因，则可继续观察。

2. 硬盘故障

除通过错误码检查显示硬盘故障外，如果存在硬盘故障时，可从状态灯上观察到：当单块硬盘出现故障或未被使用时，其面板上的硬盘状态灯会不亮，阵列的状态灯黄灯会亮或接 SSA 线的端口的指示灯也会熄灭，此时即可判断该硬盘损坏，需更换后恢复。

3. 电池使用时间报警

IBM 小型机上连接 7133 磁阵所配置的 SSA 卡一般都带有一块充电电池，该电池用于在突然停电的情况下保护 SSA 卡上的 Fast Write Cache 中的信息不丢失，这块电池的安全寿命一般是 22 000h，差不多两年半的时间，也就是说，当 Fast Write 模式启动的情况下，一般两年半以后需要更换这块电池。当接近或超过 22 000h 时，系统会有硬件报警。处理方法如下：

（1）更换电池。选择系统闲时，更换主备机 SSA 卡电池。可以采用下面流程操作：停备机→更换备机 SSA 卡电池→起备机（双机服务）→主备倒换→停原主机→更换原主机 SSA 卡电池→起原主机（双机服务）。

（2）如果短期内不能更换电池，同时主机主用卡的 Fast Write 仍然处于 Active 状态，建议手工屏蔽 Fast Write 功能。

三、网络故障

由于小型机及存储对网络依赖很强，所以当网络出现全阻或瞬断都将对系统产生重大影响。网络故障一般可分为硬件故障（如网卡故障和交换机、路由器故障）和软件故障（网络中有 IP 包攻击或网络拥塞）两种情况。

1. 硬件故障

（1）网卡故障。对于网卡故障，由于商用系统中都是采用 IBM 的 HA 双机系统，而且每台机器都配置有至少两块网卡，所以当单块网卡或网线出现问题时，HA 软件都将采取措施实现 Service IP 切换。网卡故障定位方法：使用 errpt–dH 可查看到网卡服务中断的错误，再使用 diag 进行网卡诊断。网卡故障排查方法：如果诊断出网卡有问题，则关闭系统后进行更换。（如果是主机，则先手工切换为备机后再操作。）

（2）交换机故障。小型机网络一般都采取双网双平面的结构，所以当一个网络平面的交换机出现问题时，也不会中断网络服务，但主、备交换机之间的直连线要保持畅通，否则一单发生服务器主机的网卡切换，将导致服务器主机断链，从而导致业务全阻。

2. 软件故障

（1）网络拥塞。由于系统在封闭网络中运行，所以发生网络拥塞的可能性比较小，但如果网络拓扑比较复杂的话，也可能发生这种情况，在主机上的表现为 PING 主机丢包严重，主机到 SIU 之间链路时通时断，数据包丢失，设备功能异常。处理方法为：首先从网络上隔离 NT/2000 的机器；如情况未改善，启动 SIU 应急流程；使用网络工具抓包，找出攻击源、逐步将设备恢复到网络。

（2）切换失败。当发生主、备机切换时切换不成功，检查发现是备机的主网卡绑定浮动 IP 失败，再进一步排查，发现原因是备机主网卡绑定 MAC 地址失败，由于 IBM 双机配置时需要将 Service IP 配置为一个固定的 MAC 地址，规则是取主机主网卡的 MAC 地址，将最后两位改为固定的两个数字（要求与原主网卡地址不同，如定制为 89）。处理办法为：修改 HA 拓扑图中以太网配置中 Service Adapter 配置，去掉 MAC 地址的配置（置为空），然后同步双机，再进行切换，恢复正常。

四、操作系统故障

1. 故障情况

小型机操作系统，如 AIX 操作系统，是比较稳定的操作系统，出现故障一般是人为因素引起的。

（1）没按要求打操作系统补丁。

（2）应用程序或数据库消耗内存太多或存在内存泄漏导致物理内存和 Paging Space 被耗尽导致系统挂起。

（3）人为删除了重要的目录或文件，如：/dev、/usr、/bin、/sbin、/etc 等。

2. 故障处理

（1）查操作系统补丁是否符合要求。

（2）检查内存、Paging Space 的使用情况（使用 lsps –a 查看使用率要小于 20%）。

（3）检查 shell 命令执行时是否有报错，errpt 有无相关报错。

【思考与练习】

1. 小型机故障主要分为哪几类？举例说明什么样的故障属于哪一类。

2. 更换电池的操作步骤有哪些？

3. 网络故障主要有哪几种？

国家电网有限公司
技能人员专业培训教材 信息通信工程建设

第四部分

机房辅助设施安装与调试

第十一章

直流通信电源系统安装调试

▲ 模块 1　通信直流电源设备结构组成（Z38H1001 Ⅰ）

【模块描述】本模块包含高频开关电源、蓄电池组、电源监控系统等硬件组成单元的描述。通过要点讲解、原理图形示例，掌握通信直流电源设备硬件的组成及各组成单元的主要作用。

【模块内容】

开关电源具有功率转换效率高、稳定范围宽、功率密度比大、质量小等特点，已成为新一代通信电源的主体，而且仍在向高频小型化、高效率、高可靠性发展。

一个完整的通信直流电源系统由高频开关电源、蓄电池组、电源集中监控系统组成。其中，高频开关电源将交流输入电压整流成通信设备所需的直流电压；蓄电池组完成当交流输入中断后自动为负载提供直流电源的功能；电源集中监控系统对分布的、独立的、无人值守的电源系统内各设备进行遥测、遥控、遥信，监测电源系统设备的运行状态，记录、处理相关数据和检测故障，告知维护人员及时处理。

一、高频开关电源

通信用高频开关电源系统，现已大都是模块化结构，一般由交流配电单元、直流配电单元、整流模块、监控模块组成。其中，整流模块使用的是高频开关电源技术，因此有时也称整流模块为高频开关整流器。

根据不同的配置，可以将交流配电单元、整流模块、直流配电单元和监控单元集中安装在同一个机柜中，形成高频开关组合电源，如图 11-1-1 所示；也可以分屏安装，将交流配电单元、整流模块、监控单元组成高频开关整流屏，将直流配电单元独立组成直流配电屏，高频开关整流屏输出的直流电馈送给直流配

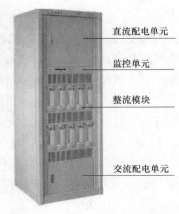

直流配电单元

监控单元

整流模块

交流配电单元

图 11-1-1　高频开关组合电源图

电屏，如图 11-1-2 所示。

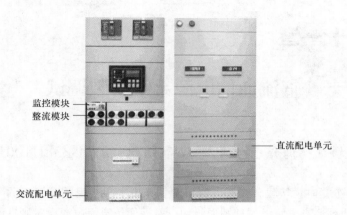

图 11-1-2　高频开关电源图

（一）交流配电单元

由双路市电切换装置（可自动、手动切换）、防雷器、控制开关等组成，负责将一路或两路三相交流电供给多个整流模块。交流输入采用三相五线制，即 A、B、C 三根相线和一根中性线 N、一根地线 PE（FG）。交流输入首先经过双电源切换装置（只有一路市电时无需切换电路）转换成一路交流电。切换后的交流电再接上防雷器（也称避雷器），保护后面的电路免受高电压的冲击。整流模块的供电接有模块总开关进行控制，总开关应采用 3 个独立开关，每个开关各控制一相交流电。另外，切换后的交流电有的也接有分配开关，提供给其他允许交流电短时间中断的设备使用。

（二）整流模块

将交流电转换成-48V 直流电。通信开关电源系统一般由多个整流模块并机组成，并机整流模块工作必须具备以下并机特性：多个整流模块均分负载（即均流功能）；当其中一个整流模块故障时能自动退出系统而不影响其他模块的工作；共同接受监控单元的管理等。整流模块的输出接至汇流排，直接供给直流分配单元，另外，也要给蓄电池组进行充电（浮充或均充）。

（三）直流配电单元

将汇流排上的直流电，分成多路分配给各种容量的直流通信负载。分配装置主要是熔丝和断路器，对于大功率负载一般使用熔丝分配，小功率负载使用断路器分配。在整流模块输出和汇流排之间一般接有分流器，以检测整流输出总电流和负载电流。

（四）监控模块

监控模块是整个开关电源系统智能化的关键部分，它监测并控制整个开关电源系统，采集电源系统中的各种运行参数，如交流电压、直流电压、输出电流等；控制整流模块的输出电压、均浮充转换等；与监控主机进行信息传输等。监控单元具有以下6个功能：

1. 交流配电监控功能

监测三相交流市电的电压、频率值和防雷器状态等情况，并与系统内部设定的范围值进行比对，以判断是否正常，当判断异常时，可以发出声光告警，同时将告警信息通过显示屏或数字表显示出来。

2. 整流模块监控功能

监测整流模块的输出电压、输出电流，控制整流模块工作状态（浮充或均充状态）的转换，控制整流模块的开关机。

3. 蓄电池组监控功能

监测蓄电池组总电压、电池电流（充电电流或放电电流），记录放电开始时间、结束时间和放电容量、电池温度等。

控制蓄电池组 LVD（欠压保护）脱离保护和正常恢复；蓄电池组均充时间、均充周期的控制，蓄电池充放电温度补偿控制等。

4. 直流配电监控功能

监测通信电源系统输出总电压、输出总电流以及各负荷熔丝、开关情况。

5. 自诊断功能

监控单元自检功能，监测监控单元内部各部件情况。

6. 通信接口功能

实现与监控后台或远端计算机的通信连接，通信接口通常为 RS-232 网络口，可以设置串口通信参数或网络地址等参数。

通信高频开关电源系统电气原理如图 11-1-3 所示。

二、蓄电池组

蓄电池组的结构主要包括机柜/支架、单体蓄电池、蓄电池连接线/条、连接螺丝，如图 11-1-4 所示。

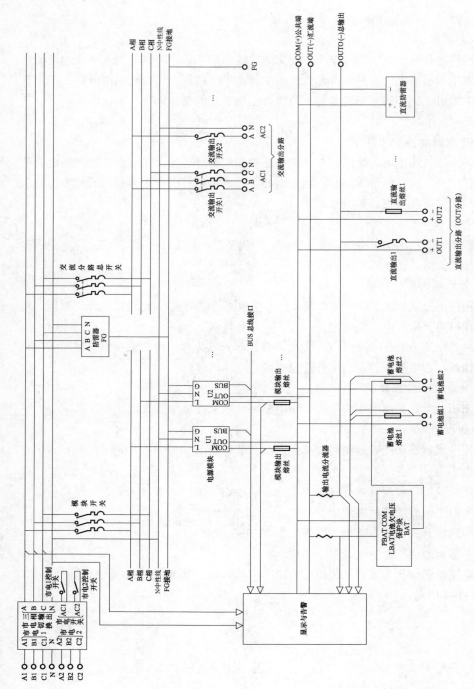

图 11-1-3 通信高频开关电源系统电气原理图

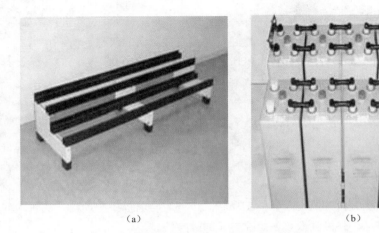

（a）　　　　　　　　　　　　　（b）

图 11-1-4　蓄电池组结构

（a）支架；（b）单体蓄电池

三、电源集中监控系统

电源集中监控系统在结构上是一个多级的分布式计算机监控网络，一般可分为三级，即监控中心（Supervision Center，SC）、监控站（Supervision Station，SS）、监控单元（Supervision Unit，SU）。电源集中监控系统总体结构如图 11-1-5 所示。

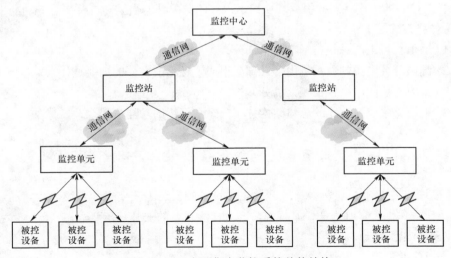

图 11-1-5　电源集中监控系统总体结构

（一）监控单元的功能

设备监控单元直接与被控设备相连，主要完成以下功能：

（1）周期性地实时采集被监控设备的运行参数与工作状态，并对其进行诸如存储、显示等方面的处理，并实时主动地向监控站发送被监控对象的状态。

（2）随时接收和执行上一级计算机下达的对被控设备的控制命令。

（3）接受上一级下达的配置信息，刷新配置文件。

（4）具有一定的报表统计功能，并能定时或按要求上传给监控站。

（二）监控站的功能

监控站是监控系统中数据采集和数据处理的关键部分。它向下与各设备监控单元相连，通过串行通信接口接收各设备监控单元传送的数据，进行处理后向上一级传送。其主要功能如下：

（1）实时监视辖区内各监控单元的工作状态，同时与监控中心通信，实时地向监控中心转发告警信息，并接收来自各监控单元的故障信息。

（2）设置各监控单元的参数，如告警门限制、告警等级等。

（3）实时显示监控单元采集的各种监测数据和告警信息。

（4）具有统计功能，能生成所需的各种统计报表及曲线，如告警统计报表、设备运行参数曲线等。

（三）监控中心的功能

监控中心是监控系统中最高的一级，它除具有监控站的功能以外，还应具有实时监视各监控站的工作状态并根据需要显示或打印监控站的数据和告警信息的功能。

【思考与练习】

1. 通信直流电源系统包括哪几个部分？

2. 高频开关电源硬件系统由哪几部分组成？各组成部分的功能是什么？

3. 蓄电池组的结构包括哪几部分？

4. 电源集中监控系统的总体结构分哪三级，每级的功能是什么？

▲ 模块 2 高频开关电源设备安装（Z38H1002 I）

【模块描述】本模块包含高频开关电源设备的安装工艺要求和安装流程。通过工艺介绍和操作过程详细介绍，掌握高频开关电源设备的安装规范要求。

【模块内容】

一、安装内容

高频开关电源设备的安装内容包括：机架安装、整机组装、电缆布放及连接。

二、安装准备

为保证整个设备安装的顺利进行，需要准备以下相关技术资料及工具材料：

（1）施工技术资料：合同协议书、设备配置表、会审后的施工设计图、安装手册。

（2）工具和仪表：电钻、剪线钳、压线钳、各种扳手、螺钉旋具、钢锯、数字万用表、数字交直流钳形电流表、标签机等。工具使用前要做好绝缘处理，仪表必须经过严格校验，证明合格后方能使用。

（3）安装辅助材料：交流电缆、直流负载连接电缆、电池负载连接电缆、接地连接电缆、接地汇流排、膨胀螺栓、接线端子、线扎带、绝缘胶布等，材料应符合电气行业相关规范，并根据实际需要制作具体数量。

三、机房环境条件的检查

（1）检查机房的高度、承重、墙面、沟槽布置等是否满足规范及设计要求。

（2）检查机房的门窗是否完整、日常照明是否满足要求。

（3）检查机房环境及温度、湿度应满足设备要求。

（4）检查机房是否具备施工用电的条件。

（5）检查蓄电池室的通风设施、防爆电器。

（6）检查是否具有有效的防静电、防干扰、防雷措施和良好的接地系统。

（7）检查机房设计是否达到规定的抗震等级。机房地面应坚固，确保机柜的紧固安装。

（8）检查机房走线装置，比如走线架、地板、走线孔等内容。

（9）检查机房是否配备足够的消防设备。

四、安全注意事项

（1）施工前，对施工人员进行施工内容和安全技术交底，并签字确认。

（2）现场施工人员应经过安全教育培训并能按规定正确使用安全防护用品。

（3）电动工具使用前应检查工具完好情况。存在外壳、手柄破损、防护罩不齐全、电源线绝缘老化、破损的电动工具禁止在现场使用。

（4）施工用电的电缆盘上必须具备触电保护装置，电缆盘上的熔丝应严格按照用电容量进行配置，严禁采用金属丝代替熔丝，严禁不使用插头而直接用电缆取电。

（5）特种作业人员应持证上岗。

（6）仪器仪表应经专业机构检测合格。

五、操作步骤及质量标准

高频开关电源设备的安装步骤一般为：开箱检查→机架安装→整机组装→电缆布放及连接→安装检查。设备安装应符合施工图设计的要求。

（一）开箱检查

（1）检查物品外包装的完好性；检查机柜、机箱有无变形和严重回潮。

（2）按系统装箱数、装箱清单，检验箱体标识的数量、序号和设备装箱的正确性。

（3）根据合同和设计文件，检验设备配置的完备性和全部物品的发货正确性。

（二）机架安装

1. 安装要求

（1）机架应水平安装，端正牢固，用吊线测量，垂直偏差不应大于机架高度的1‰。

（2）列内机架应相互靠拢，机架间隙不得大于3mm，机面平齐，无明显参差不齐现象。

（3）机架应采用膨胀螺栓对地加固，机架顶应采用夹板与列槽道（或走道）上梁加固。

（4）所有紧固件必须拧紧，同一类螺栓露出螺母的长度宜一致。

（5）机架间需使用并柜螺栓进行并柜连接，机架顶部通过并柜连接板固定在一起。

（6）机架的抗震加固应符合机架安装抗震加固要求，加固方式应符合施工图设计要求。

（7）机架安装完成后，应对机架进行命名并贴上标签进行标识。

2. 注意事项

（1）抬放机架时应注意力集中，协调进行，防止机柜倾倒。

（2）机架组立时严禁将手脚伸入盘与底座的夹缝间。

（三）整机组装

整机组装指将分开包装的监控模块和整流模块装配到机架上。

1. 监控模块的安装与拆卸

按照施工设计图，将模块放置端正，不倾斜，缓缓推入相应的位置，模块插头和柜体上的插座应接触良好。最后拧紧固定螺栓或锁住把柄。模块之间不应有大的空隙或相互重叠。

拆卸监控模块时，先松开固定螺栓或把柄，轻轻地将模块拉出。

2. 整流模块的安装固定与拆卸

按照施工设计图中的面板排列图进行安装。插入机架时要使用双手端起整流模块，沿着插槽导轨平稳缓慢推入整流模块，直至紧固，最后拧紧面板的固定螺栓或锁住把柄。模块之间不应有大的空隙或相互重叠。

安装完成后，应对整流模块进行编号，贴上标签标识。

拆卸整流模块时，先松开固定螺栓或把柄，轻轻地将模块拔出，并用双手拖住模块底部。

3. 注意事项

（1）注意不要用把手提模块。

（2）拔插模块时不可过快，要缓缓推入或拔出。

（3）模块插入槽位后，根据说明书，将控制及检测电缆线接至监控模块的后面板上。

（4）整流模块位置分配按三相平衡及有利于散热原则确定，通常按从左到右、自上而下的顺序排列。

（四）电缆布放及连接

1. 布放及连接要求

（1）所有电缆型号应符合设计要求，外观完好无破损，中间没有接头。

（2）直流电缆应采用红蓝分色电缆，蓝色为电源负极线，红色为电源正极线；接地电缆一般为黄绿相间色电缆。

（3）交流输入线采用三相五线制，输入线插入接线排的相应端子后拧紧，并用相应颜色的热缩套管带束紧后用热吹风机进行热缩。

（4）直流电缆连接时，应先断开对应的熔断器，然后先进行正极接线，再进行负极接线。

（5）电缆布放应平直，不得产生扭绞、打圈等现象，不应受到外力的挤压和损伤；电缆转弯应均匀圆滑，转弯的最小弯曲半径应符合相关要求。

（6）电源电缆与信号电缆应分开走线，各缆线间的最小净距应符合施工图的要求；如有交叉，信号电缆应放在上方。

（7）电缆布放时应有冗余，一般为 0.3～0.6m；接地电缆不应有冗余。

（8）所有电缆布放后应绑扎整齐，在布放后两端应有标签，标识起始和终止位置，标签应清晰、端正和正确。

2. 注意事项

（1）交流电气连接时一定要确保交流输入断电。

（2）柜内接线时不允许戴手表、戒指等金属物品。

（3）机柜内使用工具操作时，应均匀用力，小心操作。

（4）柜内穿放电缆时必须对线头进行绝缘包裹。

（5）连接电缆前，应做好电缆标识，并标出"正、负"极性。

（6）所有连接线均应采用规范的线缆，不应使用护套线、裸露线。

（五）安装检查

（1）安装稳固性检查。检查内容：机架安装稳固性、各组装单元的稳固性。

（2）交流引入与配电检查。检查内容：交流进线色谱是否规范，机架原有布线是否有松脱。

（3）直流配电的连接检查。检查内容：编号，线序极性，线缆连接点稳固性，母排连接的正确性、可靠性。

（4）整流模块和监控模块各自的连接情况检查。检查内容：通信线，整流模块的输入、输出和均流连线的正确性。

（5）检查柜内及柜间电气连线是否正确、牢固，端接线子是否完好。

（6）检查机柜内有无杂物及遗留的工器具，发现应及时清理。

（7）检查电缆孔洞封堵情况。

（8）检查标签是否齐全，标签标识是否正确、清晰。

（9）检查工作完毕后是否把现场清理干净。

【思考与练习】

1. 高频开关电源设备安装包括哪几部分？

2. 高频开关电源设备各部分的安装要求是什么？

3. 描述高频开关电源设备安装的主要步骤。

▲ 模块 3 蓄电池组安装（Z38H1003Ⅰ）

【模块描述】本模块介绍蓄电池组的安装工艺要求和安装流程。通过工艺介绍和操作过程详细介绍，掌握蓄电池组的安装规范要求。

【模块内容】

一、安装内容

蓄电池组的安装内容包括：机柜/机架安装、蓄电池组安装、电源电缆敷设。

二、安装准备

为保证整个设备安装的顺利进行，需要准备以下相关技术资料及工具：

（1）施工技术资料：合同协议书、设备配置表，施工详图，安装手册。

（2）工具和仪表：电钻、剪线钳、压线钳、扳手、螺钉旋具、钢锯、数字万用表、充放电测试仪、标签机等。工具使用前要做好绝缘处理，仪表必须经过严格校验，证明合格后方能使用。

（3）安装辅助材料：电源电缆、接地连接电缆、接地汇流排、膨胀螺栓、接线端子、线扎带、绝缘胶布等，材料应符合电气行业相关规范，并根据实际需要制作具体数量。

三、施工条件的检查

（1）检查机房内高度、承重、门窗、墙面、沟槽布置等是否满足规范及设计要求。

（2）检查机房的门窗是否安装齐全，日常照明是否满足施工要求。

（3）检查机房空调通风系统是否满足设备温、湿度的要求。

（4）检查蓄电池设备摆放位置、接地点是否与设计图纸一致。

（5）检查蓄电池室的通风设施、防爆电器。

（6）检查其他相关联的通信电源设备是否满足要求。

（7）检查施工现场是否配备必要的交流电源及引伸插座。

（8）检查机房是否配备足够的消防设备。

四、安全注意事项

（1）施工用电的电缆盘上必须具备触电保护装置，电缆盘上的熔丝应严格按照用电容量进行配置，严禁采用金属丝代替熔丝，严禁不使用插头而直接用电缆取电。

（2）电动工具使用前应检查工具完好情况。存在外壳、手柄破损、电源线绝缘老化、破损的电动工具禁止在现场使用。

（3）现场施工人员应经过安全教育培训并能按规定正确使用安全防护用品。

（4）设备搬运、组立时应配备足够的人力，并统一协调指挥。

（5）特种作业人员应持证上岗。

（6）仪器仪表应经专业机构检测合格。

五、操作步骤及质量标准

（一）开箱检查

（1）检查蓄电池的外观的完好性；检查机柜/机架有无变形和严重回潮。

（2）检验蓄电池到货的数量、参数以及机柜/机架的尺寸是否与合同或设计图纸一致。

（二）机柜/机架安装

蓄电池机柜/机架如图 11-3-1 所示，机柜/机架安装要求如下。

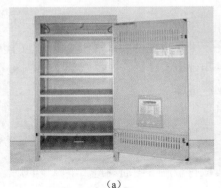

（a）　　　　　　　　　　　　　（b）

图 11-3-1　蓄电池机柜/机架示意图

（a）机柜；（b）机架

（1）机柜的安装应端正牢固，垂直偏差不应大于机柜高度的1‰。

（2）机柜应采用膨胀螺栓对地加固，机柜顶应采用夹板与列槽道（列走道）上梁加固。

（3）所有紧固件必须拧紧，同一类螺栓露出螺母的长度宜一致。

（4）机架安装表面要求坚硬、水平。

（5）蓄电池机柜/机架的尺寸必须和电池/电池组的尺寸一致。

（6）蓄电池机柜/机架必须就近接地。

图 11-3-2 蓄电池组示意图

（三）蓄电池组安装

蓄电池组示意图如图 11-3-2 所示，蓄电池组安装要求如下：

（1）蓄电池需逐只地装入电池架（或机柜内），便于蓄电池正确调整放置。

（2）蓄电池安装应排列整齐、高度相同、极性正确。

（3）单体蓄电池之间的距离一般为 10mm，如果使用硬性铜连接条，电池间的距离取决于硬性铜条的距离。

（4）安装大蓄电池时，要求从机架的中间开始安装；使用多层机架和机柜时，先将电池安装在底层支架上。

（四）蓄电池组安装注意事项

（1）蓄电池安装前，需测量电池单体开路电压，确定电池在通常状态下其电压值符合要求。

（2）安装摆放电池时，尽量避免电池相互碰撞，以免损坏电池外壳。

（3）蓄电池在支架上侧向移动电池时，不要推电池的中部，而应推电池的边角；移动电池时，只允许用手推动电池，严禁使用硬质工具撬、推等。

（4）蓄电池安装的工器具，必须做好绝缘措施。

（5）蓄电池安装时，切勿将物品及工具置于蓄电池的金属部件上。

（6）在蓄电池附近不得有明火、灰烬、火花，避免发生爆炸及火灾事故。

（五）电源线缆布放

（1）直流电源线的敷设路由及布放位置应符合施工图的规定。电源线的规格、参数应符合设计要求。

（2）电源线必须采用整段线料，中间无接头。

（3）电缆转弯应均匀圆滑，转弯的曲率半径应大于电缆直径的 5 倍。

（4）电缆绑扎应紧密靠拢，外观平直整齐，线扣间距均匀、松紧适度。

（5）直流电源线的成端应连接牢靠，接触良好，电压降指标及对地电位符合设计要求。

（六）安装检查

（1）检查电源接线极性、防雷保护接地情况。

（2）检查机柜内有无杂物及遗留的工器具，发现应及时清理。

（3）检查机柜/机架、蓄电池组线缆标示标签是否正确、完备。

（4）检查蓄电池每个连接螺丝是否拧紧。

（5）检查蓄电池机柜/支架接地是否牢固。

【思考与练习】

1. 蓄电池安装有哪些注意事项？

2. 描述蓄电池安装的步骤。

3. 蓄电池安装完后有哪些检查工作？

模块 4 电源集中监控系统的结构组成与功能（Z38H1004 Ⅰ）

【模块描述】本模块介绍电源集中监控系统功能。通过要点讲解、图形举例，掌握电源集中监控系统的组成与功能。

【模块内容】

一、电源集中监控系统的总体结构与组成

具体内容见本章"模块一 通信直流电源设备结构组成（Z38H1001 Ⅰ）三"。

二、电源集中监控系统的功能

电源集中监控系统通过通信实时采集并进行分析统计,对各通信站的通信电源系统进行监测及控制。电源集中监控系统是电源系统的控制、管理核心，它使人们对通信电源系统的管理由烦琐、低效变得简单、高效。通常其功能表现在三方面：

（1）电源集中监控系统可以全面管理电源系统的运行，方便更改运行参数，可以对蓄电池进行放电检测，实施全自动管理，记录、统计、分析各种运行数据。

（2）当系统出现故障时，它可以及时、准确地给出故障发生部位，指导管理人员及时采取相应措施、缩短维修时间，从而保证电源系统安全、长期、稳定、可靠地运行。

（3）通过遥测、遥信、遥控功能，实现电源系统的少人值班或全自动化无人值班。

具体而言，通信电源集中监控系统的功能可以分为监控功能、交互功能、管理功能、智能分析功能以及帮助功能五方面，下面以泰坦电源远程监控系统为例进行通信电源集中监控系统功能介绍。

（一）监控功能

监控功能是电源集中监控系统最基本的功能。监控功能可分为监视功能和控制功能两大部分。

1. 监视功能

电源集中监控系统置能够对通信电源设备进行遥测和遥信，如图 11-4-1 所示。

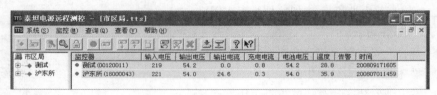

图 11-4-1　电源集中监控系统遥测与遥信量例图

通常遥测量包括：

（1）系统输出总电压、负荷总电流。

（2）电池电压、电池内阻、电池充放电电流、电池环境温度。

（3）输入交流市电电压。

（4）各整流模块的输出电压、输出电流。

遥信量主要包括：

（1）直流配电各输出支路熔断器通断状态。

（2）电池组熔断器通断状态。

（3）电池充电电流过大，电池电压欠电压、过电压。

（4）市电电网停电、缺相，电压过高、过低或相间电压严重不平衡。

（5）整流模块工作温度过高、整流模块输出电压过高、过低。

（6）整流模块输出过电流保护。

2. 控制功能

电源集中监控系统可以对通信电源设备进行完全的控制，包括遥控和遥调，如图 11-4-2 所示。

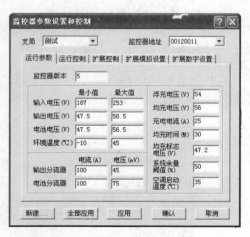

图 11-4-2　电源集中监控系统控制功能

遥控量主要包括：

（1）整流模块开、关机控制。

（2）整流模块均、浮充转换控制。

遥调量主要包括：

（1）整流模块的输出电压。

（2）蓄电池充电限流调整。

（3）电池温度补偿参数设置。

（二）交互功能

交互功能是指电源集中监控系统能够以图形化界面、数据、报表方式与维护人员之间交流、相互对话的功能。

电源集中监控系统交互功能如图 11-4-3 所示。

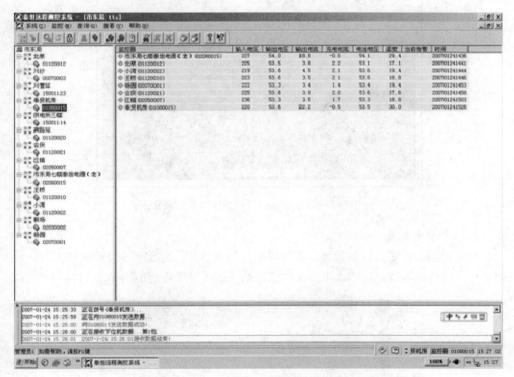

图 11-4-3　电源集中监控系统交互功能

（三）管理功能

管理功能是指电源集中监控系统能够对当前数据、历史数据、告警记录、人员权限等进行管理和维护。

1. 数据管理功能

电源集中监控系统采集到的数据，包括设备运行参数、环境参数和告警记录等，一般保存在计算机内相应的数据库文件夹内。在实际运行中，随着历史数据越来越多，有必要对数据进行管理。电源集中监控系统中一般保留 30 天左右的数据，一些重要历史数据可以提取出来另行备份。

可以对保存在数据库内的资料进行数据处理和统计，并生成各种各样的报表和曲线，为维护工作提供科学依据。

电源集中监控系统的数据管理图如图 11-4-4 所示。

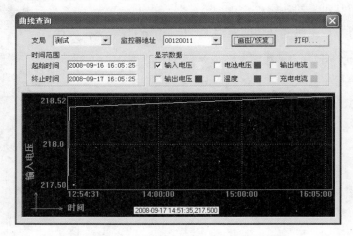

图 11-4-4　电源集中监控系统数据管理图

2. 告警管理功能

当监控系统检测到设备告警，系统界面会提示告警，并显示告警的具体内容，为维护人员处理故障提供依据。电源集中监控系统的告警管理功能图如图 11-4-5 所示。

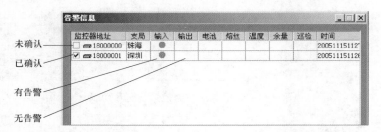

图 11-4-5　电源集中监控系统的告警管理功能图

（1）告警显示功能。告警显示一般以在监控电脑弹出窗口的形式显示，主要有文字告警和声音告警两种方式。

（2）告警屏蔽功能。有些告警属于次要告警，可能对维护人员没有实际参考意义，可以将该项告警屏蔽，需要时再恢复。

（3）告警过滤功能。监控系统中可以设置将告警信息进行分类，一般分为紧急告警、非紧急告警、一般告警三类。维护人员可以根据告警级别来确认先处理哪些告警。

（4）告警确认功能。只有具有一定操作权限的维护人员才可以进行告警确认。因为只有专业的维护人员才能了解告警时设备会出现哪些状况，只有他们才可以及时进行处理。

（5）告警呼叫功能。有的监控系统自带告警终端，也可另外配置语音告警终端。这些告警终端可以安装手机 SIM 卡、连接网络等，以短信、语音呼叫、电子邮件等方式将告警信息及时通知维护人员。

3. 配置管理功能

配置管理是指对监控系统的各项参数进行设置、编辑、修改等，保证系统正常运行。

4. 安全管理功能

由于监控系统可以直接控制通信电源，出于对监控系统本身和通信电源的安全考虑，必须对监控系统的使用人员及权限进行限制，这项功能称为安全管理功能。

用户权限通常分为一般用户、系统操作员和系统管理员三种。其中，一般用户只能进行一些简单数据查询；系统操作员则可以对监控系统进行告警确认、参数配置等维护操作；系统管理员具有最高权限，可以对监控系统进行全面的参数配置、用户分配管理和系统维护等操作。系统操作员和系统管理员要使用用户名和口令才能登录。

电源集中监控系统的安全管理功能如图 11-4-6 所示。

（四）智能分析功能

智能分析功能是指在监控系统中采用人工智能技术，协助维护人员对监控系统的数据进行分析处理。常见的智能分析功能包括告警分析功能、故障预测功能和运行优化功能。

（五）帮助功能

监控系统软件中都会内置帮助菜单，提供监控系统的功能描述、操作方法、维护要点及

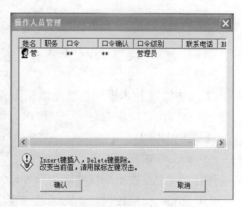

图 11-4-6　电源集中监控系统的
安全管理功能示意图

疑难解答，帮助维护人员更快、更好地使用监控系统。电源集中监控系统的帮助功能如图 11-4-7 所示。

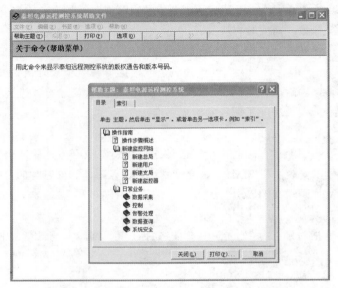

图 11-4-7 电源集中监控系统的帮助功能示意图

【思考与练习】

1. 电源集中监控系统的总体结构分哪三级，每级的功能是什么?
2. 电源集中监控系统的主要功能有哪些?
3. 电源集中监控系统的告警管理功能有哪些?
4. 通信电源监控系统中用户权限一般分为几种?有何区别?

▲ 模块 5 电源集中监控系统安装 (Z38H1005 I)

【模块描述】本模块包含电源集中监控系统的安装工艺要求和安装流程。通过工艺介绍和操作过程详细介绍，掌握电源集中监控系统的安装规范要求。

【模块内容】

一、工作内容

电源集中监控系统按功能划分可分为五个模块，分别是：UPS 监控模块、电池监控模块、配电柜监控模块、空调监控模块和环境监控模块。根据机房实际需求，安装内容可能有所差异，主要为上述五个模块的相应组合。在 UPS 监控模块中，可以实现对 UPS 运行状态、输入电压、输出电压、温度等信息的监控。在电池监控模块中，可以实现对电池组的电压、电流、单节电池电压、电池充放电等信息的监控。在配电柜监控模块中，可以对配电柜的电压、电流等数据进行监控，如果需要对配电柜开关作监控，则加入相应的设备就可以实现。在空调监控模块中，可以对其温度、湿度、开关状态控制、回风温度、回风湿度、压缩机告警、加湿器告警等信息作监控。在环境监控模块中，可以对环境温湿度、机房漏水检测、烟雾检测、门禁状态以及声光报警联动控制做监控。这些都可以根据机房的需求做相应选择。电源集中监控系统拓扑图如图 11-5-1 所示。

本模块介绍的主要安装内容包括机架、子架、分站监控单元、典型的变送器与传感器的安装以及相应的线缆布放。

二、安装准备

为保证整个系统设备安装的顺利进行，需要准备以下相关技术资料及工具。

（1）施工技术资料：① 合同协议书、设备配置表；② 会审后的施工详图；③ 安装手册。

（2）工器具及材料：卷尺、记号笔、水平仪、冲击钻、力矩扳手、套筒扳手、活动扳手、十字螺钉旋具、一字螺钉旋具、热吹风机、剥线钳、尖嘴钳、斜口钳、网线钳、冷压钳、剪线钳、美工刀、橡胶锤、铅垂仪、压接钳；万用表、网线测试仪；胶带、直流电源线、接地线、网线、蓄电池电压采集线、线鼻子、扎带；配置终端 PC。万用表等仪表必须经过严格校验，证明合格后方能使用。

三、机房环境条件的检查

（1）检查机房内高度、承重、墙面、沟槽布置等是否满足规范及设计要求。

（2）检查机房的门窗是否完整、日常照明是否满足要求。

（3）检查机房是否具备施工用电的条件。

（4）检查机房环境及温、湿度是否满足设备要求。

（5）检查是否具有有效的防静电、防干扰、防雷措施和良好的接地系统。

（6）检查设备位置是否与设计图纸一致，检查设备基础是否齐全、牢固。

（7）检查交直流供电电压是否符合设备电源电压范围指标。

（8）检查其他相关联的设备（如传输设备、数字配线架 DDF）是否满足要求。

（9）检查机房是否配备足够的消防设备。

四、安全注意事项

（1）施工用电的电缆盘上必须具备触电保护装置，电缆盘上的熔丝应严格按照用电容量进行配置，严禁采用金属丝代替熔丝，严禁不使用插头而直接用电缆取电。

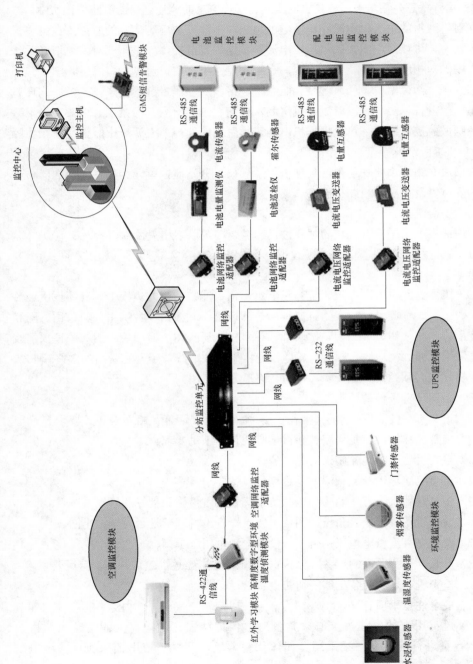

图 11-5-1 电源集中监控系统拓扑图

（2）电动工具使用前应检查工具完好情况。存在外壳、手柄破损、防护罩不齐全、电源线绝缘老化、破损的电动工具禁止在现场使用。

（3）现场施工人员应经过安全教育培训并能按规定正确使用安全防护用品。

（4）设备搬运、组立时应配备足够的人力，并统一协调指挥。

（5）操作时严禁佩戴手表、手链、手镯、戒指等易导电物体。

（6）特种作业人员应持证上岗。

（7）仪器仪表应经专业机构检测合格。

五、操作步骤及质量标准

（一）开箱检查

（1）检查物品的外包装的完好性；检查机柜、机箱有无变形和严重回潮。

（2）按系统装箱数、装箱清单，检验箱体标识的数量、序号和设备装箱的正确性。

（3）根据合同和设计文件，检验设备配置的完备性和全部物品的发货正确性。

（二）机架安装

（1）机架的安装应端正牢固，垂直偏差不应大于机架高度的1‰。

（2）列内机架应相互靠拢，机架间隙不得大于3mm，列内机面平齐，无明显参差不齐现象。

（3）机架应用螺栓与基础之间牢固连接，机架顶应采用夹板与列槽道（列走道）上梁加固。

（4）所有紧固件必须拧紧，同一类螺栓露出螺母的长度宜一致。

（5）设备的抗震加固应符合通信设备安装抗震加固要求，加固方式应符合施工图的设计要求。

（三）子架安装

（1）子架位置应符合设计要求。

（2）子架安装应牢固、排列整齐，插接件接触良好。

（3）子架接地要可靠牢固，符合规范要求。

（四）分站监控单元、变送器、传感器的安装

1. 设备安装要求

（1）监控设备安装应遵循安全可靠、便于维护、整齐美观及不影响被监控设备正常运行、操作、维护和远期发展的原则。

（2）各种传感器和变送器的安装位置应能真实地反映被测量，做到就近安装，隐蔽安装，对被监控设备尽量不改动或少做改动。

（3）前端局站的采集器、网络传输及接口设备应尽量利用机柜（架）集中安放，并要求布局合理；对于不适合集中安放的采集器，可以在被监控设备附近以落地式或

壁挂箱体的方式就近安装。

（4）监控中心、监控站、监控单元的网络传输及接口设备应采用机柜（架）集中安放；计算机及其外围设备可采用专用工作台（桌）分散安装。

（5）设备安装固定及接线要牢固可靠。对于放置计算机设备、网络传输及接口设备、采集器等设备的机柜（架）应采取抗震加固措施，其加固方式应满足通信设备的抗震要求。

（6）各种监控设备与机柜（架）应有良好的接地，并与所在的通信局（站）采用联合接地方式。

2. 安装步骤及注意事项

（1）分站监控单元的安装以南瑞 ECM3000–PTU 分站监控单元（如图 11–5–2 所示）为例加以说明。其接线一般都通过后面接线排出线，下半部分的左右两个接线排出线端子一样：YK*_C 表示某一路遥控的公共触点，YK*_K 表示某一路遥控的输出触点（在印制板上选择"K"为常开，"B"为常闭）。YC*表示某一路遥测输入，AGND表示遥测的输入"地"。YX*+表示遥信的正极，YX*–表示遥信的负极，COM**表示遥信的公共端。COM1 是 YX4+、YX5+、YX6+和 YX7+的公共端，COM2 是 YX8+、YX9+、YX10+和 YX11+的公共端（在印制板上选择 COM*时为外接的公共端，选择"－12V"时为固定－12V 为公共端）。ECM3000–PTU 分站监控单元左（右）接线排出线端子示意图如图 11–5–3 所示。

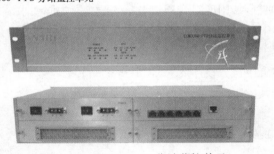

ECM300–PTU 分站监控单元

图 11–5–2　ECM3000–PTU 分站监控单元

安装接线时，变送器、传感器等的遥信、遥测、遥控的出线端子应与分站监控单元遥信、遥测、遥控的出线端子一一对应接线。

（2）电压、电流变送器通常安装于配电屏内部，接线通常引自直流、交流端子的输入端，极性切不可接错，否则将损坏变送器。变送器在有强磁干扰的环境中使用时，

-12V	+12V	+12V	+12V	YC7	YC5	YC3	YC1	-12V	+12V	YX10+	YX8+	YX7+	YX5+	YX2+	YX2-
①	②	③	④	⑤	⑥	⑦	⑧	⑨	⑩	⑪	⑫	⑬	⑭	⑮	⑯
YK3_C	YK2_C	YK1_C	YK0_C	AGND	AGND	AGND	AGND	GND	GND	YX11+	YX9+	YX6+	YX4+	YX1+	YX1-
⑰	⑱	⑲	⑳	㉑	㉒	㉓	㉔	㉕	㉖	㉗	㉘	㉙	㉚	㉛	㉜
YK3_K	YK2_K	YK1_K	YK0_K	YC6	YC4	YC2	YC0	-12V	+12V	COM2	COM1	YX3+	YX3-	YX0+	YX0-
㉝	㉞	㉟	㊱	㊲	㊳	㊴	㊵	㊶	㊷	㊸	㊹	㊺	㊻	㊼	㊽

图 11-5-3　ECM3000-PTU 分站监控单元左（右）接线排出线端子示意图

请注意输入线的屏蔽，输出信号线应尽可能短。集中安装时，最小安装间隔不应小于 10mm。电压、电流变送器分别如图 11-5-4 和图 11-5-5 所示。

图 11-5-4　电压变送器

图 11-5-5　电流变送器

（3）湿度传感器应集中固定在空气自然循环不受限制的地方，切勿将传感变送器置于阳光直射或者靠近灯源、壁炉、暖气以及特别潮湿的地方。湿度传感器用螺钉固定固定座，各接线端子可接 2.5mm² 以下导线，最好采用屏蔽电缆以预防干扰，如采用屏蔽电缆需将屏蔽层接在控制器一侧的接线端子上（通常为地）。

（4）烟雾传感器应选择合适的安装区域，用螺钉固定固定座，将烟感分线色连接后旋在固定座上。房间内每 25~40m² 安装一个烟感，重要设备上方 0.5~2.5m 安装烟感。

（5）水浸传感器应安装在感应点上方较高位置，以确保其不被水浸泡。安装时，先安装底座，然后将两根导线从接线端子引出，用冷压钳接合，再将热缩管缩紧（加热），以确保二导线绝缘，金属裸露部分即为浸水感应部分。

3. 软件安装

ECM3000-PTU 分站监控单元的控制模块内部安装有 BIOS 固件，通过这个固件，可以装载新的可执行程序，也可以对现有程序进行升级，还可以装载运行配置文件。

给控制模块装载程序，需要一条串口连接电缆、一台带串口的计算机、安装 Windows 95/98/NT/2000 操作系统、要装载的配置程序 mux.ini。程序装载完成后，最后结果如图 11-5-6 所示。

```
## Total Size    = 0x0000029b = 667 Bytes
## Start Addr    = 0x0C500000


Erasing sector 0003f000
 done
Erased 1 sectors


Copy to Flash... 667 bytes done
#
```

图 11-5-6　ECM3000-PTU 分站监控单元配置程序安装完成示意图

最后一行 Copy to Flash... 667 bytes done 表示共装载了 667 个字节的数据。这个数字应该和 mux.ini 文件的字节数相等。通常需要将分站监控单元重新启动，新装载的内容才能生效。重启后等待一会儿，观察运行指示灯是否闪烁，如果运行指示灯显示正常状态，则表示程序已经正常运行。否则，则表示在程序的运行过程中发生了某种错误，没有执行起来。

（五）电源集中监控线缆安装布放

（1）电源集中监控系统的线缆布放位置必须符合施工图的规定，电源线的规格、熔丝的容量均应符合设计要求。

（2）线缆必须采用整段线料，中间无接头。

（3）线缆绑扎应紧密靠拢，外观平直整齐，线扣间距均匀，松紧适度。

（4）电源集中监控系统应选用阻燃型线缆，并根据现场环境条件选用适合要求的线缆；对于易受电磁干扰的信号线应采用屏蔽型线缆。屏蔽型线缆安装时应注意屏蔽层的正确可靠接地。

（5）信号线和电源线应分离布放，并尽量远离易产生电磁干扰的设备和线缆，不应与其他强信号线及高频线近距平行布放。

（6）布线应充分利用原有的桥架、地沟、槽道和管道。布设于活动地板下、顶棚上及墙上的线缆应采用阻燃材料的槽（管）布放。

（六）安装完检查

（1）检查电源接线极性、防雷保护接地情况。

（2）检查各变送器的数量、规格及安装位置，应与施工文件相符。

（3）检查各送变器以及传感器，应目测正常、各级可闻、可见告警信号装置应工作正常、告警准确。

（4）检查机柜内有无杂物及遗留的工器具，发现应及时清理。

（5）检查机柜、子架、变送器、传感器、线缆标示标签是否正确、完备。

【思考与练习】

1. 电源集中监控系统的安装主要涉及哪些模块，这些模块各自的功能是什么？

2. 电源集中监控系统设备的安装步骤及注意事项是什么？

3. 电源集中监控系统线缆安装布放有哪些要求？

▲ 模块6 交流配电单元调试（Z38H1006Ⅱ）

【模块描述】本模块包含交流配电单元双路切换、输入电压电流和告警功能等测试项目的介绍。通过要点讲解、操作过程详细介绍，掌握高频开关电源设备交流配电单元的测试方法。

【模块内容】

一、工作内容

交流配电单元调试的工作内容主要包括：双路交流切换测试；交流电压和电流测试与查看；告警功能测试。

二、双路交流切换测试

（一）切换控制装置介绍

以易达通信高频开关电源PRS2000系统的交流控制器HAT500为例。两路380V交流市电从负荷隔离开关输入到交流切换装置ATS进线端，接着再由ATS进行选择，最后由ATS输出到交流配电单元，进行分配输出。在交流切换期间，由HAT500交流控制器对两路市电进行在线监测。自动切换装置如图11-6-1所示。

根据输入的两路市电是否分为主用和备用，系统配置可分为主从控制方式和无主从控制方式两种。

（1）主从控制方式。当主用电源故障时，切换到备用电源；当主用电源恢复时，系统自动再返回到主用电源。

（2）无主从控制方式。当一路电源故障时，自动切换到另一路电源；当先前使用的一路电源恢复时，系统继续使用当前市电，不再返回到先前的电源。

（二）测试目的

测试交流自动切换装置能否正常完成自动切换功能，避免因切换装置故障而无法及时完成切换的情况发生。

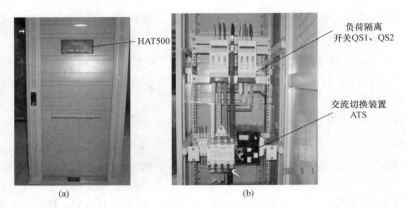

图 11-6-1 交流切换装置

（a）正面视图；（b）背面视图

（三）测试准备

（1）了解被测装置的切换控制原理及操作方法。

（2）测试前，熟知测试内容、测试方法、注意事项以及安全防护等内容。

（3）测试前，检查交流输入电压是否在正常范围内（易达通信高频开关电源 PRS2000 系统输入交流输入电压的正常范围为 323～418V/187～242V）。

（四）安全注意事项

（1）现场做好防护标识牌，避免其他人员入内。

（2）检查蓄电池回路连接。在测试前，检查蓄电池工作状态及回路连接情况，避免因蓄电池回路故障而造成切换时负荷中断。

（五）测试步骤及要求

（1）断开第一路市电电源，观察自动切换装置工作状态。

（2）闭合第一路市电电源，观察自动切换装置工作状态。

（3）断开第二路市电电源，观察自动切换装置工作状态。

（4）闭合第二路市电电源，观察自动切换装置工作状态。

（六）测试结果分析及测试报告编写

（1）如果系统控制方式为主从控制方式，则断开第一路电源，系统应该能自动切换到第二路电源，第一路电源恢复时，系统再切换到第一路电源，上述切换功能正常即合格。

（2）如果系统控制方式为无主从控制方式，则断开第一路电源，系统应该能自动切换到第二路电源，第一路恢复时，系统不再切换到第一路电源上，当断开第二路电源时，系统自动切换到第一路电源上，上述切换功能正常即为合格。

（3）测试完成后应及时记录测试结果。

（七）测试注意事项

交流输入电压不在正常范围内时切换装置不会工作。

三、交流电压、电流测试与查看

交流输入电压、电流的指示一般是由数字表直接显示，直观易读。交流电压一般是测量相电压和线电压。

（一）测试目的

通过交流电压与电流测试，可以查看输入电压值与电流值是否在正常范围内。测试前应准备数字万用表及交直流钳形电流表。

（二）测试准备

（1）了解被测通信电源的性能及特点，熟悉关键测量点的位置等。

（2）测试仪表。测试仪表应拨至合适的挡位进行测试。

（3）检测用仪器仪表、工具应做好绝缘措施。

（4）在对系统内部各部件进行操作及测试时，注意不要短路。

（三）安全注意事项

（1）在通信电源机柜内部操作时，防止碰触到带电部位，避免发生人员触电事故。

（2）测试用仪器仪表、工具应做好绝缘措施。

（3）使用万用表或钳形电流表进行测量工作时，应由两人进行，互相配合。

（四）交流电压的测量

交流电压主要包括交流输入电压、交流备用输出电压。将万用表放在适当的交流电压量程上，测试表棒直接并联在被测电路两端，电压表的读数即为被测交流电源的有效值电压，如图 11-6-2 所示。

（五）交流电流的测量

交流电流主要包括交流输入电流、交流负荷输出电流。将钳形电流表放在适当的交流电流量程上，电流钳夹住所测相线线缆，电流表的读数即为被测交流电源的电流。如图 11-6-3 所示。

（六）测试结果分析及测试报告编写

在系统正常运行状态下，记录交流电压、电流等，作为通信电源测试内容，当系统出现故障时可供参考。

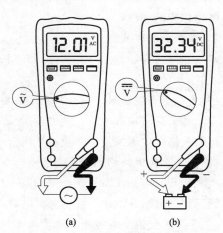

图 11-6-2　测试交流和直流电压

（a）交流电压；（b）直流电压

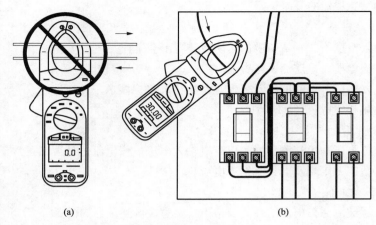

（a）   （b）

图 11-6-3　测试交流电流

（a）不正确；（b）正确

（七）注意事项

（1）使用钳形电流表测试电流时只能夹住相线，不能同时夹住相线和中性线。

（2）测试仪表应拨至合适的挡位进行测试，避免测试误差。

四、告警功能测试

交流配电单元告警主要表现为交流输入过压、欠压、缺相、防雷器件保护告警等，同时伴随着电源系统输入告警或防雷器故障的声光告警。以易达通信高频开关电源 PRS2000 系统为例，当出现以上告警时，系统能够进行检测并在面板上显示告警信息，做出相应的动作。

（一）测试目的

通过告警功能的分类测试，可以检验交流配电单元发生故障时告警显示是否正确、及时。

（二）交流输入过、欠压测试及要求

调节交流输入电压，使之过压或欠压，这时系统能监测到输入电压变化，系统能自动关机，电压恢复正常后能系统自动恢复工作。

（三）交流缺相测试及要求

断开三相交流输入电源中的某一相，使交流输入缺相，这时可在监控面板上查看到三相交流输入缺相告警信息，同时伴有声光告警。

（四）交流防雷器测试及要求

当防雷器故障时，防雷器的告警灯亮起，同时电源系统会提示防雷器故障。

（五）测试结果分析及测试报告编写

测试完成后应及时记录测试结果。

【思考与练习】

1. 切换控制方式有哪两种？
2. 具体描述交流切换的步骤和结果分析。
3. 使用钳形电流表测试电流时应注意什么？
4. 交流配电单元有哪几种主要告警类型？

◢ 模块 7　直流配电单元调试（Z38H1007Ⅱ）

【模块描述】本模块包含直流配电单元输出电压、电流和告警功能等测试项目的介绍。通过要点讲解、操作过程详细介绍，掌握高频开关电源设备直流配电单元的测试方法。

【模块内容】

一、工作内容

直流配电单元调试的工作内容主要包括：直流配电单元的电压、电流测试及查看；告警功能测试。

二、直流电压、电流测试及查看

（一）测试目的

通过直流电压测试，可以查看直流电压值是否在正常范围内；通过直流电流测试，可以了解通信设备正常工作的电流值，当通信设备发生故障时，此电流显示也可以作为检查故障的辅助参考。目前大部分电源系统上都带有数字表或指针表，可以直接显示直流电压和电流。

（二）测试准备

（1）了解被测通信电源的性能及特点，熟悉关键测量点的位置等。

（2）测试仪表（数字万用表及交直流钳形电流表）。

（3）测试用仪器仪表、工具应做好绝缘措施。

（三）安全注意事项

（1）在通信电源机柜内部操作时，防止碰触带电部位，避免发生人员触电事故。

（2）测试用仪器仪表、工具应做好绝缘措施。

（3）使用万用表或钳形电流表进行测量工作时，应由两人进行，互相配合。

（四）直流输出电压的测量

将万用表放在适当的直流电压量程上，测试表棒直接并联在被测电路两端，电压

表的读数即为被测直流电源的电压。以 Eltek Flatpack2 为例，整流输出电压范围为
–43.5～–57.6V。

（五）直流输出电流的测量

本模块所指的直流输出电流主要指负荷电流。通过测量负荷电流大小，可以了解
当前直流配电单元的负荷情况。

使用钳形电流表进行电流大小测试。将钳形电流表放在适当的直流电流量程上，
电流钳夹住所测部分的直流线缆，电流表的读数即为被测直流输出的电流。

（六）测试结果分析及测试报告编写

在系统正常运行状态下，记录直流电压、电流等，作为通信电源测试内容，当系
统出现故障时可供参考。

（七）注意事项

（1）使用钳形电流表测试电流时只能夹住相线，不能同时夹住相线和中性线。

（2）测试仪表应拨至合适的档位进行测试，避免测试误差。

（3）在对系统内部各部件进行操作及测试时，注意不要短路。

三、告警功能测试

直流配电单元告警主要表现为直流输出电压过高或过低、直流回路熔丝熔断等，
同时伴随相应的的声光告警。当出现以上告警时，系统能够进行检测并显示告警信息，
做出相应的动作。

（一）测试目的

通过告警功能的分类测试，可以检验直流配电单元发生故障时告警显示是否正确、
及时。

（二）直流输出电压过高、过低测试及要求

调节电源设备参数使直流输出电压过高或过低，这时可在监控面板上查看到电压
告警信息，同时伴有声光告警。

（三）直流回路熔丝熔断测试及要求

直流回路熔丝主要指电源模块的输出至汇流排的熔丝和汇流排至直流分配屏的熔
丝。直流输出至负载一般采用熔丝控制。

电源模块输出至汇流排的熔丝熔断或拆下后（在无负载熔丝上操作），可在监控模
块上显示某一路熔丝的告警信息。重新接上熔丝，系统恢复正常。

（四）测试结果分析及测试报告编写

测试完成后应及时填写测试报告。

【思考与练习】

1. 如何测量整流输出电压、电流？

2. 直流输出电压的范围是多少？

3. 直流配电单元有哪几种主要告警类型？

◢ 模块 8　整流单元测试（Z38H1008 II）

【模块描述】本模块包含整流单元输入、输出电压和输出电流，以及均流特性等测试项目的介绍。通过要点讲解、操作过程详细介绍，掌握整流单元的测试方法。

【模块内容】

一、工作内容

整流单元测试的工作内容主要包括：整流模块的面板信息指示查看；输入、输出电压和输出电流的测试与查看；均流特性测试。

二、面板信息指示查看

观察整流模块前面板上指示灯的显示情况，判断整流模块的工作状态。以 Eltek Flatpack2 为例，如图 11-8-1 所示。

Eltek Flatpack2 整流模块的 LED 指示信号：

运行（绿色）指示电源状态：开、关和正常通信；

告警（红色）指示报警状态（主要警报）；

警告（黄色）指示异常状态（次要警报）。

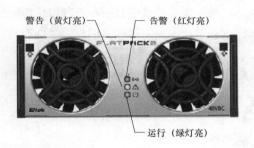

图 11-8-1　Eltek Flatpack2 整流模块显示

三、输入、输出电压和输出电流的测试

交流配电单元引一路 380V 交流电源至整流模块交流输入断路器前端，再由断路器分配到每只整流模块交流进线处，经过模块整流后输出到正、负母排上，最后通过负载熔丝输出。

（一）测试目的

通过模块输入、输出电压和输出电流测试，可以查看模块输入、输出电压值是否在正常范围内；通过模块输出电流测试，可以知道通信设备正常工作的电流值，当通信设备发生故障时，此电流显示也可以作为检查故障的辅助参考。

（二）测试准备

（1）了解被测通信电源的性能及特点，熟悉关键测量点的位置等。

（2）测试仪表：数字万用表及交、直流钳形电流表。

（3）检测用仪器仪表、工具应做好绝缘措施。

（三）安全注意事项

（1）在通信电源机柜内部操作时，防止碰触带电部位，避免发生人员触电事故。

（2）在对系统内部各部件进行操作及测试时，注意不要短路。

（3）使用万用表或钳形电流表进行测量工作时，应由两人进行，互相配合。

（四）输入、输出电压的测试

将万用表放在适当的电压量程上，测试表棒直接并联在被测电路两端，电压表的读数即为交流输入或整流输出的电压。另外，整流单元输出电压一般也可由电源系统面板上的数字表或指针表直接读出。以 Eltek Flatpack2 为例，交流输入单相电压范围为 185～275V，整流输出电压范围为 -43.5～-57.6V。

（五）输出电流的测试

本模块所指的直流电流主要包括直流总负荷电流、蓄电池充电电流、负荷电流。直流总负荷电流指的是所有电源模块输出的总电流，它包含负荷电流和电池充电电流。通过查看总电流，可以了解当前模块的负荷情况。

使用钳形电流表进行电流大小测试。将钳形电流表放在适当的直流电流量程上，电流钳夹住所测部分的直流线缆，电流表的读数即为被测电流。

（六）测试结果分析及测试报告编写

在系统正常运行状态下，记录输出电压、电流等，作为通信电源测试内容，当系统出现故障时可供参考。

（七）注意事项

（1）使用钳形电流表测试电流时只能夹住相线，不能同时夹住相线和中性线。

（2）测试仪表应拨至合适的档位进行测试，避免测试误差。

四、均流特性测试

（一）测试目的

一个通信电源系统可配置多个电源模块，但是多个电源模块并联工作时，如果不采取一定的均流措施，每个模块的输出电流将出现分配不均的情况，有的电源模块会承担更多的电流，甚至过载，降低了模块的可靠性，分担电流小的模块可能处在效率不高的工作状态。因此需要将各模块的均流特性调整一致。

（二）模块输出电流检测方法

（1）配置有数字电流表、指针式电流表或液晶显示屏的通信电源，可以直观地读出各模块电流值。

（2）未配置数字电流表、指针式电流表或液晶显示屏的通信电源，可以通过监控单元查询每个模块的电流，或者通过监控软件来查看。

（3）使用钳形电流表测量各模块的输出电流。

（三）安全注意事项

（1）在通信电源机柜内部操作时，防止碰触带电部位，避免发生人员触电事故。

（2）避免直流–48V正负母线短路。直流–48V正负母线短路将引起设备供电中断，所有金属工具应做好绝缘措施。

（3）使用钳形电流表进行测量工作时，应由两人进行，互相配合。

（四）测试准备

（1）工作人员应熟悉通信电源模块的接线及电压、电流调整设置。查阅通信电源的使用手册等资料，充分了解该通信电源的使用与调整方法。

（2）测试用仪器设备准备。准备钳形电流表、数字万用表、–48V直流可调电子负荷或放电仪等。

（五）测试步骤及要求

1. 测试接线

（1）将–48V直流可调电子负荷放电仪的电流调节旋钮或设定值调至最小。

（2）将该可调负荷放电仪接至通信电源机柜上大容量输出开关或输出熔丝上。

2. 测试步骤

（1）记录通信电源正常工作时的系统总电流和各个模块的输出电流。计算当前的系统输出电流占整个系统额定电流的百分比。

（2）开启可调负荷放电仪，调整电流值，使当前的系统输出电流占整个系统额定电流的50%，记录各模块的输出电流值。

（3）调整可调负荷放电仪电流值，使当前的系统输出电流占整个系统额定电流的75%，记录各模块的输出电流值。

（4）调整可调负荷放电仪电流值，使当前的系统输出电流占整个系统额定电流的100%，记录各模块的输出电流值。

（六）测试结果分析

（1）测试标准及要求。根据信息产业部YD/T 731—2002标准，在单机50%～100%额定输出电流范围，其均分负载的不平衡度不超过直流输出电流额定值的±5%。

（2）测试结果分析。将整个系统输出电流占额定电流的50%、75%、100%这三种情况下的各模块输出电流数据进行计算，求这三种情况下的平均值，再用每个模块的输出电流减去平均值后除以模块的额定电流，计算各模块电流的不平衡度，如式（11–8–1）。

$$\begin{cases} \delta_1 = \dfrac{I_1 - I_{1a}}{I_H} \times 100\% \\[2mm] \delta_2 = \dfrac{I_2 - I_{2a}}{I_H} \times 100\% \\[2mm] \vdots \\[2mm] \delta_n = \dfrac{I_n - I_{na}}{I_H} \times 100\% \end{cases}$$　　　（11-8-1）

式中　$\delta_1, \delta_2, \cdots, \delta_n$——各模块不平衡度；

　　　$I_1, I_2, \cdots, I_n$——各模块输出电流；

　　　I_H——模块额定电流；

　$I_{1a}, I_{2a}, \cdots, I_{na}$——各模块在三种情况下的输出电流平均值。

（七）测试注意事项

（1）测量仪表如钳形电流表、数字万用表应是经过校验的，并在有效期之内。

（2）钳形电流表在测试前，应先测试闭合导线，减小测试误差。

（3）注意区分系统总电流、负荷电流、蓄电池充电电流的关系。

各电流之间关系为：

　　　　系统总电流=各模块输出电流之和

　　　　　　　　=负荷电流+蓄电池充电电流+可调负荷或放电仪电流

【思考与练习】

1. 解释整流模块前面板各指示灯的类型及意义。

2. 整流单元调试主要包括哪几项内容？

3. 详细描述模块均流的检查步骤。

▲ 模块9　监控单元调试（Z38H1009Ⅱ）

【模块描述】本模块包含了监控单元均充浮充电压、系统过高过低告警电压等参数设置和显示、告警功能等测试项目的介绍。通过要点讲解、操作过程详细介绍，掌握监控单元的测试方法。

【模块内容】

监控单元是高频开关电源系统的构成部件之一，它可以监测并控制整个电源系统，充当本地用户界面。通过操作监控单元，可以对系统进行设置和调试。

下面以 Eltek 公司的 Smartpack 监控模块为例，讲解如何运用监控单元的前面板进行系统操作。

一、工作内容

监控单元调试的工作内容主要包括：监控模块的操作界面介绍；电源系统参数的查看与设置。

二、测试目的

通过查看和设置监控单元参数，熟练掌握监控单元的使用方法，准确判断电源系统的工作状态，并根据运行要求正确设置电源系统各个参数。

三、按键、显示屏和指示灯

Smartpack 监控模块前面板包括两个功能区：显示区（LCD 显示屏和 LED 指示灯）和控制区（按键和 USB 端口），如图 11-9-1 所示。

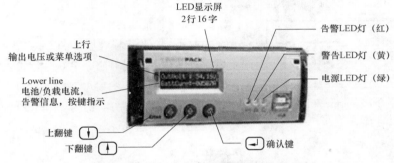

图 11-9-1　Smartpack 监控模块面板人机界面

（一）LED 指示灯

电源（绿色）指示电源状态：开或关；

告警（红色）指示告警状态（主要警报）；

警告（黄色）指示异常状态（次要警报）。

（二）LCD 显示屏

在 LCD 显示屏中，显示的内容或是"状态模式"（显示系统的状态）或是"菜单模式（显示菜单结构）"。前面板按键长时间未操作时，则显示屏处于"状态模式"。

（三）前面板按键

可以通过监控模块前面板的按键操作，来实现对电源系统的控制。各按键说明如下：

（1）按 ↵ 键从状态模式转换为菜单模式。

（2）按 ↓ 或 ↑ 键上下翻屏，查找菜单选项（功能或参数）。

（3）按 ↵ 键选择功能。

四、操作模式及菜单综述

（一）状态模式

当显示屏处于状态模式时，将显示下列信息：

上一行持续显示电池电压。

下一行持续滚动下列信息：电池电流、负载电流、告警信息、其他信息。

（二）菜单模式

当对前面板的按键进行操作时，显示屏处于菜单模式，将显示下列信息：

上一行显示当前菜单和子菜单名称。

下一行指示按键。

如果 30s 之内没有按键操作，显示屏将自动从"菜单模式"切换至"状态模式"。

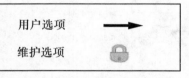

图 11-9-2 Smartpack 监控
模块菜单界面

（三）操作菜单综述

在 Smartpack 监控模块中，可以通过树状菜单和子菜单进行操作，从而对整个系统进行设置和操作。系统功能分为两个阶层的菜单架构："用户选项"菜单和"维护选项"（受密码保护，只有授权人员方可登录），如图 11-9-2 所示。

1. 用户选项

在菜单模式下，选择进入用户选项。通过按键操作，查找所需的功能或者参数选项，查看与记录结果。

2. 维护选项

在菜单模式下，选择进入受密码保护的维护选项。维护选项的初始密码为 0000，在系统安装完成之后修改密码。通过按键操作，查找到所需的功能或者参数选项，根据实际要求调整或设置该功能、参数。

五、系统参数查看与设置

（一）系统参数查看

1. 告警复位

在用户选项的"告警复位"菜单下，即可重新复位所有告警，监控模块会马上报告还处于告警时的告警信号状态。Smartpack 监控模块的所有告警均可设置为自动或手动复位。如图 11-9-3 所示。

用户菜单<*用户选项*>

告警复位

图 11-9-3 告警复位选项

2. 显示系统电压

选择用户选项下的"电压信息"菜单，滚动菜单至所要显示电压，即可显示重要的系统电压参数，包括均/浮充电压、电池电压过高/低告警等，如图 11-9-4 所示。

用户菜单 <用户选项>

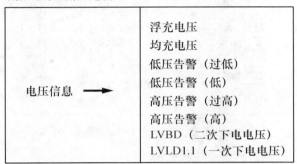

图 11-9-4　电压信息选项

3. 显示告警信息（日志）

选择用户选项下的"显示信息"菜单，即可浏览存储的系统告警信息。Smartpack 监控模块的告警日志可以存储多达 1000 个按时间顺序排列的事件。每个日志条目包括事件内容、情节、时间和日期。该日志存储在 EEPROM 中，掉电保护。如图 11-9-5 所示。

用户菜单 <用户选项>

图 11-9-5　显示告警信息选项

4. 显示整流模块信息

选择用户选项下的"模块信息"菜单，即可显示 Smartpack 监测的直流电源系统上的整流模块的相关信息，包括整流模块交流输入、输出电压和输出电流以及内部温度等。

当监控模块访问某个整流模块时，该整流模块面板上的绿色发光二极管会闪烁。Smartpack 监控模块会每隔 200ms 将相关状况信息发送到所有连接到 CAN 总线上并与之通信的整流模块，包括模块状态、限流值、测量的实际输出电压、设定的输出电压以及过压保护值等。如图 11-9-6 所示。

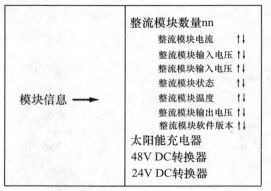

图 11-9-6 显示模块信息选项

5. 显示电池充电电流限制值

系统在为电池充电时，为了保护电池和系统模块，需要对充电电流进行限制，通过操作用户选项下的"电池充电限流"菜单，即可查看该电流值。如图 11-9-7 所示。

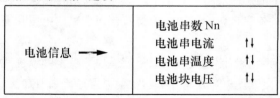

图 11-9-7 电池充电限流选项

6. 显示电池信息

选择用户选项下的"电池信息"菜单，即可显示有关电源系统的电池信息，包括电池组数量、每个电池组的电流、温度和电压。如图 11-9-8 所示。

用户菜单 <用户选项>

电池信息 ➡️	电池串数 Nn
	电池串电流 ↑↓
	电池串温度 ↑↓
	电池块电压 ↑↓

图 11-9-8 电池信息选项

以上是通过操作监控模块而显示出的一些主要系统参数，当然还可以查看其他参数，比如系统交流信息、软件版本、系统时间日期信息、整流模块序列号以及系统定时均充信息等。

（二）系统参数设置

初次安装直流电源系统时，需要通过监控单元对系统一些重要参数进行设置，才能使电源系统正常运行，其他的参数按默认值设置即可。

参数设置需要进入维护菜单。选择菜单方式，按键滚动至维护选项，输入正确的密码，确定后即可开始对系统参数进行设置。

1. 系统电压调整

进入到维护选项后，选择"电压调整"菜单，滚动菜单至要调整的电压类型（均/浮充电压、电池电压高/低告警值等），向上或向下调整电压，最后确认电压调整，如图 11-9-9 所示。

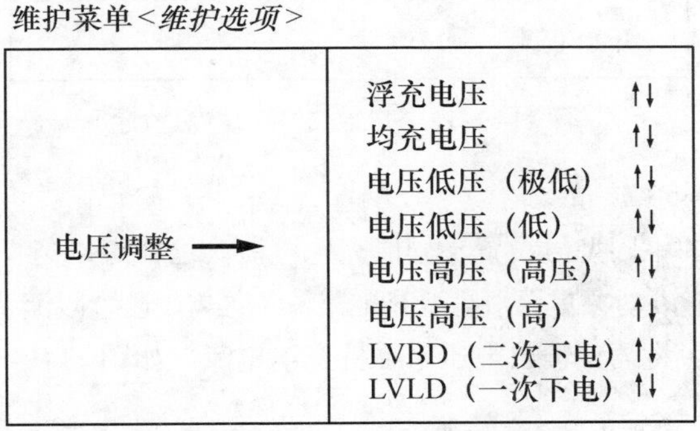

维护菜单 <维护选项>

电压调整 ➡	浮充电压　　　　　↑↓
	均充电压　　　　　↑↓
	电压低压（极低）　↑↓
	电压低压（低）　　↑↓
	电压高压（高压）　↑↓
	电压高压（高）　　↑↓
	LVBD（二次下电）↑↓
	LVLD（一次下电）↑↓

图 11-9-9　电压调整选项

2. 输出电压校准

在维护选项中，允许对输出电压做校准。要校准输出电压，先浏览校准菜单，测量汇流铜排上的系统输出电压，然后将显示值校准到测量值。同样，滚动选择"校准电压"菜单，向上或向下调整校准电压，最后确认校准值，如图 11-9-10 所示。

维护菜单 <维护选项>

图 11-9-10　电压校准选项

3. 改变均充充电时间

维护选项允许对电池均充持续时间进行调整。进入维护选项后，滚动菜单至"设置手动均充时间"菜单，更改均充时间（以分钟为单位），确认该均充持续时间，如图 11-9-11 所示。

维护菜单<*维护选项*>

设置手动均充时间	↑↓

图 11-9-11 均充时间设置选项

4. 开始或停止均充

维护选项允许手动停止对电池的充电（包括手动、定时），操作前要查看相关资料确保选用正确的均充时间和电压。进入维护选项后，滚动菜单至"开始/停止均充"菜单，确认该均充持续时间，滚动菜单回到"开始/停止均充"菜单，如图 11-9-12 所示。

维护菜单<*维护选项*>

开始/停止 均充

图 11-9-12 开始或停止均充选项

5. 设置电池充电限流值

用户根据电池的不同型号设置不同的充电电流，这样可以延长电池的使用寿命。

在维护选项下，滚动菜单至"电池充电限流"菜单，设置限流值（以安培为单位），确认，之后监控模块将调整输出电压来维持充电电流，如图 11-9-13 所示。

维护菜单<*维护选项*>

电池充电限流	启用/禁用 ↑↓
	交流供电限流值↑↓
	油机供电限流值↑↓

图 11-9-13 电池充电限流选项

6. 更改维护选项密码

维护选项密码出厂时设置为"0000"，最好在系统安装完毕后即更改。密码必须是 0000~9999 中的一个数。首先滚动进入维护选项，向下滚动菜单至更改密码菜单，确认更改密码，输入新的密码，最后确定即可，如图 11-9-14 所示。

维护菜单<*维护选项*>

密码变更	密码 ↑↓

图 11-9-14 密码变更选项

7. 告警继电器测试

使用这项功能测试输出告警继电器和低压脱离接触点。注意：为了测试 LVD 触点，电池或负载必须连接。

在维护选项下，滚动菜单至"继电器测试"菜单，选择所要测试的继电器，使该继电器动作或不动作，如图 11-9-15 所示。

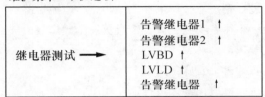

维护菜单 <维护选项>

图 11-9-15　继电器测试选项

当启用了相应的告警继电器之后，Smartpack 监控模块各种告警：

（1）电池电压过高/过低告警。当输出电压超过/低于设定高电池电压阀值时告警产生。

（2）负载/电池脱离告警。当系统的负载或电池脱离时告警产生。

（3）电网电压告警。当输入电压失效时告警产生。

（4）电池/负载熔丝告警。当电池/负载熔丝失效时告警产生。

（5）整流器告警。当一个或几个模块告警产生时，此告警出现。

【思考与练习】

1. 通过监控单元查看电源系统的哪些信息？

2. 通过监控单元可以设置哪些主要系统参数？

3. 监控单元的菜单可以分成哪两个层级？

◢ 模块 10　蓄电池组单体电压测试（Z38H1010Ⅱ）

【模块描述】本模块介绍了蓄电池组单体电压测试的操作步骤和要求。通过要点讲解、操作过程详细介绍，掌握蓄电池组单体电压的测试方法和目的。

【模块内容】

一、测试目的

蓄电池组单体电压测试的目的是检验蓄电池参数指标是否符合设计要求，找出有问题的蓄电池，避免因蓄电池出厂质量问题而导致重复工作。

二、测试准备

（1）了解被测蓄电池的容量、品牌、使用年限等。

（2）蓄电池应放置在干燥、地面水平、通风良好的场地。

（3）准备好万用表、笔、纸。万用表必须经过检验合格才能使用。

三、安全注意事项

（1）防止蓄电池短路。在对蓄电池进行操作时，使用的金属工器具做好绝缘措施，万用表、工器具不要放在蓄电池金属部件上，防止蓄电池短路。

（2）在蓄电池附近不得有明火、火花，避免发生爆炸或火灾事故。

四、测试步骤及要求

（1）对蓄电池进行编号，做好记录。

（2）现场进行测试时，应由两人进行，互相配合。

（3）将万用表调到直流电压档位对各个单体电池进行测试，并做好记录。

五、测试结果分析及测试报告编写

测试完毕后，根据测试数据，算出蓄电池最高电压与最低电压的差值，按照端电压均衡性试验指标，其差值应不大于 20mV。

六、测试注意事项

蓄电池单体测试是依据蓄电池出厂测试报告，假定蓄电池出厂前已经完成充放电实验，同时蓄电池也完全充满电后静置的前提下，进行蓄电池单体测试。

【思考与练习】

1. 蓄电池单体测试应做好哪些准备工作？

2. 蓄电池单体测试的步骤有哪些？

3. 蓄电池单体测试有哪些注意事项？

▲ 模块 11　蓄电池组充电试验（Z38H1011Ⅱ）

【模块描述】本模块包含了蓄电池组充电试验的操作步骤和要求，以及蓄电池充放电仪均充电压、浮充电压等参数设置的介绍。通过操作过程详细介绍，掌握蓄电池组充电试验方法。

【模块内容】

蓄电池放电维护后，需要对蓄电池进行充电，运行期间充电装置一般采用通信电源设备直接进行充电，施工期间一般采用充放电仪进行充电。

以 DCLT–4810 蓄电池组智能充放电测试仪（简称充放电仪）为例。充电时，需要设置充放电仪的充电参数，如均充电压、均充时间、均充转浮充条件、充电限流等。

进行正确设置后，将蓄电池接入充放电仪，然后起动充电即可。

一、测试目的

按照电池的使用规程，在施工阶段对蓄电池进行核对性放电后需对蓄电池进行充电，并在充电过程中持续监测电池的端电压、温度及充电电流等，当蓄电池充电充满以后，自动转为浮充状态。

二、测试准备

（1）了解被测蓄电池的容量、品牌、使用年限等，以及室内温度等现场情况。

（2）准备好充放电仪、万用表、带绝缘柄的扳手等。仪器仪表必须经过严格校验合格后方能使用。

（3）充放电仪应放置在通风良好的地点，做好接地等安全措施。

（4）施工现场需要稳定的 220V 交流电。

三、安全注意事项

（1）在对蓄电池进行充电操作时，应提前设置好蓄电池的最大充电电流不得超过蓄电池允许的最大充电限流值，避免过充烧坏电池极板，减少蓄电池寿命。

（2）在对蓄电池进行连线操作时，注意蓄电池和放电仪应正极对正极、负极对负极，不可接反，避免损坏设备。

四、测试步骤及要求

检查及调整充放电议的设置，根据蓄电池容量及要求设置浮充电压、均充电压、最大限流、均浮充转换时间等。

（1）充电参数设置：

1）浮充电压按照每单体 2.23～2.27V 设置。

2）均充电压按照每单体 2.35V 设置。

3）最大充电电流按照电池容量的 0.1C 设置（即 10h 充电率）。

（2）均充转浮充条件：

1）均充时间最大 10h，超过 10h 后自动转浮充。

2）充电电流小于 0.01C 后继续均充 2h 后自动转浮充。

（3）电池组接入放电仪，放电仪正极接电池正极，负极接电池负极。

（4）连接每节蓄电池的电压采集线，根据要求及线上序号一一连接。

（5）启动自动充电按钮，系统会自动记录放电数据。

（6）充电时工作人员在旁监护，确认在充电时各参数是否正常。

（7）充电结束后，在充放电仪内插入 USB 盘或使用 RS–232 线连接电脑导出测试数据。

五、测试结果分析及测试报告编写

给蓄电池充电时，用专用软件分析所导出的放电数据，可以直接得出蓄电池组容量、每节电池容量、终止放电电压等。

六、测试注意事项

（1）如发现某单体蓄电池表面温度异常升高，应立即停止充电。

（2）施工现场要保证充放电仪设备用电的安全可靠，不能发生中断，避免影响测试数据。

【思考与练习】

1. 蓄电池充电有哪些步骤？

2. 蓄电池充电时需要进行哪些设置？

3. 蓄电池充电电流过大会有什么影响？

▶ 模块 12　蓄电池组放电试验（Z38H1012Ⅱ）

【模块描述】本模块包含了蓄电池组进行放电试验的操作步骤和要求，以及蓄电池充放电仪放电电流、放电截止电压、放电时间等参数设置的介绍。通过操作过程详细介绍，掌握蓄电池组放电试验方法。

【模块内容】

蓄电池组放电一般采用假负载来进行，假负载可以设置放电终止电压阈值、放电容量、放电时间、单节蓄电池放电阈值、放电电流等参数。当启动放电时，蓄电池电压阈值或放电容量以及放电时间达到设定指标时，自动停止放电。

一、测试目的

按照电池的使用规程，在蓄电池投运前对蓄电池进行核对性放电程序，并在放电的过程中监测电池的端电压、温度及电流等，分析出电池的优劣及容量大小，找出落后单体电池以使蓄电池能够正常投入运行。

二、测试准备

（1）了解被测蓄电池的容量、品牌、使用年限等，以及室内温度等现场情况。

（2）准备好放电仪、万用表、带绝缘柄的扳手等。仪器仪表必须经过严格校验合格后方能使用。

（3）放电仪应放置在通风良好的地点、做好接地等安全措施。

（4）施工现场需要稳定的 220V 交流电。

三、安全注意事项

（1）在对蓄电池进行操作时，要对使用的金属工器具做好绝缘措施，用完的万用表、工器具不要放在蓄电池金属部件上，防止蓄电池短路。

（2）在对蓄电池进行连线操作时，注意蓄电池和放电仪应正极对正极、负极对负极，不可接反，避免损坏设备。

（3）放电仪在工作时，内部的风扇会排放出大量的热量，应保持通风。

四、测试步骤及要求

（1）先根据要求对被测电池组进行均充，充电时间满足蓄电池厂家要求。

（2）电池组接入放电仪，放电仪正极接电池正极，负极接电池负极。

（3）连接每节蓄电池的电压采集线，根据要求及线上序号一一连接。

（4）调整放电仪的控制面板，根据蓄电池容量及要求设置放电电流、放电容量、放电终止电压、放电时间等。

1）放电电流按电池容量的 0.1C 设置。

2）放电容量设置为电池标称容量。

3）放电终止电压设置为 43.2V，单节设置为 1.8V。

4）放电时间设置为 10h。

（5）启动自动放电按钮，系统会自动记录放电数据。

（6）放电时工作人员在旁监护，直到放电仪自动终止放电。

（7）放电结束后，在放电仪内插入 USB 盘或使用 RS-232 线连接电脑导出测试数据。

五、测试结果分析及测试报告编写

放电结束后，用专用软件分析所导出的放电数据，可以直接得出蓄电池组容量、每节电池容量、终止放电电压等。

六、测试注意事项

（1）蓄电池放电前应按蓄电池厂家要求满足充足的充电时间，避免影响测试的准确性。

（2）施工现场要保证放电仪设备用电的安全可靠，不能发生中断，避免影响测试数据。

【思考与练习】

1. 放电前需要对放电仪进行哪些参数设置？

2. 蓄电池跟放电仪如何连接？

3. 蓄电池放电有哪些步骤？

▲ 模块 13 电源集中监控系统的调试（Z38H1013Ⅱ）

【**模块描述**】本模块包含了电源集中监控系统的信号传输，遥信、遥测等测试项目的介绍。通过要点讲解、操作过程的详细介绍，掌握电源集中监控系统的调试方法。

【**模块内容**】

一、工作内容

电源集中监控系统调试工作的内容主要包括：电源集中监控系统的遥信、遥测、遥控功能测试。

二、测试准备

为保证整个设备加电测试的顺利进行，需要准备以下相关技术资料及工具：

（1）施工技术资料：① 合同协议书、设备配置表；② 会审后的施工详图；③ 设备安装手册。

（2）工器具及材料：经过检验合格的万用表、钳形电流表、数字式温度计、湿度计。

三、安全注意事项

（1）应使用检测合格的万用表，使用前应仔细检查测试档位、测试线连接是否正确，测试线有无破损。

（2）测试时应两人操作，一人拿万用表表笔负责测试，另一人拿万用表负责读数。

（3）钳形电流表测量前应先估计被测电流的大小，再决定用哪一量程。若无法估计，可先用最大量程档然后适当换小些，以准确读数。不能使用小电流档去测量大电流，以防损坏钳形电流表。

四、设备通电前检查

（1）仔细检查架内线缆连接是否与设计图纸一致、接线是否牢固无松动。

（2）检查电源正极、机柜、子架、机柜门、屏蔽型电缆等接地点处是否已全部接线并牢固可靠。

（3）机架和机框内部应清洁，查看有无焊锡、芯线头、脱落的紧固件或其他异物。

（4）检查架内有无断线、混线，开关、旋钮是否齐全，插接是否牢固。

（5）检查电源侧断路器端子容量是否符合设计要求。

（6）检查设备、线缆标识标签是否齐全、正确。

五、操作步骤及要求

（1）在通电前检查确认无差错后，进行设备加电，检查电源集中监控系统各项功能是否正常。

（2）直流、交流配电监控功能测试中遥测信号主要为电压、电流，它们的测量可通过使用万用表、钳形电流表分别对采集端子处的电压、电流进行测量，并将测量的数据与监控主机采集的数据进行核对，观察是否一致，做好相应数据记录；遥信信号的测试主要包括交流停电、过压、欠压、缺相告警，主要在交流配电设备测进行相应模拟操作，看监控主机是否有相应的告警信息产生。

（3）温湿度传感器的功能测试主要是核对机房实际温度、湿度是否与监控主机采集的数据是否一致，在环境温度为20～30℃时，将温度计尽可能地靠近温度传感器进行测量，并记录。

（4）烟雾传感器的功能测试方法是将烟雾放置于传感器下方，当传感器探测到烟雾时发出清楚的脉动声光警讯，同时输出接点信号供采集器识别，通过分站监控单元传送至监控主机上并显示告警。如果烟雾散去，告警也应消除。

（5）水浸传感器的功能测试方法是将水慢慢浸没传感器，当传感器探测到有水时输出接点信号供采集器识别，通过分站监控单元传送至监控主机上并显示告警。

（6）其余告警量的测试可以通过相应的现场模拟来进行，每一类告警量必须有一副相应的继电器接点输出。

（7）遥控功能的测试主要通过监控主机对相应的监控模块进行遥控操作，查看被遥控设备是否做出正确、及时的响应。

六、测试结果分析及测试报告编写

在全部测试结束后，应将测试数据以及测试结果记录下来，编写测试报告，测试报告内容应包括：测试时间、测试人员、环境温度、湿度、站点名称、测试项目、测试要求、测试方法、测试结果、备注栏（备注栏写明其他需要注意的内容）。

七、测试注意事项

（1）钳形电流表在测试前，应先测试闭合导线，减小测试误差。

（2）测试仪表应选择合适的量程，避免测试误差。

【思考与练习】

1. 电源集中监控系统测试时的注意事项有哪些？

2. 电源集中监控系统测试步骤及要求有哪些？

3. 电源集中监控系统测试报告的内容包括哪些项目？

▲ 模块 14 高频开关电源设备常见故障的处理方法
（Z38H1014Ⅲ）

【**模块描述**】本模块包含高频开关电源设备交流配电、整流、直流配电等故障现象分类及分析的介绍。通过故障分析、案例介绍，掌握高频开关电源设备常见故障的分析和处理方法。

【**模块内容**】

高频开关电源设备故障包括：交流配电故障，主要表现为交流切换部分故障、交流防雷器故障等；整流故障，主要表现为单个模块故障，输出电压过高或过低，充电不能限流等；直流配电故障主要表现为负载开关频繁跳闸、直流输出电压过高或过低、直流防雷器故障，直流回路熔丝熔断等；监控故障主要表现为通信错误、控制失效及误告警。

电源系统发生故障时，要注意检查分析电源监控系统的告警指示，以帮助尽快找到故障点，同时，需要思路明确，避免故障范围扩大。

一、交流配电故障及处理

（一）交流切换故障

如果发现两路电压均在正常范围内，但相应的接触器不吸合，应根据电路控制原理，检查交流切换电路，如市电监控模块设置（过压设置、欠压设置）是否正常，市电控制模块工作指示灯是否正常，控制电路供电熔丝是否熔断、接触器线圈是否烧坏等。当确认是交流接触器损坏时，断开输入开关或熔丝，更换相同规格接触器；控制电路故障时，更换电源厂商提供的配件，即可恢复。

（二）交流防雷器故障

防雷器件一般接在两路交流切换电路后，当防雷器故障时，检查防雷模块的窗口是否变为红色，变红则表示模块故障，同时电源系统会提示防雷器故障，这时可以将防雷器模块直接拔出，更换相同规格的防雷器。如均为绿色，检查防雷模块是否插紧，松动的则直接插紧。

（三）电源模块过电压或欠电压保护

检查市电电压是否在正常范围。如果市电过高或过低，首先排除交流供电的故障。当交流电压恢复正常，电源模块会自动恢复正常工作。

（四）交流供电电缆线路故障

主要表现为交流供电线路的电缆出现表皮颜色异常，其根本原因是电缆线径较细，却承担了较大的电流，时间久了，引起过热。更换较粗的电缆，重新压接端子接线，拧紧螺栓。

（五）故障案例分析举例

1. 交流市电控制回路故障

（1）故障现象。某供电公司所属路灯所一套通信电源早上巡检时发现，电源模块已全部停止运行，只有蓄电池在维持供电。

（2）故障分析。该套电源具备交流市电双路自动切换，但该站点只能提供一路市电；检查市电输入电压正常；检查交流接触器没有吸合，进一步检查交流接触器线包端无电压，而线包电阻值正常，判断交流接触器正常；检查给控制回路供电的电源变压器，次级无任何电压，断开市电测量该变压器初级电阻值为无穷大，判断该变压器已经烧坏。

（3）故障处理。

1）应急处理：因第二路市电输入没有使用，控制回路应是正常的。断开该路市电开关后，将第一路市电接线端子移至第二路，检查无误，接通市电，逐一开启电源模块，恢复正常供电。

2）彻底处理：向电源供应商购买同规格变压器，在断开两路市电的情况下，更换该变压器。

2. 交流防雷器故障

（1）故障现象。某供电分公司一套通信电源在运行时，发现有防雷器故障告警，检查发现交流 OBO 防雷器的其中一相的防雷器模块显示窗口为红色。

（2）故障处理。拆下故障防雷模块，直接插入同规格防雷模块，告警恢复正常。

二、直流配电故障及处理

（一）负载开关频繁跳闸

检查负载电流是否大于断路器容量，是则换合适容量的断路器；不是则检查断路器端子是否松动，因松动而引起的发热也容易使开关跳闸。

（二）直流防雷器故障

检查防雷模块的窗口是否变为红色，变红则表示模块故障，需要拔出予以更换。如均为绿色，检查模块是否插紧，松动的直接插紧。

（三）直流输出电压过高或过低

当直流输出电压过高或过低时，可以先检查电源模块的输出电流表显示，当某一电源模块电流表显示电流过大或过小时，可以将此模块退出系统（系统控制总线也要断开），再检测输出电压是否恢复正常。也可逐一将电源模块退出系统（每次只退出一个模块），检查输出电压是否恢复正常，从而确定是哪个模块有问题。

另外要注意一点，当蓄电池放完电在充电时，电压会比较低，可以通过查看充电电流来确定。

（四）直流回路熔丝熔断

电源模块至汇流排的熔丝熔断后，可以通过观察模块的输出电流表或用钳形电流表检测模块的输出电流来进行判断。拆下熔丝后，用万用表电阻档或导通测试档进行检测。注意，不要用万用表电阻档直接在线测量，易导致万用表烧坏。

汇流排至分配屏的熔丝一般配置的容量较大，不易损坏。如果发生熔断，一般是负载回路或输出线路中存在短路现象，应对负载回路或供电线路逐一进行排查。

汇流排直接通过熔丝接负载的，应检测负载的启动电流和正常工作电流。

（五）电源模块不能均流

电源模块不能均流时，可以查看每个模块的输出电流，找出电流最大或最小的模块，如果关闭该模块（系统总线也要断开）后电流恢复正常，则是模块故障。另外，有些种类电源模块的输出电压可以微调，可以在电源供应商技术人员的指导下，微调那些电流过高或过低的模块输出电压，并注意观察模块电流显示。

（六）故障案例分析举例案例

（1）故障现象。某供电公司供电的一套通信电源，在巡检中发现 6 台电源模块中的 1 台模块的输出电流显示只有 1A，其他模块的电流都在 7A 左右。

（2）故障处理。关闭该台模块，退出系统。将该台模块接上交流电源开机，检测输出电压正常，带载能力也正常，判断是内部均流控制电路故障。更换 1 台新模块，检测各模块的输出电流，电流显示值基本一致，均流功能正常。

三、整理模块故障及处理

1. 单个模块故障

根据整流模块前面板指示等来判定故障模块，并换上备用模块。

2. 系统电源直流输出过高或过低

检查监控单元设置参数值，如设置偏差，则予以修正；如设置正确，依次拔出模块检查，如拔出某个模块后，系统电压恢复正常，则直接更换此模块。另外，如果系统总负载电流大于整理器最大输出电流，蓄电池也会参与给负载供电，并造成系统电压降低，此种情况下需要增加整流模块数量。

3. 电池充电电流不能限流

当电池在放电结束后，在重新充电的过程中，充电限流值一般设定为电池容量的1/10。电池充电不能限流一般是由于充电电流超出设定值、某个电源模块存在故障。首先应该检查监控单元的充电电流设置以及电池电流分流器的参数设置，如设置偏差，则予以修正，否则更换模块总线接口板。另外要检查每个电源模块的电流值是否有过大或过小的现象。

四、监控单元故障及处理

1. 通信错误

当监控单元出现通信错误或无法通信时，检查连接电缆，无误后直接更换监控单元。

2. 控制失效及误告警

检查监控单元内部配置以及外围模块的通信指示是否正常，如外围功能模块通信指示不正常，则检查连接线，或更换外围模块、单元等。

【思考与练习】

1. 当交流切换发生故障时，应如何进行检查与排除？

2. 交流防雷器故障应根据什么判断？如何检修？

3. 常见的直流配电故障有哪些？如何处理？

4. 直流输出电压过高或过低应如何进行检查与排除？

5. 整流模块不能充电限流时，应如何判断与排除？

6. 监控单元控制失效及误告警，应如何判断与排除？

第十二章

UPS 电源系统安装与调试

▶ 模块 1　UPS 电源系统的设备组成和分类（Z38H2001 I ）

【模块描述】本模块介绍了 UPS 电源系统的系统结构及 UPS 电源分类。通过 UPS 电源的要点讲解、图片示意，掌握 UPS 电源的基本分类及硬件组成。

【模块内容】

一、UPS 的定义及特点

1. UPS 的定义

UPS（Uninterruptible Power Supply，不间断电源）系统是一种电力变换设备，它以市电为交流输入电源，将交流输入电源进行适当的变换和调节，为关键负载提供稳定可靠的交流电源。典型的 UPS 系统原理图如图 12-1-1 所示。

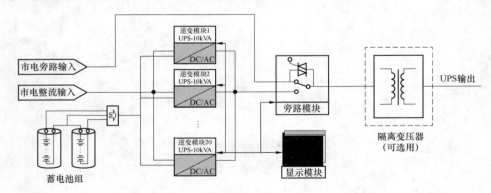

图 12-1-1　典型的 UPS 系统原理图

2. UPS 的特点

UPS 作为一种交流不间断供电设备，当交流电网输入发生异常时，可继续向负载供电，并能保证供电质量，使负载供电不受影响。当市电输入正常时，UPS 将市电稳压后供应给负载使用，此时的 UPS 就是一台交流市电稳压器，同时它向机内的蓄电池充电；当市电中断时，UPS 立即将机内蓄电池的电能通过逆变转换的方法向负载继续供应交流电，使负载维持正常工作并保护负载不受电源冲击；当市电供电没有中断但供电质量不能满足负载要求时，应具有稳压、稳频等交流电的净化作用。

（1）电源可靠性高。由于 UPS 为负载提供主、备两套供电系统，而且主用电源和备用电源通过静态开关进行切换。因切换时间极短，主、备电源锁相始终保持同步，故输入电源断电时从负载侧看，电源没有任何中断。这就为负载连续、可靠地运行提供了强有力的保障。

（2）电源供电质量高。对负载能实现稳压稳频供电，在输入市电电压变化范围为 180～250V 时，其输出电压稳定范围为 220（1±5%）V。如采用微处理器控制的电子负反馈电路，UPS 的输出的电压稳定度更高，可达 ±0.5%～±2%，同时又由于 UPS 利用石英晶体振荡来控制逆变器的频率，故输出频率稳定；电压失真度小。

（3）能效高、损耗低。由于 UPS 中的逆变器采用了脉冲宽带调制技术，因此它具有开关电源的一系列优点。通过精确调制脉冲宽度，可保证稳定功率输出的同时，开关管在截止期间没有电流流过，故自身功率损耗较小，其供电效率可达 90% 以上。

（4）噪声比较小，波形失真系数小，通常小于 3%。

（5）故障率低、易维护。由于采用了微处理器监控技术和先进的绝缘栅双极晶体管及正弦波脉冲宽度调制技术等，目前 UPS 已达到了极高的可靠性水平。对于大型的 UPS，单机年平均故障技术超过 20 万 h，如果双总线输出的多机冗余型 UPS 供电系统，其年均无故障时间可达 100 万 h 级。

二、UPS 的分类及结构

UPS 自问世以来发展速度极快，从初期的动态不间断电源发展为静态的不间断电源，静态 UPS 不同于动态 UPS，其依靠蓄电池存储能量，通过静止逆变器变换电能维持负载电能供应的连续性。相对于早起的动态 UPS，静态 UPS 体积小、重量轻、噪声低、操控方便、效率高、后备时间长。目前所说的 UPS 均为静态 UPS。UPS 的分类很多，可以按输出容量分（10～100kVA）；也可以按输入输出电压相数分（单进单出、三进三出和三进单出型）；通常我们习惯按电路结构形式进行分类，分为后备式、双变换在线式、在线互动式和串并联补偿式。

1. 后备式 UPS

后备式 UPS 是静态 UPS 的最初形式，是一种以市电供电为主的电源形式，由充电器、蓄电池、逆变器以及变压器抽头调压式稳压电源四部分组成。当输入电网电压正常时，UPS 把市电经简单稳压处理后直接供给负载；当输入电网故障或中断时，系统才通过转换开关切换为逆变器供电。

2. 双变换在线式 UPS

双变换在线式 UPS 又称为串联调整式 UPS，目前大容量 UPS 大多采用这种结构模式。通常该 UPS 由整流器、充电器、蓄电池、逆变器等部分组成，它以逆变器供电为主供电方式。当市电供电时，市电一方面经充电器给蓄电池供电，另一方面经整流器将交流变换为直流后送至逆变器，经逆变器变换为交流后送至负载。仅在逆变器出现故障时，才通过切换开关切换至市电旁路供电。

3. 在线互动式 UPS

在线互动式 UPS 又称为并联补偿式 UPS，由一个可运行于整流状态和逆变状态的双向变换器配以蓄电池构成，相比较于双变换在线式 UPS 省缺了整流器和充电器。当市电输入正常时，双向变换器处于反向工作（整流工作状态），给电池组充；当市电故障时，双向变换器转换为逆变工作状态，将电池电能转换为交流电输出。

4. 串并联补偿式 UPS

串并联补偿式 UPS 又称为 Delta 变换式 UPS，是一种新的 UPS 结构方式。该 UPS 将交流稳压技术中的电压补偿原理应用到 UPS 主电路中，引入了一个四象限变换器（Delta 变换器）。当市电正常时，Delta 变换器既起到了给蓄电池充电的作用，同时也起到了补偿电网波动和干扰的作用；当市电异常时，停止 Delta 变换器工作。主变换器在蓄电池提供的直流电源支持下，以逆变器形式向负载供电，负载所需全部有功、无功功率均由主变换器提供。

【思考与练习】

1. UPS 的特点有哪些？

2. 按电路结构形式分 UPS 可分为几类？

3. 画出 UPS 典型原理结构图。

▲ 模块 2 UPS 电源设备安装（Z38H2002 Ⅰ）

【模块描述】本模块包含 UPS 电源设备的安装工艺要求和安装流程。通过工艺介绍和操作过程详细介绍，掌握 UPS 电源设备的安装规范要求。

【模块内容】

一、安装内容

UPS 设备安装主要包括 UPS、蓄电池安装和相互间的电气连接。

二、安装准备

为保证整个设备安装的顺利进行，需要准备以下相关技术资料及工具材料：

（1）施工技术资料：合同协议书、设备配置表、会审后的施工设计图、安装手册。

（2）工具和仪表：剪线钳、压线钳、各种扳手、螺钉旋具、数字万用表、标签机等。仪表必须经过严格校验，证明合格后方能使用。

（3）安装辅助材料：交流电缆、接地连接电缆、网线、接线端子、线扎带、绝缘胶布等，材料应符合电气行业相关规范，并根据实际需要制作具体数量。

三、机房环境条件的检查

（1）检查机房的高度、承重、墙面、沟槽布置等是否满足规范及设计要求。

（2）检查机房的门窗是否完整、日常照明是否满足要求。

（3）检查机房环境及温度、湿度，应满足设备要求。

（4）检查机房是否具备施工用电的条件。

（5）检查是否有有效的防静电、防干扰、防雷措施和良好的接地系统。

（6）检查机房走线装置，比如走线架、地板、走线孔等内容。

（7）检查机房是否配备足够的消防设备。

四、安全注意事项

（1）施工前，对施工人员进行施工内容和安全技术交底，并签字确认。

（2）现场施工人员应经过安全教育培训并能按规定正确使用安全防护用品。

（3）施工用电的电缆盘上必须具备触电保护装置，电缆盘上的熔丝应严格按照用电容量进行配置，严禁采用金属丝代替熔丝，严禁不使用插头而直接用电缆取电。

（4）设备搬运、组立时应配备足够的人力，并统一协调指挥。

（5）特种作业人员应持证上岗。

（6）仪器仪表应经专业机构检测合格。

五、操作步骤及质量标准

UPS 安装的安装步骤为：开箱检查→UPS 主机和蓄电池机柜安装→蓄电池组安装→电缆布放及连接→安装检查。设备安装应符合施工图设计的要求。

（一）开箱检查

（1）检查物品的外包装的完好性；检查机柜、机箱有无变形和严重回潮。

（2）按系统装箱数、装箱清单，检验箱体标识的数量、序号和设备装箱的正确性。

（3）根据合同和设计文件，检验设备配置的完备性和全部物品的发货正确性。

（二）UPS 主机和蓄电池机柜安装

1. 安装要求

（1）机架应水平安装，端正牢固，用吊线测量，垂直偏差不应大于机架高度的 1‰。

（2）列内机架应相互靠拢，机架间隙不得大于 3mm，机面平齐，无明显参差不齐现象。

（3）机架应采用膨胀螺栓对地加固，机架顶应采用夹板与列槽道（或走道）上梁加固。

（4）所有紧固件必须拧紧，同一类螺栓露出螺母的长度宜一致。

（5）机架间需使用并柜螺栓进行并柜连接，机架顶部通过并柜连接板固定在一起。

（6）机架的抗震加固应符合机架安装抗震加固要求，加固方式应符合施工图设计要求。

（7）机架安装完成后，应对机架进行命名并贴上标签进行标识。

2. 注意事项

（1）搬运过程中，UPS 必须处于直立状态，防止倾倒。

（2）UPS 主机开机前，需断开直流开关。

（三）蓄电池组安装

内容详见本书第十一章"模块 3　蓄电池组安装（Z38H1003Ⅰ）五（三）"。

（四）电缆布放及连接

内容详见本书第十一章"模块 2　高频开关电源设备安装（Z38H1002Ⅰ）五（四）"。

（五）安装检查

（1）检查机架安装稳固性，各组装单元的稳固性。

（2）检查电源接线牢固性、线序极性的正确性、柜内及柜间电气连线的正确性、防雷保护接地情况、检查蓄电池螺栓连接的牢固性。

（3）检查机柜内有无杂物及遗留的工器具，发现应及时清理。

（4）检查标签是否齐全，标签标识是否正确、清晰。

（5）检查电缆孔洞封堵情况。

（6）检查工作完毕后是否把现场清理干净。

【思考与练习】

1. UPS 主机安装要求和注意事项有哪些？

2. UPS 电源连线时应注意哪些事项？

3. 安装后检查内容主要包括哪些？

▲ 模块 3　UPS 电源开关机操作（Z38H2003Ⅱ）

【模块描述】本模块介绍了 UPS 电源系统的开关机操作。通过操作过程详细介绍，掌握 UPS 电源系统的开关机技能。

【模块内容】

一、工作内容

UPS 电源开关机操作。

二、操作原则与注意事项

（1）在 UPS 电源系统启动前应进行检查，确认机柜内无杂物、所有接线牢固。

（2）在 UPS 电源系统启动前要确认给负载供电的所有支路都停机了，或者负载开关已经全部断开了。

（3）不同运行方式的 UPS 电源系统的启动步骤不一样，应对照说明书选择正确的操作步骤。

（4）操作过程中每操作一步注意观察 UPS 电源系统的状态和有无声光电告警，如有告警，应停止下一步操作并查明原因。

三、操作步骤

下面以梅兰日兰 Galaxy 系列 UPS 电源为例，介绍 UPS 单机系统开关机步骤。

1. 开机步骤

（1）闭合在低压配电屏上的电源 1 和电源 2 的输入开关。

（2）闭合电源 1 的输入开关 Q1，如图 12-3-1 所示。此时 UPS 的控制系统已经有电，控制面板上红色的"负载不受保护"指示灯 2 亮，整流器—充电器自动启动。

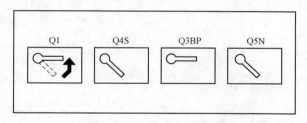

图 12-3-1　UPS 开机操作示意图 1

（3）闭合电源 2 的输入开关"Q4S"，如图 12-3-2 所示。

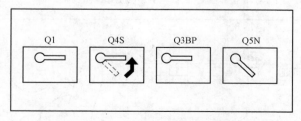

图 12-3-2　UPS 开机操作示意图 2

（4）闭合逆变器的输出开关"Q5N"，如图 12-3-3 所示。

（5）闭合电池开关"QF1"，如图 12-3-4 所示。

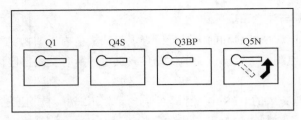

图 12-3-3 UPS 开机操作示意图 3

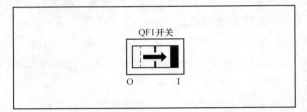

图 12-3-4 UPS 开机操作示意图 4

（6）断开维修旁路开关"Q3BP"，如图 12-3-5 所示。

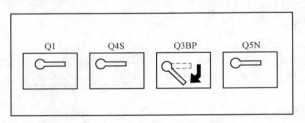

图 12-3-5 UPS 开机操作示意图 5

（7）按下控制面板上的"逆变器启动"键 6，如图 12-3-6 所示。此时绿色的"负载受保护"指示灯 5 闪烁 3s，逆变器启动，并且如果电源 2 满足切换条件，负载就自

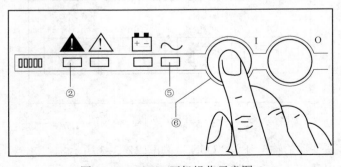

图 12-3-6 UPS 开机操作示意图 6

动切换到由逆变器供电。随后绿色的"负载受保护"指示灯 5 后转为常亮，红色的"负载不受保护"指示灯 2 熄灭，系统启动完成。

2. 关机步骤

（1）按下控制面板上的"逆变器停止键"⑦，如图 12-3-7 所示。

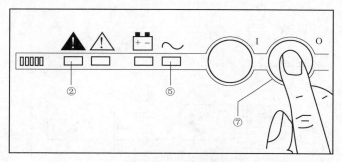

图 12-3-7　UPS 关机操作示意图 1

（2）如果电源 2 满足切换条件，逆变器就停机，并将负载切换到旁路 电源 2。此时控制面板上绿色的"负载受保护"指示灯 5 熄灭，红色的"负载不受保护"指示灯 2 亮，逆变器停机。

（3）如果切换到电源 2 的条件不满足，逆变器就不停机，此时需要同时按下内藏控制面板上的安全键和"强迫停止逆变器"键，负载在间断 0.8s 后切换到由电源 2 供电。

（4）确认逆变器已停止工作，闭合维修旁路开关"Q3BP"，如图 12-3-8 所示。

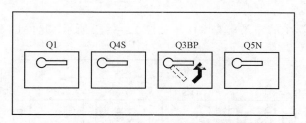

图 12-3-8　UPS 关机操作示意图 2

（5）断开输出开关 Q5N，如图 12-3-9 所示。

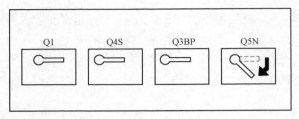

图 12-3-9　UPS 关机操作示意图 3

（6）断开电源 2 的输入开关"Q4S"，如图 12-3-10 所示。

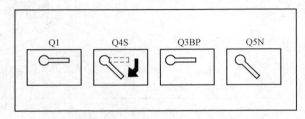

图 12-3-10　UPS 关机操作示意图 4

（7）断开电池开关"QF1"，如图 12-3-11 所示。

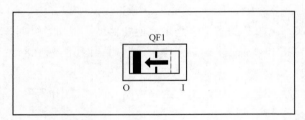

图 12-3-11　UPS 关机操作示意图 5

（8）断开电源 1 的输入开关"Q1"，如图 12-3-12 所示。此时 UPS 电源系统停机。

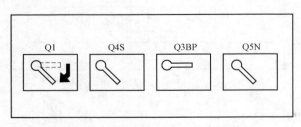

图 12-3-12　UPS 关机操作示意图 6

【思考与练习】

1. UPS 电源开关机的操作原则有哪些?

2. 简述 UPS 电源开机的步骤。

3. 简述 UPS 电源关机的步骤。

▲ 模块 4 UPS 输入输出测试（Z38H2004Ⅱ）

【模块描述】本模块介绍了 UPS 电源系统电源输入电源相序、电压的测试和输出电压的测试。通过要点讲解、操作过程的详细介绍，掌握 UPS 电源系统输入输出的测试方法。

【模块内容】

随着 UPS 设备在信息通信领域中的广泛应用，对 UPS 的性能要求也从简单的保证不断电到能够稳压、稳频、消除各种外在和内在干扰的净化电源等，对 UPS 性能的要求也越来越高。根据 YD/T 1095—2008《通信用不间断电源（UPS）》标准要求，需要对 UPS 的电器性能检测。

一、工作内容

对 UPS 的输入电源相序、电压和输出电压等电气性能进行测试。

二、测试前准备

为保证整个 UPS 设备测试的顺利进行，需要准备以下相关技术资料及工器具仪表。

（1）技术资料：设备安装手册、设备配置表、会审后的施工详图。

（2）工器具及材料：经过检验合格的相序表、谐波分析仪、线缆等。

三、安全注意事项

（1）在电源机柜内部操作时，防止碰触到带电部位，避免发生人员触电事故。

（2）测试用仪器仪表、工具应做好绝缘措施。

（3）使用仪表进行测量工作时，应由两人进行，互相配合。

四、测试步骤

1. 输入电源相序测量

（1）将相序测量仪的三根测量线分别连接三相电源。

（2）按下测量键。

（3）查看仪表显示状态，判断输入电源属于正相序状态还是逆向序状态。

（4）记录测试结果并在线缆上做好标记。

2. 输入电压范围测试

（1）按照图 12-4-1 搭建测试电路，在 UPS 的输出接额定非线性负载。

（2）调节可调交流电源电压至标准规定的上限值和下限值。

（3）查看 UPS 工作状态，测量 UPS 输出电压变化范围。

（4）记录测试结果 UPS 能正常工作且在输入电压调节过程中输出电压应符合标准规定的上限值和下限值。

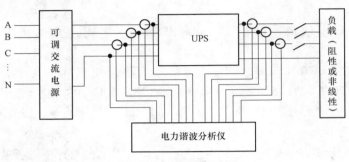

图 12-4-1　测试电路图

3. 输出电压测试

对不同应用方式的 UPS，其输出电压的测试指标不尽相同，如对在线式 UPS，输出电压的指标有输出电压稳压精度、输出电压不平衡度、输出电压相位偏差等；对后备式 UPS，其输出电压测试指标就没有输出电压相位偏差；对互动式和后备式 UPS，在正常供电和使用电池供电时对输出电压的范围要求不一样。下面以在线式 UPS 为例，说明输出电压稳压精度测量方法。

（1）按照图 12-4-1 搭建测试电路，在 UPS 输出接额定阻性负载。

（2）调节 UPS 输入电压至标准中的下限值，用电力谐波分析仪或电压表测量 UPS 输出电压 U_a。

（3）调节 UPS 输入电压至标准中的上限值，输出空载，用电力谐波分析仪或电压表测量 UPS 输出电压 U_b。

（4）输出电压稳定度用公式计算，计算结果应符合标准中的规定：

$$S_1 = \frac{U_a - U_0}{U_0} \times 100\%$$

$$S_2 = \frac{U_b - U_0}{U_0} \times 100\%$$

（12-4-1）

式中　U_0——UPS 输出额定电压，V。

五、测试记录

测试完成后，应及时记录相关测试数据，如表 12-4-1 所示。

表 12-4-1　　　　　　　　　　　UPS 设 备 测 试 表 格

站点	测试项目	UPS 应用方式		参考标准	测试结果
	输入电源相序测量	—		—	
	输入电压范围测试	在线式	I	165～275V（相电压）	
				285～475V（线电压）	
			II	176～264V（相电压）	
				304～456V（线电压）	
			III	187～242V（相电压）	
				323～418V（线电压）	
		互动式		176～264V	
		后备式		176～264V	
	输出电压稳压精度	在线式	I	±1%	
			II	±2%	
			III	±3%	
监理单位代表		施工单位代表		供货方代表	

六、测试注意事项

（1）测试仪表应检验合格，测量中应正确使用合适的档位进行测试。

（2）测试时应注意区分 UPS 的应用模式。

（3）测试时应根据不同的内容选择不同的负载。

【思考与练习】

1. UPS 电源测试时应注意哪些事项？

2. 在线式 UPS 电源输出电压稳定度应如何计算？

3. 在线式 UPS 电源输入线电压范围是多少？

▲ 模块 5　UPS 电源切换功能调试（Z38H2005 II）

【模块描述】本模块介绍了 UPS 的整流、直流—逆变及旁路切换调试。通过要点讲解、操作过程的详细介绍，掌握 UPS 电源切换操作方法。

【模块内容】

UPS 主要由整流器/充电机、蓄电池、逆变器和静态开关等主要部件组成。当 UPS 需要进行定期维护或 UPS 故障时，需要将负载转移到旁路电路，这时就需要进行切换。下面以梅兰日兰 Galaxy 系列 UPS 为例说明 UPS 电源切换的操作方法。

一、工作内容

进行 UPS 电源旁路切换功能试验。

二、UPS 切换操作开关介绍

以梅兰日兰 GALAXY 系列 UPS 为例，其面板和切换操作开关如图 12-5-1 和图 12-5-2 所示。

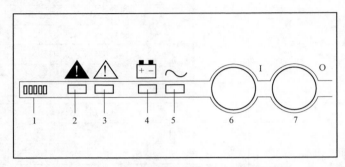

图 12-5-1 GALAXY 系列 UPS 面板示意图

1—蜂鸣器；2—"负载不受保护"指示灯；3—"运行异常"指示灯；4—"电池供电"指示灯；

5—"负载受保护"指示灯；6—"逆变器起动"按键；7—"逆变器停机"按键

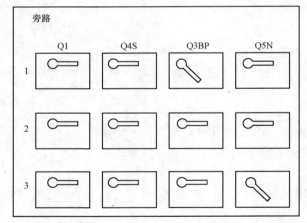

图 12-5-2 GALAXY 系列 UPS 操作开关示意图

Q1—开关：1—与电源 1 隔离；2—整流器—充电器起动；

Q4S—开关：将"静态开关"与电源 2 隔离；

Q3BP—开关：维修旁路开关；

Q5N—开关：将逆变器、频率转换器或"静态开关"模块与负载隔离

三、切换操作步骤

在维修旁路操作之前，要停止整个系统的所有逆变器按每条 RCIB 支路控制面板上的"逆变器停止键"⑦，按如下顺序进行操作：

（1）按下控制面板上的键⑦"逆变器停止"3s，停止还在运行的逆变器，如图 12-5-3 所示。

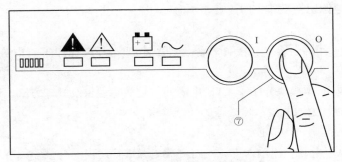

图 12-5-3　切换操作示意图 1

（2）闭合维修旁路开关"Q3BP"。

（3）断开逆变器输出开关"Q5N"。

（4）断开电源 2 的输入开"Q4S"，此时交流电源经旁路开关直接对负载供电。开关操作如图 12-5-4 所示。

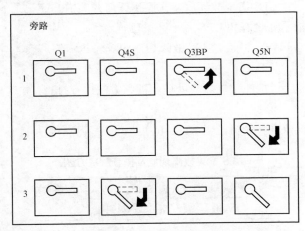

图 12-5-4　切换操作示意图 2

注意事项：

（1）对并联 UPS、主备 UPS 系统，在维修旁路操作之前，要停止整个系统的所有逆变器。

（2）要返回到正常状态，需按相反的顺序（4，3，2，1）操作以上三个开关。

【思考与练习】

1. UPS 电源在什么情况下需要切换操作？

2. 简述 UPS 电源切换操作步骤。

3. UPS 电源切换操作中的注意事项有哪些？

▲ 模块 6　UPS 常见故障处理（Z38H2006Ⅲ）

【模块描述】本模块介绍了 UPS 电源的常见故障现象及处理方法。通过典型案例分析，掌握 UPS 电源典型故障处理的技能要求。

【模块内容】

UPS 是以市电为交流输入电源，将交流电源进行适当的变换和调节，为关键负载提供稳定可靠的交流电源。保持不间断的对负载供电是 UPS 的主要功能。

一、常见故障排查方法

UPS 的故障类型很多，在 UPS 发生故障时一般均有声光电指示信号，在厂家说明书中对应不同的故障现象有相应的排查步骤及方法。在 UPS 出现故障时，常规的排查分析步骤有以下几点：

（1）状态记录：UPS 出现故障后，在操作任何开关前，应记录液晶显示器指示、蜂鸣器鸣叫声、指示灯状态和 UPS 各个开关位置。

（2）故障类型识别，记录完所有故障后，应查看故障信息表，查看不正常指示灯以确定故障类型。

（3）故障识别后，按照常见故障处理步骤和方法进行排查，并逐步记录排查结果，确定故障原因。

常见的故障现象及排查方法见表 12-6-1。

表 12-6-1　　　　　　　　　UPS 常见故障现象及排查解决方法

故障现象	故障原因	排查解决方法
电池放电时间短	电池老化	及时更换电池
	UPS 过载	检查负载水平并移去不重要的负载
市电指示灯闪烁	市电电压或频率超出 UPS 输入范围	此时 UPS 正工作于电池模式，保存数据并关闭应用程序，确保市电处于 UPS 所允许的输入电压或频率范围
	市电中性线、相线接反	重新连线使市电中性线、相线正确连接

续表

故障现象	故障原因	排查解决方法
市电正常，UPS 不入市电	UPS 输入断路器开路	手动使断路器复位
电池放电时间短	电池充电不足	保持 UPS 持续接通市电 3h 以上，让电池重新充电
	UPS 过载	检查负载水平并移去非关键性设备
	电池老化，容量下降	更换电池
开机键按下后，UPS 不能启动	按开机键时间太短	按开机键持续 1s 以上，启动 UPS
	UPS 没有接电池或电池电压低并带载开机	连接好 UPS 电池，若电池电压低，先行关电后再开机
UPS 不能启动	UPS 未连接市电电源	检查连接 UPS 和市电的电缆或插头是否连接牢固
	UPS 的输入断路器跳闸	断开 UPS 的负载，逐步加载，判断是否过载导致
	市电电压过低或为零	检查交流电电源，检查市电电压
	外部电池连接不当	检查电池连接器是否连接牢固
旁路灯亮、过载灯亮和故障灯亮	将太多设备连接到 UPS	断开所有不重要的设备的连接。按 ON 按钮重新启动，看其是否正常
故障灯亮、过载灯没亮、旁路灯没亮	过载	断开所有不重要的设备。按 OFF 按钮，然后按 ON 按钮来恢复供电
故障灯亮、过载灯没亮	UPS 内部故障	关掉 UPS 并立即进行维修
更换电池灯亮	电池电力不足	检查电池状况，并对电池进行至少 24h 恢复性充电。如果充电后问题仍然存在，则需更换电池
	电池连接不当	检查所有电池接头是否连接牢固以及接头是否有氧化现象存在

二、故障案例分析举例

（1）事故前运行状态。某工程原有 1+1 并联冗余 UPS 系统，后增加一台 UPS 系统，组成 2+1 并联冗余 UPS 系统。由于在扩容期间负载不允许停电，带电调测时未能调节到最佳状态即投入运行。运行后常出现"主从 UPS 不同步告警"信息，但未出现负载断电现象。

（2）事故现象。在一次检修 UPS 上游配电电路过程中，从临时供电转为正式电路供电时，出现了停电事故。

（3）事故原因分析。

1）在并联冗余的 UPS 系统中，UPS 的同步非常重要，只有同步后才能并联。在并联的几台 UPS 中有一台是主 UPS，其他为从 UPS。市电正常时，主 UPS 跟踪市电，从 UPS 跟踪主 UPS。市电中断时，主 UPS 转为内同步，从 UPS 要转为跟踪主 UPS 新的输出频率和相位。

2）在 UPS 输入电源由临时供电转为正式供电时，UPS 的主输入和旁路输入均短时停电，此时主 UPS 转为内同步，其输出频率和相位均发生变化，从 UPS 应很快跟踪主 UPS 新的输出频率和相位，与主 UPS 同步。但由于从 UPS 的同步系统未调整到最佳状态即投入运行，导致从 UPS 未能与主 UPS 同步，造成从 UPS 关机，系统输出过载，导致 UPS 系统输出电压大幅下降，造成负载系统断电停机。

（4）故障处理。由于负载系统已经因 UPS 系统过载断电停机，此时应先关闭所有负载开关，再对 UPS 系统进行硬启动（断电重启），调整好冗余并联 UPS 系统的同步系统后再重新加载。UPS 系统的开关机应执行相应的开关机步骤。

【思考与练习】

1. UPS 出现故障时，常规的排查分析步骤有哪些？

2. UPS 不能启动的故障原因有哪些？排查步骤有哪些？

3. UPS 更换电池灯亮后应如何处置？

第五部分

光缆敷设、接续与测试

第十三章

光 缆 敷 设

▲ 模块1 光缆线路施工特点和路由复测（Z38I1001Ⅰ）

【模块描述】本模块包含光缆线路施工的特点、路由复测的要求和方法。通过对光缆线路路由复测的目的、原则以及组织和作业方法的介绍，掌握光缆线路路由复测的重要性、必要性，并掌握其方法。

【模块内容】

光缆线路的施工是保证光纤通信系统质量的重要环节。

一、光缆线路施工特点

1. 光缆的单盘长度较长

一般光缆的标准制造长度为 2km，有时光缆单盘长度可达 4km 甚至更长。大盘长可以减少接头数目，从而减少线路接续的工作量，节省接续材料；也可以减少因光纤连接产生的附加衰减，延长系统的传输距离，提高光纤通信系统的可靠性。因此在实际工作中，应尽可能采用大长度的光缆盘长，施工时不要随意切断光缆，以免增加光缆接头；由于光缆制造长度较长，在敷设时应该考虑光缆的抗拉强度，并采用相应的牵引方法，特别是在地形复杂的情况下，其施工的难度较电缆线路大得多。

2. 光缆内的光纤抗张能力较小

光缆的芯线是非导体，弹性变形较小，当光纤承受的拉力超过它的抗拉极限时，就会断裂。为此，在光缆的结构中增加了加强元件，光缆所需的抗张强度主要由加强构件来承担。在施工过程中，牵引力不能超过光缆允许的额定值，使光纤尽量不产生拉伸应变而致损伤。

3. 光缆直径较小，质量较小

与电缆相比，光缆直径较小，质量更小。由于其直径较小，故在地下管道的一个管孔中，通过预设子管可以同时敷设多条光缆；同时由于光缆质量较小，在运输和施工中将比较省力，减小了施工的难度。

4. 光纤的连接技术要求较高，接续较复杂

光纤的接续需要在高温下将光纤端面熔融粘合在一起并保证实现较小的连接损耗。因而在连接时需用的机具就较为复杂和精密，而且接续的操作技术要求也较高。

二、光缆线路的路由复测

1. 路由复测的基本原则

路由复测的基本原则是复测必须以经过审批的施工图为设计依据。复测就是由施工单位核定并最后确定光缆线路路由的具体位置。

2. 路由复测的主要任务

（1）按设计要求核对光缆路由走向、敷设方式、环境条件以及中继站址。

（2）测量核定中继段间的地面距离等。

（3）核定穿越铁路、公路、河流、水渠以及其他障碍物的技术措施及地段，并核定设计中各具体措施实施的可能性。

（4）核定"三防"地段的长度、措施及实施可能性。

（5）核定关于青苗、园林等赔补地段、范围以及对困难地段"绕行"的可能性。

（6）初步确定光缆接头位置的环境距离。

（7）核定、修改施工图设计。

（8）为光缆配盘、光缆分屯及敷设提供必要的数据资料。

3. 路由变更要求

在复测时，一般不得改变施工图纸设计文件所规定的路由走向、中继站址和光放大站位置等。当现场已发生了变化或其他原因，必须变更施工图原设计选定的路由方案或需要进行较大范围变动时，应及时向工程主管部门反映，并由原设计部门核实后，编发设计变更通知书，对原设计进行修改。对于局部方案变动不大、不增加光缆长度和投资费用，也不涉及与其他部门的原则协议等情况下，可以适当变动，但必须是以使光缆路由位置更合理、安全，并便于光缆线路施工或有利于线路的维护为前提。施工单位必须做好变更登记，绘制新的图纸，作为竣工资料的依据。

在路由复测及路由变更时，为了保证光缆及其他设施的安全，要求光缆布放位置与其他设施、树木及建筑物等有一定的间隔距离，间隔距离应满足光缆线路设计、验收规范的规定。

三、路由复测的组织与作业方法

路由复测是线路施工单位的一项基本工作，也是线路施工的主要依据。因此，施工单位必须认真组织，依据设计资料，精心测量，为施工积累第一手资料。路由复测与工程设计中的路由查勘测量的方法相似。路由距离的测量应按地形起伏丈量（直线段三个标杆成一线；拐弯段先测角深再换算成角度）。

1. 路由复测的组织

通常路由复测由施工单位组织实施。复测小组成员包括施工、维护和建设单位的人员。复测工作应在配盘前进行。当配盘在设计阶段已经进行时，由于光缆生产厂家已按进货要求生产，因此路由复测时应重点考察接头地点的合理性。

复测小组人员和需要的工具见表 13–1–1 和表 13–1–2。

表 13–1–1 路由复测小组人员安排

工作内容	技术人员（人）	普工（人）
插大旗	1	2
看标	1	
打标桩	1	1
传送标杆、拉地链		2
绘图	1	1
划线	2	1
组织、配合	3	2
合计	9	9

表 13–1–2 路由复测小组所需基本工具

工具名称	单位	数量
大标旗	面	3
标杆（2m、3m）	根	各 3～4
地链（100m）	条	2
皮尺（50m）	盘	1～2
望远镜	架	1
经纬仪	架	1
绘图板	块	1
多用绘图尺	把	1～2
测远仪	架	1
对讲机	部	3
接地电阻测试仪	套	1
口哨	只	2
斧子	把	2
手锯	把	1
手锤	把	1
铁铲	把	1
红漆	瓶	若干
白石灰	公斤	若干
木（竹）桩	片	若干

2. 复测的一般方法

（1）定向：根据工程施工图设计，在起始点、拐角点或设计路由明显标志位置插大标旗，以示出光缆路由的走向。在直线段大标旗之间的距离以测量人员能目测到为宜。此时，在大标旗中间应立几根标杆，执标杆人员应听从看标人员的指挥，移动标杆，通过调整各标杆使之与大标旗均在一直线上。

（2）测距：测距是路由复测中的关键性内容，一般采用 100m 或 50m 的皮尺或地链，与三根标杆配合进行。当 A、B 两杆间测完第一个 100m 后，B 杆不动，C 杆向前 100m 再测，原有 A 杆为第三个 100m 的末杆，以此类推。这样，执标杆人员可同时完成测距任务。如果条件许可，划线工作可同时进行。

（3）打标桩：光缆路由确定后，应在测量路由上打标桩，以便划线、挖沟和敷设光缆。一般每 100m 打一个记数桩，每 1km 打一个重点桩；穿越障碍物、拐角点亦打上标记桩。标桩上应标有长度标记。当复测的是架空敷设方式的杆路时，标桩直接打在杆位处，一般不再划线。为了便于复查和光缆敷设核对长度，标桩上应标有长度标记，如从中继站至某一标桩的距离为 9.547km，标桩上应写为"9+547"。标桩上标数字的一面应朝向公路一侧或前进方向的背面。

（4）划线：划线即用白灰粉或石灰顺地链（或绳索）在前后桩间拉紧化成直线。一般当路由复测确定后即可划线。划线工作一般可与路由复测同时进行。地形情况较简单时采用单线；复杂地形采用双线，双线间隔 60cm。拐角点应化成弧线，弧线半径要求大于光缆的允许弯曲半径。

（5）绘图：核定复测的路由、中继站位置等与施工图有无变动。对于变动不大的可利用施工图作部分修改；当变动较大时，应重新绘图。要求绘出光缆路由 50m 内的基本地形、地物和主要建筑物、道路及其他设施，绘出"三防"设施位置、保护措施、具体长度等；对于水底光缆，应标明光缆位置、长度、埋深、两岸登陆点、S 弯预留点、岸滩固定、保护方法、水线标志牌等。同时，还应标明河水流向、河床端面和土质。

（6）记录：路由复测时，现场应做好记录工作，以备配盘、施工和整理竣工资料时使用。需要记录的主要内容包括沿路由各测定点累计长度、中继站位置、沿线土质、河流、渠塘、公路、铁路、树林、经济作物范围、通信设施和沟坎加固等范围、长度和累计数量等。

这些记录资料是工作量统计、材料筹供、青苗赔偿等施工中重要环节的依据，因此应认真核对，以确保统计数据的正确性。

【思考与练习】

1. 光缆线路施工有哪些主要特点？

2. 光缆线路施工中路由复测的主要任务是什么？

3. 光缆线路施工中路由复测的一般方法有哪些？

▶ 模块 2　架空光缆敷设（Z38I1002Ⅰ）

【模块描述】本模块包括架空光缆的敷设。通过对架空光缆敷设的特点、要求、方法及注意事项的介绍，掌握架空光缆敷设的方法和要点，能正确完成架空光缆的敷设工作。

【模块内容】

一、作业内容

本部分主要讲述架空光缆敷设所需工器具和材料的选择、施工步骤和质量标准以及安全注意事项等。

二、危险点分析与控制措施

在架空光缆的布放和架挂组织过程中，应该遵循光缆布放的基本规定，保证人员和缆线的安全，严格技术标准，确保施工的顺利进行。

（1）施工过程中要有专人指挥，严禁在无联络工具的情况下作业。

（2）高空作业人员必须佩带安全带。

（3）加强对工（器）具的安全检查，不符合安全技术要求的一律不得进入施工现场。

三、作业前准备

（1）主要施工机械：缆盘支撑架、滑轮、牵引机、辅助设备（主要包括联络类工具、交通工具、安全设施、作业必须工具等）。

（2）场地准备：在光缆架设前，对线路所通过的区域需要进行通道清理。

四、架空光缆敷设的步骤和方法

架空光缆敷设的主要方式有钢绞线支承和自承两种，钢绞线支承方式又分为吊挂式和缠绕式两种，其中吊挂式是架空光缆最广泛的架接方式，目前国内架空光缆多数采用这种方式，以下主要介绍吊挂式架空光缆敷设的步骤和方法。

1. 架空杆路的架设

架空光缆线路的杆质一般为水泥杆。杆子的高度一般为 6～12m，杆距一般为 50m。杆距、杆子的埋深、拉线的程式等完全取决于线路所在的负荷区和杆高等因素。杆路架设分为路由核测、运杆打洞、立杆、打拉线、装夹板五步。

（1）路由核测。架空杆路的路由复测就是确定具体的杆位的拉线方位，使其合理、可行、符合规范要求。架空线路与其他建筑物等的隔距要求见表 13-2-1 和表 13-2-2。

表 13-2-1　　　　　　　　架空光缆与其他设施最小水平净距离　　　　　　　　　（m）

名　称	最小净距离
消防栓	1.0
铁道、低压电杆、广播杆、通信杆	地面杆高的 4/3
人行道（边石）	0.5
市区树	1.5
郊区、农村树木	2.0
电力线、铁塔、高耸建筑物	20.0
地下管线	1.0

表 13-2-2　　　　架空光缆线路与其他建筑物、树木的最小垂直净距离　　　　（m）

名　称		平行时		交越时	
		垂直净距	备注	垂直净距	备注
街　道		4.5	最低缆线到地面	5.5	最低缆线到地面
胡　同		4.0	最低缆线到地面	5.0	最低缆线到地面
铁　道				7.5	最低缆线到轨面
公　路				5.5	最低缆线到路面
土　路		3.0	最低缆线到地面	4.5	最低缆线到路面
房屋建筑		2.0		距脊 0.6 距顶 1.5	最低缆线距屋脊或平行
河　流				1.0	最低缆线到高水位时最高桅杆顶
市区树木		1.25		1.5	最低缆线到树枝顶
郊区树木		2.0		1.5	最低缆线到树枝顶
电力线	154～220kV			4.0	必须电力线在上，光缆在下
	20～110kV			3.0	必须电力线在上，光缆在下
	1～10kV			2.0	一般电力线在上，光缆在下
	1kV 以下			1.25	一方最低缆线到另一方最高缆线
	绝缘用户线			0.6	一方最低缆线到另一方最高缆线
通信线路				0.6	一方最低缆线到另一方最高缆线

（2）运杆打洞。运杆打洞就是将杆子运到各个杆位，并打好杆洞及地锚洞，为立杆做好准备。

杆洞和地锚洞的深度必须满足规定，一般埋深为杆高的 1/5 左右。杆洞不可开挖得过大，以杆洞直径略大于杆根直径 10～15cm 为宜。

（3）立杆。杆子正直，直线段杆路要在一条直线上，不能出现眉毛弯；角杆杆根要内移；回填土要夯实。

（4）打拉线。打拉线时一般两人一组，依次进行地锚制作和埋设、拉线上把制作和安装，最后收紧中把。上把和中把的制作可以采用双槽夹板、U 形锁扣或铁线另缠等方法。打好的拉线应松紧合适，位置准确，上把、中把、地锚把结构合理、可靠。

（5）装夹板。杆路架设完成后，开始安装吊线抱箍和吊线夹板。吊线固定一般采用三眼单槽夹板。吊线夹板的线槽应在穿钉上方、夹板唇口向内。

吊线夹板的固定方式为：木杆常用穿钉，水泥杆常用双吊线或单吊线抱箍。新建杆路抱箍原则上安装在距离杆梢 50cm 处，当地形有起伏时，抱箍安装位置应作适当调整，尽量保证吊线安装后平直，但距离杆梢最小不得小于 15cm。利用旧杆路的吊线抱箍，安装在原有线路的下方。

2. 吊线架设

（1）布放吊线。采用人工或机械牵引的方法，将吊线盘放在放线车（或绞盘）上。由于吊线为钢绞线，且单盘长度较长，盘放的线上具有较大的扭转力，布放不当很容易产生背扣。因此布放时要控制好缆盘的转速，线条牵引人员注意持续性施力。布放吊线时为了不应影响交通或造成其他危险，应在妨碍交通或穿越电力线等特殊地点做临时固定。

（2）吊线的接续。吊线接续的基本要求是：接续牢靠，另缠紧密、无跳线、无疏绕，尺寸符合规范，外形美观。通常采用的接续方法有另缠法和夹板法两种。另缠法就是利用 3.0mm 的镀锌铁线在吊线接头处另缠两段，长度分别为 15cm、10cm，实现吊线的连接。夹板法就是利用三眼双槽夹板一块固定，再加 15cm 长的镀锌铁线另缠完成吊线的连接。

（3）紧线。将吊线放于夹板线槽内（夹板勿上得太紧），隔 10～15 个杆档，用导链收紧。当收紧至规定垂度时，将各个杆上的夹板拧紧，固定好吊线。必要时可以中间闪动吊线，再收紧。

3. 光缆的布放和架挂

目前架空光缆的布放方法有两种。一种是定滑轮牵引法，它是通过挂在杆子或吊线上的定滑轮利用人工或机械进行牵引的方法；另一种是光缆盘移动放出法，又称边放边挂法。

（1）定滑轮牵引法。采用这种方法架挂架空光缆时，先用千斤顶架好待放的光缆盘，在敷设光缆的引上和引下两处的电杆上固定好布放光缆用的大滑轮，每杆档内的吊线上，每隔 10～12m 挂一个小滑轮（导引滑轮），将牵引索穿放入小滑轮内，再做好牵引头，把牵引索与光缆连接好，准备布放。如图 13-2-1 所示。

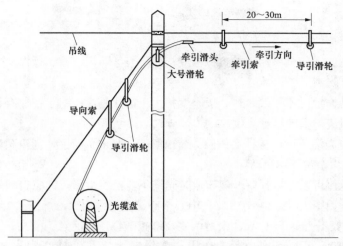

图 13-2-1 光缆滑轮牵引架设方法示意图

当采用人工牵引时，由 1～2 人推动光缆盘逐步将光缆放出，然后每隔一根电杆需有一人上杆做辅助牵引，为顺利布放光缆且不损伤护层，可在角杆上装导引滑轮。在牵引端逐渐收紧牵引索，使光缆慢慢放出。当采用机械牵引时，设置好光缆牵引机的牵引速度，机械牵引主机应置于收缆端，中间可设辅助牵引机置于架设路由的适当位置，在放缆端用千斤顶架起待放的光缆盘，人工推动光缆，使光缆从盘的上方逐渐放出，以机械代替人工牵引，从而达到布放光缆的目的。

布放过程中光缆的弯曲半径不得小于缆径的 20 倍。

当光缆盘长较长时，可分多次布放，即在布放完前数百米后，就地倒"8"字，再牵引后一段，依此类推。光缆布放完毕后，应按要求留好接头所需长度和每个电杆上的预留长度及其他余留，并将光缆端头包扎好，盘好余缆挂在电杆上。一般接头预留长度一侧为 8～10m，做好登记。

架空光缆的固定和架挂，一般是挂线人员坐在滑车上，用光缆挂钩挂固。没有条件时，也可挂线人员站在梯子上挂缆。光缆挂钩的卡挂间距为 50cm，允许偏差应为 ±3cm，挂钩在吊线上的搭扣方向应一致，挂钩托板应齐全，不得有机械损伤，在电杆两侧的第一个挂钩距吊线夹板的距离应为 25cm，允许偏差为 ±2cm。

（2）光缆盘移动放出法。在道路的宽度能允许车辆行驶；架空杆路离路边距离不大于 3m；架设段内无障碍物；吊线位于杆路上其他线路的最下层的条件下，可采用这种简单、省力的施工方法。具体操作是把光缆盘用千斤顶支架在卡车上，将光缆的一端固定在电杆吊线处，人工推动光缆盘，让光缆一边沿着架空杆路布放，一边将光缆挂固在吊线上。在一个杆档布放完后，就可把光缆固定在吊线上，开始下一个杆档的布放。

五、注意事项

（1）架空光缆应具备相应的机械强度，如防震，防风、雪、低温变化负荷产生的张力，并具有防潮、防水性能。

（2）光缆布放时不要绷紧，一般垂度稍大于吊线垂度；对于在原有杆路上加挂，一般要求与原线路垂度尽量一致。

（3）架空光缆可适当在杆上作伸、缩预留：一般重负荷区、超重负荷区要求每根杆上都作"Ω"余留；中负荷区 2～3 挡作一处余留；轻负荷区 3～5 挡作一处余留，对于无冰期地区可以不做预留，但布放时光缆不能拉得太紧，注意自然垂度。杆上光缆伸缩的规律如图 13-2-2 所示，靠杆中心中心部位应采用聚乙烯波纹管保护；余留宽度为 2m，一般不得小于 1.5m；余留两侧及绑扎部位，应注意不能扎死，以利于在气温变化时能伸缩起到保护光缆的作用。光缆经十字吊线或丁字吊线处应采取如图 13-2-3 所示的方式保护。

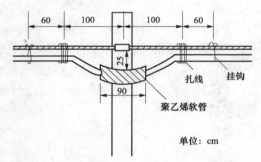

图 13-2-2 光缆伸缩弯及保护示意图

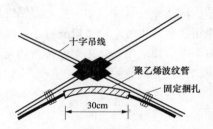

图 13-2-3 十字吊线处光缆保护示意图

（4）架空光缆应按设计规定作防强电、防雷处理。

【思考与练习】

1. 架空光缆安装一般有哪些要求？

2. 架空光缆施工中如何实施人工牵引布放光缆？

3. 架空光缆的布放方法有哪些？

▲ 模块 3 管道光缆敷设（Z38I1003Ⅰ）

【模块描述】 本模块包括管道光缆的敷设。通过对管道的清洗、子管敷设、牵引端头制作以及管道光缆敷设方法的介绍，掌握管道光缆敷设的方法和要点，正确完成管道光缆的敷设工作。

【模块内容】

一、作业内容

本部分主要讲述通过管道敷设光缆的方法、步骤以及安全注意事项等。

二、危险点分析与控制措施

（1）为了保证敷设和准备工作的安全进行，必须要高度重视安全工作，保证施工人员和施工现场人员的人身安全。

（2）在打开人孔铁盖时，应在人孔周围放上插有小红旗的人孔铁栅，夜间应安置红灯作以警示信号。在繁忙的十字路口，应指派专人维护交通，或增加警示信号设备，防止发生事故。光缆、施工车辆和各种机具应放在街道旁或人行道旁，以免影响交通，在交通繁忙地区，应尽量选择不妨碍交通的时间和施工方法。

（3）在进入人孔前必须作好人孔的通风工作，排除人孔内的有害气体。待通风工作进行约 10min 后，才可以下孔工作。下孔后通风设备不要拆除，在保持通风的状况下进行工作。

三、作业前准备

光缆敷设前的准备工作包括人员组织准备、技术及资料准备、工（器）具物资准备和施工场地的具体准备。现场准备主要是安全防事故、管道和人孔的清理、光缆塑料子管的穿放和光缆牵引端头的制作。

1. 清理管道和人孔

清刷管道时，先用竹片或穿管器穿通管孔。较长的管孔可以从管孔两端同时穿入工具，但穿管工具端部应装置上十字铁环与四爪铁钩，以便穿管工具端部相碰时能钩连起来，而后自一端拉出。在穿管器穿通管孔后，应在工具末端连上一根 3.0mm 的铁线，以便带入管孔内作为引线。为了排除管道内的污泥杂物等障碍，应在引线末端连接传统的管孔清刷工具。其中，转环可把新管道接缝处的水泥残余、硬块除去，起到打磨的作用；钢丝刷可清除淤泥、污物；杂布、麻片可将淤泥、杂物带出管孔，起到清扫管道的作用。

2. 预放塑料子管

当在混凝土管孔和塑料管孔内敷设光缆时，光缆必须穿放于子管内，一个混凝土管孔可穿放多个子管。先在管孔中穿放多根塑料子管，然后把光缆穿放到塑料子管中，从而完成管道光缆的布放。塑料子管不仅提高了现有管孔的利用率，而且减小了混凝土管孔对光缆外护层的磨损。

塑料子管布放时，先在要穿入管孔的地面上将子管放好并量好距离，子管不允许有接头。将预穿好的引线（可以是塑料穿管器或其他工具）与塑料子管端头绑在一起，在对端牵引引线即可将子管布放在管道内。当同孔布放两根以上塑料子管时，牵引头应把几根塑料管绑在一起，管的端部应用塑料胶布包起来，以免在穿放时管头卡到管块接缝处造成牵引困难。为了防止塑料子管在管孔内扭转，应每隔 2～5m 将塑料子管捆扎一次，使其相对位置保持不变。一般塑料子管的布放长度为一个人孔段，当人孔段距离较短时，可以连续布放，一般最长不超过 200m。布放结束后，塑料子管应引出管孔 10cm 以上或按设计留长，装好管孔的堵头和塑料子管的堵头。

3. 制作光缆牵引头

对于光缆管道敷设，光缆牵引断头制作是非常重要的工序。光缆牵引端头制作方法得当与否，将直接影响施工的效率，同时影响光缆的安全性。对牵引端头的基本要求是：牵引张力应主要加在光缆的加强件（芯）上（75%～80%），其余张力加到外护层上（20%～25%）；缆内光纤不应承受张力；牵引端头应具有一般的防水性能，避免光缆端头浸水；牵引端头体积（特别是直径）要小，尤其在塑料子管内敷设光缆时必须考虑这一点。目前，一些厂家在光缆出厂时，已制作好牵引端头，故在单盘检验时应尽量保留一端。

光缆牵引端头的种类较多，图 13-3-1 所示为较有代表性的 4 种不同结构的牵引端头。

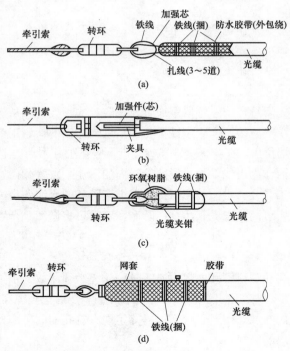

图 13-3-1　光缆牵引端头制作示意图
（a）简易式牵引头；（b）夹具式牵引头；（c）预置型牵引头；（d）网套式牵引头

四、操作步骤及质量标准

这里主要介绍常用的机械牵引中的中间辅助方式敷设步骤

1. 预放钢丝绳

管道或子管一般已有牵引索，若没有牵引索应及时预放好，一般用铁线或尼龙绳。

机械牵引敷设时，首先在光缆盘处将牵引钢丝绳与管孔内预放的牵引索连好，另一端将钢丝绳牵引至牵引机位置，并做好由端头牵引机牵引管孔内预放的牵引索准备。

2. 光缆及牵引设备的安装

（1）缆盘放置及引入口安装。光缆由光缆拖车或千斤顶支撑于管道人孔一侧，光缆盘一般距地面 5～10cm。为光缆安全，光缆入口孔可采用输送管，图 13-3-2（a）所示为将光缆盘放置于光缆入口处近似于直线的位置；也可按如图 13-3-2（b）所示位置放置。

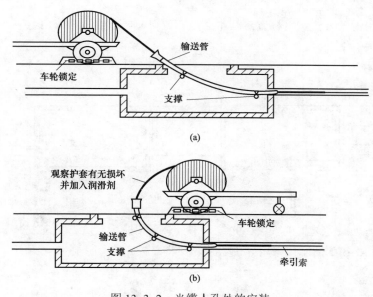

图 13-3-2　光缆人孔处的安装
（a）安装方式一；（b）安装方式二

（2）光缆引出口处的安装。端头牵引机将牵引钢丝和光缆引出人孔的方式及安装，这里介绍常用的两种方式。

1）采用导引器方式：把导引器和导轮如图 13-3-3（a）所示方法安装，应使光缆引出时尽量呈直线，可以把牵引机放在合适位置；若人孔出口窄小或牵引机无合适位置时，为避免光缆侧压力过大或摩擦光缆，应将牵引机放置在前边一个人孔（光缆牵引完后再抽回引出人孔）。但应在前一个人孔另安装一副引导器或滑轮，如图 13-3-3（b）所示。

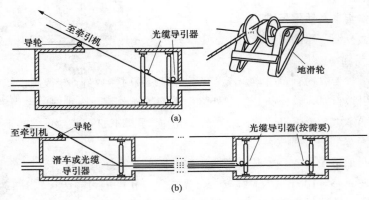

图 13-3-3 光缆引出口处的安装（引导器）

（a）安装方式一；（b）安装方式二

2）采用滑轮方式，这种方法基本上是布放普通电缆的方式，用金属滑轮或滑轮组，如图 13-3-4 所示。

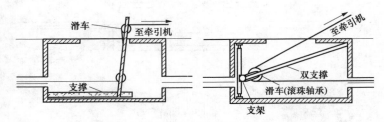

图 13-3-4 光缆引出口处的安装（滑轮）

3）拐弯处减力装置的安装，光缆拐弯处，牵引张力较大，故应安装导引器或减力轮，如图 13-3-5 所示；采用导引器时，安装方法可参考图 13-3-6 所示。

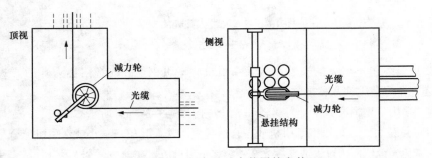

图 13-3-5 拐弯处减力装置的安装

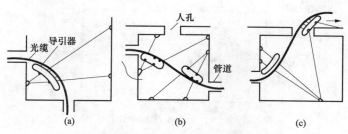

图 13-3-6 光缆导引器的使用

(a) 拐弯导引；(b) 高差导引；(c) 出口导引

4) 管孔高差导引器的安装。为减少因管孔不在同一平面（存在高差）所引起的摩擦力、侧压力，通常是在高低管孔之间安装导引器，具体安装方法如图 13-3-7 所示。

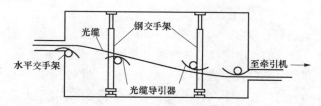

图 13-3-7 管孔高差导引器的安装

5) 中间牵引时的准备工作。采用辅助牵引机时，将设备放于预定位置的人孔内，放置时要使机上光缆固定部位与管孔持平，并将辅助机固定好。若不用辅助牵引机，可由人工代替，在合适位置的人孔内安排人员帮助牵引。

3. 光缆牵引

（1）光缆端头按图 13-3-1 所示方法制作合格的牵引端头并接至钢丝绳。

（2）按牵引张力、速度要求开启终端牵引机。

（3）光缆引至辅助牵引机位置后，将光缆按规定安装好，并使辅助机与终端机以同样的速度运转。

（4）光缆牵引至接头人孔时，应留足供接续及测试用的长度；若需将更多的光缆引出人孔，必须注意引出人孔处导轮及人孔口壁摩擦点的侧压力，要避免光缆受压变形。

4. 人孔内光缆的安装

（1）直通人孔内光缆的固定和保护。光缆牵引完毕后，由人工将每一个人空中的余缆用蛇皮软管包裹后沿人孔壁放至规定的托架上，并用扎线绑扎使之固定。其固定和保护方法如图 13-3-8 所示。

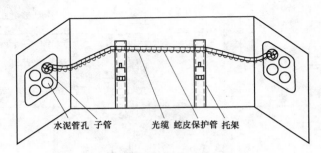

水泥管孔 子管　　　光缆 蛇皮保护管 托架

图 13-3-8　人孔内光缆的固定和保护

（2）接续用余留光缆在人孔中的固定。人孔内供接续用的余留光缆（长度一般不小于 8m）应采用端头热缩密封处理后按弯曲的要求，盘圈后挂在人孔壁上或系在人孔内盖上，注意端头不要浸泡于水中。

五、注意事项

（1）地下管道的管孔较多，选择管孔时，应按由下向上、由两侧向中间的顺序安排使用。施工时，管孔的使用应以设计图给出的管孔为准。

（2）光缆占用管孔的位置不宜变动。在同一路由上，管孔必须对应使用，即同一条光缆所占管孔的位置，在各个人孔内应尽量保持不变，以避免光缆发生交错现象。如需改变管孔位置和拐弯时，应考虑光缆敷设后能满足曲率半径的规定，并对光缆改变管孔位置的地点。

（3）光缆不得在管孔内作接头，接头位置只能安排在人孔内。铠装光缆不能铺设在管道中。

【思考与练习】

1. 管道光缆施工中如何清洗管道和人孔？

2. 机械牵引中中间辅助方式敷设主要分几步？施工中应注意哪些问题？

3. 接续用余留光缆怎样在人孔中固定？

▲ 模块 4　局内光缆敷设（Z38I1004Ⅰ）

【模块描述】本模块包括局内光缆的敷设。通过对局内光缆敷设的要求、方法、安装固定及注意事项的介绍，掌握局内光缆敷设的基本方法和要点，正确完成局内光缆的敷设工作。

【模块内容】

一、作业内容

本部分主要讲述敷设局内光缆的步骤、要求以及安全注意事项等。

二、作业前准备

在光缆架设前，对光缆所通过的区域需要进行清理。

三、局内光缆敷设的步骤和方法

（一）局内光缆敷设、安装一般要求

1. 光缆的选用

局内光缆目前主要有两种：一种为普通室外光缆，可直接进局（站）放至机房 ODF 架；另一种为阻燃性光缆，它具有防火性能，但需在进线室内增加一个接头。目前，一般采用阻燃性光缆。

2. 进局光缆的预留

进局光缆的长度预留包括测试、接续、成端用长度的预留和按规定余留长度的预留。进局光缆的预留长度目前规定为 15～20m，对于特殊情况，应按设计长度预留。

3. 光缆路由走向和标志

局内光缆由局前人孔进入进线室，然后通过爬梯、机房光缆走道至 ODF 架或光端机。

光缆由局前人孔按照设计要求的管孔穿越至进线室、室内走线架或走线槽内；光缆进线管孔应堵严密，避免渗漏。在爬梯上，由于光缆悬垂受力，应绑扎牢固；其他位置，如走道上，光缆亦应进行绑扎，并应注意排列整齐。光缆拐弯时，弯曲部分的曲率半径应符合规定，一般不小于光缆直径的 15 倍。

进线室、机房内，有两根以上的光缆时，应标明来去方向及端别。在易动、踩踏等不安全部位，应对光缆作明显标志，如缠绕有色胶带，提醒人们注意，避免外力损伤。

（二）局内光缆的敷设步骤

1. 局内光缆的布放

局内光缆的布放一般只能采用人工布放方式。

（1）一般由局前人孔通过管孔内预放的铁线牵引至进线室，然后向机房内布放。

（2）上、下楼层间，一般可采用绳索由上一层沿爬梯放下，与光缆系在一起，然后牵引上楼。引上时应注意位置，避免与其他电缆（光缆）交叉。

（3）同一层布放，应由多人接力牵引布放。

2. 局内光缆的安装和固定

（1）进线室的光缆安装、固定。采用阻燃光缆，在进线室内增设一个光缆接头，图中为成端后的状态。在敷设安装时，室外光缆按图作盘留后固定好，并留出 3m 接续用光缆；局内阻燃光缆留 3m 置于接头位置作接头用，其余按图 13–4–1 所示的方式固定后由爬梯上楼。如受进线室位置的限制，预留光缆亦可采用盘成圆圈的方式，但

应注意光缆的曲率半径不宜过小。

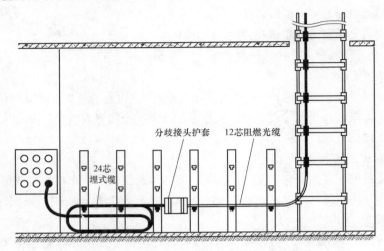

图 13-4-1 进线室光缆安装固定方式示意图

（2）光缆引上安装、固定。光缆由进线室至机房 ODF 架，往往从地下室或半地下室由楼层间光缆预留孔引上走道（即爬梯）引至机房所在楼层。有些局（站）引上爬梯直接通至机房楼层，有些不能直接到机房楼层，如先由进线室爬至二楼，然后通过二楼平行走道至上一层上楼爬梯；有些局要经几次拐弯才能到达。其路由上不可少的是引上爬梯，光缆引上不能光靠最上一层拐弯部位受力固定，而应进行分散固定，即要沿爬梯引上，并作适当绑扎。对于通信楼内，一般均有爬梯可利用。若原来没有爬梯，则应安装简易走道或直接在墙上预埋直立光缆支架，以便光缆固定，不应让光缆在大跨度内自由悬挂。

光缆在爬梯上，在可见部位应在每支横铁上用尼龙扎带或棉线绳绑扎，对于无铠装光缆，每隔几挡衬垫一胶皮后扎紧，拐弯受力部位还应套一胶管加以保护。

对于同一楼层内，一般平行铺设在光（电）缆槽道内时可不绑扎，但光缆在槽道内应呈松弛状态，并应尽量靠旁边放置。

（3）机房内光缆的安装、固定。

1）槽道方式。对于大型机房，光（电）缆一般均在槽道内敷设。由于机房大，光缆进主槽道、列槽道往往几经拐弯。在槽道内的位置尽量靠边走，以免减少今后布放其他缆线时移动、踩踏。光缆在槽道内一般不需要绑扎，但在拐弯部位，为防止拉动造成曲率半径过小，而应作适当绑扎。

这类机房内光缆的余留，一般光缆留 3～5m 供终端连接用，其余正式预留的光缆，应采取槽道内迂回盘放的方式放置于本列或附近主槽道内，如图 13-4-2 所示。图 13-4-2 中，可在本列或主走道内盘几圈以增加预留量。这种预留方式比较方便，同时当今后需要改接时也十分便利。

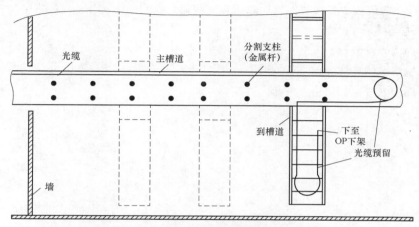

图 13-4-2　光缆在槽道内预留方式示意图

2）走道方式。中小机房大多采取走道方式供光缆走向、固定。光缆预留一般采取在适当位置将光缆盘成圆圈，并固定于靠墙或靠机架侧的走道上，尽量隐蔽一些。也可以在进入机房入口处，用一预留盒将光缆固定于墙上。在机房内预留光缆，需考虑整齐，美观，同时预留位置及固定方式便于今后使用。

机房内光缆在走道上应按机房电缆要求进行绑扎固定。但必须注意，拐弯时应首先保证光缆曲率半径，然后才考虑如何尽量使光缆走向美观。

至 ODF 架或光端机的光缆成端预留长度应盘好，并临时固定于安全位置，供成端时使用。

机房内光缆在进行测量后，光纤应剪去并作简易包扎。如还需测量不能剪去开剥的光纤时，应作妥善放置并提醒别人注意，避免其他人员拉动光缆造成光纤断裂，给成端工作带来困难。

（4）临时固定。在光缆敷设时，人力紧张不能作正式固定时，应作临时固定，并注意安全。正式固定工作可安排在成端时一并进行。

有时由于暂时不能将光缆布放至机房，必须复核长度，确保条件成熟后放至 ODF 架，以满足长度的要求。

当光缆暂时在室外放置时，光缆端头应作密封处理，避免浸潮。

四、注意事项

（1）布放光缆时拐弯处应有专人传递，避免死弯，并确保光缆的曲率半径。

（2）光缆在布放过程中应避免在有毛刺或尖锐的硬物上拖拉，防止光缆外护层受损。

（3）布放过程中光缆要保持松弛状态，避免光缆的损伤。

【思考与练习】

1. 局内光缆敷设、安装一般有哪些要求？

2. 进线室的光缆如何进行安装？

3. 局内光缆应如何引上安装、固定？

第十四章

光缆接续与测试

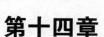 模块 1　尾纤接续（Z38I2001Ⅱ）

【模块描述】本模块包含尾纤接续操作。通过对尾纤接续的具体步骤和方法的介绍，掌握正确使用熔接机的方法，并能掌握进行单根尾纤的熔接操作。

【模块内容】

一、作业内容

本部分主要讲述用熔接机进行尾纤接续的操作步骤和质量标准，以及安全注意事项等。

二、危险点分析与控制措施

（1）当切割和开剥光缆时，施工人员应戴上合适的安全眼镜和手套，避免受伤。

（2）在光纤或光缆截断、光纤端面制备切割或划刻过程中，切下的小光纤段最好扔入标有"小心玻璃纤维碎片"的容器里，以免损伤眼镜或插入皮肤。

（3）在熔接加热后，热缩套管表面温度很高，不要立即用手触摸。

三、作业前准备

在光纤接续中首先要做的工作就是准备必要的材料和工具，主要包括：待熔接的光纤、光纤熔接机、OTDR 测试仪表、剥纤钳、剪刀、裸纤切刀、95%酒精、棉签、带加强芯的热缩套管。

另外光纤接续应有良好的工作环境，以防止灰尘影响。在雨雪、沙尘等恶劣天气接续，应避免露天作业；当环境温度低于零度时，应采取升温措施，确保光纤的柔软性和熔接设备的正常工作以及施工人员的正常操作。

四、操作步骤及质量标准

（一）光纤端面处理

光纤端面处理，习惯上称端面制备。这是光纤连接技术中的一项关键工序。光纤端面处理主要包括剥覆、清洁和切割三个环节。

1. 光纤涂面层的剥除

光纤涂面层的剥除，要掌握平、稳、快三字方法。"平"，即持纤要平。左手拇指和食指捏紧光纤，使之呈水平状，所露长度以 5cm 为准，余纤在无名指、小拇指之间自然打弯，以增加力度，防止打滑。"稳"，即剥纤钳要握得稳。"快"即剥纤要快，剥纤钳应与光纤垂直，上方向内倾斜一定角度，然后用合适的钳口轻轻卡住光纤，右手随之用力，顺光纤轴向平推出去，整个过程要自然流畅，一气呵成。

2. 光纤包层的剥除

光纤包层的剥除方法与光纤涂面层的剥除相同，只是要注意光纤的包层很薄，剥除时要非常小心，不能损伤纤芯。

3. 裸纤的清洁

裸纤的清洁，应按下面的两步操作：

（1）观察光纤剥除部分的涂覆层和包层是否全部剥除，若有残留，应重新剥除。如有极少量不易剥除的涂覆层，可用绵球沾适量酒精，一边浸渍，另一边逐步擦除。

（2）将棉花撕成层面平整的扇形小块，沾少许酒精（以两指相捏无溢出为宜），折成 "V" 形，夹住以剥覆的光纤，顺光纤轴向擦拭，力争一次成功，一块棉花使用 2～3 次后要及时更换，每次使用棉花的不同部位和层面，这样既可提高棉花的利用率，又防止了裸纤的二次污染。

4. 裸纤的切割

裸纤的切割是光纤端面制作中最为关键的部分，精密、优良的切刀是基础，而严格、科学的操作规范是保证。

（1）切刀的选择。切刀有手动和电动两种。前者操作简单，性能可靠，随着操作者水平的提高，切割效率和质量均可大幅度提高，但该切刀对环境温差要求较高，且要求裸纤较短。后者切割质量较高，适宜在野外寒冷条件下作业，但操作较复杂，工作速度恒定，要求裸纤较长。熟练的操作者在常温下进行快速光缆接续或抢险，采用手动切刀为宜；反之，初学者或在野外较寒冷条件下作业时，采用电动切刀。

（2）操作规范。操作人员应经过专门训练，掌握动作要领和操作规范。首先要清洁切刀和调整切刀位置，切刀的摆放要平稳，切割时，动作要自然、平稳、勿重、勿急，避免断纤、斜角、毛刺及裂痕等不良端面的产生。另外学会"弹钢琴"，合理分配和使用自己的右手手指，使之与切口的具体部件相对应、协调，提高切割速度和质量。

（二）光纤熔接

光纤熔接是接续工作的中心环节，配备高性能熔接机且在熔接过程中科学操作十分必要。

1. 熟悉熔接机

阅读熔接机操作手册，熟悉熔接机显示屏、各按键和各接口的功能，掌握熔接机各种参数的设置。

2. 熔接程序

（1）接通熔接机电源，根据光纤的材料和类型，确认并选择接续及加热条件，并进行放电试验。

（2）打开防尘防风罩，清洁熔接机 V 形槽、电极、物镜、熔接室等。

（3）将已制作好端面的裸纤放入熔接机的 V 形槽，盖好防尘防风罩；在把光纤放入熔接机 V 形槽时，要确保 V 形槽底部无异物且光纤紧贴 V 形槽底部。

（4）启动熔接机的熔接程序。自动熔接机器开始熔接时，首先将左右两侧 V 形槽中光纤相向推进，在推进过程中会产生一次短暂放电，其作用是清洁光纤端面灰尘，接着会把光纤继续推进，直至光纤间隙处在原先所设置的位置上，这时熔接机测量切割角度，并把光纤端面附近的放大图像显示在屏幕上，熔接机会在 X 轴、Y 轴方向上同时进行对准，并且把轴向、轴心偏差参数显示在屏幕上，如果误差在允许范围之内就开始熔接。

（5）连接质量的评价，光纤完成熔接连接后，应及时对其质量进行评价，确定是否需要重新接续。光纤接头的场合、连接损耗的标准等不同，具体要求亦不尽相同。但评价的内容、方法基本相似。

1）外观目测检查。光纤熔接完毕，在显微镜内或显示器上，观察光纤熔接部位是否良好。如发现有气泡、过细、过粗、虚熔、分离等不良状态，应分析原因并重新连接，处理方法可参考表 14-1-1 中各项措施。

2）连接损耗估计。从熔接指示器上看读数是否在规定的合格范围内；观察自动熔接机显示器上的连接损耗值是否符合要求。

3）连接损耗测量。对于正式工程中的光纤接头，只靠目测、估计是不够的，自动熔接机上显示的连接损耗值，由于微处理机是按经验公式计算的，连接损耗产生的部分因素未考虑。因此，应用 OTDR 进行连接损耗测量。

表 14-1-1 目测不良接头的状态及处理

不良状态	原因分析	处理措施
痕迹	1. 接电流太小或时间过短； 2. 光纤不在电极组中心或电极组错位、电极损耗严重	1. 调整熔接电流； 2. 调整或更换电极
变粗	1. 光纤馈送（推进）过长； 2. 光纤间隙过小	1. 调整馈送参数； 2. 调整间隙参数

续表

不良状态	原因分析	处理措施
变细	1. 熔接电流过大； 2. 光纤馈送（推进）过少； 3. 光纤间隙过大	1. 调整熔接电流参数； 2. 调整馈送参数； 3. 调整间隙
轴偏	1. 光纤放置偏离； 2. 光纤端面倾斜； 3. V 形槽内有异物	1. 重新设置； 2. 重新制备端面； 3. 清洁 V 形槽
气泡	1. 光纤端面不平整； 2. 光纤端面不清洁	1. 重新制备端面； 2. 端面熔接前应清洗
球状	1. 光纤馈送（推进）驱动部件卡住； 2. 光纤间隙过大，电流太大	1. 检查驱动部件； 2. 调整间隙及熔接电流

（6）小心拿出熔接好的光纤，移动热缩套管，使熔接点处于热缩套管的中间，放入熔接机的加热器中央，进行接续部位的加热补强。操作时，由于温度很高，不要触摸热缩管和加热器的陶瓷部分。

（7）取出光纤并保管好。

至此完成了尾纤的接续工作。

五、注意事项

（1）热缩套管应在剥覆前穿入，严禁在端面制作后穿入。

（2）裸纤的清洁、切割和熔接的时间应紧密衔接，不可间隔过长，特别是已制作好的端面，切勿放在空气中。移动时要轻拿轻放，防止与其他物件擦碰。

（3）在切割和熔接光纤时，应垫一个黑色、无反射的表面，可以为看到小的光纤碎片提供一个最好的对比度。

（4）在接续中应根据环境对切刀 V 形槽、压板、刀刃进行清洁，谨防端面污染。

【思考与练习】

1. 光纤端面处理主要包括哪三个环节？

2. 选择切刀时应注意哪些事项？

3. 简述尾纤接续的操作步骤。

▲ 模块 2 光缆接续（Z38I2002Ⅱ）

【模块描述】 本模块包含光缆接续操作。通过对光缆接续步骤和注意事项的介绍，掌握光缆接续的方法和工艺要求，并能正确完成光缆的接续操作。

【模块内容】

光缆接续是光缆施工过程中技术含量最高、要求极为严格的一道重要工序，它的质量好坏将直接影响着系统的传输指标、线路的可靠性和光缆的寿命，决定着整个工程的进程。下面就对光缆接续的有关内容进行介绍。

一、作业内容

本部分主要讲述光缆接续所需工器具和材料的选择、制作的工艺流程和质量标准，以及安全注意事项等。

二、危险点分析与控制措施

（1）当切割和开剥光缆时，施工人员应戴上合适的安全眼镜和手套，避免施工人员受伤。

（2）在光纤或光缆截断、光纤端面制备切割或划刻过程中，切下的小光纤段最好扔入标有"小心玻璃纤维碎片"的容器里，以免损伤眼镜或插入皮肤。

（3）在熔接加热后，热缩套管表面温度很高，不要立即用手触摸。

三、作业前准备

1. 光缆材料、器材、机具准备

待熔接的光缆、接头盒、光纤熔接机、OTDR 测试仪表、盘纤架、剥纤钳、剪刀、裸纤端面切割器、95%酒精、棉签、带加强芯的热缩套管。

2. 场地准备

光缆接续应有良好的工作环境，以防止灰尘影响。在雨雪、沙尘等恶劣天气接续，应避免露天作业；当环境温度低于零摄氏度时，应采取升温措施，确保光纤的柔软性、熔接设备的正常工作以及施工人员的正常操作。现场有市电或汽油发电机供电。

四、操作步骤及质量标准

1. 光缆护层的开剥处理

按接头盒内光纤最终余长不小于 60cm 的规定，根据实际余长及不同结构的光缆接头盒所需的接续长度，确定开剥点，在光缆外护层上做好标记，然后用专用工具（如光电缆横切刀、纵刨刀等）开剥。注意控制好进刀深度，防止缆芯损伤。

光缆接头处开剥后，光纤应按序做出色谱记录。光缆的端别的规定：面对光缆断面，红色松套管为起始色，绿色松套管为终止色。常用光纤色谱：蓝、橙、绿、棕、灰、白、红、黑、黄、紫、粉红、青绿。

2. 加强芯、金属护层等接续处理

加强芯、金属护层的连接方法，应按选用接头盒的规定方式进行。金属护层和加强芯在接头盒内电气性能连通、断开或引出应根据设计要求实施。

需要强调的是，光缆在接头盒内固定时一定要进行较好的打毛、清洁，并恰当地缠绕自粘胶带，以实现光缆根部与接头盒之间的密封；加强芯在盒内的固定一定要牢固、可靠。

3. 单纤接续

具体步骤详见模块 Z38I2001 Ⅱ（尾纤接续），直至完成光缆中所有光纤的接续。

4. 盘纤

（1）盘纤规则。

1）沿松套管或按光缆分歧方向为单元进行盘纤，前者适用于所有的接续工程；后者仅适用于主干光缆末端且为一进多出。分支多为小对数光缆。该规则是每熔接和热缩完一个或几个松套管内的光纤、或一个分支方向光缆内的光纤后，盘纤一次，避免了光纤松套管间或不同分支光缆间光纤的混乱，使之布局合理、易盘、易拆，更便于日后维护。

2）以预留盘中热缩管安放单元为单位盘纤，此规则是根据接续盒内预留盘中某一小安放区域内能够安放的热缩管数目进行盘纤，避免了由于安放位置不同而造成的同一束光纤参差不齐，难以盘纤和固定，甚至出现急弯、小圈等现象。

（2）盘纤的方法。

1）先中间后两边，即先将热缩后的套管逐个放置于固定槽中，然后再处理两侧余纤，可有利于保护光纤接点，避免盘纤可能造成的损害。常用于光纤预留盘空间小、光纤不易盘绕和固定的情况。

2）从一端开始盘纤，固定热缩管，然后再处理另一侧余纤。这样可根据一侧余纤长度灵活选择铜管安放位置，方便、快捷，可避免出现急弯、小圈现象。

3）特殊情况的处理，如个别光纤过长或过短时，可将其放在最后，单独盘绕；带有特殊光器件时，可将其另一盘处理，若与普通光纤共盘时，应将其轻置于普通光纤之上，两者之间加缓冲衬垫，以防止挤压造成断纤，且特殊光器件尾纤不可太长。

4）根据实际情况采用多种图形盘纤。按余纤的长度和预留空间大小，顺势自然盘绕，且勿生拉硬拽，应灵活地采用圆、椭圆、"CC""～"多种图形盘纤（注意 $R \geqslant 4\text{cm}$），尽可能最大限度利用预留空间和有效降低因盘纤带来的附加损耗。

5）每次盘纤后，用 OTDR 对所盘光纤进行例检，以确定盘纤带来的附加损耗。

5. 光缆接头盒密封

不同结构的接头盒，其密封方式也不同。具体操作中，按接头盒的规定方法，严格按操作步骤和要领进行。对于密封部位的光缆外护层，应作清洁和打磨，以提高光缆与防水密封胶带间可靠的密封性能。注意：打磨砂纸不宜太粗，打磨方向应沿光缆垂直方向旋转打磨，不宜与光缆平等方向打磨。接头盒密封胶条的使用量一定要恰当，填充太多，可能适得其反。

光缆接头盒封装完成后，用 OTDR 对所有光纤进行最后监测，以检查封盒是否对光纤有损害。

五、注意事项

（1）在光缆接续工作开始前，必须清楚接续指标、基本要求。

（2）要熟练进行熔接机和工具的操作使用。

（3）熟悉所用的光缆接头盒的性能、操作方法和质量要点，对于第一次采用的接头盒（指以往未操作过的），应按接头盒附带的操作说明和接续规范编写出操作规程，必要时进行预先业务培训，避免盲目作业。

（4）准备好接续时登记用的表格、现场监测记录表格等相应的资料。

【思考与练习】

1. 盘纤时应注意哪些事项？

2. 简述光缆接续的步骤。

3. 如何处理密封部位的光缆外护层？

模块 3　光缆线路衰减测试（Z38I2003Ⅱ）

【模块描述】 本模块包含光缆线路衰减测试。通过对光缆线路衰减的定义、测量方法的介绍，掌握光缆线路维护中衰减测试的方法。

【模块内容】

中继段光缆线路衰减是指中继段由 ODF 架外侧连接插件之间，包括光纤的衰减和固定接头损耗。通常一个光缆中继段中的总衰减定义为

$$A = \sum_{n=1} a_n L_n + a_s X + a_c Y$$

式中　a_n——中继段中第 n 根光纤的衰减系数，dB/km；

L_n——中继段中第 n 根光纤的长度，km；

a_s——固定接头的平均损耗，dB；

X——中继段中固定接头的数量；

a_c——连接器的平均插入损耗，dB；

Y——中继段中连接器的数量［光发送机至光接收机数字配线架（ODF）间的活接头］。

一、测试目的

光缆线路衰减测试是光缆线路技术维护的重要组成部分，是判断光缆线路工作状态的主要手段之一。通过对光缆线路的衰减测试，可以了解光缆的工作状态，掌握光

缆线路实际运行状况，正确判断可能发生障碍的位置和时间，为光缆线路提供可靠的技术资料。

二、测试前准备工作

材料准备：光纤跳线或尾纤 1 根，裸光纤适配器 1 个。

测试仪器：光时域反射仪即 OTDR。

三、现场测试步骤及要求

1. 测量方法

中继段光缆线路的衰减测量方法有截断法、插入损耗法和后向散射法。

截断法精度高但有破坏性；插入损耗法是非破坏性，精度不如截断法；而后向散射法，即用光时域反射仪（OTDR）测量，功能全、精度高，且无破坏性，测量数据可直接打印出来。

用光时域反射仪（OTDR）测试只需在光纤的一端进行，用这种仪表不仅可以测量光纤的衰减系数，还能提供沿光纤长度衰减特性的详细情况，检测光纤的物理缺陷或断裂点的位置，测定接头的衰减和位置，以及被测光纤的长度，这种仪器带有打印机，可以把测绘的曲线打印出来。但由于一般的 OTDR 仪都有盲区，使近端光纤连接器插入损耗、成端连接点接头损耗无法反映在测量值中；同样，成端的连接器尾纤的连接损耗由于离尾部太近也无法定量显示。因此，用 OTDR 仪所得到的测量值实际上是未包括连接器在内的光缆线路损耗的。为了按光缆线路衰减的定义测量，可以通过假纤测量或采用对比性方法来检查局内成端质量。在实际工作中常采用这种方法。

2. 测试步骤及要求

（1）如果被测光纤没有连接起来，剥开光缆，并将被测光纤露出 2m 长，清洁和切断被测光纤。

（2）测试接线：通过光纤跳线或尾纤和裸光纤适配器，将被测光纤与 OTDR 连接起来。与此同时，如需要，添加一根盲区光纤（参见图 14-3-1）。盲区光纤是一小盘长度为 1km 的光纤（参阅 OTDR 技术规范），将它插入 OTDR 和被测光纤之间。一些

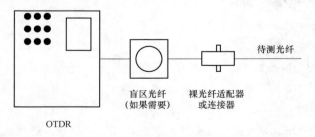

图 14-3-1 光纤衰减测量连接示意图

OTDR 使用盲区光纤是将受试光纤从 OTDR 的盲区移出，即注入盲区移到 OTDR 的 1km 以外。如果光纤事件发生在这个盲区，在光纤衰减谱中看不到光纤事件。一些 OTDR 不需要使用盲区光纤，详见 OTDR 使用说明书。

（3）确保光源没有连接到被测光纤的其他端。

（4）接通 OTDR 且将它加热到稳定的工作温度。

（5）为了使 OTDR 工作，输入正确的 OTDR 参数，包括波长、被测光纤的折射率和脉冲长度（参阅 OTDR 操作说明书）。

（6）开始 OTDR 测量，使 OTDR 得到平均测量长度，以求呈现一个光滑的光纤衰减谱。

（7）调整分辨率以显示出整个被测光纤。为给出最好的分辨率，保持脉冲宽度尽可能窄。

（8）测量所有异常事件、接头、连接器和整个光纤衰减。将光标移到所测事件点位置，并使用相应的功能键设定标记，查看标记点的连接损耗。如图 14–3–2 所示，将光标置于始端反射脉冲上升边缘的一点，确定 Z_0（如试样前无光纤或光缆段，则 Z_0 为零）。

将光标置于试样曲线线性始端（紧挨近端）。确定 Z_1，P_1；将同一光标或另一光标置于末端反射脉冲上升边缘的一点，确定 Z_2，P_2。

如果因不连续性极小而不易确定 Z_0 和 Z_2 的位置，就在该处加一个绷紧的弯曲并改变弯曲半径以帮助光标定位；对于 Z_2 的定位，如可能，切割远端，使那里产生反射。

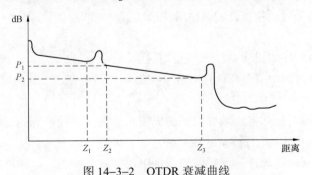

图 14–3–2　OTDR 衰减曲线

始于盲区之后光纤或光缆段的单向后向散射衰减

$$A = (P_1 - P_2)（\text{dB}）$$

始于盲区之后光纤或光缆段的单向后向散射衰减系数

$$\alpha = (P_1 - P_2)/(Z_2 - Z_1)（\text{dB/km}）$$

光纤或光缆段总单向后向散射衰减

$$A_{总}=\alpha(Z_2-Z_0)\ (dB)$$

通常，OTDR 能直接给出 A 值和 α 值。该数据可以用两点法给出，也可以用最小二乘（LSA）法拟合曲线给出。LSA 法得出的结果可能与两点法得出的结果不同，但 LSA 法的重复性更好。

（9）测量光纤总的端到端的损耗（dB）和光纤的衰减系数（dB/km）。

（10）在 OTDR 上存储测得的结果和光纤衰减谱在并打印测试结果。

（11）对所需要测量的各个波长重复步骤（1）～（10）。

四、测试结果分析及测试报告编写

（1）测试结果分析。OTDR 测量结果可以反映光缆线路的实际损耗水平，通过后向散射信号曲线可发现光缆连接部位是否可靠、有无异常，光纤损耗随长度分布是否均匀，光缆全程有无微裂部位，非接头部位有无"台阶"等。

（2）测试报告编写。测试报告填写应包括以下项目：测试时间、测试人员、仪表名称、型号、光缆型号、芯数、测试起点、终点、测试参数（测试范围、测试波长、脉冲宽度、折射率）、测试值等。

五、测试注意事项

（1）在测试时应选择在没接设备的光缆（纤芯）上进行测试。

（2）光纤活接头接入 OTDR 前，必须认真清洗，包括 OTDR 的输出接头和被测活接头，否则插入损耗太大、测量不可靠、曲线多噪声甚至使测量不能进行，它还可能损坏 OTDR。避免用酒精以外的其他清洗剂或折射率匹配液，因为它们可使光纤连接器内粘合剂溶解。

（3）测量前应仔细阅读 OTDR 的使用说明。

（4）在测量过程中应合理选择 OTDR 参数，如量程范围、脉冲宽度、折射率、平均化处理时间、光标位置等。

1）量程范围：操作者应结合测试的光缆长度选择比较恰当的量程，使测试曲线尽量显示在屏幕中间，这样读数才能准确，误差才会小。

2）脉冲宽度：在脉冲幅度相同的条件下，脉冲宽度越大，脉冲能量就越大，此时 OTDR 的动态范围也越大，能够测试距离较长，但相应盲区也就越大，误差较大。因此，操作者应该结合待测光纤的长度选择适当的脉冲宽度，使其在保证精度的前提下，能够测试尽可能长的距离。

3）折射率：由于不同厂家选用光纤的材质不同，造成光在光纤中传输速度不同，即不同的光纤有不同的折射率，因此在测试时应选择适当的折射率，这样在测量光纤长度时才能准确。

4）光标位置：光纤活动连接器、机械接头和光纤中的断裂都会引起损耗和反射，光纤末端的破裂端面由于末端端面的不规则性会产生各种菲涅尔反射峰或者不产生菲涅尔反射。如果光标设置不够准确，也会产生一定误差。

5）平均处理时间：OTDR 测试曲线是将每次输出脉冲后的反射信号采样，并把多次采样做平均处理以消除一些随机事件，平均时间越长，噪声电平越接近最小值，动态范围就越大，测试精度越高，但达到一定程度时精度不再提高。为了提高测试速度，缩短整体测试时间，一般测试时间可在 0.5～3min 内选择。

【思考与练习】

1. 中继段光缆线路的衰减测量方法有哪些？

2. 在光缆线路衰减测试中使用后向散射法有什么优缺点？

3. 在使用 OTDR 测量时，选择参数应注意哪些问题？

▲ 模块 4　光缆线路故障及其处理（Z38I2004Ⅱ）

【模块描述】本模块包含光缆线路常见故障现象及其产生原因、故障处理方法。通过对光缆故障抢修程序、故障原因分析、故障点定位，以及故障修复方法的介绍，掌握光缆线路故障点定位和抢修处理的方法。

【模块内容】

一、光缆线路常见障碍原因分析

根据统计资料分析，光纤通信系统中使通信中断的主要原因是光缆障碍，约占统计障碍的 2/3。光缆障碍的产生原因与光缆的敷设形式有很大的关系。光缆的敷设形式主要有地下（直埋和管道）和架空两种。引起光缆线路障碍的原因主要有：

（1）挖掘。挖掘是光缆线路损坏的最主要原因，在建筑施工、维修地下设备、修路、挖沟等工程时均可直接对光缆产生威胁。

（2）车辆损伤。车辆损伤主要是对架空光缆的损伤。一般有两种情况，一种是车辆撞到电杆使光缆拉断；另一种是在光缆下面通过的车辆拉（挂）断了吊线和光缆。其中大多是由于吊线、挂钩或电杆的损坏引起光缆下垂，或穿过马路的架空光缆高度不够或车辆超高引起的。

（3）火灾。光缆受火灾损伤也很多。其中以光缆路由下方堆积的柴草、杂物等起火造成线路损坏，引发光缆障碍最为常见。

（4）鼠害。各类啮齿动物啃咬光缆造成光缆破裂或光缆断纤。无论地下、架空还是楼内的光缆同样受鼠害的威胁。

（5）射击。架空光缆因受各类枪支射击、子弹爆炸和冲击，造成部分光缆部位或光纤损坏。这类障碍一般不会使所有光纤中断，但这类障碍查找起来比较困难。

（6）温度的影响。温度过低或过高到一定程度，光缆各部分因材料收缩（扩张）系数不同而对光缆造成压力，产生弯曲使衰耗增大，甚至导致光缆断芯或断裂。

（7）洪水。由于洪水冲断光缆或光缆长期浸泡水中进水引起光缆衰减增大。

（8）雷击。

（9）技术操作错误。技术操作错误是由技术人员在维修、安装和其他活动中引起的人为障碍。其中在对光缆维护的过程中，由于技术人员不小心引起的障碍占多数。如在光纤接续时，光纤被划伤、光纤弯曲半径太小，接续不牢靠；在切换光缆时错误地切断正在运行的光缆等。

从以上原因分析，架空光缆线路易受车辆、射击和火灾、冰灾的伤害；地下光缆线路不易受到车辆、射击和火灾的损坏，但受挖掘的影响很大。在日常工作中，大部分障碍是属于人为性质的，而因光缆本身的质量问题和由自然灾害引起的障碍所占比例相对较少。

在光缆线路抢修前应准确掌握辖属光缆线路资料，制定和完善抢修方案，熟练掌握光缆线路障碍点的测试方法，能准确地分析、确定障碍点的位置，并经常保持一定的抢修力量，熟练掌握线路抢修作业程序，加强抢修材料、工器具、车辆管理，随时做好抢修准备。

二、光缆线路障碍处理一般程序

当光缆线路上或其附近遭受雷击时，在光缆上容易产生高电压，从而损坏光缆。

1. 光缆线路障碍抢修处理的一般程序

（1）障碍发生后的处理。光纤通信系统发生障碍后，应首先判断是站内障碍还是光缆线路障碍，同时应及时实现系统倒换。对 SDH 已建立网管系统，可实现自动切换。当建成自愈环网后，则光纤传输网具有自愈功能，即自动选取通路迂回。当未建成自愈环网或 SDH 未建成网管系统时，则需要人工倒换或调度通路。

（2）障碍测试判断。如确定是光缆线路障碍时，则应迅速判断障碍发生于哪一个中继段内和障碍的具体情况，并携带抢修工器具和材料迅速出发，赶赴障碍点进行查修，必要时应进行抢代通作业。如果在端末站未能测出障碍点位置，则传输站人员应到相关中继站配合查修。查修人员必须带齐相关光缆线路的原始资料。光缆线路抢修的基本原则是先干线后支线，先主用后备用，先抢通后修复。

（3）建立通信联络系统。抢修人员到达障碍点后，应立即与通信调度（或机房）建立通信联络系统，联络手段可因地制宜，采取光缆线路通信联络系统、移动通信联络系统、长距离无线对讲机通行联络系统以及附近的其他通信联络系统等。

（4）光缆线路的抢修。当找到障碍点时，一般使用应急光缆或其他应急措施，首先将主用光纤通道抢通，迅速恢复通信。同时认真观察分析现场情况，并做好记录，必要时应进行现场拍照。在接续前，应先对现场进行净化。在接续时，应尽量保持场地干燥、整洁。

（5）抢修后的现场处理。在抢修工作结束后，清点工具、器材，整理测试数据，填写有关登记，并对现场进行处理。对于废料、残余物（尤其是剧毒物），应收集袋装，统一处理，并留守一定数量的人员，保护抢代通现场。

（6）修复及测试。

1）光缆线路障碍修复以介入或更换光缆方式处理时，应采取与障碍光缆同一厂家同一型号的光缆，并要尽可能减少光缆接头和尽量减小光纤接续损耗。

2）修复光缆进行光纤接续时要进行接头损耗的测试。有条件时，应进行双向测试，严格将接头损耗控制在允许的范围之内。

3）当多芯光纤接续后，要进行中继段光纤通道衰减测试，并记录好测试结果，测试数据合格后即可恢复正常通信。

（7）线路资料更新。修复作业结束后，整理测试数据，填写有关表格，及时更补线路资料，总结抢修情况。

2. 光缆线路常见障碍现象及原因

（1）光缆线路的全部纤芯在某处中断，通信受阻。这种全阻障碍的危害性极大，尤其是对于没有物理双路由传输的局向，可能会造成该方向的系统传输完全中断。一条光缆线路发生全阻断，往往伴随着的是严重障碍或重大通信阻断障碍。全阻障碍多为外力作用造成的，如挖掘、钻孔、车挂等，其特点是障碍现场有明显的痕迹，较容易被发现。

（2）光纤传输链路在某处出现问题造成系统传输严重无码或中断的情况。造成系统障碍的原因是很多的，例如：外施工铲挖、风钻破路等擦伤、挤断光缆内的部分光纤；管道内的其他电信线路施工踩伤、锯坏光缆的部分光纤；接头老化，受到振动而松动进水，使光纤接头异化，损耗增大或中断；自然断纤；局内尾纤与跳线的活动接头松动造成光路阻断；尾纤和跳线的余长盘放不当，久而久之，自然下坠，造成在某点弯曲过大而使传输中断等。在一般情况下，这种障碍相对来说对通信的影响较全阻障碍要小得多，但障碍点的隐蔽性较强。

3. 光缆线路障碍的测试与查找步骤

通信系统出现故障，一般情况下机线障碍不难分清。确认为线路障碍后，在端站或传输站使用 OTDR 仪对线路进行测试，以确定线路。

三、光缆线路障碍处理

（一）光缆线路障碍点的定位

确定障碍的性质和部位的方法步骤大致如下：

1. 用 OTDR 仪测试出故障点到测试端的距离

在 ODF 架上将故障纤外线端活动连接器的插件从适配器中拔出，做清洁处理后插入 OTDR 仪的光输出口，观察线路的向后散射信号曲线。OTDR 仪的显示屏上通常显示如下 4 种情况。

（1）显示屏上没有曲线。这说明故障点在仪表的盲区内，包括局外光缆与局内软光缆的固定接头和活动连接器插件部分。这时可以串接一段（长度应大于 1000m）测试纤，并减少 OTDR 仪输出的光脉冲宽度以减少盲区范围，从而可以细致分辨出故障点的位置。

（2）曲线远端位置与中继段总长明显不符。此时，向后散射曲线的远端点即为故障点。如该点在光缆接头点附近，应首先判定为接头处断纤。如故障点明显偏离接头处，应准确测试障碍点与测试端之间的距离，然后对照线路维护明细表等资料，判定障碍点在那两个标识之间（或那两个接头之间），距离最近的标识多远，再由现场观察光缆路由的外观予以证实。

（3）后向散射曲线的中部无异常，但远端点又与中继段总长相符。在这种情况下，应注意观察远端点的波形，可能有如下 3 种情况之一出现。

1）如图 14-4-1（a）所示，远端出现强烈的菲涅尔反射峰，提示该处光纤应成为端点，不是断点。障碍点可能是终端活动连接器松脱或污染。

2）如图 14-4-1（b）所示，远端无反射峰，说明该处光纤端面为自然断纤面。最大可能是户外光缆与局内软光缆的连接处出现断纤或活动连接器损坏。

3）如图 14-4-1（c）所示，远端出现较小的反射峰，呈现一个小突起，提示该处光纤出现裂缝，造成损耗很大。可打开终端盒或 ODF 架检查，剪断光纤插入匹配液中，观察曲线是否变化以确定故障点。

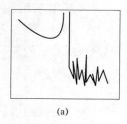　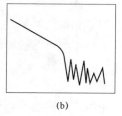　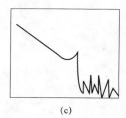

(a)　　　　　　　　　(b)　　　　　　　　　(c)

图 14-4-1　远端点的波形

（a）远端出现菲涅尔反射峰；（b）远端无反射峰；（c）远端出现小的反射峰

（4）显示屏上曲线显示高衰耗点或高衰耗区。高衰耗点一般与个别接头部位相对应。它与菲涅尔反射峰明显不同，如图 14–4–2 所示。该点前面的光纤仍然导通，高衰耗点的出现表明该处的接头损耗变大，可打开接头盒重新熔接。高衰耗区表现为某段曲线的倾斜明显增大，如果必须修理只有将该段光缆更换掉。

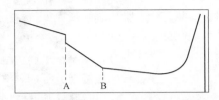

图 14–4–2　高衰耗点与高衰耗区的曲线显示

2. 查找光缆线路障碍点的具体位置

当遇到自然灾害或外界施工等外力影响造成光缆线路阻断时，查修人员要根据测试人员提供的故障现象和大致地段沿光缆线路路由巡查，一般比较容易找到障碍点。如非上述情况，巡查人员就不容易从路由上的异常现象找到障碍地点。这时，必须根据 OTDR 仪测出的障碍点到测试端的距离，与原始资料进行核对，查出障碍点是在哪两个标识（或哪两个接头）之间，通过必要的换算后，再精确丈量其间的地面距离，直到找到障碍点的具体位置。若无条件，可以进行双向测试，更有利于准确判断障碍点的具体位置。

光缆线路障碍点的准确判定如下：

（1）正确、熟练掌握仪表的使用方法。

（2）准确设置 OTDR 仪的参数。

（3）选择适当的测试范围档。

（4）应用仪表的放大功能。

（5）建立准确、完整的原始资料。

准确、完整的光缆线路资料是障碍测量、判定的基本依据，具体如下。

1）建立准确的线路路由资料。

2）标识（杆号）—纤长（缆长）对应表。光缆施工过程中，随工验收人员应该详细记录每一个标识（或光缆余留处杆号）对应的光缆皮长，并以此数据为基础，计算出各标识（或光缆余留处杆号）之间光缆皮长及端站 ODF 架尾纤至各标识（杆号）的累积长度，填入"标识（杆号）—纤长（缆长）对应表"，作为换算故障点路由长度的原始资料。

3）"光纤长度累计"及"光纤衰减"记录。在光缆接续监视时，将测试端至每个接头点的光纤累计长度及中继段光纤总衰减值填入光缆线路维护图。同时，也应将测试仪表型号测试时折射率的设定值及被测光纤纤芯序号进行登记。

在建立"光纤长度累计"资料时，应从两端分别测出端站至各接头的距离。为了测试结果准确，测试时应采用引导纤。

4）准确记录各种光缆的余留。随工验收人员还应详细记录每个接头坑、特殊地段、S 形敷设和进线室等处光缆盘留长度以及接头盒、终端盒和 ODF 架等部位光纤盘留长度，以便在换算故障定路由长度时予以扣除。特别是接头盒内余纤的盘留长度，登记得越仔细，障碍判断的误差就越小。

5）建立完整、准确的线路资料。建立线路资料不仅包括线路施工中的许多数据、竣工技术文件、图纸、测试记录和中继段光纤后向散射信号曲线图片等，还应保留光缆出厂时厂家提供的光缆及光纤的一些原始数据资料（比如光缆的绞缩率、光纤的折射率等）。这些资料是日后障碍测试时的基础和对比依据。

6）进行正确的换算。有了准确、完整的原始资料，便可将 OTDR 仪测出的故障光纤长度与原始资料对比，迅速查出故障点是发生在哪两个接头（或哪两个标识）之间。但是要准确判断故障点位置，还必须把测试的光纤长度换算为测试端（或某接头点）至故障点的地面长度。

3. 保持障碍测试与资料上测试条件的一致性

障碍测试时应尽量保证测试仪表型号、操作方法及仪表参数设置等的一致性。因为光学仪表十分精密，如果有差异，就会影响到测试的精度，从而导致两次测试本身的差异，使得测试结果没有可比性。因此，各次测试仪表的型号、键钮位置及测试参数的设置要详细记录，以便日后利用。

4. 灵活测试，综合分析

测试障碍点要求操作人员一定要有清晰的思路和灵活处理问题的方法。一般情况下，可在光缆线路两端进行双向故障测试，并结合原始资料，计算出故障点的位置。再将两个方向的测试和计算结果进行综合分析、比较，以便更加准确地判断故障点的具体位置。当障碍点附近路有没有明显特点、具体障碍点现场无法确定时，可采用在就近接头处测量等方法，也可在初步测试的障碍点处开挖，端站测试仪表处于实时测量状态。

（二）障碍点的处理

障碍点的处理分两种情况：实施障碍点的应急抢代通或障碍点的直接修复。

1. 光缆线路障碍点的应急抢代通

抢代通就是迅速地用应急光缆代替原有的障碍光缆，实现通信临时性恢复。实施抢代通的条件：光缆线路障碍产生后，为了缩短通信中断时间，可以实施光缆线路抢代通作业。

线路障碍的排除是采用直接修复，还是先布放应急光缆实施抢代通，日后再进行原线路修复，取决于光缆线路修复所需要的时间和障碍现场的具体情况。

一般当网络具有自愈功能、可临时调度通路满足通信需要、障碍点在接头处且接头处的余缆和盒内余纤够用、障碍点直接修复比较容易、直接修复与抢代通作业所用时间差不多时应直接进行修复。而在下列情况时，需要先布放光缆实施抢代通，然后再做正式修复。

（1）线路的破坏因素尚未消除，如遭遇连续暴雨、地震、泥石流和洪水等严重自然灾害的情况下。

（2）原线路的正式修复无法实行时。

（3）光缆线路修复所需要的时间较长，如光缆线路遭遇严重破坏，需要修复路由、管道或考虑更改路由时。

（4）线路障碍情况复杂，障碍点无法准确定位时。

（5）主干线或通信执行重要任务期间。

2. 光缆线路障碍点的修复

光缆线路障碍点的修复分为直接修复和正式修复两种情况。操作方法基本相同，但程序上有区别。

（1）直接修复应首先完成主用光纤的熔接、端站测试，合格后即可将业务开通或倒换回来，然后再进行其他光纤熔接。

（2）正式修复时，则应尽量保持重要通信不中断。一般应先熔接光缆中未抢代通的光纤，端站测试合格后，即可将业务倒换到已修复的光纤上，再进行其他光纤的修复，完成后再将业务倒换到原主光纤上。

3. 光缆线路障碍点的修复方法

障碍点的位置的不同，光缆线路障碍点的修复作业方法也不同。

（1）障碍在接头盒内的修复。

1）余纤盘放收容时发生跳纤，易导致跳纤在收容盘边缘或盘上螺丝处被压，严重时会压伤或压断。压断处未发生位移时，测试到该处连接损耗偏大，时间增长、环境变化会使该处的断点显露出来。

2）接头盒内的余纤在盘放收容时出现局部弯曲半径过小或光纤扭绞严重的情况，产生较大的弯曲损耗和静态疲劳。

3）热缩保护管的热缩效果不好，热缩保护管未能对裸纤段实施有效保护，在外部因素影响下发生断纤。

4）制备光纤端面时，裸纤太长或热缩保护管加热时光纤保护位置不当，造成一部分裸纤在保护管之外，接头盒受外力作用引起裸纤断裂。

5）剥除涂覆层时裸纤受伤，长时间后损伤扩大，使得接头损耗增大，严重时会造成断纤。

6）接头盒进水，导致光纤损耗增大，甚至发生断纤。其修复方法较为简单。松开接头点附近的余留光缆，将接头盒外部及余留光缆做清洁处理，端站建立 OTDR 远端监测。将接头盒两侧光缆在操作台上作临时绑扎固定，打开接头盒，寻找光纤障碍点。在 OTDR 的监测下，利用接头盒内的余纤重新制作端面和熔接，并用热缩保护管予以增强保护后重新盘纤。用 OTDR 做中继段全程衰耗测试，测试合格后装好接头盒并固定。整理现场，修复完毕。

注意：要先仔细检查接头两边的光缆有无伤痕，把余留光缆理顺后看障碍是否消除，而后再考虑打开接头盒检查光纤。千万不要不检查就贸然打开接头盒。虽然 OTDR 测试判断障碍点在接头盒里，但由于 OTDR 的测试误差，也可能障碍点不在接头盒内而在接头盒外 2m 或 3m 的范围内。

（2）障碍在接头处，但不在盒内的修复。线路障碍在接头处，但不在盒内时，要充分利用接头点预留的光缆，取掉原接头，重新做接续即可。当预留的光缆长度不够用时，按非接头部位的修复处理。

（3）障碍在非接头部位的修复。当光缆障碍不在接头处时，障碍点的修复需根据现场情况、障碍位置、光缆障碍范围、线路衰耗富裕度，以及修理的费时程度等多方面因素综合考虑。

通常对障碍在非接头部位的处理方法有以下两种：

1）利用线路上光缆的预留进行修复。这种修复方式适用于光缆障碍点附近有预留且预留光缆放出比较容易的情况，例如架空光缆线路障碍的修复，就非常适合采用此种方法。直埋光缆是否利用余缆修复，取决于障碍点的位置及放出余缆的难易程度。

利用线路上的光缆预留进行修复的方法，不增加光缆线路的长度，但要增加一个接头。所以，光缆线路工程设计时，在一些特殊地点、危险地段和经过适当距离后需要做一定的光缆预留。因此这种方法在实际中应用较多。

2）更换光缆进行修复。当光缆受损为一个较长的段落，或者原盘长光缆出现特性劣化等情况，需要更换光缆处理时，可进行更换光缆修复。更换光缆时，最好采用与障碍缆同一厂家、同一型号的光缆。

更换可以是整盘长光缆，也可以是更换一段光缆。前一种方式不增加接头数量，不会增加线路段的总衰耗，但施工工作量较大，需要较长的光缆。后一处理方式一般会增加两个接头，但可以节省光缆，减少修复工作量。考虑到以后测试时两点分辨率的要求，更换光缆的最小长度应大于 100m。

【思考与练习】

1. 引起光缆线路障碍主要原因有哪些？

2. 光缆线路障碍抢修处理的一般程序是什么？

3. 如何进行非接头部位的障碍修复？

第六部分

信息通信规程规范

第十五章

信息通信检修规程规定

▲ 模块1　《电力通信检修管理规程》（Q/GDW 720—2012）（Z38B10001 I ）

【模块描述】 本模块包括《电力通信检修管理规程》（Q/GDW 720—2012）。通过对规程条文的讲解，掌握规程条文的内容及相关要求。

【模块内容】

为加强和规范国家电网公司系统通信检修管理工作，确保通信网安全可靠运行，按照公司管理集团化、集约化、精益化、标准化管理的要求，明确公司各级通信机构通信检修管理职责和通信检修工作中的关键管理流程。

一、电力通信检修管理的原则、职责与分工

1. 原则

（1）通信检修的目的是确保通信设施安全稳定运行，满足各级电网通信业务质量要求。通信检修实行统一管理、分级调度、逐级审批、规范操作的原则，实施闭环管理。

（2）未经批准，任何单位和个人不得对运行中的通信设施（含光、电缆线路）进行操作。

（3）通信检修分为计划检修、临时检修和紧急检修三类。计划检修应按编制的年度、月度检修计划执行。计划检修、临时检修应提前办理检修申请。紧急检修可先向有关通信调度口头申请，后补相关手续。

（4）对运行中的通信设施及电网通信业务开展以下检修工作时，应履行通信检修申请程序：

1）影响电网通信业务正常运行、改变通信设施的运行状态或引起通信设备故障告警的检修工作。

2）电网一次系统影响光缆和载波等通信设施正常运行的检修、基建和技改等工作。

（5）各级通信机构应加强通信检修工作管理，制订通信检修计划，做好组织、技术和安全措施，严格按照发起、申请、审批、开工、施工、竣工流程进行。

（6）通信检修应按电网检修工作标准进行管理。涉及电网的通信检修应纳入电网检修统一管理；涉及通信设施的电网基建、技改、检修等工作应经通信机构会签，并启动通信检修流程。通信机构与调度机构应对检修工作开展协调会商，并制定相应的安全协调机制和管理规定。

（7）通信检修工作应遵守生产区域现场管理相关规定的各项要求。

（8）紧急检修应遵循先抢通，后修复；先电网调度通信业务，后其他业务；先上级业务，后下级业务的原则。

2. 职责与分工

（1）国网信息通信部（以下简称国网信通部）承担以下职责：

1）制定公司系统通信检修管理工作标准、规程。

2）审批涉及公司总部电网通信业务的通信检修计划。

3）审批涉及管辖范围内电网调度通信业务以及重大的通信检修申请。

4）监督、协调和考核公司系统通信检修管理工作。

（2）各级电力调度控制中心承担以下职责：

1）会签涉及调度控制管辖范围内电网调度通信业务的通信检修申请。

2）将涉及通信设施的电网检修申请单提交本级通信机构会签。

3）定期召开通信机构参加的电网检修计划、协调会。

4）对通信检修工作进行监督。

（3）国网信息通信有限公司（以下简称国信通）承担以下职责：

1）制订、审核及上报涉及公司总部电网通信业务的通信检修计划。

2）受理、审核、上报管辖范围内涉及电网调度通信业务以及其他重大通信检修申请。

3）审批管辖范围内不涉及电网调度通信业务的通信检修申请。

4）指挥、监督、协调、指导或实施管辖范围内通信检修工作。

5）协助国网信通部开展公司系统通信检修统计、分析、评价及考核工作。

（4）分部、省公司、地（市）公司通信机构承担以下职责：

1）制订、审批管辖范围内通信检修计划。

2）审核、上报涉及上级电网通信业务的通信检修计划和申请。

3）受理、审批管辖范围内不涉及上级电网通信业务的通信检修申请。

4）指挥、监督、协调、指导或实施管辖范围内通信检修工作。

5）协助上级开展管辖范围内通信检修统计、分析、评价及考核工作。

6）对涉及电网通信业务的电网检修计划和申请进行通信专业会签。

7）协助、配合线路运维单位开展涉及通信设施的检修工作。

（5）各级线路运维单位承担以下职责：

1）制订、上报涉及光缆、电缆线路的通信检修计划和申请。

2）实施、监督光缆、电缆线路通信检修工作。

3）协助、配合通信机构开展通信检修工作。

（6）并网企业和用户承担以下职责：

1）制订、上报涉及电网通信业务的通信检修计划和申请。

2）实施运行维护范围内通信检修工作。

3）协助、配合通信机构开展通信检修工作。

（7）通信检修工作中发起、申请、审批、施工、配合等单位应根据不同的分工，承担各自工作：

1）检修发起单位负责通信检修的组织策划。

2）检修申请单位负责提交通信检修申请票。

3）检修审批单位负责对通信检修申请票逐级受理、审核、审批。

4）检修施工单位负责通信检修的开工、施工、竣工。

5）检修配合单位负责根据通信检修申请票和通信检修通知单的要求配合进行通信检修。

3．术语和定义

（1）电网通信业务。为电网调度、生产运行和经营管理提供数据、语音、图像等服务的通信业务。

（2）电网调度通信业务。电网通信业务中为电网调度继电保护及安全自动装置、自动化系统和指挥提供数据、语音、图像等服务的通信业务。

（3）电力通信设施。承载电网通信业务的通信设备和通信线路，简称为通信设施。主要包括但不限于：传输设备、交换设备、接入设备、数据网络设备、电视电话会议设备、机动应急通信设备、时钟同步设备、通信电源设备、通信网管设备、通信光缆电缆和配线架等。

（4）计划检修。为检查、试验、维护、检修电力通信设施，电力通信机构根据国家及行业有关标准，参照设施技术参数、运行经验及供应商的建议，列入计划安排的检修。

（5）临时检修。计划检修以外需适时安排的检修工作。

（6）紧急检修。计划检修以外需立即处理的检修工作。

（7）通信检修申请票。计划检修和临时检修的工作申请、审批单。

（8）通信检修通知单。指上级单位委托下级单位发起检修申请或进行检修配合的工作通知单。

（9）大型检修作业。通信检修作业中，作业过程复杂，关键环节多，对通信网络影响范围大且安全风险高的作业。

（10）线路运维单位。对所辖光缆、电缆等通信线路承担运行维护职责的单位。

二、电力通信检修管理的程序和要求

（1）计划：各级通信机构应根据所辖范围内通信设备运行状况，结合通信专业特点，通信设施的状态评价、风险评估，以及电网检修计划，制订通信检修计划。

（2）申请：检修发起单位应委托通信设备运行维护单位作为检修申请单位提出检修申请。两者可为同一单位；当两者为不同单位时，检修发起单位应将通信检修工作的原因、依据、性质、影响范围、工作内容、时间，以及对通信系统的要求等通过通信检修通知单告知检修申请单位。

（3）审批：检修审批应按照通信调度管辖范围及下级服从上级的原则进行，以最高级通信调度批复为准。

（4）开工、施工与竣工：通信检修开、竣工时间以通信检修申请票最终批复时间为准。

（5）安全管理：通信机构应对各类通信检修工作及检修运行方式进行运行风险评估，并实施相应预控措施。

（6）延期与改期：通信检修应严格按照批复时间进行。影响电网调度通信业务的检修延期和改期，应报电力调控中心同意。因通信自身原因未能按时开、竣工，检修施工单位应向所属通信调度提出延期申请，经逐级申报、批准后，相关通信调度予以批复；因其他专业工作、恶劣天气等原因造成延期，检修施工单位应向所属通信调度报告，通信调度进行备案。通信检修申请票只能延期一次。因通信自身原因开工延期，应在批复开工时间前 2h 向所属通信调度提出申请，通信调度根据规定批准并进行备案。

（7）紧急检修：当通信调度发现需要立即进行检修的通信故障或接到此类故障报告后，应初步判断故障现象、影响范围，通知相关单位，立即组织紧急检修。

（8）统计与考核：各级通信机构应对所辖范围内通信检修工作进行统计并纳入通信月报。

【思考与练习】

1. 通信检修分为哪几类？有什么具体要求？

2. 紧急检修应遵循什么原则？

3. 通信检修工作中发起、申请、审批、施工、配合等单位应承担哪些工作？

模块 2 《信息系统检修管理规定》（Z38B10002 I）

【模块描述】本模块包括《信息系统检修管理规定》。通过对规程条文的讲解，掌握规程条文的内容及相关要求。

【模块内容】

为规范国家电网公司信息系统检修管理工作，确保信息系统安全稳定运行，依据《国家电网公司信息系统调度运行管理暂行办法》，国网公司科技信通部组织制定了本规定。

一、范围

本规定主要就信息系统检修工作的职责分工、工作内容与要求，以及评价与考核等做出规定。本规定所称信息系统检修工作，是指公司信息系统调运检体系中的检修部分，主要通过检修计划管理、检修执行管理、信息系统检测、检修分析等工作，提高信息系统检修质量和健康水平，确保信息系统安全稳定运行。

二、规定的结构和内容

本规定的主要结构和内容如下：

（1）第一章　总则。

（2）第二章　职责分工。

（3）第三章　工作内容和要求。

（4）第四章　检查考核。

（5）第五章　附则。

三、标准主要条款解读

1. 检修工作内容

主要包括检修计划管理、检修执行管理、临时检修管理、紧急抢修管理、系统检测管理和检修分析等。

2. 检修工作分类

（1）信息系统检修工作是指对处于试运行和正式运行状态的信息系统开展的检测、维护和升级等，分为计划检修、临时检修和紧急抢修三种。

（2）计划检修指列入年度、月度和周检修计划的检修工作。

（3）临时检修指未列入年度、月度和周检修计划，需要适时安排的检修工作。

（4）紧急抢修指因系统或设备异常需要紧急处理，以及系统故障停运后所开展的应急处置工作。

3. 检修工作安排原则

（1）信息系统检修机构应全程参与检修计划的编制工作。计划检修和临时检修的计划编制应综合年度、月度信息化建设项目和各业务部门的工作安排，原则上应避开业务高峰期，如有特殊需要，应经业务部门审核、信息化管理部门批准后方可执行，其中一级检修计划须报国网信通部批准。

（2）封网特殊保障时期，原则上不安排计划检修工作，如有需求，需提前上报申请材料，经国网信通部审批通过后方可执行。

（3）信息系统检修机构可依据检修工作要求，结合系统业务特点和使用周期，经业务部门审核同意后，在工作时段安排固定检修窗口，合理安排系统例行巡检、数据清理等检修工作。各单位固定检修窗口须报国网信通部，经批准后方可执行。

（4）同一停运范围内的信息系统检修工作，应由信息系统调度机构统一协调，共同开展检修工作。

（5）各单位应对检修计划时长进行深入分析，合理安排检修工作时长，避免同类型检修计划时长存在较大差异。

4. 检修计划填报规范

检修计划填报应遵循简明、规范原则，简单描述检修工作的名称、工作内容、类型（包含但不限于性能调优、功能升级、日常维护、缺陷修复等）、影响范围等，检修工作名称应反映出检修对象（包含但不限于业务系统、硬件平台、数据库、网络等）。

5. 检修计划管理

（1）各单位应于年底前完成次年的年度一级检修计划的编制，经本单位信息化管理部门审核后，由本单位信息系统调度机构上报国网信通部，经批复后方可执行。

（2）各单位应按月编制月度一级检修计划，经本单位信息化管理部门审核后，由本单位信息系统调度机构于每月 20 日 17 时前，将次月月度一级检修计划报送国网信通部。

（3）各单位应按周分解制订一级检修计划，经本单位信息化管理部门审核后，由本单位信息系统调度机构于每周四前，将下周一级检修计划报送国网信通部。

（4）一级检修计划应经国网信通部批准后方可执行，涉及联调的一级检修计划，需提前与联调单位沟通，获得联调单位同意。

（5）各单位应于每月 21 日前组织相关业务部门、信息化相关部门，召开次月月度检修计划平衡会，协调运维资源，确保检修顺利执行，对于重大专项工程所涉及的信息系统检修，可两周召开一次平衡会。

（6）各级信息系统调度机构应提前 1 个工作日发布检修计划公告，并通知信息系统客户服务机构，信息系统客户服务机构应提前通知检修工作影响的系统用户。

6. 检修执行管理

（1）检修工作应提前落实组织措施、技术措施、安全措施和实施方案，提前做好对关键用户、重要系统的影响范围和影响程度的评估，开展事故预想和风险分析，制定相应的应急预案及回退、恢复机制。

（2）检修工作实施前，各单位信息系统检修机构应做好充分准备，落实人员、工具、器材、备品备件；正式开工前，应检查检修工作准备是否完整，确保现场人员清楚工作内容、范围和安全措施等。若检修工作由外部单位承担，应签订安全承诺书和保密协议。

（3）检修工作开始前须办理两票许可手续，许可手续办理完毕后方可进行检修操作。检修工作操作过程要按照工作票和操作票的工作内容严格执行，不得擅自扩大工作票的工作内容和范围。

（4）检修工作实施期间，各单位信息系统运行、检修机构应指派专人全程监护检修操作，保证检修工作安全执行。

（5）各单位不得无故取消或变更已批准的检修计划。如确需取消或变更，应及时向本单位信息系统调度机构报告；如需延长检修时间，应及时向本单位信息系统调度机构申请延期，经批准后方可超计划时间进行检修；若为一级检修计划，应由本单位信息系统调度机构及时向国网信通部报告或申请延期。

（6）检修工作中应严格执行信息系统调度、运行和检修工作规程，以及现场有关安全工作规程和要求。

（7）检修工作完成后，检修单位应立即组织自验收，并将检修完成时间、内容、效果、存在问题及整改意见等情况报告运行监护人员，由运行监护人员复核后办理检修工作完结手续。

7. 临时检修管理

（1）临时检修计划的编制应考虑检修工作的紧迫性和必要性，原则上尽量避免安排临时检修工作。

（2）各单位临时检修应经本单位信息化管理部门审核后，由本单位信息系统调度机构提前 1 天上报国网信通部，经批准后方可执行。

8. 紧急抢修管理

（1）信息系统出现停运故障时，应立即开展紧急抢修，同时向国网信通部及相关业务部门报告故障情况。

（2）紧急抢修工作要及时启动相应的应急预案，以快速恢复业务为首要任务，尽快消除故障，必要时可先进行抢修，完成后再补办工作票和操作票。

（3）紧急抢修完成后，要依据《国家电网公司安全事故调查规程》（见《关于印发〈国家电网公司安全事故调查规程〉的通知》，国家电网安监〔2011〕2024 号）的要求开展事故分析并及时报告。

9. 系统检测管理

（1）信息系统检测是对在运信息系统软、硬件的健康状况进行的周期性检查与测试，以及时发现信息系统的缺陷和隐患，提高信息系统安全稳定运行水平。

（2）信息系统检修机构应按照信息系统检修管理要求，对硬件设备、数据库、中间件及应用服务等性能及软硬件资源使用情况，定期开展检测工作，及时发现信息系统的缺陷和隐患，预防信息系统设备损坏和事故发生。检测工作完毕后，应出具相应的检测报告。信息系统检测中发现的缺陷和隐患，应立即进行分析和处理。

10. 检修分析管理

（1）信息系统检修机构应定期对检修情况进行总结和分析，并形成分析报告。内容包括检修类型、检修内容、检修周期、计划检修执行情况、非计划检修实施情况的月度分析和季度、年度的趋势分析以及检修典型经验等。

（2）紧急抢修工作结束后，要依据相关安全管理规定，对信息系统事件及时进行分析，制定整改完善措施并落实。

【思考与练习】

1. 信息系统检修工作分哪几类？

2. 简述信息系统检修检修工作安排的原则。

3. 如需取消或变更已批准的信息系统检修计划，应如何处理？

第十六章

信息通信工程安装工艺规范

▲ 模块 1 《电力通信现场标准化作业规范》（Q/GDW 721—2012）（Z38B10003 Ⅰ）

【模块描述】本模块包括《电力通信现场标准化作业规范》（Q/GDW 721—2012）。通过对规程条文的讲解，掌握规程条文的内容及相关要求。

【模块内容】

电力通信现场标准化作业是电力生产标准化作业的组成部分，但由于通信网生产运行机制相对于电网一次专业的特殊性，使得电力通信现场作业按照电力一次专业标准化作业程序实施，其针对性和可操作性不强。2010 年，为进一步贯彻落实国家电网公司有关开展现场标准化作业指导意见精神，进一步强化现场作业风险管理，规范作业环节和步骤，细化、优化作业程序，指导现场开展通信作业工作，实现对作业过程危险点、关键环节以及关键流程的有效控制，确保作业安全和质量，国网信通部组织编制了本标准。

一、范围

本标准在国网公司有关标准化作业的基本原则指导下，以《安全生产规程》和相关通信标准、规范为纲，规范了不同作业类型在前期准备工作、作业文本、作业流程、作业终结等方面的具体要求和内容，适用于国家电网公司电力通信网运行、检修工作的现场作业。

二、总则

电力通信现场标准化作业是电力生产标准化作业的组成部分，规定了通信现场标准化作业的基本原则，与国家电网公司有关现场标准化作业的基本要求相统一。

三、基本要求

按照《安全生产规程》的有关规定，明确了通信作业人员的一般要求、工器具及仪器仪表要求、安全要求以及工作负责人、工作班成员、工作票签发人与工作许可人的职责分工。

四、作业分类

根据通信专业作业特点，将通信作业分为巡视、检修、业务通道投入/退出三个大类。

（1）通信巡视作业：对运行中通信线路、通信设备等进行的巡查，分为通信设备巡视作业、利用网管系统进行的周期巡视作业和通信光缆巡视作业。巡视作业一般不改变设备、网络运行状态且不引发设备告警。

（2）通信检修作业：对运行中通信线路、通信设备等进行修理、测试、试验等，分为通信光缆检修、通信设备检修和通信电源检修作业。检修作业需要进行设备软件、硬件操作和业务数据配置操作，通常会改变设备、网络运行状态。检修作业分为大型作业和小型作业，中心站、枢纽通信站的通信设备更换、软硬件升级、光缆配线更换、电影设备更换、蓄电池核对性放电、业务割接等属于大型作业。

（3）业务通道投入/退出作业：新增加通信业务通道或停役通信业务通道，需要对设备硬件进行操作或数据配置，但不影响通信网络的结构、不影响相关业务正常运行的作业。主要分为通道投入作业、通道退出作业。对已运行通道进行变更的作业视为通道投入作业。

五、作业文本类型

对通信作业各类型的作业文本内容、应用场合进行了说明，首次提出了通信工作票、通信操作票的概念。

（一）作业文本的分类

（1）"三措一案"：作业任务的布置者或组织者为了协调参与工作各方而编写的作业文本，包含组织措施、安全措施、技术措施和施工方案等内容。通信现场大型检修作业应编制"三措一案"。

（2）作业指导书：为保证作业过程的安全、质量制订的程序，按照全过程控制的要求，对作业计划、准备、实施、总结等各个环节，明确具体的操作方法、步骤、措施、标准和人员责任，用以规范现场作业的执行文件。

（3）作业指导卡：对于大量小型和比较简单的作业，为简化现场作业程序，便于现场实际使用，把作业指导书中最核心的部分提取出来，形成的一种简化的作业指导书。

（4）巡视卡：巡视卡指在各类巡视作业时用来记录巡视结果的文件，分为通信设备巡视卡和通信线路巡视卡。

（5）变电站（线路）工作票：根据工作地点、性质和内容，应按照国家电网有关规定办理相应的工作票。

（6）通信工作票：准许进行通信现场工作的书面命令，是执行保证安全技术措施的依据，一般在独立通信站、中心站、通信管道、通信杆路等通信专用设施进行通信作业时使用。

（7）通信操作票：为防止误操作，在通信网络中对设备硬件和网络管理系统进行操作时，由操作人按照操作内容和顺序填写，并按此操作的书面依据。

（8）应急抢修单：通信系统发生故障，需要在短时间内恢复、排除故障时按照相关规定使用。

（二）作业文本的应用

（1）大型检修作业的作业文本包括："三措一案"、作业指导书、变电站（线路）工作票或通信工作票、通信操作票。

（2）小型检修作业的作业文本包括：作业指导卡、变电站（线路）工作票或通信工作票、通信操作票。

（3）通信巡视作业的作业文本包括：通信设备（线路）巡视卡，日常巡视外还需变电站（线路）工作票或通信工作票。

（4）业务通道投入/退出作业的作业文本包括：作业指导卡、通信操作票。

（三）作业文本的管理

现场标准化作业文本的管理应符合国网公司有关要求，现场使用的标准化文本应有唯一编号，并保存一年以上。

六、巡视作业规范

按照巡视作业对象、巡视周期，将通信巡视作业分为通信设备巡视、利用网管对通信网络和设备进行周期性巡视、通信光缆线路周期性巡视（特殊巡视）等。

（一）一般要求

（1）巡视人员应有实际工作经验，熟悉巡视内容、现场情况，并掌握相关的操作技能。

（2）日常巡视可以一人进行，周期巡视和特殊巡视应至少两人进行。

（3）巡视人员应提前准备好巡视使用的仪器仪表和工具，并确保工具处于可用状态。

（4）恶劣天气或发生自然灾害时，如需进行现场特殊巡视，应制定必要的安全措施，做好防护措施，并至少两人一组，巡视人员应与派出部门保持通信联络。

（二）通信设备巡视作业

1. 作业流程

通信设备巡视作业流程如图 16-1-1 所示。

2. 通信设备日常巡视作业规范

（1）通信设备日常巡视内容应主要侧重于通信设备运行状态可见信号的检查，中心站还应包括网管系统的查看。

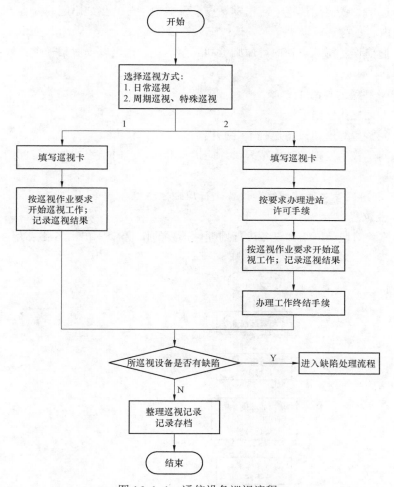

图 16-1-1　通信设备巡视流程

（2）巡视单位应按照站内设备、分设备列出设备主要板卡直观的指示灯信号正常运行状态指示信号，需要记录数值的应给出正确数值范围，巡视人按照巡视卡内容，检查后以"√"确认或记录数值。

（3）日常巡视中发现异常问题，巡视人员应及时报告通信主管部门。

3. 通信设备周期巡视、特殊巡视作业规范

（1）通信专业应定期对无人值班通信站（含有人值班的变电站通信站）进行现场周期巡视，巡视周期根据需要安排。

（2）巡视人员应提前熟悉巡视内容，准备巡视使用的仪器仪表和工具。

（3）通信设备周期巡视卡应根据站点设备类型，分站点列出巡视内容，巡视人按照巡视卡内容，检查后以"√"确认或记录数值。

（4）通信设备特殊巡视内容原则上同周期巡视，也可以仅对某一个具体设备进行特殊巡视。

4. 作业终结的要求

（1）办理工作终结手续。

（2）完整填写通信设备巡视卡并归档。

（3）对巡检中发现的故障或异常，应进行分析，及时上报通信主管部门，并提出整改方案。

（三）利用网管对通信网络和设备进行周期性巡视

1. 作业流程

利用网管对通信网络和设备进行周期性巡视的作业流程如图 16-1-2 所示。

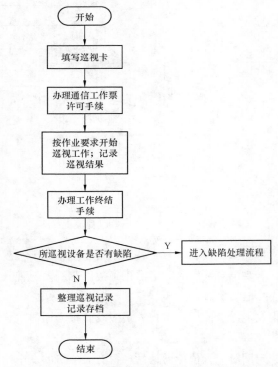

图 16-1-2 利用网管对通信网络和设备进行周期性巡视流程

2. 作业规范

（1）巡视人员进行作业时，应采用具有网管维护员级别的用户进行登录，不应采用系统管理员级别或者系统业务配置人员级别的用户登录。

（2）巡视人员应填写通信设备巡视卡，严格按照拟定的网管巡视内容进行操作，不得进行电路数据和网元数据的修改、删除工作，巡视作业不得对通信网络正常运行造成影响。

（3）巡视人员应按照巡视卡内容逐项作业，每项作业检查以"√"确认或记录数值后，进行下一项作业，作业时不宜同时打开多个任务栏。

3. 作业终结的要求

（1）检查巡视作业项目，防止遗漏项目。

（2）确认本次巡视未对网元进行数据配置、修改。

（3）检查网管告警信息，确认本次巡视未产生有关告警。

（4）完整填写通信设备巡视卡并归档。

（5）对巡检中发现的故障或异常，应进行分析，及时上报通信主管部门，并提出整改方案。

（四）通信光缆线路周期性巡视、特殊巡视

1. 作业流程

通信光缆线路周期性巡视、特殊巡视作业流程如图 16-1-3 所示。

2. 作业规范

（1）对加挂在电力杆塔上的光缆巡视不宜进行登杆检查。确需登高检查时，登高人员应具有资格，并确保工作位置与带电部位有足够的安全距离，做好登高安全措施，并应对钢绞线进行验电。

（2）光缆和电力电缆同管道时，当进入电力电缆井中巡视光缆时，打开人井盖应充分通风，进入电缆井前，还应验电。

（3）进入通信专用电缆井中对光缆进行巡视时，打开人井盖应充分通风后，方可进入电缆井中进行作业。

（4）打开电缆人井盖，周围应设立围栏，悬挂警示标志。

3. 作业终结的要求

（1）办理工作终结手续。

（2）完整填写通信线路巡视卡并归档。

（3）对巡视中发现的故障或异常，及时上报通信主管部门，并提出整改方案。

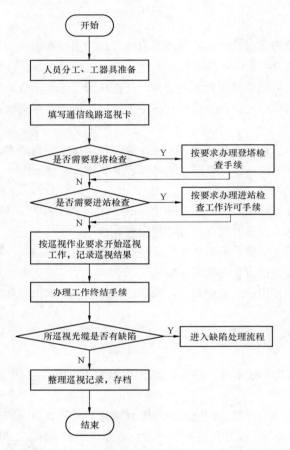

图 16-1-3 通信光缆线路周期性巡视、特殊巡视流程

七、检修作业规范

根据检修作业对象不同，通信检修作业可分为通信光缆检修、通信设备检修、通信电源检修。检修作业主要侧重于作业过程中行为规范。

（一）检修作业准备

（1）确定检修作业类型及规模，大型作业应编写作业指导书和"三措一案"，小型作业编写作业指导卡。

（2）分析检修作业中存在的危险点，并做好与控措施。

（3）依据检修内容，安排相应的检修人员，并准备好工作所需材料、工器具和仪器仪表等。

（4）组织工作班成员学习作业指导书（卡）、"三措一案"等，熟悉作业内容及安全注意事项。

（5）根据电网需要和通信系统现状，必要时实施业务转移。

（6）根据需要，办理检修工作相关手续等。

（二）现场作业资源配置

（1）大型作业工作成员不少于 3 人，小型作业工作成员不少于 2 人，其中至少 1 人具备工作负责人资格。

（2）进行通信光缆检修时，大型作业工作成员不少于 4 人，小型作业工作成员不少于 3 人，其中至少 1 人具备工作负责人资格。

（3）根据工作需要携带必要的工器具和材料。

（三）通信光缆检修

1. 检修流程

通信光缆检修流程如图 16-1-4 所示。

2. 作业规范

（1）光缆敷设前应认真勘查光缆路由，包括核对路由走向、敷设位置和接续点环境等是否符合安全要求、便于施工维护。

（2）光缆施工时不允许过度弯曲，弯曲半径应符合规定值。

（3）普通架空光缆吊线应良好接地，架空吊线和电力线的水平与垂直距离要符合规定值。

（4）光缆敷设时，牵引力应符合其额定张力（拉力）限制。

（5）光缆接续一般在地面进行。纤芯接续应按出厂色谱顺序或设计要求对应相接，并做好记录。

（6）用熔接机进行纤芯接续时，光纤熔接的全部过程应采用 OTOR 监测，测出接头损耗，同时记录接头点到测试点纤芯距离，应确保光纤接续平均损耗达到设计文件的规定，保证光缆传输质量。

3. 作业终结的要求

（1）检验故障或缺陷等恢复情况，确认恢复良好。

（2）清理施工现场，清点工器具、回收材料。

（3）做好现场检修、测试等记录。

（4）办理工作票、申请票的终结手续。

（5）整理检修资料，修改运行资料，保证修改后的资料与实际运行状况一致。

（四）通信设备检修

1. 检修流程

通信设备检修流程如图 16-1-5 所示。

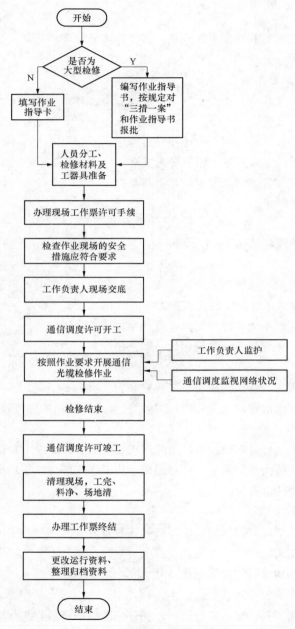

图 16-1-4　通信光缆检修流程图

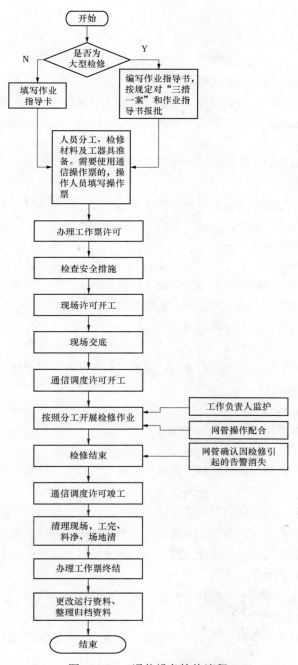

图 16-1-5 通信设备检修流程

2. 作业规范

（1）严格按照设备的通电、断电顺序操作，操作完成后需观察设备是否正常开启（关闭）。

（2）在进行电源线的安装、拆除操作之前，必须关掉电源开关。

（3）光接口测试时，勿折扭尾纤，保持光连接器清洁，勿近距离直视光口。

（4）插拔单板时应佩戴防静电手套或防静电手腕带，拔下的单板装入防静电屏蔽袋，正确操作。

（5）进行板盘保护倒换试验，倒换前应确认运行正常；倒换后应再次确认，如不正常应立即恢复原状态。

（6）通道保护倒换试验前，应确认两个波道或者光方向都处于正常工作状态。

（7）恢复运行时，设备内无任何遗留物，所有接线、开关、按键全部恢复至正常工作状态，确认相关业务正常。

3. 作业终结的要求

（1）检验故障或缺陷等恢复情况，确认恢复良好。

（2）清理施工现场，清点工器具、回收材料。

（3）做好现场检修、测试等记录。

（4）办理工作票终结手续。

（5）整理检修资料，修改运行资料，保证资料与实际运行状况一致。

（五）通信电源检修

1. 检修流程

通信电源检修流程如图 16-1-6 所示。

2. 作业规范

（1）作业前，应核对图纸、标识，操作前应进行验电，并有人监护。

（2）工具应有绝缘措施，防止滑脱伤人或触及带电部位。

（3）对拆除后的电缆应做好标识与绝缘处理。

（4）拆、装蓄电池时，应先断开蓄电池与开关电源设备的熔断器或开关。

（5）蓄电池放电过程中，作业人员不得离开现场；放电后，应立即对蓄电池进行充电。

（6）清洁蓄电池时，不得使用有机溶剂和化纤类织物。

3. 作业终结的要求

（1）完整填写通信电源检修记录，验收工程施工工艺，标签标识请楚，设备封堵严密。

（2）清理施工现场，清点工器具，回收材料。

图 16-1-6　通信电源检修流程

（3）办理工作终结手续。

（4）整理检修资料，修改运行资料，保证资料与实际运行状况一致。

八、业务通道投入/退出作业

业务通道投入/退出作业是通信专业日常工作中频率最高的作业，其作业涉及中心站网管操作、设备板盘投入/退出、现场线缆连接、标识修正等，有时涉及相关单位的配合，关键环节多，通信专业主要依据业务投入/退出通知单进行工作。

（一）作业准备

（1）工作负责人及工作班成员应熟悉作业内容、进度要求，以及安全注意事项。

（2）工作前应分析作业中存在的危险点，并做好与控措施。

（3）根据作业内容，完成作业必需的材料、仪器仪表、设备板盘的准备工作。

（4）根据需要，办理相关工作手续等。

（二）现场作业资源配置

（1）工作成员不少于 2 人，其中至少 1 人具备工作负责人资格。

（2）根据工作需要携带必要的工器具和材料。

（三）作业流程

业务通道投入/退出作业流程如图 16-1-7 所示。

（四）作业规范

（1）作业人员应核对现场实际情况与业务通道投入/退出通知单的安排是否一致，若有冲突，不能擅自修改和变更方式单，应立即向业务通道投入/退出方式单下发单位反馈。

（2）网管作业人员应严格按照操作票拟定内容执行。

（3）投入/退出的业务通道工作完成后，作业人员应做好现场标签标识、资料记录更新工作。

（4）业务投入/退出工作完成后，应向业务需求单位反馈实施结果。

（5）插拔单板前，须先带上防静电手环，将人体与机柜屏蔽地相连，正确均匀用力。

（6）工作间断、结束、变更时，照明、电动工具、仪器仪表等的电源必须停电。

（五）作业终结的要求

（1）检查设备运行状态，从网管上检查系统运行状态和通道运行状态，并与业务部门确认业务通道运行正常。

（2）验收工程施工工艺，确认缆线走向规范，标签标识请楚，设备封堵严密。

（3）办理站内工作终结手续。

（4）办理业务通道投入/退出通知单工作终结手续。

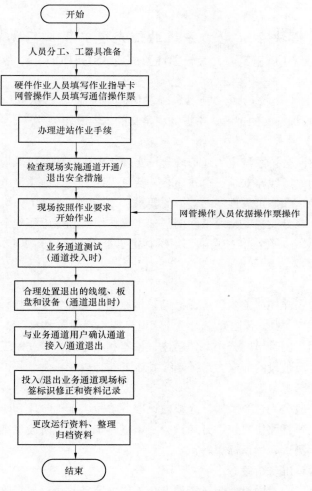

图 16-1-7 业务通道投入/退出作业

（5）更新运行资料，各类资料归档。

【思考与练习】

1. 按照作业类别，通信作业分为哪几类？

2. "三措一案"的内容包括哪些？

3. 通信设备日常巡视作业需遵守哪些规范？

4. 通信设备检修主要流程有哪些？

5. 业务通道投入/退出作业需做哪些准备工作？

▲ 模块 2 《电力系统通信光缆安装工艺规范》 (Q/GDW 758—2012)(Z38B10004 I)

【模块描述】本模块包括《电力系统通信光缆安装工艺规范》(Q/GDW 758—2012)。通过对规程条文的讲解,掌握规程条文的内容及相关要求。

【模块内容】

为使国家电网公司系统电力通信站建设实现规范化、标准化,规范光缆线路安装工艺,保障电力光缆线路安全、可靠运行,使电力通信更好地满足电网和企业高度现代化、高度自动化和高可靠性、高效率的要求,为电网调度和电力生产提供良好的通信服务和支持,充分发挥电力通信网的基础支撑作用,确保电网安全、可靠、经济运行,2009 年国家电网公司科技信通部组织制定了本规范,并于 2012 年作为企业标准发布。

一、范围

本标准规定了光缆线路安装应遵循的基本原则,明确了电力特种光缆(OPGW、ADSS 和 OPPC 光缆)、普通架空光缆、管道光缆和直埋光缆的安装工艺要求。

本标准适用于国家电网公司系统新建、扩建和改建的光缆线路工程,以及利用电力杆路、管道资源敷设的非电力系统光缆线路工程。

二、光缆安装基本流程

光缆安装一般分为三个阶段:光缆敷设准备阶段、施工阶段和验收阶段。其中光缆敷设准备阶段包括路由复核、开箱检验、单盘测试;施工阶段包括光缆敷设安装、光缆接续、全程测试、标识标牌。

三、光缆敷设准备阶段

本标准明确了光缆敷设前应进行的准备工作内容及要求,包括路由复核、开箱检验、单盘测试。

(1)路由复核:光缆敷设前依据批准的设计施工图进行路由复核。

(2)开箱检验:对缆盘、光缆外观、光缆端头进行检查;检查光缆、金具及附件的型号、规格、数量是否符合设计规定和订货合同要求;收集出厂检测报告、合格证等资料,以备验收所需。

(3)单盘测试:对每盘光缆的所有光纤进行盘长、光纤衰减指标测试,测试结果应符合设计规定和订货合同要求。供货方代表应到现场确认测试结果。

四、光缆敷设施工阶段

（一）光缆敷设安装

本标准根据电力光缆建设特点以及电力系统主要光缆种类，明确了电力特种光缆（OPGW、ADSS 和 OPPC 光缆）、普通架空光缆、管道光缆和直埋光缆敷设安装的一般工艺要求、光缆敷设和附件安装工艺的内容及要求。

1. OPGW 引下光缆

本标准根据变电站 OPGW 引下光缆接地方式的习惯做法，考虑通用性，结合OPGW 运行经验、有关规范要求和最新研究结果，对变电站内构架 OPGW 引下光缆的接地方式和封堵方式作了明确的规定：

（1）变电站 OPGW 引下光缆应与构架可靠地电气连接，OPGW 与构架连接至少有两点：构架顶端和余缆头部位置；另外，考虑可靠性 OPGW 末端宜与构架可靠地电气连接。

（2）为满足分流要求和良好的导电性能，便于变电站接地电阻测量时解开接地线，OPGW 应采用匹配的专用接地线连接至构架接地端子，OPGW 侧宜采用并沟线夹连接，构架侧宜采用螺栓连接，不得焊接。

（3）根据线路设计相关要求，地线绝缘间隙为 8~20mm，OPGW 既是光缆又是地线，同时 OPGW 经上述方式与构架可靠连接后两者间的电压差很小，因此 OPGW 引下光缆与构架构件的最近间距应不小于 20mm。

（4）为了防止 OPGW 引下光缆保护管进水结冰挤压光缆造成光缆断纤的故障，OPGW 引下光缆保护管应采用追随性好、黏结性强、适用温度范围宽的防火泥进行严密封堵，对封堵部位要做专项巡检工作。

2. 普通架空光缆

（1）本标准对杆路架设过程中的杆洞开挖、角杆挖洞、回填土、直线杆的放置等要求做了详细的介绍。

（2）本标准对拉线抱箍与吊线抱箍的间距、拉线盘与拉线的位置、吊线夹板线槽朝向、吊线架设的注意事项、吊线与拉线的防锈处理，以及吊线的接地保护措施等做了具体的规定。

（3）本标准对光缆线路与架空电力线路交叉跨越时的安全距离及绝缘处理、光缆线路过配电变压器时的安全距离及应采取的保护措施、吊线安装的位置等提出了相应的要求。

（4）本标准对光缆架设的牵引方式、牵引力施加的位置、牵引力不应超过光缆允许张力百分比、光缆挂钩间距、光缆的预留、余缆的长度、光缆与地面和其他建筑物的距离、引下的光缆的保护、光缆在电缆沟内的保护与固定做了明确的规定。

3. 管道光缆

（1）管道路由和管孔位置应符合设计规定。

（2）光缆敷设前应对敷设光缆的管孔进行通畅检查，必要时对管孔进行清洗。

（3）电力沟体中敷设光缆，保护管敷设应平直，沿沟壁安装、固定，不应与电力电缆扭绞；电力管道中敷设光缆，管孔位置应全线一致，不应任意变换。光缆接头和余缆应在专用通信接头孔中存放。

（4）本标准对塑料子管布放时的注意事项、光缆敷设采用的牵引、光缆在人孔内采用的保护、光缆采取塑料管道敷设时应符合的规定等做了明确的要求。

（5）光缆采用光纤复合低压电缆时，光缆敷设应符合 Q/GDW 543—2010《电力光纤到户施工及验收规范》的相关规定。

4. 直埋光缆

（1）本标准对直埋光缆沟上宽度、光缆沟底部宽度、光缆沟的深度、接头坑的位置等做了具体的规定。

（2）本标准明确了直埋光缆布放时的注意事项、光缆敷设后回填以及排流线铺设的方法。

（3）直埋光缆与其他建筑设施间的最小净距应符合 YD 5121—2010《通信线路工程验收规范》的相关规定。

（4）本标准明确了直埋光缆路由标识设置的位置、朝向、埋深。

（二）光缆接续

本标准从光缆开剥及固定、光纤熔接、盘纤及接续盒封装、接续盒安装及余缆整理四个方面明确了光缆接续的工作内容及要求。

1. 光缆开剥及固定

（1）去除光缆前端牵引时直接受力的部位，根据光缆在接续盒的固定位置及盘纤余量需要确定开剥的光缆外护层（或外层绞线）的长度并做好标记，采用滚刀等专业工具切除光缆外护层（或外层绞线）。

（2）仔细辨认并切除内层光缆填充管（或绞线），保留光纤套管（或光单元管）并及时清理光纤套管（或光单元管）上的油膏。

（3）根据光缆加强件固定位置预留加强件长度并切除多余的光缆加强件。

（4）在熔接台上将光缆固定，避免光缆扭转。用专业工具切除光纤套管（或光单元管）并及时清理光纤上的油膏，应避免在去除光纤套管（或光单元管）过程中损伤光纤。

2. 光纤熔接

（1）正确区分两侧光缆中光纤排列顺序，确定光纤熔接顺序，并符合设计规定。

（2）在光纤上加套带有钢丝的热缩套管，除去光纤涂覆层，用被覆钳垂直钳住光纤快速剥除 20～30mm 长的一次涂覆层和二次涂覆层，用酒精棉球或镜头纸将纤芯擦拭干净。剥除涂覆层时应避免损伤光纤。

（3）制备的端面应平整，无毛刺、无缺损，与轴线垂直，呈现一个光滑平整的镜面区，并保持清洁。

（4）取光纤时，光纤端面不应碰触任何物体。端面制作好的光纤应及时放入熔接机 V 形槽内，并及时盖好熔接机防尘盖，放入熔接机 V 形槽时光纤端面不应触及 V 形槽底和电极，避免损伤光纤端面。

（5）光纤熔接时，根据自动熔接机上显示的熔接损耗值判断光纤熔接质量，熔接损耗应小于 0.05dB，不合格应重新熔接。

（6）全部纤芯接续完毕后，用 OTDR 对接续性能进行复测及评定，符合接续指标后立即热融热缩套管，热缩套管收缩应均匀、管中无气泡。

3. 盘纤及接续盒封装

（1）光缆进入接续盒应固定牢靠，加强件牢固固定，避免光缆扭转。光纤套管（或光单元管）进入余纤盘应固定牢靠。

（2）光纤接头应固定，排列整齐。接续盒内余纤盘绕应正确有序，且每圈大小基本一致，弯曲半径不应小于 40mm。余纤盘绕后应可靠固定，不应有扭绞受压现象。

（3）接续盒应密封良好，做好防水、防潮措施，封装方法按照厂家使用说明。

4. 接续盒安装及余缆整理

（1）普通架空光缆接续盒应可靠固定在电杆上或挂在吊线上；管道光缆接续盒应牢固固定在人孔壁上；ADSS 光缆及 OPGW 光缆接续盒应用连接件直接固定在铁塔内侧，安装在铁塔的第一级平台上方；OPPC 光缆接续盒用绝缘子固定在接续盒平台或悬挂在铁塔上，中间接续盒封装好后，用带有并沟线夹的电力跳线跨接接续盒两端的 OPPC 光缆。接续盒安装应可靠固定、无松动，宜安装在余缆架上方。

（2）余缆盘绕应整齐有序，不应交叉扭曲受力，捆绑点不应少于 4 处。每条光缆盘留量不应小于光缆放至地面加 5m，并符合设计规定。

（3）光缆接续盒安装固定完毕，应用 OTDR 进行光纤复测，不合格应重新接续。

（三）全程测试

光缆安装后应进行全程测试，测试结果应及时记录，并作为竣工资料一起移交。

（四）标识标牌

（1）线路标识规格、质量应符合设计要求，应标明线路名称、编号以及联系电话（95598）等，标识内容应为白底红色正楷字，字体端正。

（2）光缆在线路及接头、沟道、转弯、交跨处应有醒目标识，自立杆全线应统一编号。

（3）杆号牌的最低一个字符或下边缘应距地面 2.5m；杆号面向街道或公路。杆号应整齐、美观、清晰。

（4）光缆线路应每隔一定距离装设一块线路标识，一般线路间隔 100m，田野、山区可增加间隔，最大不宜超过 500m。

（5）同类型线路较多或线路复杂处、光缆接头处及余缆处应挂线路标识，标识应悬挂在光缆上。

（6）电力管沟或共用管道中敷设的光缆在每只手孔处都应挂设线路标识，标识一般挂在子管或保护管上，其他管道中至少应每 500m 设一块标识。

（7）光缆在人孔中应挂设标识。拉线、撑杆等应有醒目的拉线标识。

（8）线路光缆易遭人为外力破坏的薄弱处应加挂警示标识，并做相应安全防护措施。

五、验收阶段

光缆线路工程中应对光缆安装工艺进行验收，验收主要内容应包括：光缆敷设、附件安装、光缆接续、标识标牌、施工工艺及质量控制工程管理文件等。其中光缆安装工艺应符合本标准及 DL/T 5344—2006《电力光纤通信工程验收规范》、Q/GDW 543—2010《电力光纤到户施工及验收规范》的相关规定。

【思考与练习】

1. 光缆安装分哪几个阶段？

2. 变电站 OPGW 引下光缆的接地如何处理？

3. 本模块从哪四个方面对光缆接续的工艺提出了要求？

◢ 模块 3 《电力系统通信站安装工艺规范》
（Q/GDW 759—2012）（Z38B10005Ⅰ）

【模块描述】本模块包括《电力系统通信站安装工艺规范》（Q/GDW 759—2012）。通过对规程条文的讲解，掌握规程条文的内容及相关要求。

【模块内容】

为使国家电网公司系统电力通信站建设实现规范化、标准化，规范通信站安装工艺，使电力通信更好地满足电网和企业高度现代化、高度自动化和高可靠性、高效率的要求，为电网调度和电力生产提供良好的通信服务和支持，充分发挥电力通信网的基础支撑作用，确保电网安全、可靠、经济运行，2009 年国家电网公司科技信通部组织制定了本标准，并于 2012 年作为企业标准发布。

一、范围

本标准的对象为国家电网公司通信站的安装工艺，本标准规定了国家电网公司系统通信站及设备安装原则，明确了通信站基础和辅助系统安装工艺、通信站内主要设备安装工艺、通信站标识要求。本标准适用于国家电网公司通信站，接入电力通信网的通信站的标准化建设、安装和验收。

二、标准的结构和内容

本标准依据 GB/T 1.1—2009《标准化工作导则 第 1 部分：标准的结构和编写》的要求进行编制，包括目次、前言、正文和附录四大部分。标准的主要结构和内容如下：

（1）目次。

（2）前言。

（3）标准正文共设 8 章：范围；规范性引用文件；术语和定义；通信站基础设施要求；通信站辅助系统安装工艺；通信站内主要设备安装工艺；通信站标识要求；验收。

（4）标准附录：附录 A（资料性附录）屏体内部前后及配件布置参考图；附录 B（资料性附录）单只光配、数配、音配结构和安装参考图；附录 C（资料性附录）通信站设备安装流程示意图；附录 D（资料性附录）大中型音配、光配、数配屏结构参考图。

三、标准主要条款解读

（一）通信站基础设施要求

明确了通信设备安装前机房基础设施应具备的条件。主要包括：门窗应完好、装修已完成；走线槽（架）路由、规格应符合施工图设计要求；室内温度、湿度应符合设备要求；防雷接地和保护接地、工作接地体及引线已经完工并验收合格；应具备有效的消防设施等。

（二）通信站辅助系统安装工艺

明确了包括屏体安装、通信管线、配线系统、线缆成端、接地、过电压保护六个方面的辅助系统安装的工作内容及要求。

1. 屏体安装

屏体的安装位置应符合施工图的设计要求。同一机房的屏体尺寸、颜色宜统一。屏体安装主要工艺要求如下：

（1）屏体的安装应端正牢固，用吊垂测量，垂直偏差不应大于 3mm。

（2）列内屏体应相互靠拢，屏体间隙不应大于 3mm，列内机面平齐，无明显差异。

（3）屏体内侧面设置 30mm×4mm 及以上规格的镀锡扁铜排作为屏内接地母排。

母排应每隔 50mm、预设 $\phi6\sim10mm$（中心孔宜选 $\phi12mm$）的孔，并配置铜螺栓。

（4）屏体抗震加固应符合通信设备安装抗震加固要求，加固方式应符合施工图设计要求。

（5）屏体应避免安装在空调出风口正下方。

2. 通信管线

（1）引入线缆。

1）光、电缆在进入通信站时，应采用沟（管）道方式，经 2 条及以上不同路由引入。

2）通信站的引入光缆的余缆应放入余缆箱（架），变电站的余缆箱一般设在电缆层，其他通信站的余缆宜放在井道或机房入口的专用余缆架内。

3）线缆穿过楼板孔或墙洞应加装子口保护，在电缆沟内部穿阻燃子管保护，并分段固定在支架上，保护管外径不应小于 35mm，做好封堵和防小动物措施。

（2）屏内走线。

1）屏内所有连接走线均采用向下（上），经走线框向后，再向两侧走线，余线排（盘）放在余线框中。所有连线应从设备下部的走线/余线框向后走，不应从设备的侧面、顶部、正面走线。前出线设备的接线先向下（上）走到底部，经专设的走线框引到设备背后出线。

2）屏内除光缆尾纤外，各种连线应按类别扎成圆形、方形或扁形的线把。每台设备连接线经走线框后部两侧开口走线进入垂直走线区，信号小线走靠屏左和右内两列走线区（环）上下走线，电源线经右外走线区（环）上下走线，并按照线色分开扎把。

3）进入屏内电缆的外层护套宜在进屏后 150～300mm 的高度统一剥去。

4）所有缆线在水平、垂直走线过程中，均应与周围的线缆排列整齐、成排，每排缆线在同一平面或纵面，线线或缆缆之间应平行靠紧，没有交叉缠绕。每处扎结用的材料，扎结的位置、方向和式样应一致。

5）所有连接线均应采用规范的线缆，不应使用护套线、裸露线。

6）所有缆线均应挂好标志牌、加标记套管，屏体内缆线的标记套管或标记牌应设置在电缆头紧靠热缩套管末端。

（3）室内走线。

1）强、弱电电缆应分开布放，弱电电缆宜分类布放。

2）机房内尾纤应穿保护子管。

3）所有线缆在室内走线应绑扎。线缆水平方向间隔500mm,终端线把间隔50mm。每处扎结用的材料，扎结的位置、方向和式样应一致。绑扎后的线缆应互相紧密靠拢,外观平直整齐。线扣间距均匀,松紧适度。

4)在活动地板下布放的线缆,应注意顺直不凌乱,尽量避免交叉,并且不应堵住送风通道。

3. 配线系统

(1)光缆配线宜采用 1 缆 1 配(模块),光配宜采用 24 芯、48 芯、72 芯等规格。大中型机房的光配与光通信设备间宜装设走线桥架。

(2)数字配线宜采用 19″(或 21″)结构的模块化条形单元,每单元配置 10 对同轴接续组件。主备接入设备应通过不同的数配单元接在不同的 2M 接口板上。

(3)网络配线宜采用 19″(或 21″)结构的模块化 RJ45 插座条形单元,每个单元配置 12~24 对 RJ45 插座模块,按照纵列、横排布置。

(4)音频配线宜采用 19″(或 21″)结构的 10 回线模块单元。音频电缆采用标准色谱线缆。

4. 线缆成端

(1)电缆成端。

1)电缆成端线头的绝缘护套剥离长度应使露出的金属刚好与端子可靠连接,没有多余裸露。

2)电缆所有接线均采用压接、焊接、接插件或端子接线(卡接)方式,其外护套、连接线绝缘护套剥离处、压接头子的压接处均应加匹配的热缩套管,热缩套长度宜统一适中,热缩均匀。

3)电缆焊接时,芯线焊接端正、牢固,焊锡适量,焊点光滑、不带尖、不成瘤形。

(2)光缆成端。

1)正确区分两侧光缆中光纤排列顺序,确定光纤熔接顺序,并符合设计规定。

2)在光纤上加套带有钢丝的热缩套管。

3)除去光纤涂覆层,用被覆钳垂直钳住光纤快速剥除 20~30mm 长的一次涂覆层和二次涂覆层,用酒精棉球或镜头纸将纤芯擦拭干净。剥除涂覆层时应避免损伤光纤。

4)光纤切割时应长度准、动作快、用力巧,制备后的端面应平整,呈现一个光滑平整的镜面区,并保持清洁。

5)光纤端面不应碰触任何物体以避免损伤。端面制作好的光纤应及时放入熔接机 V 形槽内,并及时盖好熔接机防尘盖。

6)光纤熔接时,根据自动熔接机上显示的熔接损耗值判断光纤熔接质量,不合格应重新熔接。

7）用 OTDR 对接续性能进行复测及评定，符合接续指标后立即热融热缩套管，热缩套管收缩应均匀、管中无气泡。

5. 接地

接地应满足 DL/T 548—2012《电力系统通信站过电压防护规程》的要求，接地装置的位置、接地体的埋设深度及接地体和接地线的尺寸应符合设计规定。

（1）所有电气设备（含数配、音配、屏体），均应装设接地线接至地母。通信屏内接地母排至机房地母的接地线规格不应小于 $25\sim95mm^2$，屏内设备至接地母排的接地线不应小于 $2.5\sim6mm^2$，其他屏体的接地线可选用 $1.5\sim2.5mm^2$ 规格，过压保护地线不应小于 $4\sim6mm^2$ 规格的地线。

（2）接地线连接宜采用螺栓方式固定连接，其工作接触面应涂导电膏。扁钢接头搭接长度应大于宽度的 2 倍。扁钢与扁钢或扁钢与地体连接处至少有三面满焊，焊接牢固，焊缝处涂沥青。

（3）引入扁钢涂沥青，并用麻布条缠扎，然后在麻布条外面涂沥青保护。

（4）通信电源的正极应在直流电源屏处单点接地。

6. 过电压保护

过电压保护要求满足 DL/T 548—2012《电力系统通信站过电压防护规程》，具体工艺要求如下：

（1）交流电源系统的各级过电压保护器件间连线距离小于 15m 时，应设置过电压起阻隔作用的装置。

（2）引入机房的各种电气线路应在进入机房处将其屏蔽层接地，必要时加装过电压保护器件。

（3）户外架空交流供电线路接入通信站除采用多级避雷器外，还应采用至少 10m 以上电缆直埋或穿钢管管道方式引入。

（4）音频配线的防过电压除常规的电缆屏蔽层接地、户外引入电缆穿钢管外，主要采用音频保安器、空线对接地方式。

（三）通信站内主要设备安装工艺

1. 工作流程

通信站内主要设备应遵循：工程准备、设备安装、通电测试的工作流程。流程示意图如图 16–3–1 所示。

2. 工程准备

工程准备包括通信站基础设施检查、辅助系统检查和设备检查，检查结果应符合施工图设计要求。

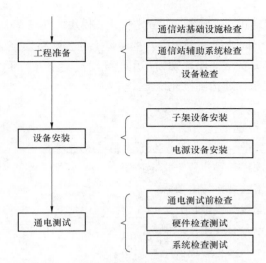

图 16-3-1　通信站内主要设备安装流程示意图

3. 设备安装

（1）子架设备安装。

1）配电单元安装。电源分配单元安装于机架顶部的适当位置上，并固定在机架上。

2）子架安装。子架在屏体内宜按自上而下的顺序安装。子架安装应牢固、排列整齐、插接件接触良好。

3）机盘安装。

a. 确认各站点设备配置需求和安插槽位。

b. 安插机盘前先戴上防静电手镯，以免静电损坏机盘。

c. 机盘安插到相应槽位前，仔细检查每块机盘是否有明显的损坏。如发现有损坏的机盘应及时与工厂联系。

d. 在不加电的状态下，把机盘安插到位。

（2）电源设备安装。通信电源设备的安装步骤：开箱检查、屏体安装、电池上架、安装充电模块、屏间连线、交流电源接入。

1）电池上屏体前，应用万用表检测各节电池端电压是否正常，按照电池屏内布置把电池上架就位。按照图纸用厂家所配电缆连接各电池及电池巡检仪（分管），紧固各连接螺栓，贴上各蓄电池的标号标签。

2）按图纸进行屏间连线。连接电池母线前，应先把电池回路熔断器拔出。

3）安装充电模块时，将模块缓缓推入，位置对准，模块插头和屏体上的插座接触良好。将模块放置端正，不倾斜，并固定模块。模块之间没有大的空隙或相互重叠。

4）检查屏内及屏间连线是否正确。把屏体上的各断路器全部断开，把双路或单路交流输入侧的隔离开关或断路器切断，用电缆线把交流引入屏内对应接线端子，用黄绿线将各层的接地螺栓连接到接地排上。

4.通电测试

（1）通电测试前检查。

1）各种电路板数量、规格及安装位置与施工文件相符。

2）设备的各种选择开关置于指定位置。

3）设备的各级熔丝规格符合要求。

4）屏体及各种配线架接地良好。

5）设备内部的电源布线无接地现象。

6）机房主电源输入端子的电源电压正常。

（2）硬件检查测试。

1）按厂家提供的操作程序，逐级加上电源。

2）设备通电后，检查所有变换器，确认输出电压符合规定。

3）设备无可见告警信号或无可闻异味等异常现象，设备内风扇装置应运转良好。

4）装入测试程序，通过人机命令或自检，对设备进行测试检查，确认硬件系统无故障，并提供测试报告。

（3）系统检查测试。系统检查测试按照 DL/T 544—2012《电力通信运行管理规程》的规定执行。

5.设备安装注意事项

（1）对于需要接地的设备，安装时应先接地。拆除设备时，应最后拆地线。操作设备前，应检查设备的电气连接，确保设备已可靠接地。

（2）禁止裸眼直视光纤出口，以防止激光束灼伤眼睛。

（3）操作设备前，应佩戴防静电腕套，并将防静电手腕的另一端良好接地。应去除首饰和手表等易导电物体，以免被电击或灼伤。

（四）通信站标识要求

（1）各类标签、标识可根据设备和屏体的尺寸、大小进行统一规范。同一种型号设备标识应粘贴或悬挂在设备的同一位置，要求平整、美观、统一。

（2）通信线缆在进出管孔、沟道、房间及拐弯处应加挂标识，直线布放段应根据现场情况适当增加标识。所有涉及保护、安稳及系统业务的专用设备、专用传输设备接口板、线缆、配线端口等标识应采用与其他标识不同的醒目颜色。

（五）验收

通信站安装工艺验收内容包括：机房环境、屏体及子架安装、通信管线、配线系统、接地系统、过电压保护系统、通信设施、通信设备、通信电源、通信站标识等内容。通信站安装工艺应符合本标准相关内容要求，按照 DL/T 5344—2006《电力光纤通信工程验收规范》执行。

【思考与练习】

1. 通信设备安装前机房基础设施应具备的条件有哪些？

2. 通信站内设备安装需要哪些安全事项？

3. 简述通信站内主要设备的安装流程。

4. 屏体安装主要工艺要求有哪些？

▲ 模块 4 《国家电网公司信息机房设计及建设规范》（Q/GDW 1343—2014）（Z38B10006Ⅰ）

【模块描述】本模块包括《国家电网公司信息机房设计及建设规范》。通过对规程条文的讲解，掌握规程条文的内容及相关要求。

【模块内容】

一、规范使用范围

本规范适用于国家电网公司总部及公司系统各单位信息机房的设计和建设。本规范分别从环境场地及装修、供配电源、温湿度控制、消防报警、安全监控、防雷接地等方面，规定了 A、B、C 三类信息机房应满足的基本技术参数和要求。通常，A、B类信息机房适应于安装有小型机系统、磁盘阵列、存储备份等高可靠性的设备及系统的机房，C 类信息机房适应于安装有一般计算机设备和网络分支设备的机房。

二、规范主要内容

1. 机房位置与组成

（1）机房位置选择：机房环境需要电力稳定可靠，交通通信方便，自然环境清洁安静；避开强电磁场干扰，并远离强振源和强噪声源。如有需要可采取有效的屏蔽措施。

（2）机房结构组成：信息机房结构组成应按计算机信息系统设备的运行特点和具体要求确定，结合系统管理的实际情况进行选择。可分为主要工作间（主机房）、基本工作间、辅助工作室等几类，根据 A、B、C 各类机房具体需求选定。主机房面积按机柜及设备的投影面积计算。

（3）机房设备布置：A、B 类主机房设备宜采用分区布置，一般可分为服务器区、网络设备区、存贮器区、监控操作区等，C 类主机房的分区或布置可根据系统设备实际情况而定。

2. 建筑与装饰

（1）一般规定：机房的建筑平面和空间布局应具有适当的灵活性，主机房的主体结构宜采用大开间大跨度的柱网，主机房净高应按机柜高度和通风要求确定。主机房楼板荷重依设备而定，机房内应尽量避免强噪声、电磁干扰、振动及静电，机房结构应具有耐久、抗震、防火、防止不均匀沉陷等性能。机房的耐火等级应符合国家规定。机房围护结构的构造和材料应满足保温、隔热、防火等要求；机房各门的尺寸均应保证设备运输方便。

（2）出入口通道：机房的安全出口，一般不应少于两个，若长度超过 15m 或面积大于 90m² 的机房必须设置两个及以上出口，并宜设于机房的两端。走廊、楼梯间应畅通并有明显的出口指示标志。

（3）室内装饰：主机房、基本工作间、第一类辅助间的装饰，应选用气密性好、不起尘、易清洁，防火或非燃烧、并在温、湿度变化作用下变形小的材料。主机房走线宜采用在静电地板下面设置线架或管槽单独走线，需要采用机房上方走线的应固定好上方走线槽，电力线和信号线应单独铺设，走线要求整齐、美观、安全。根据机房空调送风方式做相应的保温处理，避免结露。

3. 给水排水

（1）主机房应尽量避开水源，与主机房无关的给排水管道不得穿过主机房。

（2）机房内的给排水管道必须有可靠的防渗漏措施。

4. 静电防护

（1）主机房应采用活动静电地板。A 类机房宜选用无边活动静电地板，活动地板应符合规定要求。敷设高度应按实际需要确定，并将地板可靠接地。

（2）主机房内的工作台面及座椅垫套材料应是导静电的。

（3）主机房内的导体必须与大地作可靠的连接，不得有对地绝缘的孤立导体。

（4）静电地面、活动地板、工作台面和座椅垫套必须进行静电接地。静电接地的连接线应有足够的机械强度和化学稳定性。

5. 空气调节

（1）一般规定：主机房和基本工作间均应设置空气调节系统，温、湿度必须满足设备的要求。办公空调与机房空调应分开设计。

（2）设备选择：空调设备的选用本着运行可靠、经济和节能的原则，空调系统和设备选择应根据设备类型、机房面积、发热量及对温、湿度和空气含尘浓度的要求综合考虑；A 类机房宜采用恒温恒湿专用空调，B、C 类机房空调根据具体情况选定。机房空调应具有停电自动启动功能。

6. 供配电源系统

（1）机房电源：机房用电负荷等级及供电要求应按 GB 50052—2009《供配电系统设计规范》的规定执行。机房宜采用双路电源供电，A、B 类信息机房输入电源应采用双路自动切换供电方式，设备负荷应均匀地分配在三相线路上，A 类主机房应采用不少于两路 UPS 供电，UPS 提供的后备电源时间：A 类机房不得少于 2h，B 类、C 类机房不得少于 1h。机房内其他电力负荷不得由机房专用电源系统供电，A 类机房计算机系统电源与照明、空调等设备电源配电柜应分开设置。

（2）室内照明：机房照明的照度标准应符合相关规定。

7. 安全接地

（1）机房接地装置的设置应满足人身安全及网络设备正常运行和系统设备的安全要求。

（2）机房防雷措施应按 GB 50057—2010《建筑物防雷设计规范》的规定执行。

8. 消防安全

（1）主机房应设二氧化碳、七氟丙烷等灭火系统，并应按现行有关规范要求执行。

（2）机房应设火灾自动报警系统，并应符合 GB 50116—2013《火灾自动报警系统设计规范》的规定。

9. 机房施工验收

（1）为保证信息机房工程施工质量、满足专业技术要求，信息机房工程应通过招标，机房工程施工应设立工程监理。信息部门应安排相关人员负责工程施工监督。

（2）施工单位必须做好施工设计和组织，必须严格按照设计进行施工，严禁未经设计单位确认和有关部门批准擅自修改设计文件，设计变更应有设计单位的变更通知或签字确认。

（3）工程所用材料应检验其规格、型号、数量，并有出厂合格证；所用设备、装备均应开箱检查，其规格、型号、数量应符合设计要求，附件、备件和技术文件齐全。

（4）工程所用材料、设备、装置的储存环境和方法及装卸搬运方式必须符合产品说明书的规定，安装位置和安装方式必须符合设计规定或产品说明书的要求。

（5）工程中的所有隐蔽施工，工程监理、信息部门施工监督人员应现场监督。隐蔽施工必须有现场施工记录或相应详细资料，并由建设单位代表签字。

（6）工程验收前，施工方应分步骤按照各类规范要求对机房装饰装修、电源系统、空调系统、消防安全系统等部分组织专业人员进行综合测试。

（7）工程竣工后，施工单位应提交下列资料：完整的竣工图；设计变更通知单；各系统详细的测试报告；设备和主要器材的出厂合格证、说明书和安装调试报告等。

【思考与练习】

1. 本规范从哪几个方面规定了机房设计建设的标准？

2. A、B、C 三类机房如何划分？

3. 机房施工验收的步骤有哪几个？

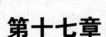

第十七章

信息通信工程验收评价规范

▲ 模块 1 《电力光纤通信工程验收规范》（DL/T 5344—2006）（Z38B10007 II）

【模块描述】本模块包括《电力光纤通信工程验收规范》（DL/T 5344—2006）。通过对规程条文的讲解，掌握规程条文的内容及相关要求。

【模块内容】

光纤通信目前已成为我国电力系统主要的通信传输手段。为了保证电力光纤通信工程建设的质量，规范光纤通信工程验收、移交生产行为，国家发展和改革委员会于2006 年 9 月发布了 DL/T 5344—2006《电力光纤通信工程验收规范》（以下简称《验收规范》）。《验收规范》对电力光纤通信工程中的验收组织和管理、光缆线路、光通信设备、通信电源系统、机房环境和工程文件等验收工作提出了具体的要求。

一、范围

《验收规范》适用于新建、扩建和改建电力光纤通信工程，作为光缆线路、光通信设备、辅助设备和设施验收的依据。

二、工程验收组织和管理

（1）《验收规范》明确规定了工程验收的主要内容及依据。

（2）验收工作可分为工厂验收、随工验收、阶段性（预）验收、竣工验收等 4 个阶段，其中工厂验收可以根据工程实际情况选做。针对单独立项和随电网一次系统配套建设的光纤通信工程，《验收规范》明确了工程验收各阶段的组织单位和参加单位。

（3）工程验收程序。

1）工厂验收。光缆及光通信设备出厂前应根据合同安排工厂验收，工厂验收按抽样检验规则进行。

2）随工验收。随工验收应在光缆、附件、设备和材料运抵现场后，按工程实施顺序对工程施工进度、施工质量、施工文件进行检查和验收。隐蔽工程和特殊工程项目随工验收时，应保留影像资料。

3）阶段性（预）验收。满足阶段性（预）验收应具备条件，根据验收内容进行阶段性（预）验收合格后，系统进入试运行。

4）竣工验收。试运行结束、遗留问题已有协商一致的处理意见、工程文件整理齐全、技术培训完成后根据竣工验收的内容可进行竣工验收，验收合格后系统投入正式运行。

三、光缆线路验收

（1）本规范适用于光纤复合架空地线（OPGW）和全介质自承式光缆（ADSS）线路工程的验收。其他类型光缆线路工程的验收可参照本规范及国家有关标准执行。

（2）光缆线路中直接影响通信质量部分是指光缆本体（包括光纤），对于光缆的承载体，可按照输电线路工程验收的有关规定执行。

（3）工程验收范围：两端机房内光缆成端的第一个活动连接器之间的导引光缆、OPGW、ADSS 等线路部分的工程质量及工程文件。

（4）光缆线路验收分工厂检验和到货送检、随工验收、阶段性（预）验收和竣工验收四部分。

1）工厂检验和到货送检。光缆可视工程项目情况进行工厂验收和到货送检。工厂检验和到货送检方法及技术指标执行 DL/T 788—2001《全介质自承式光缆》、DL/T 832—2003《光纤复合架空地线》。光缆生产过程中可视工程情况安排工厂监造。

2）随工验收。主要有光缆及金具现场开箱检验、光缆架设前的单盘测试、光缆、金具、接续盒及余缆架安装质量检查、分流线安装质量检查、导引光缆敷设安装质量检查、机房内光纤配线设备安装质量检查、区段光路全程指标。

3）阶段性（预）验收。检查随工验收的各项质量记录及有关问题的处理情况、根据施工图设计，复核光缆走向、敷设方式、接头盒设置和环境条件（如 ADSS 跨越建、构筑物安全距离）等、中继段（指相邻光通信站之间的光缆线路）光纤指标进行抽测、检查光缆线路配盘图（表）、检查工程文件的完整性、准确性。

4）竣工验收。检查中继段光纤指标测试记录，验收合格后进行工程移交。

四、光通信设备验收

1. 验收范围

本规范适用于光纤传输系统中具备多业务传输功能（MSTP）的同步数字体系（SDH）设备、SDH 网管系统、波分复用（WDM）设备、光放大器（OA）、脉冲编码调制（PCM）设备、数字配线架（DDF）、音频配线架（VDF）的验收。

2. 验收程序

设备验收分为工厂验收、随工验收、阶段性（预）验收、竣工验收四个阶段。

（1）工厂验收。为了减少工程施工中携带仪表的数量和难度，对测试中需要使用高、精、尖仪表的技术指标，将这些指标的检验放在设备生产过程中和设备出厂检验时进行。在工程现场只需核查工厂对这些指标检验的记录，查看检验结果是否满足规定的指标要求。光通信设备可视工程情况安排工厂验收。工厂验收可采用单机技术指标抽查、系统功能及指标抽查。

（2）随工验收。包括设备开箱检验、设备安装质量检查、单机技术指标测试。验收应逐站、逐台、逐项进行。

（3）阶段性（预）验收。包括系统功能检查、系统技术指标测试、检查工程文件的完整性和准确性。

（4）竣工验收。包括系统主要功能抽查、重要技术指标抽测（复核）、工程文件移交。

3. 测试与功能检查

（1）SDH 设备单机技术指标测试及功能检查。包括电源及设备告警功能检查、SDH 光接口检查与测试，电接口检查与测试，以太网接口检查与测试。

1）电源及设备告警功能检查。包括：直流电源供电电压、依据设备出厂检验报告，检查设备告警功能、检查冗余机盘保护倒换功能，倒换时设备应能正常工作。

2）SDH 光接口检查与测试。根据设备出厂检验报告，检查光接口指标测试记录、平均发送光功率测试、接收灵敏度测试、过载光功率

3）电接口检查与测试。根据设备出厂检验报告，检查电接口指标测试记录、输入口允许频偏指标测试。测试时每块 2M 支路板只须测两个 2M 口，每个 STM-1 电接口均须检查测试。

4）以太网接口检查与测试。包括：最大传送距离、平均发送光功率、收信灵敏度、过载光功率。

5）SDH 单机以太网接口透传功能测试。包括：最小帧长度、最大帧长度、异常帧检测、VLAN 支持的 ID 范围、统计计数、自协商、流量控制。

（2）SDH 系统性能测试及功能检查。

1）SDH 系统性能测试。系统误码性能测试、系统抖动性能测试、光通道储备电平复核。

2）SDH 系统功能检查。时钟选择倒换功能、公务电话功能、系统保护倒换功能、信号环回功能。

（3）SDH 网管系统检查。

1）根据采购合同软件、硬件配置清单，核对网管软、硬件配置情况。

2）分别对网管的告警管理功能、故障管理功能、安全管理功能、配置管理功能以及性能管理功能进行检查。

3）检查远方操作终端（X 终端）网络管理功能，检查维护终端（LCT）管理功能。

（4）光放大器验收。对于独立于 SDH 机架以外、单独安装的光放大器，其技术指标测试项目包括：输入/输出功率（增益）、增益平坦度。测试结果应满足设备订货合同技术协议的要求。

（5）光波分复用设备验收。本规范中明确了集成式 WDM 系统收/发信机 Sn、Rn 参考点技术指标检查与测试项目、主光通道测试项目、光监控通路（O、SC）测试项目、波长转换器测试项目、WDM 系统传输性能测试、WDM 网元级网管系统功能检查项目。

（6）脉冲编码调制设备验收。

1）脉冲编码调制（PCM）设备验收时，除了需要单独检查 PCM 设备的单机技术指标、系统技术指标测试及功能、智能化 PCM 设备特殊功能外，其余验收项目均可参照本规范前述相关章节执行。

2）根据 PCM 设备合同技术协议书规定的网管系统检查项目和指标，检查 PCM 设备网管系统的安装调试质量。

（7）机架安装验收。

1）机架安装的位置、垂直偏差，以及机架的固定应符合施工设计要求。

2）子架与机架连接符合设备装配要求应符合施工设计要求。

3）机架内所布放的各种缆线（包括电源线、接地线、通信线缆等）规格及技术指标应符合设计要求。线缆布放与成端整齐、统一。

（8）配线架安装验收。

1）配线架为单独机架时，机架安装及架内缆线布放质量标准应按上述规范执行。

2）数字配线架应根据设备 2M 接口板的 2M 通道数量进行全额配线，2M 接线端子应加装编号标识。

3）带金属铠装的缆线从机房外部接入配线架时，缆线外铠装必须与机架地线相连接，音频电缆芯线必须经过过流、过压保护装置后方能接入设备。

五、通信电源系统验收

1. 验收范围

本规范内容适用于光纤通信工程交直流配电、高频开关整流、蓄电池组及电源系统监控等配套设备的验收。

2. 验收程序

电源系统验收可分为随工验收、阶段性（预）验收和竣工验收三部分。

（1）随工验收包括开箱检验、设备安装质量检查、功能检查及技术指标测试。

（2）阶段性（预）验收包括对随工验收测试检查结果进行检查和抽测，检查工程文件的完整性、准确性。

（3）竣工验收包括在试运行通过后，检查阶段性（预）验收记录，进行工程文件移交。

3．功能检查与技术指标测试

（1）配电设备。

1）检查两路交流输入自动切换功能，当一路交流失电时应能自动切换到另一路。

2）交、直流配电出现输出电压过高、过低、熔断器熔断时，应送出遥信信号。

3）监控及表计显示单元的供电应取自直流系统。

4）电缆穿墙、电缆竖井及电缆沟道盖板应符合设计要求。

5）每台设备均通过专用的分路开关或熔断器供电。

（2）高频开关整流设备：浮充电压和均充电压的设定值应与所用蓄电池的相应参数相匹配。

（3）蓄电池组：阀控式全密封铅酸蓄电池安装后应进行充放电试验，并检查蓄电池电缆连接处的紧固情况。

（4）通信电源监控系统：检查电源监控模块各项功能、交流配电监控功能、直流配电监控功能、高频开关整流设备监控功能，以及遥信、遥测信号能够准确、可靠地传送到监控中心。

六、机房环境验收

（1）接地要求。

1）通信设备（含电源设备）的防雷和过电压能力应满足 DL/T 548—2012《电力系统通信站过电压防护规程》的要求。

2）新建通信站应采用联合接地装置，接地装置位置、接地体埋深及尺寸应符合施工图设计规定。

3）接地体各部件连接、接地引入线、接地汇集装置安装位置符合设计规定。

4）规范详细阐述了设备接地、出入通信站交流电力线的接地与防雷、出入通信站通信电缆的接地与防雷措施。

（2）机房要求。

1）通信机房应具有防火、防尘、防潮、防小动物等措施。

2）机房室内温度和事故照明应符合设计要求。

3）防火重点部位应有明显标志，按规定配置防火器材，电缆竖井防火措施应符合规定。

4）无人站配备具有来电自启动功能的商用空调器。

七、工程文件验收

（1）验收范围包括整个工程全过程中形成的、应当归档保存的文件。包括工程的立项、可行性研究、设计、招投标、采购、施工、调试、试运行及工验收全过程中形成的文字、图像、声像材料等形式为载体的文件。

（2）工程文件包括工程前期文件、施工文件、监理文件及竣工验收文件。

1）工程前期文件：工程开工以前在立项、审批、招投标、设计以及工程准备过程中形成的文件。

2）工程施工文件：工程施工过程中形成的反应工程建设、安装调试等情况的文件。

3）工程监理文件：监理单位对工程质量、进度等进行控制的文件。

4）竣工验收文件：在试运行中以及工程竣工验收时形成的文件。

（3）规范中明确了各参建单位在收集、整理和归档工程文件各环节中的职责，并对归档文件的质量、竣工图和图章、案卷质量，以及文件载体提出了具体要求。并对工程文件的移交时间、移交数量，以及移交时必须履行的手续做了明确规定。

（4）规范提供了《电力光纤通信工程竣工验收证书》（范本）。

《验收规范》是推进电力光纤工程建设管理规范化的重要行业标准，只有严格按照行业标准对工程进行验收，才能有效保证整个光纤工程的质量，从而保障电力系统的安全稳定运行。

【思考与练习】

1. 工程验收程序有哪些？
2. SDH 系统功能检查包括哪些内容？
3. 对电源系统进行随工验收的项目有哪些？
4. 通信工程验收归档保存的工程文件包括哪些？

▲ 模块 2 《国家电网公司信息机房评价规范》
（Q/GDW 1345—2014）（Z38B10008Ⅱ）

【模块描述】本模块包括《国家电网公司信息机房评价规范》。通过对规程条文的讲解，掌握规程条文的内容及相关要求。

【模块内容】

为科学评价国家电网公司信息机房建设和运行管理水平，实现信息机房建设和运行管理指标的考核由定性转向定量化，推动信息机房运行管理的科学化、标准化、规范化，特制定国家电网公司信息机房评价规范。

1. 适用范围

本规范规定了信息机房综合评价的内容和要求，适用于国家电网公司总部和公司系统各单位信息机房的综合评价和管理。

2. 重要条例解读

机房场地，评价分为七个大的方面，分别为：

（1）机房面积满足 $7×\Sigma$ 计算机系统及辅助设备的投影面积（m^2）。

（2）信息机房安装承载地面和地板设计承重 $\geqslant500kg/m^2$；空调设备、供电设备用房安装承载地面和地板设计承重 $\geqslant1000kg/m^2$ 或采取加固措施，存放 UPS 电池的房间应与机房分开。

（3）在多层建筑或高层建筑物内信息机房不宜选择底层或顶层。

（4）机房应设有电源系统区、网络设备区、服务器设备区、备份介质区、运行值班区或设备监视区；电源区、设备区、备份介质区及运行值班区或设备监视区应分设在不同的房间。在同一房间的各区，应有明显的分界。

（5）机房场地装修。

（6）机房清洁。

（7）机房照明。

3. 机房设备运行环境

评价分为六个大的方面，分别为：

（1）机房温度常年保持在 18～25℃，湿度常年保持在 45%～65%。

（2）信息机房宜采用专用空调，还应有备用空调。

（3）机房应有防水、防火、防小动物、防雷、防盗、防漏、防尘、防磁、防静电措施。

（4）计算机系统直流接地电阻应按设备系统具体要求确定；交流接地、保护接地装置电阻不大于 4Ω；防雷接地不大于 10Ω，交流电源进线侧应有防雷措施。各类接地装置的安装及其接地电阻值应符合规范设计要求，连接正确。

（5）机房内应围绕机房敷设环形或井字形接地网，接地网的接地装置连接必须牢固。接地母线应采用 30mm×2mm 铜条。机房内各种设备和机柜均应以最短距离与接地母线连接。接地母线应与大楼建筑物接地网有效可靠连接。

（6）机房设备的管理。

4. 机房运行管理

评价分为五个大的方面，分别为：

（1）机房管理。

（2）运行管理。

（3）机房值班。

（4）机房交接班管理。

（5）运行日志内容。

5. 电源系统

评价分为十二个大的方面，分别为：

（1）频率：50±0.1（Hz）；电压：380/220±2（V）；数：三相五线或三相四线制/单相三线制。负荷：供电容量及配电装置应满足负荷要求。

（2）机房供电电源应保证由双电源供电，当一路电源停电时，另一路电源能自动切换。电源配电装置应有明显标志，并注明频率、电压、容量、线路编号等标志。

（3）电源盘、柜及其他电气装置应固定牢靠、布线整齐、标志明确、外观良好，内外清洁，干线与电源盘、柜应采用压接端子连接。电源盘、柜要分为动力电源盘、柜（如空调、照明、市电等）和 UPS 电源盘、柜。

（4）机房应使用铜芯电力电缆、电线，严禁铜、铝混用。

（5）电缆、电线连接应可靠，不得有扭绞、压扁和保护层破裂等现象。

（6）所有电气器件及线缆、辅助材料应选用正规厂商的合格产品。

（7）机房专用配电箱、柜位置合理，并具有过流保护，过压、欠压报警功能。接地措施完善。

（8）机房计算机及网络设备应由冗余（或 $N-1$ 路）UPS 供电，设备的负荷不得超过额定输出的 50%。UPS 后备时间不得少于标准容量 2h。

（9）UPS 应使用封闭式免维护蓄电池。若使用半封闭式或开启式蓄电池时，应设专用房间和专用空调。房间墙壁、地板表面应做防腐蚀处理，并设置防爆灯、防爆开关和排风装置。

（10）UPS 电池要定期检查，按规定进行充放电。

（11）负荷应均匀地分配在三相线路上，三相负荷不平衡度小于 30%。

（12）机房内应分别设置设备维修和使用 PDU 电源插座，两者应有明显的区别标志。设备插座应该和设备插头一致、一一对应、标志明确。设备插座不应有过载和发热现象，避免使用多用插座。设备插座应固定牢靠、布线整齐、外观良好。布置位置应安全可靠，以防止误踢、误碰。

6. 机房安全管理

分为三个大的方面，分别为：

（1）机房消防。

（2）机房监控。

（3）机房防护。

7. 机房资料管理

评价分为五个大的方面，分别为：

（1）建有机房服务器、路由器、交换机、防火墙、电源系统、消防系统、监视系统等设备的资料管理制度，资料应有专人保管。

（2）各设备的随机技术文档及安装、调试资料应齐全，方便使用。

（3）各设备的配置参数及运行过程中每次调整后的配置参数应有完整记录，便于查阅。主要设备实行一设备一档案管理。

（4）机房各应用系统的技术文档、安装、维护手册应齐全，随机的光盘、软盘及购置的各类软件母盘应有专人管理。

（5）机房中应具备各类图纸资料。

【思考与练习】

1. 简述《国家电网公司信息机房评价规范》的适用范围。

2. 简述机房场地评价的主要方面的内容。

3. 简述机房安全管理评价的主要方面的内容。

参 考 文 献

[1] 中华人民共和国城乡与住房建设部. 通信（局）站防雷与接地工程设计规范. GB/T 50689—2011，2012.

[2] 中华人民共和国城乡与住房建设部. 会议电视会场系统工程设计规范. GB 50635—2010，2010.

[3] 中华人民共和国国家发展和改革委员会. 电力光纤通信工程验收规范. DL/T 5344—2006，2006.

[4] 中华人民共和国信息产业部. 通信电源设备安装工程验收规范. YD/T 5079—2005，2006.

[5] 中华人民共和国信息产业部. 会议电视系统工程设计规范. YD/T 5032—2005，2005.

[6] 中华人民共和国信息产业部. 会议电视系统工程验收规范. YD/T 5033—2005，2005.

[7] 国家电网公司. 国家电网公司信息机房设计及建设规范. Q/GDW 343—2009，2009.

[8] 国家电网公司. 国家电网公司信息机房评价规范. Q/GDW 345—2009，2009.

[9] 国家电网公司. 电力通信检修管理规程. Q/GDW 720—2012，2012.

[10] 国家电网公司. 电力通信现场标准化作业规范. Q/GDW 721—2012，2012.

[11] 国家电网公司. 电力系统通信光缆安装工艺规范. Q/GDW 758—2012，2012.

[12] 国家电网公司. 电力系统通信站安装工艺规范. Q/GDW 759—2012，2012.

[13] 国家电网公司人力资源部组. 国家电网公司生产技能人员职业能力培训教材. 北京：中国电力出版社，2009.

[14] 强生泽，等. 现代通信电源系统原理与设计. 北京：中国电力出版社，2009.

[15] 段霞霞. 多媒体会议系统设计技术与应用. 北京：中国建筑工业出版社，2009.

[16] 杭州华三通信技术公司. H3C 以太网交换机典型配置指导. 北京：清华大学出版社，2012.

[17] 冯昊，黄治虎. 交换机/路由器的配置与管理. 北京：清华大学出版社，2009.

[18] 张世勇. 交换机与路由器配置实验教程. 北京：机械工业出版社，2012.

[19] 颜谦和. 交换机与路由器技术. 北京：清华大学出版社，2011.

[20] 路由器、交换机项目实训教程. 北京：电子工业出版社，2009.

[21] 余艇. 服务器的安装与维护. 重庆：西南师范大学出版社，2013.

[22] 周志敏，等. UPS 应用与故障诊断. 北京：中国电力出版社，2009.

[23] 张颖超，等. UPS 原理与维修. 北京：化学工业出版社，2013.